Eduard Heine

Handbuch der Kugelfunktionen

Eduard Heine

Handbuch der Kugelfunktionen

ISBN/EAN: 9783744632423

Hergestellt in Europa, USA, Kanada, Australien, Japan

Cover: Foto ©berggeist007 / pixelio.de

Weitere Bücher finden Sie auf **www.hansebooks.com**

Die vorliegende Arbeit verfolgt einen doppelten Zweck. Sie soll den Anfänger in die Theorie der Kugelfunctionen, welche gegenwärtig durch wichtige Werke über Physik und Astronomie ein Interesse auch für weitere Kreise erhalten hat, einführen, und ihm als Lehrbuch dienen. Andrerseits soll sie Demjenigen, welcher die Elemente bereits kennt, eine systematische Darstellung der hierher gehörigen Untersuchungen bis auf die neueste Zeit liefern, ihm eine Sammlung der Formeln geben, welche bei dem jetzigen Stande der Lehre als die wesentlichsten angesehen werden müssen, und ihm die Quellen genau bezeichnen aus denen geschöpft wurde.

Das Buch zerfällt in zwei Theile; der erste, die Theorie der Functionen, war bei der Darstellung vorzugsweise so zu bearbeiten, dass er auch wirklich als Einleitung in das Studium dienen kann. Um dem Leser eine Andeutung zu geben, welche Abschnitte ihm die vorläufige Uebersicht erschweren könnten, sind ganze Kapitel und einzelne Paragraphen mit einem * bezeichnet worden, auch wohl Theile von Paragraphen, die sich dann zugleich in eckigen

Parenthesen befinden. Die Anmerkungen mag man gleichfalls vorläufig überspringen. Entweder der Gegenstand über welchen diese Stellen handeln, oder die Methode der Untersuchung lässt sie als nicht geeignet für das erste Studium erscheinen. Wer zu den Anwendungen auf die Theorie der Anziehung und Wärme übergeht, bei denen eine solche Trennung oft Schwierigkeiten mit sich führte, wird selbst entdecken, bei welchen Punkten er auf früher übergangene Stellen zurückkommen muss.

Von den zur Erleichterung des Nachschlagens über jede Seite gesetzten Zahlen zeigt die erste die Nummer des Paragraphen an, zu welchem der Schluss der Seite gehört, während die daneben befindliche in kleinerem Drucke sich auf die zuletzt numerirte Gleichung bezieht.

Dem Geübteren giebt das ausführliche Inhaltsverzeichniss die Stoffe an, welche hier verarbeitet wurden; die Citate beziehen sich auf das Werk in welchem der betreffende Gegenstand dem Verfasser zuerst entgegentrat, und nur dann sind auch spätere Arbeiten erwähnt worden, wenn sie der Sache eine wesentlich neue Seite abgewonnen haben. Wird dieselbe Arbeit an verschiedenen Orten angeführt, so ist nur das erste Mal der Titel vollständig angegeben. Gesammelt sind Legendre's Untersuchungen über die Kugelfunctionen in den Exercices und in dem Traité des fonctions elliptiques, die von Laplace in der Mécanique céléste Tome II, Livre III; Tome V, Livre XI und im Supplément au 5e volume.

Jacobi im 2ten und 26sten, Dirichlet im 17ten Bande des Crelle'schen Journals bezeichnen Legendre als Denjenigen, welcher die Kugelfunctionen einführte und den Anstoss zu Laplace's tiefsinnigen Untersuchungen über diese Functionen mit zusammengesetztem Argumente gab. Nur scheinbar widersprechen die Daten der Arbeiten von Laplace und Legendre dieser Darstellung des Sachverhaltes. Die Abhandlung in welcher Laplace seine Untersuchungen mittheilt *) befindet sich nämlich in den Memoiren der Pariser Akademie aus dem Jahre 1782 (gedruckt 1785); erst in der Geschichte der Akademie vom Jahre 1783, S. 28 (gedruckt 1786) wird unter den Mémoires approuvés par l'Académie, en 1783, et destinés par elle à être imprimés dans le Recueil des Savans - Etrangers die erste Arbeit von Legendre über diese Functionen **) genannt, welche uns im 10ten Bande jener Sammlung (gedruckt 1785) aufbewahrt ist. Daraus dass Legendre hier erwähnt, er führe das Potential in Folge einer Mittheilung von Laplace ein, lässt sich nicht schliessen, das Manuscript habe der Akademie erst vorgelegen, nachdem in den Memoiren von 1782 auf das Potential durch Laplace selbst aufmerksam gemacht war; die oben erwähnte Entscheidung der beiden deutschen Gelehrten erweist sich als die richtige durch eine Notiz von Legendre in den Memoiren von 1784, S. 370 ***) welche er seinen Recherches sur la figure des planètes hinzufügte, in denen er die

---

*) Théorie des attractions des Sphéroïdes et de la figure des Planètes.

**) Sur l'attraction des Sphéroïdes. Die Pariser Akademie gab im vorigen Jahrhundert in einem, höchstens zwei Bänden vereinigt jährlich ihre Geschichte und die Abhandlungen ihrer Mitglieder über Mathematik und Physik heraus. Ausserdem veröffentlichte sie, nicht in festbestimmten Zeiträumen sondern nach Massgabe des angesammelten Stoffes die sogenannten Savans étrangers, Arbeiten welche von Gelehrten, die nicht dieser Gesellschaft angehörten, ihr vorgelegt waren.

***) La proposition qui fait l'objet de ce Mémoire, étant démontrée d'une manière beaucoup plus savante et plus générale dans un Mémoire que M. de la Place a déjà publié dans le volume de 1782, je dois faire observer que la date de mon Mémoire est antérieure, et que la proposition qui paroit ici, telle qu'elle a été lue en juin et juillet 1784, a donné lieu à M. de la Place, d'approfondir cette matière, et d'en présenter aux Géomètres, une théorie complète.

früheren Untersuchungen weiter verfolgt. Der Satz, auf welchen sich jene Bemerkung bezieht, dessen Beweis in der Abhandlung geliefert wird, besteht darin, dass das Rotationsellipsoid unter den dortigen Annahmen die einzig mögliche Gestalt für das Gleichgewicht der Planeten sei.

Auf diesen Sachverhalt wird man bei den nachfolgenden Citaten achten müssen, und die Arbeiten von Legendre in den Savans étrangers und in den Memoiren von 1784 als die früheren, die Abhandlung von Laplace in den Memoiren von 1782 als die spätere anzusehen haben.

Inhalt.

A. Theorie der Kugelfunctionen.

Einleitung.
Die Einführung der Kugelfunctionen.

§. 1. Man entwickelt die reciproke Entfernung zweier Punkte von einander nach Potenzen ihrer Entfernungen von einem festen Punkte. 3

§. 2. Differentialgleichung der Entwickelungscoefficienten. 5

I. Theil.
Die Kugelfunctionen einer Veränderlichen.

Erstes Kapitel.
Verschiedene Formen der Kugelfunction.

§. 3. Die Kugelfunction $P^{(n)}(x)$ als Entwickelungscoefficient. Sie ist eine ganze Function von x, ... 6

§. 4. Eine Reihe die, $x = \cos\theta$ gesetzt, nach Cosinus der Vielfachen von θ, oder nach Potenzen der Quadrate des Sinus oder Cosinus des halben Winkels fortschreitet, ... 7

§. 5. Ein nfacher Differentialquotient. 10

§. 6. Ihr Ausdruck durch das Integral von Laplace: Hülfsformel. 11

§. 7. Fortsetzung: Das Integral wird gefunden, ferner ein ihm gleiches von ähnlicher Gestalt. Gelegentlich wird P nach Potenzen von $\tan\frac{\theta}{2}$ entwickelt. 14

§. 8. Fortsetzung und Schluss: Die entstandene Gleichung zwischen den beiden Integralen wird durch eine Substitution bewiesen; Verallgemeinerung. 16

§. 9. Besondere Werthe der Kugelfunction. Wurzeln. 23

§. 10. Dirichlet's Integral. 24

§. 11. Die Kugelfunction als Lösung einer Differentialgleichung. 29

§. 12. Transformationen dieser Gleichung. 30

Zweites Kapitel.
Entwickelung nach Kugelfunctionen.

§. 13. Ueber die Möglichkeit einer Entwickelung. 32

§. 14. Bestimmung der Coefficienten: Hülfsformeln. 32

§. 15. Fortsetzung und Schluss. Die Entwickelung ist nur auf eine Art möglich. 35

§. 16. Entwickelung von x^n, als Basis der Entwickelung von Potenzreihen nach Kugelfunctionen. 36

§. 17. Beispiel: Entwickelung von $(y-x)^{-1}$. Einführung der Kugelfunction zweiter Art $Q^{(n)}(x)$ als eines Entwickelungscoefficienten. Ihre Darstellung durch Potenzreihen. 38

§. 18. Sie ist eine particuläre Lösung der Differentialgleichung im §. 11. 40

§. 19. Entwickelung einer beliebigen Potenzreihe nach den P. . . 41

§. 20. Auch der trigonometrischen Reihen. 45

§. 21. Hülfsmittel zur Ausführung von Entwickelungen. Recurrirende Formel für die P; ähnliche für die Q. Wie das Produkt von P und einem Logarithmus, Q verschafft. Entwickelung der Differentialquotienten von P oder Q nach x in eine Reihe von P oder Q. Reihen, welche nach Potenzen von x absteigen, werden nach Q entwickelt. 50

Drittes Kapitel.
Die Kugelfunction zweiter Art.

§. 22. Erinnerung an ihre Einführung. $Q^{(n)}(x)$ war definirt, so lange $x > 1$. 55

§. 23. Ihre allgemeine Definition durch eine erzeugende Function. Aus derselben folgt ihr Ausdruck durch ein bestimmtes Integral, entsprechend dem Integrale für P auf p. 15. 56

§. 24. Folgerungen für die Fälle $x = 0$ und $x < 1$. Man kann Q als Function nicht von x, sondern von ξ betrachten, wo $\xi + \xi^{-1} = 2x$ gesetzt wird. 59

§. 25. Man findet für Q ein dem ersten gleiches Integral von ähnlicher Gestalt wenn x rein imaginär oder reell und > 1. 65

*§. 26. Wenn x beliebig ist; ferner kann n gebrochen sein. . . 66

§. 27. Entwickelung von Q, mit Hülfe der Differentialgleichung im §. 11, in eine Reihe die nach Potenzen von x geordnet ist. 71

§. 28. Nach Potenzen von $\sqrt{x^2-1}$. 73

§. 29. Nach Potenzen von $x + \sqrt{x^2-1}$; letztere convergirt für jedes x, ausser $x = 1$. 75

§. 30. Die Summation der Reihe giebt den ursprünglichen Integralwerth von Q. 79

*§. 31. Digression: Die Function $Q^{(n)}x$, continuirlich so fortgesetzt, dass sie dabei fortwährend der Differentialgleichung im §.11 genügt, ändert sich bei Umkreisung der Punkte ± 1, und dieser allein, jedesmal um $\pm \pi i P^{(n)}(x)$. 80

§. 32. Darstellung von Q durch einen Logarithmus. 84

§. 33. Neumann's Integral. 85

§. 34. $Q^{(n)}$ ist ein $n$faches Integral. 86

§. 35. Auch ein n^{ter} Differentialquotient. 88

§. 36. Digression: Eine ähnliche Betrachtung verschafft Jacobi's Formel für $\sin m\theta$. 89

§. 37. Bequemere Methode zur Darstellung der Lösungen gewisser Differentialgleichungen als vielfacher Differentialquotienten, von Ivory, dargestellt nach Jacobi's Verallgemeinerung, speciell angewandt auf die Differentialgleichung einer endlichen hypergeometrischen Reihe. 91

§. 38. Werthe von Q für specielle n. 93
*§. 39. Die Werthe der Kugelfunctionen beider Arten für unendlich entfernte n werden durch Reihen. 96
*§. 40. Diejenigen der ersten Art durch das Integral von Laplace und Dirichlet bestimmt. 99
*§. 41. Genaue Untersuchung der Reihe für $(y-x)^{-1}$ im §. 17. . . . 104
*§. 42. Wie in dem Integrale von Laplace für P, so ist auch in dem für Q gefundenen des §. 23 eine imaginäre Substitution gestattet. . . 108

Viertes Kapitel.
Zugeordnete Functionen erster Art.

§. 43. Die Zugeordnete $P_m^{(n)}(x)$ tritt in dem Coefficienten von $\cos m\varphi$ bei der Entwickelung von $(x+\cos\varphi\sqrt{x^2-1})^n$ auf. Sie entsteht durch Multiplication von $(\sqrt{x^2-1})^m$ mit einer geschlossenen hypergeometrischen Reihe $\mathfrak{P}_m^{(n)}(x)$, letztere durch $m$fache Differentiation von $P^{(n)}(x)$. Jacobi's Gleichung zwischen $\mathfrak{P}_m^{(n)}$ und $\mathfrak{P}_{-m}^{(n)}$. Ausdruck der Zugeordneten durch ein Integral. 115

§. 44. Die Entwickelung von $(x+\cos\varphi\sqrt{x^2-1})^{-n-1}$: Ueber ihre Möglichkeit für reelle oder imaginäre φ. 120

§. 45. Fortsetzung: Man findet die Reihe unter der Voraussetzung dass x nicht rein imaginär und dass φ reell ist, oder dass wenigstens der imaginäre Theil von φ eine gewisse Grösse nicht überschreitet. Der Coefficient von $\cos m\varphi$ ist im Wesentlichen $P_m^{(n)}(x)$. So lange $m \leq n$ folgt dies aus §. 43; es ist Definition für $m > n$. Doppel-Gleichung für diese Zugeordnete im letzten Falle. 123

*§. 46. Fortsetzung und Schluss: In den übrigen Fällen für x und φ tritt in den Coefficienten eine hypergeometrische Reihe $\mathfrak{Q}_m^{(n)}(x)$ auf. . . 127

§. 47. Doppelausdruck der Zugeordneten durch Integrale, so lange $m \leq n$. Imaginäre Substitution. Specielle Fälle. 129

*§. 48. Historisches über den Doppelausdruck. Einfacher Beweis nach Jacobi. 135

§. 49. Für $\mathfrak{P}_m^{(n)}$, $\mathfrak{P}_{-m}^{(n)}$, und daraus für die Zugeordnete $P_m^{(n)}$ werden Differentialgleichungen gebildet. Umformungen derselben. 137

§. 50. Aus den beiden ersten ergiebt sich eine Erweiterung von Jacobi's Gleichung im §. 43. Eine zweite Lösung der dritten, $Q_m^{(n)}(x)$ genannt, wird gefunden. 139

§. 51. Die dritte wird nicht nur durch das Product von $(\sqrt{x^2-1})^m$ in $\mathfrak{P}_m^{(n)}(x)$, sondern auch in $\mathfrak{Q}_m^{(n)}(x)$ integrirt. Entwickelung der Lösungen in Reihen die nach Potenzen von x, oder $\sqrt{x^2-1}$, oder $x+\sqrt{x^2-1}$, oder $1-x$ fortschreiten. 140

§. 52. Entwickelung einer Function nach Zugeordneten. Dieselbe ist nur auf eine Art möglich. Bestimmung der Coefficienten. . . . 144

§. 53. Recurrirende Berechnung der Zugeordneten. 146

Fünftes Kapitel.
Zugeordnete Functionen zweiter Art.

§. 54. Methode um aus den Integralausdrücken für die Zugeordnete P ihre Differentialquotienten nach x herzuleiten. 147

Inhalt.

§. 55. Aehnliche Ausdrücke entstehen für dieselben Integrale in anderen Grenzen. 149

§. 56. Letztere Integrale genügen daher derselben Differentialgleichung wie die ersteren. Es wird angedeutet, wie man früher gefundene wichtige Eigenschaften der P aus der Betrachtung des Integrales hätte ableiten können. 151

§. 57. Die Integrale in den neuen Grenzen werden als Zugeordnete zweiter Art eingeführt, und mit passenden Constanten multiplicirt, in Uebereinstimmung mit §. 50, durch $Q^{(n)}_\mu(x)$ bezeichnet. **Doppelausdruck.** Beziehung zu den Ω. 152

*§. 58. Die imaginäre Substitution. 155
§. 59. Neumann's Integral. 156
§. 60. Recurrirende Formeln. 157
*§. 61. Einiges über unendlich entfernte Zugeordnete. 157

Sechstes Kapitel.
Die Kettenbrüche.

§. 62. Was aus den allgemeinen Formeln, für den Kettenbruch der logarithmischen Reihe folgen würde. 158

§. 63. Formeln für die Zähler und Nenner der Näherungswerthe eines Kettenbruchs, in welchen sich eine Function entwickeln lässt. Unter Voraussetzung der Möglichkeit einer Kettenbruch-Entwickelung für die logarithmische Reihe wird das System linearer Gleichungen aufgestellt, von dem die Nenner abhängen. Die Auflösung desselben würde $P^{(n)}_\mu(x)$ als n^{ten} Nenner ergeben. 159

§. 64. Die Zähler und der Rest. Die Möglichkeit der Entwickelung wird bewiesen, und der Kettenbruch selbst gefunden. 166

Anhang.
§. 65. Ueber Entwickelung beliebiger Potenzen der Quadratwurzel im §. 3. 168

II. Theil.
Die Kugelfunctionen mehrerer Veränderlichen.

Erstes Kapitel.
Entwickelung der Kugelfunction erster Art nach Laplace.

§. 66. Partielle Differentialgleichung für die Kugelfunction mit zusammengesetztem Argumente z oder $\cos\gamma = \cos\theta\cos\theta_1 + \sin\theta\sin\theta_1\cos\varphi$. Wann eine Function zur Gattung der $P^{(n)}$ gehört. 170

§. 67. Entwickelung von $P^{(n)}$ nach Cosinus der Vielfachen von φ. Die Constante a. 173

§. 68. Entwickelung nach anderen Grössen, von Hansen. 176
§. 69. Eine Formel von Hansen. 178
§. 70. Andere Methoden der Entwickelung, von Hansen und Jacobi. 179

§. 71. Für die Producte von $P^{(n)}_m(\cos\theta)$ in $\cos m\psi$ oder $\sin m\psi$ wird, so lange $m \leq n$, $C^{(n)}_m(\theta,\psi)$ oder $S^{(n)}_m(\theta,\psi)$ eingeführt. Ausdruck dieser Kugelfunctionen mit zwei Veränderlichen als Reihen oder Integrale. Aus den $2n+1$ Grössen C und S mit gleichem n ist jede Function, die zur Gattung der $P^{(n)}$ gehört, linear zusammengesetzt. 181

Inhalt.

§. 72. Die Entwickelung einer Function nach C und S ist höchstens auf eine Art möglich. Coefficienten-Bestimmung. Eine ganze Function von $\cos\theta$, $\sin\theta\cos\psi$, $\sin\theta\sin\psi$ ist nach C und S entwickelbar. 183

Zweites Kapitel.
Entwickelung der Kugelfunction zweiter Art.

§. 73. Entwickelung von $Q^n(\cos\gamma)$ nach Cosinus der Vielfachen von ψ nach der Methode des §. 67. 187

* §. 74. Zweite Methode, welche der von Jacobi im §. 70 entspricht: Vorbereitung. 189

* §. 75. Fortsetzung und Schluss. Besondere Fälle. 193

Drittes Kapitel.
Einführung und Eigenschaften der Lamé'schen Functionen.

§. 76. Einführung der elliptischen Coordinaten μ und ν für θ und ψ. 202

§. 77. Bezeichnungen: ε, ζ, $C_n^{(s)}[\mu,\nu]$, $S_n^{(s)}[\mu,\nu]$. Die beiden letzteren genügen der partiellen Differentialgleichung des §. 66, welche in μ und ν transformirt wird. 206

§. 78. Die transformirten C und S werden als Reihen oder Integrale dargestellt. Ihr Zusammenhang mit den P für besondere Werthe von μ und ν. 207

§. 79. Die Lamé'sche Function $E_n(\mu)$ wird dadurch definirt, dass sie eine ganze Function n^{ten} Grades von μ, $\sqrt{\mu^2-b^2}$, $\sqrt{\mu^2-c^2}$ ist, und dass $E_n(\mu) \cdot E_n(\nu)$ derselben partiellen Differentialgleichung wie $C_n^{(s)}[\mu,\nu]$ genügt. Später soll sich zeigen, dass für jedes n genau $2n+1$ verschiedene E_n existiren, die als $E_n^{(\lambda)}$ von einander unterschieden werden; ferner dass jedes $C_n^{(s)}[\mu,\nu]$ oder $S_n^{(s)}[\mu,\nu]$ sich als Summe einer Reihe von $(2n+1)$ Gliedern darstellen lässt, die aus einer Constanten mal einem Lamé'schen Producte $E_n^{(\lambda)}(\mu) E_n^{(\lambda)}(\nu)$ bestehen. 210

§. 80. Differentialgleichung für jedes E. 212

§. 81. Eintheilung der E nach ihren Irrationalitäten in vier Arten K, L, M, N. Es existiren deren für jedes n resp. $\sigma+1$, $n-\sigma$, $n-\sigma$, σ, wo $\sigma = \dfrac{n}{2}$ oder $\dfrac{n-1}{2}$. 213

§. 82. Für $b=0$ oder $b=c$ verwandeln sie sich in die Zugeordneten P. 214

§. 83. Integration der Differentialgleichung des §. 80 für die K. Zunächst werden $\sigma+1$ verschiedene ganze Functionen von ϱ, also die K ermittelt. Ihre Coefficienten hängen von den Wurzeln $\mathfrak{K}$ einer Hülfsgleichung vom Grade $\sigma+1$ ab, die nur verschiedene Wurzeln hat. Beispiele. . . . 215

§. 84. Fortsetzung: Aehnliches für die L und M. 220

§. 85. Fortsetzung und Schluss: Aehnliches für die N. 222

§. 86. Eine Function von μ lässt sich nur auf eine Art nach den $E_n^{(\lambda)}(\mu)$ mit festgehaltenem n entwickeln. Coefficienten-Bestimmung. Daher kann kein Lamé'sches Product als lineare Verbindung anderer, zunächst mit gleichem n, ausgedrückt werden. Die Wurzeln der Hülfsgleichungen sind sämmtlich reell. Die Behauptung des §. 79 ist dadurch bewiesen. 224

§. 87. Ungefähre Gestalt der Formeln, welche die C und S durch Lamé'sche Producte ausdrücken und umgekehrt: Entwickelung der E selbst nach den Zugeordneten P. 227

§. 7. Wie man auch vermittelst der Lösung dieser Aufgabe die Entwickelung von R^{-1} finden kann, welche §. 2—3 zu Grunde gelegt war. Ueber das Prinzip, nach welchem neue Coordinaten statt der rechtwinkligen eingeführt worden. Historisches. 313

Zweites Kapitel.
Das Rotationsellipsoid.

§. 8. Man sucht das Potential einer Schale mit gegebener Masse, welche durch zwei confocale Rotationsellipsoide begrenzt wird, nach der Methode des §. 2—3. Einführung der Coordinaten r, θ, ψ. 315

§. 9. Fortsetzung: Entwickelung von R^{-1} nach Kugelfunctionen, mit Hülfe bestimmter Integrale. Vorläufig wird ein nicht zu grosses θ vorausgesetzt. Einführung von ϱ statt r. 316

§. 10. Fortsetzung: Einfachere, aber nicht wesentlich verschiedene Methode der Entwickelung bei reellem ϱ. 320

§. 11. Fortsetzung und Schluss: Lösung der Aufgabe im §. 8. . . . 321

§. 12. Nach der Methode des §. 6, also ohne Benutzung der Entwickelungen im §. 8—11, wird die Aufgabe für Rotationsellipsoide gelöst, welche dort für die Kugel behandelt war, d. h. es wird das Potential einer Schale, welche von aussen oder innen durch ein Rotationsellipsoid begrenzt ist, resp. für alle äusseren oder inneren Punkte aus seinem Werthe auf der Fläche selbst ermittelt. 323

§. 13. Nach der Methode, welche im §. 7 angedeutet war, wird die Reihe des §. 9 für R^{-1} aus §. 12 gefunden. 330

§. 14. Für den besonderen Fall, dass das Ellipsoid sich in einen Kreis verwandelt, lässt sich der Ausdruck des Potentials im §. 12 summiren. . . 332

§. 15. Beweis, dass nur die Ableitung der Reihe für R^{-1} im §. 9, nicht aber das Resultat ein kleines θ voraussetzt. 343

§. 16. Historisches. 345

Drittes Kapitel.
Das dreiachsige Ellipsoid.

§. 17. Entwickelung von R^{-1} nach Kugelfunctionen durch die Methode des §. 9. 348

§. 18. Fortsetzung: Ueber die Ausdrücke, welche im vorigen Paragraphen eingeführt wurden. 357

§. 19. Fortsetzung und Schluss: Der Theil dessen Verschwinden man im §. 17 voraussetzte, wird wirklich Null. 361

§. 20. Lösung der Aufgabe, welche im §. 11 für Rotationsellipsoide behandelt war, für die dreiachsigen nach der dortigen Methode. 363

§. 21. Die Aufgabe des §. 12 wird für dreiachsige Ellipsoide, zunächst nach der Methode des §. 4 gelöst, also mit Zugrundelegung der Formeln des §. 20. 365

§. 22. Dann nach der Methode des §. 12. Neue Form des Resultates. Wie man durch dieselbe Methode die erste Form des Resultates findet. . . 369

§. 23. Zweite Entwickelung von R^{-1}, nach der Methode des §. 13, in eine Reihe, deren Form sich von der im §. 17 gefundenen unterscheidet. . . 376

§. 24. Historisches. 379

Verbesserungen.

Seite 30 Zeile 5 v. u. statt (6) l. m. (a)
- 80 - 12 v. u. hinter Q l. m. gelöst.
- 135 - 2 v. u. statt p. 9 l. m. p. 11.
- 153 - 15 v. o. hinter deshalb l. m. in Uebereinstimmung mit p. 140.
- 156 - 3 v. o. in (46) statt $d\eta$ l. m. dt.
- 169 - 4 v. o. statt dieselbe l. m. Ω.
- 193 - 18 v. o. statt die (α) l. m. dass (α).
- 220 - 14 v. u. statt g_2 l. m. $\frac{g_2}{g_0}$.
- 347 - 19 v. o. statt S. 335 l. m. p. 336.

A. Theorie der Kugelfunctionen.

Einleitung.
Die Einführung der Kugelfunctionen.

§. 1. Wirken auf einen Punkt O mehrere andere materielle Punkte P_1, P_2, P_3 etc. mit den Massen μ_1, μ_2, μ_3 etc. nach dem Newton'schen Gesetze anziehend aus den Entfernungen $OP_1 = R_1$, $OP_2 = R_2$, $OP_3 = R_3$ etc., so ergiebt sich die gesammte Anziehung, welche O erleidet, aus der Summe*)

$$\frac{\mu_1}{R_1} + \frac{\mu_2}{R_2} + \frac{\mu_3}{R_3} + \text{etc.}$$

Die Entwickelung der einzelnen Glieder dieses Ausdrucks führt auf jene Functionen, welche mit dem von Gauss gewählten Namen „Kugelfunctionen" bezeichnet werden.

Es seien x, y, z die rechtwinkligen Coordinaten des Punktes O, ferner x_1, y_1, z_1 von P_1, etc.; die obige Summe besteht dann, abgesehen von den Massen μ, aus Gliedern wie

$$T = \frac{1}{\sqrt{(x-x_1)^2 + (y-y_1)^2 + (z-z_1)^2}}.$$

---

*) Mémoires de Mathématique et de Physique, tirés des registres de l'Académie royale des sciences. Année 1782: Théorie des attractions des sphéroides et de la figure des planètes, par M. de la Place, no. IV p. 123. Legendre schreibt diesen Satz in den „Mémoires de Mathématique et de Physique, présentés à l'Académie royale des sciences, par divers savans, Tome X. Paris 1785" Laplace zu. M. vergl. daselbst Recherches sur l'attraction des sphéroides homogènes p. 421, no. 14 die Worte: Mais on y parvient ... à l'aide d'un théorème que M. de la Place a bien voulu me communiquer etc.

Führt man in T sogenannte Kugelcoordinaten ein, d. h. setzt

$$x = r\cos\theta \qquad x_i = r_i \cos\theta_i$$
$$y = r\sin\theta \cos\psi \qquad y_i = r_i \sin\theta_i \cos\psi_i$$
$$z = r\sin\theta \sin\psi \qquad z_i = r_i \sin\theta_i \sin\psi_i,$$

wo r und r_i positiv, θ und θ_i zwischen 0 und π, ψ und ψ_i zwischen 0 und 2π genommen werden, so verwandelt es sich in

$$T = \frac{1}{\sqrt{r^2 - 2rr_i(\cos\theta\cos\theta_i + \sin\theta\sin\theta_i \cos(\psi-\psi_i)) + r_i^2}},$$

und hier sind r und r_i die geradlinigen Entfernungen der Punkte O und P_i vom Anfangspunkte A, während $\frac{1}{T}$ gleich OP_i wird. Setzt man den Winkel OAP_i gleich γ, so ist γ mit θ, θ_i, ψ und ψ_i durch die Gleichung

$$\cos\gamma = \cos\theta\cos\theta_i + \sin\theta\sin\theta_i \cos(\psi-\psi_i)$$

verbunden, und man erhält

$$T = \frac{1}{\sqrt{r^2 - 2rr_i \cos\gamma + r_i^2}}.$$

Die Entwickelung, von der oben die Rede war, die sich bei **Laplace**[*]) und **Legendre**[**]) findet, besteht darin, dass man T nach aufsteigenden Potenzen der kleineren von den beiden Entfernungen r und r_i — sie sei r_i — und nach absteigenden der grösseren r ordnet: der Coefficient von $\frac{r_i^n}{r^{n+1}}$, der also nur von $\cos\gamma$ abhängt, ist dann die n^{te} Kugelfunction. Wählt man als Functionszeichen für dieselbe mit **Dirichlet**[***]) den Buchstaben $P^{(n)}$, oder P^n wo eine Verwechselung mit Potenzen unmöglich ist, und fügt diesem das Argument $\cos\gamma$ in Parenthese hinzu, so ist P^n durch die Gleichung

$$T = \sum_{n=0}^{\infty} \frac{r_i^n}{r^{n+1}} P^{(n)}(\cos\gamma)$$

definirt, und wird eine ganze Function n^{ten} Grades von $\cos\gamma$; ihren genauen Werth findet man unten §. 3.

---

[*]) Mémoires de Math. et de Phys. Année 1782 no. X p. 138.
[**]) Savans étrangers Tome X no. 10, p. 419.
[***]) Crelle, Journal f. Math. Bd. XVII: Sur les séries dont le terme général dépend de deux angles, et qui servent à exprimer des fonctions arbitraires entre des limites données, S. 35.

§. 2. Durch directes Differentiiren sieht man, dass T der partiellen Differentialgleichung

$$\frac{\partial^2 T}{\partial x^2} + \frac{\partial^2 T}{\partial y^2} + \frac{\partial^2 T}{\partial z^2} = 0$$

genügt, die sich, nach Einführung der Kugelcoordinaten, in

$$r\frac{\partial^2(rT)}{\partial r^2} + \frac{1}{\sin\theta}\frac{\partial\left(\sin\theta\frac{\partial T}{\partial \theta}\right)}{\partial \theta} + \frac{1}{\sin^2\theta}\frac{\partial^2 T}{\partial \psi^2} = 0$$

verwandelt. Setzt man in diese für T die nach r absteigende Reihe ein, so entsteht auf der linken Seite eine neue, nach r absteigende Reihe, deren Summe verschwinden muss. Es verschwindet daher jedes Glied für sich, und $P^n(\cos\gamma)$ muss der Differentialgleichung

$$(a) \ldots \frac{1}{\sin\theta}\frac{\partial\left(\sin\theta\frac{\partial P}{\partial \theta}\right)}{\partial \theta} + \frac{1}{\sin^2\theta}\frac{\partial^2 P}{\partial \psi^2} + n(n+1)P = 0$$

genügen. Wird in den frühern Formeln $\theta_i = 0$ gesetzt, so reducirt sich $\cos\gamma$ auf $\cos\theta$, wird also von ψ unabhängig, ebenso $P^n(\cos\gamma)$, welches sich dann in $P^n(\cos\theta)$ verwandelt, so dass $P^n(\cos\theta)$ ein Integral der Gleichung

$$(b) \ldots \frac{1}{\sin\theta}\frac{\partial\left(\sin\theta\frac{\partial P}{\partial \theta}\right)}{\partial \theta} + n(n+1)P = 0$$

ist, in welche nun (a) übergeht*).

In dem ersten Theile wird P als Function von $\cos\gamma$ betrachtet werden, ohne Rücksicht auf die Zusammensetzung dieses Arguments aus $\theta, \psi, \theta_i, \psi_i$, und in diesem Sinne wird gesagt, er handle über die Kugelfunctionen von einer Veränderlichen; im zweiten Theile tritt P als Function der Veränderlichen auf, von denen $\cos\gamma$ abhängig gemacht wird, und zwar zunächst von $\theta, \psi, \theta_i, \psi_i$.

---

*) Alle Entwickelungen dieser Paragraphen finden sich bei **Laplace** in den Memoiren von 1782 S. 133 et seq.

I. Theil.
Die Kugelfunctionen einer Veränderlichen.

Erstes Kapitel.
Verschiedene Formen der Kugelfunction.

§. 3. Nachdem die Art auseinandergesetzt ist, auf welche Laplace die Kugelfunctionen einführte, und wichtige Eigenschaften derselben auffand, wobei man von den allgemeineren auf die specielleren hinabstieg, soll jetzt der umgekehrte Weg eingeschlagen werden.

Wenn α klein genug genommen wird, und x zunächst reell ist, so lässt sich die positive Grösse

$$T = \frac{1}{\sqrt{1 - 2\alpha x + \alpha^2}}$$

nach aufsteigenden Potenzen von α in eine Reihe entwickeln, in welcher der Coefficient von α^n mit $P^{(n)}(x)$ bezeichnet werden soll. Man entwickelt dazu T nach dem binomischen Lehrsatze in die Reihe

$$1 + \frac{1}{2}\alpha(2x - \alpha) + \frac{1.3}{2.4}\alpha^2(2x - \alpha)^2 + \text{etc.},$$

und sammelt die Glieder, welche in eine bestimmte Potenz von α, z. B. α^n multiplicirt sind. Dadurch ergiebt sich

$$(1) \ldots T = \sum_{n=0}^{n=\infty} \alpha^n P^{(n)}(x)$$

$$(2) \ldots P^{(n)}(x) = \frac{1.3.5\ldots(2n-1)}{1.2.3\ldots n}\left(x^n - \frac{n(n-1)}{2(2n-1)}x^{n-2} + \frac{n(n-1)(n-2)(n-3)}{2.4(2n-1)(2n-3)}x^{n-4} - \text{etc.}\right).$$

Diese Gleichung kann nun als Definition von $P^n(x)$ betrachtet werden, es mag x reell oder imaginär sein. Imaginär wird hier jede complexe Zahl $a + bi$ genannt, gleichviel ob $a = 0$ oder ob es von Null verschieden ist; wird der Fall $a = 0$ speciell betrachtet, so sagt man, die Zahl sei rein imaginär.

§. 4, 2.   I. Theil. Erstes Kapitel.   7

Beispiele.

$$P^0 = 1$$
$$P^1 = x$$
$$P^2 = \tfrac{3}{2}(x^2 - \tfrac{1}{3})$$
$$P^3 = \tfrac{5}{2}(x^3 - \tfrac{3}{5}x)$$
$$P^4 = \tfrac{35}{8}(x^4 - \tfrac{6}{7}x^2 + \tfrac{3}{35}).$$

$$P^{2n}(-x) = P^{2n}(x); \quad P^{2n+1}(-x) = -P^{2n+1}(x); \quad P^n(1) = 1.$$

Anmerk. 1. Nach der Bemerkung von Euler*) in einem Briefe an Goldbach, dass in der Entwickelung von $\sqrt{1 - n^2 a}$ nach aufsteigenden Potenzen von a alle Coefficienten von a ganze Zahlen werden, erkennt man sofort, dass P^n nur eine Potenz von 2 zum numerischen Nenner hat. (Diese Eigenschaft von P hat Herr G. Bauer in München dem Verfasser mitgetheilt.)

Anmerk. 2. Die Gleichungen (1) und (2) gelten noch immer zugleich, wenn auch x imaginär wird; nur ist dann, bei hinlänglich kleinem a, das T mit positivem reellen Theile zu nehmen.

§. 4. Für $P^n(x)$, welches so eben nach Potenzen von x geordnet wurde, lassen sich noch andere Reihen aufstellen, die eine besondere elegante Form annehmen, wenn für x eine trigonometrische Function, z. B. $x = \cos\theta$ gesetzt wird.

Zuerst soll $P^n(\cos\theta)$ nach Cosinus der Vielfachen von θ entwickelt werden; dazu bringt man T in die Form

$$(1 - \alpha e^{i\theta})^{-\frac{1}{2}}(1 - \alpha e^{-i\theta})^{-\frac{1}{2}},$$

entwickelt jeden Factor für sich nach dem binomischen Lehrsatze, und bildet dann das Product der beiden Reihen

$$1 + \tfrac{1}{2}\alpha e^{i\theta} + \frac{1 \cdot 3}{2 \cdot 4}(\alpha e^{i\theta})^2 + \text{etc.},$$

$$1 + \tfrac{1}{2}\alpha e^{-i\theta} + \frac{1 \cdot 3}{2 \cdot 4}(\alpha e^{-i\theta})^2 + \text{etc.}$$

Der Coefficient von α^n in dem Producte muss nun $P^{(n)}$ sein, so dass man erhält:

$$(a) \ldots \quad \frac{2 \cdot 4 \cdot 6 \ldots (2n)}{1 \cdot 3 \cdot 5 \ldots (2n-1)} P^n(\cos\theta) =$$

$$\cos n\theta + \frac{1 \cdot n}{1 \cdot (2n-1)}\cos(n-2)\theta + \frac{1 \cdot 3 \cdot n(n-1)}{1 \cdot 2 (2n-1)(2n-3)}\cos(n-4)\theta + \text{etc.},$$

---

*) Correspondance mathématique et physique, publiée par Fuss. St. Petersbourg 1843 Tome I, Lettre CXLII, pag. 557 (Berlin d. 4. December 1751).

wenn die Reihe so weit fortgesetzt wird, bis sie von selbst abbricht. Es kommt auf dasselbe hinaus, wenn man die Reihe so weit fortsetzt, bis die Argumente $(n-2)\theta$, $(n-4)\theta$, etc. in negative Vielfache von θ übergehn, und dann bei ungeradem n alle Glieder, bei geradem n alle ausser dem letzten doppelt nimmt.

Aus dieser Reihe, welche Laplace *) entwickelt, schliesst Legendre **), dass P^n seinen grössten Werth für $\theta = 0$ erhält. Da aber $P(1)$ gleich 1 wird, so ist zugleich 1 der grösste Werth von $P(\cos\theta)$.

Eine ähnliche Reihe stellt $P^n(x)$ auch dann noch dar, wenn x grösser als 1 ist. Man bildet dazu eine Grösse ξ, die zu x die Beziehung hat, welche $e^{i\alpha}$ zu $\cos\theta$, indem man

$$2x = \xi + \xi^{-1}$$
$$2\sqrt{x^2-1} = \xi - \xi^{-1}$$

also $\xi = x + \sqrt{x^2-1}$, $\xi^{-1} = x - \sqrt{x^2-1}$ macht, gleichgültig welche der beiden Wurzeln man unter $\sqrt{x^2-1}$ versteht. Die Zerlegung von T in

$$(1-\alpha\xi)^{-\frac{1}{2}}\left(1-\frac{\alpha}{\xi}\right)^{-\frac{1}{2}}$$

giebt dann die Formel

$$(b)\ldots \frac{2.4.6\ldots(2n)}{1.3.5\ldots(2n-1)}P^n(x) =$$
$$\xi^n + \frac{1.n}{1.(2n-1)}\xi^{n-2} + \frac{1.3.n(n-1)}{1.2(2n-1)(2n-3)}\xi^{n-4} + \text{etc.}$$

Ohne auf die Entwickelung von T zurückzugehen, findet man diese Formel auch, wenn man bemerkt dass rechts und links in (b) eine ganze Function von x steht, indem $\sqrt{x^2-1}$ sich auf der rechten Seite forthebt, und dass die Gleichheit dieser ganzen Functionen durch (a) schon für alle x erwiesen ist, die kleiner als 1 sind: sie besteht daher für alle x.

Andre Ausdrücke für P, die nach $\cos\frac{\theta}{2}$ und $\sin\frac{\theta}{2}$ geordnet sind, hat Dirichlet ***) angegeben, von denen man spä-

---

*) Memoiren von 1782, S. 142.
**) Memoiren von 1784: Recherches sur la figure des planètes, S. 376.
***) Crelle, Journal f. Math. Bd. XVII, S. 39.

ter sehen wird (§. 51), dass sie leicht aus einer allgemeinen Formel von Legendre folgen. Um den ersten zu erhalten, setze man für $1-2\alpha\cos\theta+\alpha^2$ zunächst $1-2\alpha+\alpha^2+4\alpha\sin^2\frac{\theta}{2}$, und dann

$$(1-\alpha)^2\left(1+\frac{4\alpha\sin^2\frac{\theta}{2}}{(1-\alpha)^2}\right).$$

Dadurch wird

$$T = \frac{1}{1-\alpha} - \frac{1}{1}\frac{2\alpha\sin^2\frac{\theta}{2}}{(1-\alpha)^3} + \frac{1.3}{1.2}\frac{\left(2\alpha\sin^2\frac{\theta}{2}\right)^2}{(1-\alpha)^5} - \text{etc.};$$

das Glied, welches α^m im Zähler hat, nämlich

$$\pm\frac{1.3.5\ldots(2m-1)}{1.2.3\ldots m}\frac{\left(2\alpha\sin^2\frac{\theta}{2}\right)^m}{(1-\alpha)^{2m+1}},$$

liefert, wenn man es nach Potenzen von α entwickelt, so lange m nicht n überschreitet einen Theil, welcher in α^n multiplicirt ist, der gehörig zusammengezogen gleich *)

$$\pm\frac{\Pi(n+m)}{\Pi(n-m)}\frac{\sin^{2m}\frac{\theta}{2}}{(\Pi m)^2}$$

wird. Sammelt man alle diese Theile in T, so entsteht endlich

$$(c)\ldots P^n(\cos\theta) = 1 - \frac{(n+1)n}{1^2}\sin^2\frac{\theta}{2} + \frac{(n+2)(n+1)n(n-1)}{1^2.2^2}\sin^4\frac{\theta}{2} - \text{etc.}$$

Hätte man $1-2\alpha\cos\theta+\alpha^2$ nicht wie oben transformirt, sondern gleich

$$1+2\alpha+\alpha^2-4\alpha\cos^2\frac{\theta}{2}$$

gesetzt, so würde man

$$(d)\ldots(-1)^n P^n(\cos\theta) = 1 - \frac{(n+1)n}{1^2}\cos^2\frac{\theta}{2}$$
$$+\frac{(n+2)(n+1)n(n-1)}{1^2.2^2}\cos^4\frac{\theta}{2} - \text{etc.}$$

erhalten haben, einen Ausdruck, der übrigens sogleich aus (c) durch Vertauschung von θ mit $\pi-\theta$ folgt.

---

*) Hier wie im Folgenden wird das Gaussische Zeichen Π angewandt. Bekanntlich ist $\Pi(\alpha) = \Gamma(\alpha+1) = \alpha\Pi(\alpha-1)$. Für eine ganze Zahl n ist $\Pi(n)$ das Product $1.2.3\ldots n$.

Ueber andere Entwickelungen von P^n vergl. m. §. 7 und §. 20; als die Quelle, aus welcher am leichtesten Reihenausdrücke geschöpft werden, wird sich später die Differentialgleichung der P erweisen.

§. 5. **Die Kugelfunction lässt sich als Differentialquotient eines einfachen Ausdrucks ansehen.** Um dies zu zeigen, transformire man den Factor
$$\frac{1.3.5\ldots(2n-1)}{1.2.3\ldots n},$$
welcher in der Gleichung (2) für P vorkommt, in
$$\frac{(2n)(2n-1)(2n-2)\ldots(n+1)}{2^n.1.2.3\ldots n};$$
dann geht $2^n \Pi(n) P^n(x)$ in eine Summe von Gliedern über, deren erstes
$$(2n)(2n-1)\ldots(n+1)x^n = \frac{d^n(x^{2n})}{dx^n}$$
ist, während allgemein das mit x^{n-2m} multiplicirte
$$\pm\frac{(2n)(2n-1)\ldots(n-2m+1)}{2.4\ldots 2m(2n-1)(2n-3)\ldots(2n-2m+1)} x^{n-2m}$$
wird. Zertheilt man den Zähler in das Product von
$$(2n-2m)(2n-2m-1)\ldots(n-2m+1)$$
und
$$(2n)(2n-1)(2n-2)\ldots(2n-2m+1),$$
hebt darauf die Factoren des letzten Ausdrucks, welche ungerade Zahlen enthalten, gegen die gleichen des Nenners fort, so verwandelt sich dieses Glied in
$$\pm\frac{n(n-1)\ldots(n-m+1)}{1.2\ldots m}(2n-2m)(2n-2m-1)\ldots(n-2m+1)x^{n-2m}$$
oder in
$$\pm\frac{n(n-1)(n-2)\ldots(n-m+1)}{1.2.3\ldots m}\frac{d^n(x^{2n-2m})}{dx^n}.$$
Es wird daher $2^n \Pi(n) P^n(x)$ der n^{te} Differentialquotient nach x von
$$x^{2n} - \frac{n}{1}x^{2n-2} + \frac{n(n-1)}{1.2}x^{2n-4} - \text{etc.},$$
d. h.
$$(3)\ldots\quad P^n(x) = \frac{1}{2^n \Pi(n)}\frac{d^n(x^2-1)^n}{dx^n}.$$

§. 6, 4.   I. Theil. Erstes Kapitel.   11

Diese wichtige Formel rührt von Ivory*) her; er findet sie durch eine Methode, die im §. 37 auseinandergesetzt wird. Betrachtungen, welche denen von Ivory am angeführten Orte ganz ähnlich sind, kommen mit Ausnahme des schliesslichen Resultates (3) zwar schon in Legendre's Exercices **) vor, treten aber noch früher, nämlich in den Philosophical Transactions von 1812 in Ivory's Arbeit, On the Attractions of an extensive Class of Spheroids S. 50 auf. Später hat Jacobi ***) diese Formel noch einmal entdeckt, und durch die Lagrange'sche Umkehrungsformel bewiesen. Andere Beweise, auf die man gelegentlich kommt, sind §. 35, 37 und 56 angedeutet.

§. 6. Jacobi hat auf eine Methode †) aufmerksam gemacht, die man in ihrer einfachsten Gestalt anwenden kann, um den von Laplace ††) aufgefundenen Ausdruck von P^n durch ein bestimmtes Integral abzuleiten. Sie beruht auf einem Hülfssatze, der vorausgeschickt werden soll:

Bezeichnet a eine positive Grösse, und ist b entweder reell und kleiner als a, oder rein imaginär, so wird

$$(4) \ldots \frac{1}{\pi}\int_0^\pi \frac{d\varphi}{a+b\cos\varphi} = \frac{1}{\sqrt{a^2-b^2}},$$

wenn die Wurzel auf der rechten Seite den positiven Werth vorstellt.

---

*) Philosophical transactions of the royal society of London. For the year 1824. Part I. London 1824: On the figure requisite to maintain the equilibrium of a homogeneous fluid mass that revolves upon an axis, pag. 91—93.

**) Exercices de calcul intégral sur divers ordres de transcendantes et sur les quadratures par A. M. Le Gendre. Tome II. Paris 1817, no. 134, pag. 258. Man vergl. dort die Formel (m).

***) Crelle, Journal f. Math. Bd. II, Berlin 1827, S. 223: Ueber eine besondere Gattung algebraischer Functionen, die aus der Entwicklung der Function $(1-2xz+z^2)^{\frac{1}{2}}$ entstehen.

†) Crelle, Journal f. Math. Bd. XXXVI, S. 81: Ueber die Entwicklung des Ausdrucks $[aa - 2aa'(\cos\omega\cos\varphi + \sin\omega\sin\varphi\cos(\vartheta-\vartheta')) + a'a']^{-\frac{1}{2}}$. Diese merkwürdige Arbeit ist später, abgekürzt in's Italienische übersetzt, im Giornale Arcadico, Tomo XCVIII, Roma 1844 erschienen, und aus demselben in's Liouville'sche Journal Tome X, pag. 229 übergegangen.

††) Traité de mécanique céleste Tome V. Paris 1825. Livre XI, Chap. II, No. 3, pag. 33 form. (f).

Versteht man, wie üblich, unter Modulus einer imaginären Zahl $p+qi$ die positive Grösse $\sqrt{p^2+q^2}$, deren Quadrat p^2+q^2 Gauss Norm nennt*), so ist

$$(a) \ldots \int_0^\pi \frac{d\varphi}{1-2\beta\cos\varphi+\beta^2} = \frac{\pi}{1-\beta^2}$$

wenn $M(\beta) < 1$. Denn der Nenner des Integrals lässt sich in

$$(1-\beta e^{i\varphi})(1-\beta e^{-i\varphi})$$

zerfällen, und man hat

$$\frac{1}{1-\beta e^{i\varphi}} = 1 + \beta e^{i\varphi} + \beta^2 e^{2i\varphi} + \text{etc.}$$

folglich enthält die Entwickelung von

$$\frac{1}{1-2\beta\cos\varphi+\beta^2}$$

nach Potenzen von $e^{i\varphi}$ und $e^{-i\varphi}$ als von φ unabhängiges Glied

$$1+\beta^2+\beta^4+\text{etc.} = \frac{1}{1-\beta^2}.$$

Entwickelungen nach Potenzen der genannten Grössen sind Entwickelungen nach Cosinus und Sinus der Vielfachen von φ, und zwar können die Sinus nur mit i verbunden vorkommen; sie fehlen also hier, wo die entwickelte Function reell ist. Es sei nun eine Function von φ, die $f(\varphi)$ heisse, nach Cosinus der Vielfachen von φ in eine Reihe

$$f(\varphi) = c_0 + c_1 \cos\varphi + c_2 \cos 2\varphi + \text{etc.}$$

entwickelt; dann wird das Glied c_0 durch das Integral

$$\frac{1}{\pi}\int_0^\pi f(\varphi)\,d\varphi$$

gefunden, so dass, wenn

$$f(\varphi) = \frac{1}{1-2\beta\cos\varphi+\beta^2}$$

gesetzt wird, die Gleichung (a) erwiesen ist.

Das Integral (4) kann man sogleich auf die behandelte Form (a) bringen, wenn man eine solche Grösse p und solches β sucht, dass $M(\beta) < 1$ und dass

$$a = p(1+\beta^2)$$
$$b = -2\beta p$$

---

*) Zur Abkürzung soll Modulus und Norm von $p+qi$ durch $M(p+qi)$ und $N(p+qi)$ bezeichnet werden.

wird. Dazu muss
$$\beta^2 + \frac{2a}{b}\beta + 1 = 0$$
sein; haben also die beiden Wurzeln
$$\frac{-a+\sqrt{a^2-b^2}}{b}, \quad \frac{-a-\sqrt{a^2-b^2}}{b}$$
nicht gleichen Modulus, so ist der Modulus der einen kleiner als 1, (da ihr Produkt grade 1 wird) und diese kann für β gewählt werden. Nach unseren Annahmen ist $\sqrt{a^2-b^2}$ jedenfalls reell und von Null verschieden; also sind die Moduln der Wurzeln verschieden, und
$$\beta = \frac{-a+\sqrt{a^2-b^2}}{b}$$
ist von der verlangten Beschaffenheit. Da nun $1 \pm \beta^2$ positiv wird, so ist auch p und endlich $p(1-\beta^2)$ positiv, folglich gleich der positiven Wurzel aus a^2-b^2, d. h.
$$\frac{1}{\pi}\int_0^\pi \frac{d\varphi}{p(1-2a\cos\varphi+a^2)} = \frac{1}{\sqrt{a^2-b^2}},$$
und sonach die Gleichung (4) bewiesen.

Diese Formel lässt sich noch verallgemeinern; fasst man nämlich das Resultat so, dass $(a+b\cos\varphi)^{-1}$, nach Cosinus der Vielfachen von φ entwickelt, als von φ freies Glied $\frac{1}{\sqrt{a^2-b^2}}$ enthält, so folgt dasselbe für die Entwickelung von $(a+b\cos(\varphi-\psi))^{-1}$ nach Cosinus der Vielfachen von $(\varphi-\psi)$. Wird nun nach φ zwischen 0 und 2π integrirt, so fallen alle Glieder der Cosinusreihe bis auf das von φ unabhängige fort, und man erhält
$$\int_0^{2\pi} \frac{d\varphi}{a+b\cos\psi\cos\varphi+b\sin\psi\sin\varphi} = \frac{2\pi}{\sqrt{a^2-b^2}},$$
d. h.: es ist
$$(4,a) \ldots \int_0^{2\pi} \frac{d\varphi}{A+B\cos\varphi+C\sin\varphi} = \frac{2\pi}{\sqrt{A^2-B^2-C^2}}$$
wenn A eine positive Grösse bezeichnet, B und C zugleich reell oder zugleich rein imaginär sind, und $\sqrt{A^2-B^2-C^2}$ die positive Wurzel aus der positiven Grösse $A^2-B^2-C^2$ vorstellt.

Das Integral (4, a), und dasselbe noch verallgemeinert durch einen Factor $\cos m\varphi$ oder $\sin m\varphi$ unter dem Integralzeichen, hat Jacobi in einer besondern*) Arbeit für den Fall behandelt, dass A, B, C beliebig reell oder imaginär sind. Im §. 47 wird derselbe Gegenstand wieder berührt werden.

§. 7. Vermittelst dieses Hülfsatzes lässt sich, wenigstens für ein reelles x, $(1-2\alpha x+\alpha^2)^{-\frac{1}{2}}$ durch ein bestimmtes Integral ausdrücken. Dazu transformire man die Grösse unter dem Wurzelzeichen in
$$(1-\alpha x)^2 + \alpha^2(1-x)^2$$
und setze in (4)
$$a = 1-\alpha x,$$
$$b = \alpha \sqrt{x^2-1}.$$

Da für ein hinlänglich kleines α jedenfalls $1-\alpha x$ positiv ist, so erfüllt a die Bedingungen des Theorems; b, mit welchem Zeichen auch die Wurzel genommen wird, ist entweder rein imaginär, wenn nämlich $x<1$, oder reell und dann kleiner als a, da
$$a^2 - b^2 = 1-2\alpha x+\alpha^2$$
positiv wird. Es ergiebt sich daher aus (4)
$$\frac{\pi}{\sqrt{1-2\alpha x+\alpha^2}} = \int_0^\pi \frac{d\varphi}{1-\alpha x+\alpha\cos\varphi \sqrt{x^2-1}},$$
und hieraus, wenn man nach aufsteigenden Potenzen von α entwickelt, zunächst für ein reelles x (durch (1))
$$(5) \ldots \pi P^n(x) = \int_0^\pi (x-\cos\varphi\sqrt{x^2-1})^n d\varphi,$$
die Gleichung von Laplace.

Denkt man sich α positiv und hinlänglich gross, so wird für ein positives x auch $\alpha x - 1 = a$ positiv, und $b = \alpha\sqrt{x^2-1}$ genügt noch den Bedingungen der Gleichung (4); es entsteht also für hinlänglich grosse α die Beziehung
$$\frac{\pi}{\sqrt{1-2\alpha x+\alpha^2}} = \int_0^\pi \frac{d\varphi}{\alpha x+\alpha\cos\varphi\sqrt{x^2-1}-1};$$

---

*) Crelle, Journal f. Math. Bd. XXXII, S. 8: Ueber den Werth, welchen das bestimmte Integral $\int_0^{2\pi} \frac{d\varphi}{1-A\cos\varphi-B\sin\varphi}$ für beliebige imaginäre Werthe von A und B annimmt.

die linke Seite, nach absteigenden Potenzen von a entwickelt, giebt $P^n(x)$ als Coefficienten von a^{-n-1}, also der vorstehende Ausdruck die neue Form von P:

$$(5, a) \ldots \pi P^n(x) = \int_0^\pi \frac{d\varphi}{(x+\cos\varphi \sqrt{x^2-1})^{n+1}}.$$

Im folgenden Paragraphen werden die wichtigen Ausdrücke für P, die hier gewonnen sind, genauer untersucht; zunächst können sie dazu dienen, neue Entwickelungen von P in Reihen zu liefern, welche die des §. 4 vervollständigen. Setzt man wieder $x = \cos\theta$ und

$$\cos\theta + i\sin\theta\cos\varphi = \left(\cos\frac{\theta}{2} + i\sin\frac{\theta}{2}e^{i\varphi}\right)\left(\cos\frac{\theta}{2} + i\sin\frac{\theta}{2}e^{-i\varphi}\right),$$

so wird die n^{te} Potenz des Ausdrucks auf der linken Seite gleich dem Product der beiden Reihen

$$\cos^n\frac{\theta}{2}\left[1 + \frac{n}{1}i\tan g\frac{\theta}{2}e^{i\varphi} + \frac{n(n-1)}{1.2}\left(i\tan g\frac{\theta}{2}e^{i\varphi}\right)^2 + \text{etc.}\right],$$

$$\cos^n\frac{\theta}{2}\left[1 + \frac{n}{1}i\tan g\frac{\theta}{2}e^{-i\varphi} + \frac{n(n-1)}{1.2}\left(i\tan g\frac{\theta}{2}e^{-i\varphi}\right)^2 + \text{etc.}\right],$$

also nach (5)

$$P^n(\cos\theta) = \cos^{2n}\frac{\theta}{2}\left[1 - \left(\frac{n}{1}\tan g\frac{\theta}{2}\right)^2 + \left(\frac{n(n-1)}{1.2}\tan g^2\frac{\theta}{2}\right)^2 - \text{etc.}\right],$$

wie Dirichlet am ang. Orte*) bemerkt.

Eine nach Potenzen von $\tan g\,\theta = u$ geordnete Reihe findet man durch Entwickelung von $(\cos\theta + i\sin\theta\cos\varphi)^n$ nach dem binomischen Lehrsatze; da

$$\frac{1}{\pi}\int_0^\pi \cos^m\varphi\, d\varphi$$

für ein ungerades m verschwindet, für ein gerades gleich

$$\frac{1.3.5\ldots(m-1)}{2.4.6\ldots m}$$

wird, so ergiebt sich

$$P^n(\cos\theta) = \cos^n\theta\left(1 - \frac{n(n-1)}{2^2}u^2 + \frac{n(n-1)(n-2)(n-3)}{2^2.4^2}u^4 - \text{etc.}\right).$$

Dieser Ausdruck kommt im wesentlichen bei Euler**) vor.

---

*) Crelle, Journal f. Math. Bd. XVII S. 40.
**) Euleri institutiones calculi integralis, Ed. III. Petropoli 1824. Vol. I, Sectio I, Cap. VI, probl. 88 (nicht 86, wie dort irrthümlich steht), S. 160.

§. 8. Die Kugelfunction ist nach (2) eine ganze Function ihrer Veränderlichen x; dasselbe gilt von der rechten Seite von (5), indem dort bei der Entwickelung nach Potenzen von $\cos\varphi$, durch die Integration die ungeraden Potenzen von $\cos\varphi$, also auch von $\sqrt{x^2-1}$ herausfallen. (Aus diesem Grunde ist es gleichgültig, welches Zeichen diese Wurzel erhält; letzteres sieht man übrigens auf der Stelle ein, wenn man $\pi-\varphi$ für φ substituirt.) Besteht die Gleichheit zweier ganzen Functionen von x für alle reellen x, so findet sie allgemein für alle x Statt, so dass die Gleichung (5) für alle reellen und imaginären x gilt.

Es fragt sich, ob die Gleichung (5, a) ebenso für alle x besteht, ob also nicht nur für positive, sondern für alle reellen und imaginären Werthe erhalten wird:

$$(6)\ldots \int_0^\pi (x\pm\cos\varphi\sqrt{x^2-1})^n d\varphi = \int_0^\pi \frac{d\varphi}{(x\pm\cos\varphi\sqrt{x^2-1})^{n+1}}.$$

Zunächst ist klar, dass wenn beide Seiten für ein bestimmtes x gleich sind, sie für das negative nicht gleich sondern entgegengesetzt werden; auch für ein rein imaginäres x können sie nicht übereinstimmen, da für einen Werth von φ in diesem Falle $x\pm\cos\varphi\sqrt{x^2-1}$ verschwindet, also das Integral der rechten Seite die Bedeutung verliert. Aber auch nur in diesem Falle kann die genannte Grösse verschwinden; denn soll $\dfrac{x}{\sqrt{x^2-1}}$ reell sein, so muss $\dfrac{1}{x^2}$ reell, also x reell oder rein imaginär werden. Ist x reell und kleiner als 1, so wird $\dfrac{x}{\sqrt{x^2-1}}$ imaginär, ist x reell und grösser als 1, so wird jener Quotient grösser als 1, also nicht $=\pm\cos\varphi$.

Nach diesen vorläufigen Betrachtungen soll der schliessliche Satz bewiesen werden: **Die Gleichung (6) besteht immer, sobald der reelle Theil von x positiv ist**, und giebt so einen zweifachen Ausdruck für $P^n(x)$.

Um dies zu beweisen, wird man (6) durch eine Substitution verificiren, welche von Jacobi*) herrührt; der bessern Uebersicht

---

*) Crelle, Journal f. Math. Bd. XV: Formula transformationis integralium definitorum. S. 11, no. 8.

halber denke man sich zunächst x reell (natürlich positiv) und grösser als 1.

In das Integral
$$\int (x - \cos\eta \sqrt{x^2-1})^s \, dy$$
führe man eine neue Variable φ für η durch die Gleichungen ein:
$$\cos\eta = \frac{x\cos\varphi + \sqrt{x^2-1}}{x + \cos\varphi \sqrt{x^2-1}}$$
$$\sin\eta = \frac{\sin\varphi}{x + \cos\varphi \sqrt{x^2-1}},$$
denen man noch die beiden andern
$$d\eta = \frac{d\varphi}{x + \cos\varphi \sqrt{x^2-1}}$$
$$x - \cos\eta \sqrt{x^2-1} = \frac{1}{x + \cos\varphi \sqrt{x^2-1}}$$
hinzufügen kann, mit der Bestimmung, dass für $\varphi = 0$ auch η verschwindet, und η sich dann mit φ continuirlich ändert. Während φ von 0 bis π wächst, kommt η von 0 zu einem solchen Werthe, dass $\cos\eta = -1$, $\sin\eta = 0$, der also sicher ein ungerades Vielfache von π ist; da aber $\sin\eta$ während dieses Laufes von φ nie negativ wird, so überschreitet η nie π, seine Grenzen sind daher 0 und π, und man hat
$$\int_0^{\pi} \frac{d\varphi}{(x+\cos\varphi \sqrt{x^2-1})^{s+1}} = \int_0^{\pi} (x - \cos\eta \sqrt{x^2-1})^s \, d\eta.$$

[* Im allgemeinen Falle, wenn x imaginär ist, kann dieselbe Substitution mit den gleichen Bedingungen für Anfang und Verlauf gemacht werden; es ist dann unter $\cos\eta$ und $\sin\eta$ die Exponentialgrösse $\frac{e^{i\eta}+e^{-i\eta}}{2}$ resp. $\frac{e^{i\eta}-e^{-i\eta}}{2i}$, und unter η ein imaginärer Ausdruck $\varepsilon + i\zeta$ zu verstehen. Hierbei kommen folgende Punkte in Betracht:

1) „Wenn φ von 0 bis π durch das Reelle wächst, so ändert „sich η von 0 (durchs Imaginäre) bis zu π, während der reelle „Theil ε nie π im ganzen Verlaufe überschreitet, und ζ nie un- „endlich wird." Das Letzte ist sofort klar, da $x + \cos\varphi \sqrt{x^2-1}$ nie

verschwindet, also $\sin\eta = \sin\varepsilon\cos i\zeta + \cos\varepsilon\sin i\zeta$ und $\cos\eta = \cos\varepsilon\cos i\zeta - \sin\varepsilon\sin i\zeta$, daher auch $2\cos i\zeta = e^\zeta + e^{-\zeta}$ nie unendlich wird; um das Erste zu beweisen, braucht man nur zu zeigen, dass der reelle Theil von $\sin\eta$, der $\sin\varepsilon\cos i\zeta$ ist, nie negativ wird, — weil $\cos i\zeta$ immer positiv ist, also $\sin\varepsilon\cos i\zeta$ das Zeichen von $\sin\varepsilon$ hat. Das Zeichen dieses reellen Theiles von $\sin\eta$ erkennt man als nicht negativ durch einige einfache Hülfssätze, die hier folgen und später noch mehrmals angewandt werden.

Der reelle Theil von $x = a + bi$ hat dasselbe Zeichen wie der von $\frac{1}{x}$. Denn $\frac{1}{x} = \frac{a-bi}{a^2+b^2}$.

Wählt man $\sqrt{x^2-1}$ so, dass der reelle Theil der Wurzeln das Zeichen des reellen Theiles von x hat, so ist auch das Zeichen der imaginären Theile von x und $\sqrt{x^2-1}$ gleich. War x reell und <1, so gilt der Satz offenbar nicht mehr. Beweis: Ist $\sqrt{x^2-1} = p + qi$ so wird der imaginäre Theil von x^2 gleich $2pqi$; war $x = a + bi$, so wird derselbe $2abi$. Hatten a und p gleiches Zeichen, so gilt demnach dasselbe von b und q.

Ist der reelle Theil von x positiv, so gilt dasselbe von dem reellen Theile von $x + \sqrt{x^2-1}$ und $x - \sqrt{x^2-1}$. Beweis: Denkt man sich $\sqrt{x^2-1}$ mit positivem reellen Theile p, so kann man $x = a \pm bi$, $\sqrt{x^2-1} = p \pm qi$ setzen, wo also a und p positiv sind, (Annahme), b und q positive Grössen bezeichnen, und die oberen, ebenso auch die unteren Zeichen zusammengehören. Dann wird der reelle Theil von $x + \sqrt{x^2-1}$, gleich $a + p$, also positiv. Da ferner $x - \sqrt{x^2-1} = \dfrac{1}{x + \sqrt{x^2-1}}$, so ist auch der reelle Theil von $x - \sqrt{x^2-1}$ oder $a - p$ positiv. War x reell und <1, so bedarf der Satz keines Beweises.

Hieraus folgt, dass der reelle Theil von $(x + \cos\varphi\sqrt{x^2-1})$, der gleich $a + p\cos\varphi$ wird, also im ungünstigsten Falle zu $a - p$ herabsinkt, positiv bleibt, also auch der von $\dfrac{1}{x + \cos\varphi\sqrt{x^2-1}}$, und schliesslich der von $\sin\eta$.

§. 8, 6.   I. Theil. Erstes Kapitel.   19

2) Die imaginären Grössen pflegt man geometrisch mit Hülfe zweier sich in einem Punkte A rechtwinklig schneidenden Achsen AX, der Achse des Reellen, und AY, der Achse des Imaginären darzustellen. Eine Zahl $\eta = \varepsilon + \zeta i$ wird dann durch den Punkt

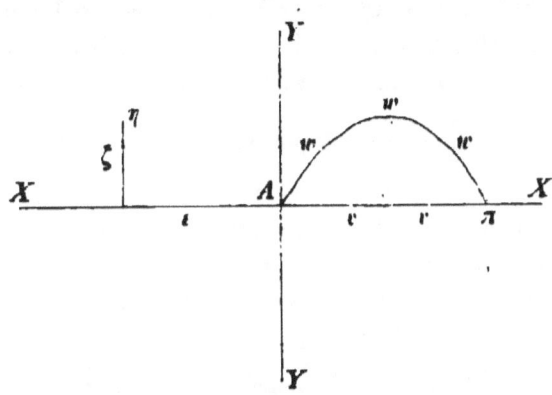

der Ebene vorgestellt, dessen rechtwinklige Coordinaten auf das System bezogen, wenn es ein Coordinatensystem wäre, $x = \varepsilon$, $y = \zeta$ sein würden. Jede continuirliche Curve in der Ebene stellt eine continuirliche Folge von Zahlen η, und verschiedene krumme Linien, welche dieselben zwei Endpunkte verbinden, stellen verschiedene Arten (Wege) dar, auf welchen man continuirlich von dem Werthe von η, welcher dem ersten Punkte entspricht, zu dem gelangen kann, welcher dem letzten Punkte angehört.

Theilt man eine Curve in n Theile nach solchem Gesetze, dass mit wachsendem n die Theilpunkte überall näher rücken, und bei hinlänglich grossem n kein noch so kleiner gegebener Theil ohne Theilpunkt bleibt; sind $\eta_1, \eta_2, \ldots \eta_n$ diese Theilpunkte, und bezeichnet $f(\eta)$ eine für diese Curve continuirliche Function, so ist die Grenze der Summe

$$(\eta_2 - \eta_1) f(\eta_1) + (\eta_3 - \eta_2) f(\eta_2) + \cdots + (\eta_n - \eta_{n-1}) f(\eta_{n-1})$$

für $n = \infty$ das was man

$$\int f(\eta) d\eta,$$

über diesen Weg integrirt, nennt.

Wird ein Raum in der Ebene durch eine geschlossene Curve begrenzt, und hat die Function $f(\eta)$ die Eigenschaft, dass sie immer zu demselben Werthe führt, wenn man von demselben Punkte η_0 zu demselben zweiten η^0, immer mit dem gleichen Werthe $f(\eta_0)$ ausgehend, auf allen verschiedenen Wegen innerhalb des geschlossenen Raumes gelangt, so heisst die Function in diesem Raume monodrom. Jede einwerthige Function ist daher überall monodrom.

Giebt $\dfrac{f(\eta+h)-f(\eta)}{h}$ mit abnehmenden h immer denselben Grenzwerth, man mag unter h eine reelle oder imaginäre Grösse verstehen, so heisst $f(\eta)$ monogen; geschieht dies nur in einem bestimmt umschlossenen Raume, so ist die Function in diesem Raume monogen. (Riemann nennt eine monogene und monodrome Function schlechtweg Function.)

Für eine monogene und monodrome Function existirt immer ein $\int f(\eta)\,d\eta$ für jeden bestimmten Weg der Integration; die auf verschiedenen Wegen genommenen Integrale sind gleich, natürlich wenn sie dieselben zwei Endpunkte verbinden. Wenn η von einer reellen Grösse φ abhängt, und φ von φ_0 bis φ^0 wächst, während η von η_0 bis η^0, so ist das Integral $= \int_{\varphi_0}^{\varphi^0} f(\eta)\dfrac{d\eta}{d\varphi}\,d\varphi$.

Es ist $\cos\eta$ eine monodrome und monogene Function von η; jede ganze Function einer monodromen und monogenen Function ist ebenso beschaffen, folglich auch $(x-\cos\eta\,\sqrt{x^2-1})^n$.

Hieraus schliesst man, „dass $\int (x-\cos\eta\,\sqrt{x^2-1})^n\,d\eta$ über ir„gend einen Weg integrirt, den η einschlägt um von 0 bis zu π „zu gelangen, immer denselben Werth hat, also gleich dem In„tegrale auf reellem Wege von 0 bis π ist".

Werden diese Sätze der Reihe nach mit denen ad 1 verbunden, so ist dadurch der Beweis der Gleichung (6) geliefert. In der That wird dann $\int_0^\pi (x-\cos\eta\,\sqrt{x^2-1})^n\,d\eta$ gleich demselben Integrale auf dem imaginären Wege η, welcher ad 1 bezeichnet

ist, dann
$$= \int_0^\pi (x-\cos\eta\,\sqrt{x^2-1})^n \frac{d\eta}{d\varphi} d\varphi$$
und nach der Substitution des Werthes von η in φ
$$= \int_0^\pi \frac{d\varphi}{(x+\cos\varphi\,\sqrt{x^2-1})^{n+1}}.$$

Bei dem heutigen Stande der Wissenschaft schien es nicht zweckmässig, Betrachtungen wie die ad 2 hier gänzlich auszuschliessen, zumal jetzt, wo bereits elementare Darstellungen der Lehre von den Functionen einer imaginären Veränderlichen existiren*), von der hier die einfachsten Sätze angeführt wurden.]

Anmerkung. Dieselbe Gleichung (6) besteht noch für gebrochene n, wenn man nur die Potenz gehörig bestimmt, x mag reell oder imaginär sein; die Beschränkung dieses Paragraphen über das Zeichen des reellen Theiles von x bleibt bestehen. Setzt man nämlich fest, dass $(x+\cos\varphi\,\sqrt{x^2-1})^n$ für φ gleich 0 irgend eine bestimmte Potenz sei, so wird, da dieser Ausdruck, während φ von 0 bis π reell wächst, nie durch 0 geht, sein Werth im ganzen Verlaufe bestimmt. Da ferner
$$x-\cos\eta\,\sqrt{x^2-1} = \frac{1}{x+\cos\varphi\,\sqrt{x^2-1}},$$
so wird, während φ wächst, das durch die Gleichungen bestimmte η nie die linke Seite zu 0 machen; giebt man ihrer n^{ten} Potenz für $\eta = 0$ als Werth 1 dividirt durch den gewählten Anfangswerth von $(x+\cos\varphi\,\sqrt{x^2-1})^n$, so muss ihr Werth auch im ganzen Verlaufe bestimmt sein. Es wird also
$$\int_0^\pi \frac{d\varphi}{(x+\cos\varphi\,\sqrt{x^2-1})^{n+1}} = \int (x-\cos\eta\,\sqrt{x^2-1})^n d\eta,$$
das Integral rechts von $\eta = 0$ bis $\eta = \pi$ auf einem bestimmten imaginären Wege w (man vergl. die Figur), der ad 1 besprochen ist, genommen. Die Gleichung (6) gilt daher noch immer, wenn

---

*) Man vergl. die ersten Seiten der Arbeiten von Briot und Bouquet, entweder Journal de l'école impériale polytechnique Cahier 36: Étude des fonctions d'une variable imaginaire, oder Théorie des fonctions doublement périodiques et, en particulier, des fonctions elliptiques. Paris, 1859.

es erlaubt ist, statt über w, über den reellen Weg v, der 0 und π verbindet, zu integriren. Dies ist aber erlaubt, wenn $x-\cos\eta\sqrt{x^2-1}$ in dem durch v und w begrenzten Raume nie verschwindet; dass dies nie geschieht, lässt sich dadurch beweisen, dass man zeigt, wie es jetzt geschehen soll, der reelle Theil von $x-\cos\eta\sqrt{x^2-1}$ sei in jenem Raume immer positiv.

Am Rande des Raumes, d. h. wenn η auf v oder auf w bleibt ist dies der Fall; ersteres folgt aus den Untersuchungen ad 1, indem nach der dortigen Bezeichnung der reelle Theil $a-p\cos\eta$ wird. Bleibt η auf w, so hat man

$$x - \cos\eta\sqrt{x^2-1} = \frac{1}{x+\cos\varphi\sqrt{x^2-1}};$$

der reelle Theil der rechten Seite hat sich aber schon als positiv erwiesen, so dass auch der der linken Seite positiv ist. Könnte nun $x-\cos\eta\sqrt{x^2-1}$ einen nicht positiven reellen Theil im umschlossenen Raume erhalten, so würde daraus, dass er überall am Rande, die Curve w und v entlang, positiv bleibt, folgen, dass für ein η im Innern dieser Theil ein Minimum besitzt, was nicht eintreten kann.

Beweis. Setzt man
$$x = \cos(\alpha + \beta i)$$
$$\sqrt{x^2-1} = i\sin(\alpha + \beta i)$$
$$\eta = \varepsilon + \zeta i$$

so wird der reelle Theil von $(x-\cos\eta\sqrt{x^2-1})$ gleich
$$A + B\cos\varepsilon\cos i\zeta + C\sin\varepsilon\sin i\zeta$$
wo
$$A = \cos\alpha\cos i\beta,$$
$$B = -i\sin i\beta\cos\alpha,$$
$$C = i\sin\alpha\cos i\beta.$$

Soll dieser für eine Combination ε, ζ ein Minimum erreichen, so müssen für dieselbe die Differentialquotienten von
$$A + B\cos\varepsilon\cos i\zeta + C\sin\varepsilon\sin i\zeta$$
nach ε und ζ verschwinden; es soll also zugleich
$$B\sin\varepsilon\cos i\zeta - C\cos\varepsilon\sin i\zeta = 0$$
$$C\sin\varepsilon\cos i\zeta - B\cos\varepsilon\sin i\zeta = 0,$$

d. h. $\frac{B}{C} = \frac{C}{B}$ sein (wenn nicht $B = 0$ und dann auch $C = 0$ wird). Hieraus folgt $B^2 = C^2$, oder $B = C = 0$, da B reell, C imaginär ist; es reducirt sich demnach der untersuchte reelle Theil auf die Constante A; und kann folglich kein Minimum besitzen.

§. 9 Aus den bisher entwickelten Formen der Kugelfunction sollen zunächst einige einfache Schlüsse gezogen werden.

Aus (1) folgt, dass für $x = 0$ die Grösse $(1+\alpha^2)^{-\frac{1}{2}}$ die Function P^n erzeugt. Daher ist für ein ungerades n, $P^n(0) = 0$, für ein gerades

$$P^n(0) = (-1)^{\frac{n}{2}} \cdot \frac{1.3.5\ldots(n-1)}{2.4.6\ldots n}.$$

Für ein unendliches x wird P^n unendlich, und zwar so, dass $P^n(x) \cdot x^{-n}$ für $x = \infty$ in $\frac{1.3.5\ldots(2n-1)}{1.2.3\ldots n}$ übergeht.

Sämmtliche Wurzeln der Gleichung $P^n(x) = 0$ sind reell und kleiner als 1. Beweis: Sind die Wurzeln einer Gleichung $\psi(x) = 0$ sämmtlich reell, und liegen sie zwischen a und b, so gilt das Gleiche bekanntlich von den Wurzeln des ersten Differentialquotienten $\psi'(x)$, also auch von denen jedes folgenden $\psi^{(m)}(x)$. Ist im besonderen Falle $\psi(x) = (x^2-1)^n$, so müssen daher sämmtliche Wurzeln der Gleichung

$$\frac{d^n(x^2-1)^n}{dx^n} = 0$$

oder nach (3) von $P^n(x) = 0$, zwischen -1 und $+1$ liegen und reell sein.

Dass diese Wurzeln sämmtlich verschieden sind, soll §. 11 bewiesen werden; 1 selbst gehört nicht zu ihnen, da $P^n(1) = 1$ (§. 3). Ist α eine Wurzel, so ist auch $-\alpha$ eine solche, da $P^n(\alpha) = \pm P^n(-\alpha)$, also werden für ein gerades n die Wurzeln von $P^n(x) = 0$, für ein ungerades von $\frac{P^n(x)}{x} = 0$ paarweise gleich und entgegengesetzt. Die numerischen Werthe der Wurzeln für die ersten n findet man unter Anwendungen I, Mechanische Quadratur, angegeben.

Der hier bewiesene Satz ist zuerst von Legendre aufgestellt und bewiesen, und zwar in den Memoiren der Akademie *) von 1784 für einen geraden Index n, in den Exercices **) für alle ganzen n. Die Methode von Legendre wird im 2ten Theile §. 89 auf eine ähnliche Untersuchung angewandt; die hier angegebene verdankt man Jacobi ***).

§. 10. Ein Integral von neuer Gestalt hat Dirichlet †) für $P^n(\cos \theta)$ unter der Voraussetzung entwickelt, dass θ einen reellen Bogen bezeichnet. Man bedient sich zur Ableitung desselben einer Formel, die in einem einfachen besonderen Falle bereits §. 6 angewandt wurde. Ist nämlich $f(\varphi)$ in eine trigonometrische Reihe

$$f(\varphi) = a_1 \sin\varphi + a_2 \sin 2\varphi + a_3 \sin 3\varphi + \text{etc.}$$

oder in

$$f(\varphi) = \tfrac{1}{2}b_0 + b_1 \cos\varphi + b_2 \cos 2\varphi + \text{etc.}$$

entwickelt, die für alle φ von 0 bis π die Function $f(\varphi)$ darstellt, so wird resp.

$$a_m = \frac{2}{\pi} \int_0^\pi f(\varphi) \sin m\varphi \, d\varphi$$

$$b_m = \frac{2}{\pi} \int_0^\pi f(\varphi) \cos m\varphi \, d\varphi.$$

Durch Multiplication der ersten Gleichung mit $\sin m\varphi$ und der zweiten mit $\cos m\varphi$, und Integration nach φ von 0 bis π, nach der alle a und b bis auf a_m resp. b_m fortfallen, wird dieser Satz auf der Stelle bewiesen.

Bei einigen späteren Untersuchungen kommt ein bekannter Hülfssatz zur Anwendung, von dem der vorstehende nur einige Punkte enthält; diese Stelle scheint angemessen zur Einführung des Hülfssatzes: ††)

---

*) S. 374.
**) Bd. II, S. 254.
***) Crelle, Journal f. Math. Bd. I: Ueber Gauss neue Methode, die Werthe der Integrale näherungsweise zu finden, S. 306.
†) Crelle, Journal f. Math. Bd. XVII, S. 41.
††) Der erste strenge Beweis dieses Satzes ist von Dirichlet im IVten Bande des Crelle'schen Journals S. 157—169 gegeben; besonders zu empfehlen für das

§. 10, 6.   I. Theil. Erstes Kapitel.

„Bezeichnet $f(\varphi)$ eine zwischen $\varphi = 0$ und $\varphi = 2\pi$ willkürlich
„gegebene einwerthige Function, die immer endlich bleibt, so lässt
„sich $f(\varphi)$ in eine trigonometrische Reihe

$$f(\varphi) = \tfrac{1}{2}b_0 + b_1 \cos\varphi + b_2 \cos 2\varphi + \text{etc.}$$
$$+ a_1 \sin\varphi + a_2 \sin 2\varphi + \text{etc.}$$

„entwickeln, deren Coefficienten a und b durch die Gleichungen

$$a_m = \frac{1}{\pi}\int_0^{2\pi} f(\varphi) \sin m\varphi \, d\varphi$$

$$b_m = \frac{1}{\pi}\int_0^{2\pi} f(\varphi) \cos m\varphi \, d\varphi$$

„bestimmt sind." [Ist die Function $f(\varphi)$ an einer Stelle unstetig, so stellt an dieser die Reihe nicht $f(\varphi)$ dar, sondern das arithmetische Mittel aus den zwei dieser Stelle angehörigen Ordinaten, die man mit $f(\varphi+0)$ und $f(\varphi-0)$ bezeichnen kann, indem man unter diesen Zeichen die Grenzen von $f(\varphi+\varepsilon)$ und $f(\varphi-\varepsilon)$ für abnehmende Werthe der positiven Grösse ε versteht.]

Hier reicht der vorerwähnte einfachere Satz aus; es tritt aber der Umstand ein, dass $f(\varphi)$ nicht im ganzen Intervalle von 0 bis π durch ein und dieselbe Form gegeben ist, sondern von 0 bis zu einer gewissen Grösse θ durch einen Ausdruck $F(\varphi)$, von θ bis π durch einen anderen Ausdruck $G(\varphi)$. Um die Coefficienten a und b zu bestimmen, wird man dann am bequemsten die Integrale, welche die Coefficienten ausdrücken, in zwei zerlegen, das eine von 0 bis θ, das andere von θ bis π, und für f in dem einen die Function F, in dem andern G setzen, je nachdem f der eine oder andere Werth zukommt. Dadurch ergiebt sich

$$\pi a_m = \int_0^{\theta} F(\varphi) \sin m\varphi \, d\varphi + \int_{\theta}^{\pi} G(\varphi) \sin m\varphi \, d\varphi$$

$$\pi b_m = \int_0^{\theta} F(\varphi) \cos m\varphi \, d\varphi + \int_{\theta}^{\pi} G(\varphi) \cos m\varphi \, d\varphi.$$

Mit diesen Hülfsmitteln versehen, denke man sich, es sei ge-

Studium desselben ist die zweite Ausarbeitung von Dirichlet in Dove's Repertorium Bd. I, Berlin 1837, S. 152—174, in welcher die Sätze über bestimmte Integrale, auf welche sich der Beweis stützt, einfach und mit gewohnter Strenge abgeleitet sind.

stattet, die Gleichung (1)

$$\frac{1}{\sqrt{1-2\alpha\cos\theta+\alpha^2}} = \sum_{n=0}^{n=\infty} \alpha^n P^n(\cos\theta)$$

auf den Fall anzuwenden, dass $M(\alpha)=1$, und setze $\alpha=e^{i\varphi}$. Dann zerfällt die rechte Seite in einen reellen Theil

$$P^0(\cos\theta)+\cos\varphi\, P^1(\cos\theta)+\cos 2\varphi\, P^2(\cos\theta)+\text{etc.}$$

und einen imaginären, der, durch Division von i befreit, die Sinusreihe

$$\sin\varphi\, P^1(\cos\theta)+\sin 2\varphi\, P^2(\cos\theta)+\sin 3\varphi\, P^3(\cos\theta)+\text{etc.}$$

giebt. Zerfällt man die linke Seite gleichfalls in ihren reellen Theil R und den imaginären iS, so ist R gleich der oberen, der Cosinusreihe, S gleich der Sinusreihe zu setzen. Nun wird für $\alpha=e^{i\varphi}$

$$1-2\alpha\cos\theta+\alpha^2 = 2e^{i\varphi}(\cos\varphi-\cos\theta),$$

und $\cos\varphi-\cos\theta$ ist positiv, wenn $\varphi<\theta$ (man denke sich $0\leq\theta\leq\pi$), sonst negativ. Daher hat man

$$R = \frac{\cos\tfrac{1}{2}\varphi}{\sqrt{2(\cos\varphi-\cos\theta)}}, \quad S = -\frac{\sin\tfrac{1}{2}\varphi}{\sqrt{2(\cos\varphi-\cos\theta)}} \quad (\varphi<\theta)$$

$$R = \frac{\sin\tfrac{1}{2}\varphi}{\sqrt{2(\cos\theta-\cos\varphi)}}, \quad S = \frac{\cos\tfrac{1}{2}\varphi}{\sqrt{2(\cos\theta-\cos\varphi)}} \quad (\varphi>\theta)$$

Es entstehen also die beiden Dirichlet'schen Formen für P^n:

$$(7)\ldots P^n(\cos\theta) =$$

$$\frac{2}{\pi}\int_0^{\theta} \frac{\cos\tfrac{1}{2}\varphi\cos n\varphi}{\sqrt{2(\cos\varphi-\cos\theta)}}\, d\varphi + \frac{2}{\pi}\int_{\theta}^{\pi} \frac{\sin\tfrac{1}{2}\varphi\cos n\varphi}{\sqrt{2(\cos\theta-\cos\varphi)}}\, d\varphi$$

$$(8)\ldots P^n(\cos\theta) =$$

$$-\frac{2}{\pi}\int_0^{\theta} \frac{\sin\tfrac{1}{2}\varphi\sin n\varphi}{\sqrt{2(\cos\varphi-\cos\theta)}}\, d\varphi + \frac{2}{\pi}\int_{\theta}^{\pi} \frac{\cos\tfrac{1}{2}\varphi\sin n\varphi}{\sqrt{2(\cos\theta-\cos\varphi)}}\, d\varphi,$$

in deren erster, wie die vorausgeschickten Sätze über Bestimmung von Coefficienten trigonometrischer Reihen zeigen, für $n=0$ die Hälfte der rechten Seite zu nehmen ist, während die zweite (8) für $n=0$ überhaupt nicht gilt, da die Sinusreihe kein Glied P^0 enthält, sondern erst mit $\sin\varphi\, P^1$ beginnt.

Es ist nothwendig, die Gleichungen (7) und (8) zu verificiren, da sie unter der nicht erwiesenen Annahme entstanden sind, dass die Gleichung (1) noch für $\alpha=e^{i\varphi}$ anwendbar bleibt. Dazu werden die rechten Seiten mit a^n multiplicirt, wo a eine hinlänglich kleine Grösse vorstellt; es zeigt sich dann, dass diese Producte eine convergente Reihe bilden, und dass die Summe der Reihe genau $(1-2\alpha\cos\theta+\alpha^2)^{-\frac{1}{2}}$ giebt, wenn man (7), dasselbe weniger 1 wenn man (8) benutzt hat. Da der gleiche Ausdruck nach (1) bei seiner Entwickelung nach Potenzen von α, als Coefficient von α^n grade P^n giebt, so ist hierdurch erwiesen, dass P^n durch (7) und (8) ausgedrückt wird.

Um diese Andeutungen weiter auszuführen, setze man das erste Integral in (7) gleich H_n, das zweite, welches später auftritt gleich K_n. Es ist also

$$H_n = \frac{2}{\pi}\int_0^\theta \frac{\cos\frac{1}{2}\varphi \cos n\varphi}{\sqrt{2(\cos\varphi - \cos\theta)}} d\varphi,$$

und diese Grösse wird kleiner als 1. Denn da $\cos n\varphi < 1$ und $\cos\frac{1}{2}\varphi$ positiv bleibt, so entsteht

$$H_n < \frac{1}{\pi}\int_0^\theta \frac{\cos\frac{1}{2}\varphi \, d\varphi}{\sqrt{\sin^2\frac{1}{2}\theta - \sin^2\frac{1}{2}\varphi}},$$

oder nach der Substitution $\sin\frac{1}{2}\varphi = z\sin\frac{1}{2}\theta$:

$$H_n < \frac{2}{\pi}\int_0^1 \frac{dz}{\sqrt{1-z^2}},$$

d. h. < 1. Daher ist die Reihe $\Sigma \alpha^n H_n$ über alle n summirt convergent, sobald $\alpha < 1$ genommen wird, und ihre Summe gleich

$$\frac{2}{\pi}\int_0^\theta \frac{\cos\frac{1}{2}\varphi \, d\varphi}{\sqrt{2(\cos\varphi - \cos\theta)}} \cdot (\tfrac{1}{2} + \alpha\cos\varphi + \alpha^2\cos 2\varphi + \text{etc.}),$$

oder nach Ausführung der Summation des einfachen nach Potenzen von α geordneten Ausdruckes

$$\frac{1-\alpha^2}{\pi}\int_0^\theta \frac{\cos\frac{1}{2}\varphi}{\sqrt{2(\cos\varphi - \cos\theta)}} \cdot \frac{d\varphi}{1 - 2\alpha\cos\varphi + \alpha^2}.$$

Die Integration lässt sich ausführen, wenn man für φ den Winkel ψ durch die Substitution

$$\sin\tfrac{1}{2}\varphi = \sin\tfrac{1}{2}\theta \sin\psi$$

einführt; dann wird der Ausdruck gleich

$$\frac{1-\alpha^2}{\pi}\int_0^{\frac{1}{2}\pi} \frac{d\psi}{(1-\alpha)^2\cos^2\psi + (1 - 2\alpha\cos\theta + \alpha^2)\sin^2\psi}$$

oder endlich gleich
$$\tfrac{1}{2}\cdot\frac{1+\alpha}{\sqrt{1-2\alpha\cos\theta+\alpha^2}}.$$

Nachdem nun die Summe $\Sigma \alpha^n H_n$ ausgeführt ist, lässt $\Sigma \alpha^n K_n$ sich ohne Wiederholung der Rechnung bestimmen, indem sich K_n durch die Substitution $\pi-\varphi$ für φ in

$$\frac{2\cdot(-1)^n}{\pi}\int_0^{\pi-\theta}\frac{\cos\tfrac{1}{2}\varphi\cos n\varphi}{\sqrt{2(\cos\varphi-\cos(\pi-\theta))}}d\varphi$$

verwandelt. Es wird also $\Sigma \alpha^n K_n$, gleich

$$\frac{2}{\pi}\Sigma(-\alpha)^n\int_0^{\pi-\theta}\frac{\cos\tfrac{1}{2}\varphi\cos n\varphi\, d\varphi}{\sqrt{2(\cos\varphi-\cos(\pi-\theta))}},$$

aus $\Sigma \alpha^n H_n$ durch gleichzeitige Vertauschung von α und θ mit $-\alpha$ und $\pi-\theta$ gewonnen, daher gleich

$$\tfrac{1}{2}\cdot\frac{1-\alpha}{\sqrt{1-2\alpha\cos\theta+\alpha^2}},$$

also, wie zu beweisen war

$$\sum_{n=0}^{\infty}\alpha^n(H_n+K_n)=\frac{1}{\sqrt{1-2\alpha\cos\theta+\alpha^2}}.$$

Um auch die Formel (8) zu verificiren, multiplicire man die rechte Seite wiederum mit α^n, und summire nach n von 1 bis ∞, schliesse also den Werth $n=0$ aus, für den die Gleichung nicht zu beweisen ist. Man zeigt wie oben, dass die Reihe convergirt wenn $\alpha < 1$, und betrachtet gesondert den Theil, welcher das erste Glied in (8) zur Summe liefert und den, welcher vom zweiten herstammt. Der erste ist

$$-\frac{2}{\pi}\int_0^\theta \frac{\sin\tfrac{1}{2}\varphi\, d\varphi}{\sqrt{2(\cos\varphi-\cos\theta)}}(\alpha\sin\varphi+\alpha^2\sin 2\varphi+\alpha^3\sin 3\varphi+\text{etc.})$$

oder, wenn die Sinusreihe summirt, und der Werth

$$\frac{\alpha\sin\varphi\sin\tfrac{1}{2}\varphi}{1-2\alpha\cos\varphi+\alpha^2}$$

durch

$$\tfrac{1}{2}\cos\tfrac{1}{2}\varphi-\tfrac{1}{2}\frac{(1-\alpha)^2\cos\tfrac{1}{2}\varphi}{1-2\alpha\cos\varphi+\alpha^2}$$

ersetzt wird, gleich

$$-\frac{1}{\pi}\int_0^\theta \frac{\cos\tfrac{1}{2}\varphi\, d\varphi}{\sqrt{2(\cos\varphi-\cos\theta)}}+\tfrac{1}{2}\frac{(1-\alpha)}{\sqrt{1-2\alpha\cos\theta+\alpha^2}};$$

§. 11, 8.

in dieser Formel kann man noch
$$-\frac{1}{\pi}\int_0^\theta \frac{\cos\tfrac{1}{2}\varphi\, d\varphi}{\sqrt{2(\cos\varphi-\cos\theta)}}$$
mit seinem Werthe $-\tfrac{1}{2}$ (s. ob.) vertauschen.

Der zweite Theil folgt aus dem ersten, ähnlich wie bei Betrachtung von (7), durch gleichzeitige Vertauschung von α und θ mit $-\alpha$ und $\pi-\theta$, wird also
$$-\tfrac{1}{2}+\tfrac{1}{2}\frac{1+\alpha}{\sqrt{1-2\alpha\cos\theta+\alpha^2}}.$$

Durch Addition beider Theile und Hinzufügung von $P^0(\cos\theta)=1$ entsteht endlich die Summe
$$\frac{1}{\sqrt{1-2\alpha\cos\theta+\alpha^2}}.$$

Es ist sonach genau bewiesen, dass (7) und (8), mit den oben angegebenen Beschränkungen für $n=0$, $P^n(\cos\theta)$ wirklich darstellen.

§. 11. In der Einleitung zeigte sich, dass $P^n(x)$ die Lösung einer Differentialgleichung sei, auf welche man einfach geführt wurde, wenn man den von Laplace zuerst gewählten Weg einschlug. Nach dem hier gewählten Gange ist die folgende Art, jene Gleichung mit Legendre*) abzuleiten zweckmässiger.

Mit der Bezeichnung des §. 3 findet man durch directes Differentiiren
$$\frac{\partial T}{\partial x}=\alpha T^3,\qquad \frac{\partial T}{\partial \alpha}=(x-\alpha)T^3,$$
$$\frac{\partial^2 T}{\partial x^2}=3\alpha^2 T^5,\qquad \frac{\partial^2 T}{\partial \alpha^2}=-T^3+3(x-\alpha)^2 T^5.$$

Hieraus ergiebt sich
$$(1-x^2)\frac{\partial^2 T}{\partial x^2}+\alpha^2\frac{\partial^2 T}{\partial \alpha^2}=2\alpha^2 T^3$$
$$2x\frac{\partial T}{\partial x}-2\alpha\frac{\partial T}{\partial \alpha}=2\alpha^2 T^3$$

und durch Subtraction die Differentialgleichung von T
$$(1-x^2)\frac{\partial^2 T}{\partial x^2}-2x\frac{\partial T}{\partial x}+\alpha\frac{\partial^2(\alpha T)}{\partial \alpha^2}=0.$$

---

*) Exercices T. II, pag. 257, No. 135.

Setzt man für T die Reihe $\Sigma \alpha^n P^n(x)$, und bemerkt, dass

$$\frac{\alpha \partial^2 \alpha^{n+1}}{\partial \alpha^2} = n(n+1)\alpha^n,$$

dass die linke Seite der Differentialgleichung demnach wieder eine nach Potenzen von α geordnete Reihe wird, die nur dann verschwinden kann, wenn jedes Glied für sich verschwindet: so findet man, indem das n^{te} Glied Null gesetzt wird, die Differentialgleichung der Kugelfunction

$$(9) \ldots \quad (1-x^2)\frac{\partial^2 P^n(x)}{\partial x^2} - 2x\frac{\partial P^n(x)}{\partial x} + n(n+1)P^n(x) = 0.$$

Diese Differentialgleichung zweiter Ordnung lässt sich vollständig integriren, sobald zwei verschiedene particuläre Lösungen gegeben sind: ist eine von diesen eine ganze Function von x, nicht aber die andere, so muss die erste bis auf einen constanten Factor mit $P^n(x)$ übereinstimmen.

Hier sieht man auch (§. 9), dass die Wurzeln der Gleichung $P^n = 0$ sämmtlich verschieden sind. Denn hätte P^n gleiche Wurzeln $x = \alpha$, wo α nicht 1 sein kann (§. 3), so würde für $x = \alpha$ nicht nur P^n verschwinden, sondern auch $\frac{\partial P^n}{\partial x}$, und nach (9) auch $\frac{\partial^2 P^n}{\partial x^2}$. Differentiirt man (9) noch mehrere Male, so entsteht immer eine lineare Beziehung zwischen P^n und seinen Differentialquotienten, die daher alle für $x = \alpha$ verschwinden müssten. Es wäre also P^n bis auf einen constanten Factor $(x-\alpha)^n$, was nicht der Fall ist.

Anmerk. Setzt man für x einen Ausdruck, wie er §. 1 durch $\cos \gamma$ bezeichnet wurde, nämlich

$$x = a\cos\theta + b\sin\theta\cos\psi + c\sin\theta\sin\psi$$

wo $a^2 + b^2 + c^2 = 1$, so lässt sich zeigen, dass $P^n(x)$ der partiellen Differentialgleichung (6) des §. 2 genügt. Man vergl. im zweiten Theile §. 66.

§. 12. Die gefundene Differentialgleichung (9) tritt bei vielen Untersuchungen auf, und nimmt durch Einführung neuer Veränderlichen Formen an, in denen man ihre ursprüngliche Gestalt nicht sofort erkennt. Es sollen deshalb die am häufigsten vorkommenden Transformationen hier zusammengestellt werden.

Die ursprüngliche Gestalt der Gleichung, von welcher eine Lösung $z = P^n(x)$ ist, war nach §. 11

$$(a) \ldots (1-x^2)\frac{\partial^2 z}{\partial x^2} - 2x\frac{\partial z}{\partial x} + n(n+1)z = 0;$$

ohne weitere Substitutionen lässt sie sich offenbar in

$$(b) \ldots \frac{\partial\left((1-x^2)\frac{\partial z}{\partial x}\right)}{\partial x} + n(n+1)z = 0$$

umgestalten. Durch die Substitution $x = \cos\theta$ geht (a) in

$$(c) \ldots \frac{\partial^2 z}{\partial \theta^2} + \cotang\theta \cdot \frac{\partial z}{\partial \theta} + n(n+1)z = 0$$

oder auch in

$$(d) \ldots \frac{\partial\left(\sin\theta \frac{\partial z}{\partial \theta}\right)}{\partial \theta} + n(n+1)\sin\theta . z = 0$$

über, in welcher Gestalt sie bereits §. 2, b auftrat. Wird für x eine Grösse ϱ durch die Gleichung $\varrho^2 + x^2 = 1$ eingeführt, so entsteht

$$(e) \ldots \varrho(\varrho^2-1)\frac{\partial^2 z}{\partial \varrho^2} + (2\varrho^2-1)\frac{\partial z}{\partial \varrho} - n(n+1)\varrho z = 0.$$

Wie (b) aus (a) oder (d) aus (c), so folgt aus (e)

$$(f) \ldots \sqrt{\varrho^2-1}\frac{\partial\left(\varrho\sqrt{\varrho^2-1}\frac{\partial z}{\partial \varrho}\right)}{\partial \varrho} - n(n+1)\varrho z = 0,$$

die Form, welche bei Lamé *) vorkommt, auf deren Zusammenhang mit (a) der Verfasser **) hinwies. Endlich gestalte man noch (a) durch die Substitution um, welche schon §. 4 erwähnt war und die von grosser Bedeutung sein wird, nämlich durch

$$2x = \xi + \xi^{-1}; \quad \xi = x \pm \sqrt{x^2-1},$$

und findet dann

$$(g) \ldots \xi^2(1-\xi^2)\frac{\partial^2 z}{\partial \xi^2} - 2\xi^3\frac{\partial z}{\partial \xi} - n(n+1)(1-\xi^2)z = 0.$$

---

*) Liouville, Journal de Mathématiques, Tom. IV: Sur l'équilibre des températures dans les corps solides homogènes de forme ellipsoidale, concernant particulièrement les ellipsoides de révolution p. 361.

**) Dissertatio inauguralis: De aequationibus nonnullis differentialibus, Berolini 1842 und Crelle, J. f. Math. Bd. XXVI: Ueber einige Aufgaben, welche auf partielle Differentialgleichungen führen, S. 200.

Zweites Kapitel.
Entwickelung nach Kugelfunctionen.

§. 13. Die Differentialgleichung der Kugelfunctionen (9) wird in dem folgenden Kapitel vollständig integrirt; in dem gegenwärtigen sollen einige Entwickelungen von Functionen einer Veränderlichen nach den P ausgeführt werden. In der Abhandlung, welcher der Ausdruck von P durch die Integrale (7) und (8) entnommen wurde, beweist **Dirichlet** einen allgemeinen Satz, den man im zweiten Theile im 5ten Kapitel finden wird, und der eine wichtige Vervollständigung dieses Kapitels giebt, aus welchem folgt, dass jede Function $f(x)$, die zwischen $x=-1$ und $x=1$ endlich bleibt, in eine nach Kugelfunctionen fortschreitende Reihe

$$(10) \ldots f(x) = A_0 P^0(x) + A_1 P^1(x) + A_2 P^2(x) + \text{etc.}$$

entwickelt werden kann, in der die A von x unabhängige Constante bezeichnen. Dies allgemeine Resultat wird hier nur erwähnt, soll aber weil es an dieser Stelle noch nicht bewiesen ist, hier keine Anwendung finden.

§. 14. Lässt sich eine Function $f(x)$ durch (10) darstellen, so kann man jedes Mal die Coefficienten A durch ein Integral bestimmen; indem dieses hier gezeigt wird, stellt sich zugleich heraus, dass eine solche Entwickelung, wenn sie überhaupt möglich ist, nur auf eine Art geschehen kann. Es ist dazu der Beweis des **Hülfsatzes** erforderlich, dass

$$\int_{-1}^{1} P^n(x) P^m(x) dx$$

verschwindet, wenn m und n verschieden sind, dass dies Integral gleich $\frac{2}{2n+1}$ wird, wenn $m = n$. Den Kern dieses Satzes in noch allgemeinerer Gestalt hat **Laplace**[*] bewiesen; gerade in dieser Gestalt ist der Satz von **Legendre** nachgewiesen[**] und zwar zuerst für gerade Indices m und n, später für beliebige Indices.

---

[*] Memoiren der Pariser Akademie v. Jahre 1782 S. 168.
[**] Memoiren von 1784 S. 373 und von 1789 S. 384.

§. 14, 10.   I. Theil. Zweites Kapitel.

Laplace bedient sich zum Beweise einer seitdem bei Differentialgleichungen häufig angewandten Methode, indem er durch Multiplication von (9) in der Form (b) des §. 12 mit $P^n(x)$ und Integration nach x von -1 bis 1 erhält

$$-n(n+1)\int_{-1}^{1} P^m(x)P^n(x)\,dx = \int_{-1}^{1} P^n \frac{d}{dx}\left((1-x^2)\frac{dP^m}{dx}\right)dx.$$

Integrirt man rechts durch Theile, und wendet, wie es bei ähnlicher Gelegenheit häufig geschieht, die Bezeichnung $[\psi(x)]_a^b$ an, um damit die Differenz $\psi(b) - \psi(a)$ auszudrücken, so verwandelt sich die rechte Seite der vorigen Gleichung in

$$\left[P^n(1-x^2)\frac{dP^m}{dx}\right]_{-1}^{1} - \int_{-1}^{1}(1-x^2)\frac{dP^m}{dx}\frac{dP^n}{dx}\,dx.$$

Der von der Integration freie Theil verschwindet für $x = \pm 1$; das Integral geht durch Wiederholung der Operation in

$$-\left[P^m(1-x^2)\frac{dP^n}{dx}\right]_{-1}^{1} + \int_{-1}^{1} P^m\frac{d}{dx}\left((1-x^2)\frac{dP^n}{dx}\right)dx,$$

also in das letzte Integral allein über, weil der Theil, welcher vor dem Integrale steht, wiederum verschwindet. Da ferner P^m der Differentialgleichung

$$\frac{d}{dx}\left((1-x^2)\frac{dP^m}{dx}\right) = -m(m+1)P^m$$

genügt, so wird endlich

$$n(n+1)\int_{-1}^{1} P^m P^n\,dx = m(m+1)\int_{-1}^{1} P^m P^n\,dx$$

d. h. das Integral selbst gleich 0, wenn m und n verschieden sind.

Legendre beweist seine Resultate an der zweiten Stelle, indem er von

$$(a)\ldots \int_{-1}^{1} \frac{dx}{\sqrt{1-2r\varrho x + r^2\varrho^2}\sqrt{1-2\frac{r}{\varrho}x + \frac{r^2}{\varrho^2}}}$$

ausgeht. Da

$$(1-2r\varrho x + r^2\varrho^2)^{-\frac{1}{2}} = \Sigma r^n \varrho^n P^n(x)$$

$$\left(1-2\frac{r}{\varrho}x + \frac{r^2}{\varrho^2}\right)^{-\frac{1}{2}} = \Sigma \frac{r^n}{\varrho^n} P^n(x),$$

Heine, Handbuch d. Kugelfunctionen.

so ist (a), wenn wirklich
$$\int_{-1}^{1} P^m P^n dx = 0$$
und nur dann, von ϱ unabhängig und der Factor von r^{2n} in der Entwickelung von (a) wird gleich
$$\int_{-1}^{1} (P^n(x))^2 dx$$
sein müssen. Dies zeigt sich in der That, indem (a) ausgeführt $\frac{1}{r}\log\frac{1+r}{1-r}$ also
$$2\left(1 + \frac{r^2}{3} + \frac{r^4}{5} + \text{etc.}\right)$$
giebt. Da aber bereits der erste Theil des Satzes, welcher sich auf verschiedene Indices m und n bezieht, erwiesen ist, so kann man um eine einfachere Rechnung zu haben statt (a) den einfacheren Ausdruck ($\varrho = 1$ gesetzt)
$$(b) \ldots \int_{-1}^{1} \frac{dx}{1 - 2rx + r^2}$$
benutzen, der gleich $\frac{1}{r}\log\frac{1+r}{1-r}$ ist. Andrerseits wird er
$$\int_{-1}^{1} (\Sigma r^n P^n(x))^2 dx$$
also gleich der Doppelsumme nach m und n von 0 bis ∞:
$$\Sigma r^{m+n} \int_{-1}^{1} P^m(x) P^n(x) dx.$$
Da die Glieder verschwinden, in denen m und n verschieden sind, so reducirt sich die Doppelsumme auf die einfache
$$\Sigma r^{2n} \int_{-1}^{1} (P^n(x))^2 dx$$
welche gleich
$$2\Sigma \frac{r^{2n}}{2n+1}$$
sein muss, so dass schliesslich
$$\int_{-1}^{1} (P^n(x))^2 dx = \frac{2}{2n+1}$$
gefunden wird.

§. 15. Die wirkliche Bestimmung der Coefficienten A in (10) erfolgt nun auf eine Art, welche ganz analog der bekannten Methode ist, welche bei der ähnlichen Aufgabe angewandt wird, die sich auf trigonometrische Reihen bezieht. Multiplicirt man nämlich, um A_n zu finden, die Gleichung (10) mit $P^n(x)$, und integrirt nach x auf beiden Seiten von -1 bis 1, so entsteht nach Anwendung der beiden Resultate des vorigen Abschnittes

$$(11) \ldots A_n = \frac{2n+1}{2} \int_{-1}^{1} f(x) P^n(x) \, dx.$$

Wäre $f(x)$ noch auf eine zweite Art in eine nach Kugelfunctionen fortschreitende Reihe

$$f(x) = B_0 P^0(x) + B_1 P^1(x) + B_2 P^2(x) + \text{etc.}$$

entwickelt, so dass

$$\Sigma A_n P^n(x) = \Sigma B_n P^n(x)$$

ist, so giebt dasselbe Verfahren der Multiplication durch $P^n(x)$ und der Integration nach x von -1 bis 1, $A_n = B_n$, also den Satz, dass eine Function nur auf eine Art nach Kugelfunctionen entwickelbar ist.

Man zieht endlich hieraus den Zusatz, dass alle A verschwinden müssen, wenn für alle x von -1 bis 1

$$A_0 P^0(x) + A_1 P^1(x) + A_2 P^2(x) + \text{etc.}$$

Null wird; denn eine Entwickelung von 0, mit der die vorstehende übereinstimmen muss, ist $0 \cdot P^0 + 0 \cdot P^1 + \text{etc.}$

Man wird hieraus hinlänglich erkannt haben, wie die Coefficienten-Bestimmung und der Beweis von der Einheit der Entwickelung sich aus dem Satze über das Integral im §. 14 ergiebt; an mehreren folgenden Stellen kann man ähnliche Sätze für allgemeinere Entwickelungen mit Hülfe eines ganz entsprechenden Satzes über ein Integral herleiten. An jenen Orten wird es nun erlaubt sein, ohne die Schlüsse dieses Paragraphen zu wiederholen, sogleich die ähnlichen Folgerungen zu ziehen.

Anmerk. Zur Ermittelung des Werthes von $\int_{-1}^{1} P^m P^n \, dx$ kann man sich auch der Formel (3) bedienen, durch welche das In-

tegral in
$$\frac{1}{2^{m+n}\Pi(m)\Pi(n)}\int_{-1}^{1}\frac{d^m(x^2-1)^m}{dx^m}\frac{d^n(x^2-1)^n}{dx^n}dx,$$
übergeht. Eine $n$fache Integration durch Theile verwandelt diesen Ausdruck wenn $n \leq m$ in
$$\frac{(-1)^n\Pi(2n)}{2^{m+n}\Pi(m)\Pi(n)}\int_{-1}^{1}\frac{d^{m-n}(x^2-1)^m}{dx^{m-n}}dx,$$
indem $(x^2-1)^m$ die Wurzeln ± 1, $m$fach enthält, also seine $m-1$ ersten Differentialquotienten für $x=\pm 1$ verschwinden. War $m > n$ so giebt die Integration sofort 0; war $m = n$, so hat man
$$\frac{(-1)^n\Pi(2n)}{2^{2n}\Pi(n)\Pi(n)}\int_{-1}^{1}(x^2-1)^n dx = \frac{2 \cdot \Pi(2n)}{\Pi(n)\Pi(n)}\int_{0}^{1}x^n(1-x)^n dx = \frac{2}{2n+1}.$$

§. 16. Da eine grosse Anzahl wichtiger Functionen in Reihenform nach aufsteigenden Potenzen von x entwickelt vorkommt, so wird man diese (M. vergl. §. 17 und 19), abgesehen von der Convergenz, nach Kugelfunctionen ordnen können, wenn man im Stande ist, jede ganze Potenz von x z. B. x^n in die Form der Reihe (10) zu bringen.

Zunächst lässt sich zeigen, dass es möglich ist x^n nach Kugelfunctionen zu entwickeln; denn nach (2) lässt sich x^n linear durch $P^n(x)$, x^{n-2}, x^{n-4}, etc. ausdrücken, x^{n-2} wieder durch $P^{n-2}(x)$, x^{n-4}, etc., also endlich x^n linear durch P^n, P^{n-2}, P^{n-4}, etc. bis P^1 und x, oder bis P^0 und x^0. Bemerkt man, dass $x = P^1$, $1 = P^0$, so folgt aus dieser Betrachtung, dass es erlaubt ist
$$x^n = A_n P^n(x) + A_{n-2} P^{n-2}(x) + A_{n-4} P^{n-4}(x) + \text{etc.}$$
zu setzen. Nach (11) ist dann
$$A_m = \frac{2m+1}{2}\int_{-1}^{1}x^n P^m(x) dx,$$
wenn m der Reihe nach die positiven Zahlen n, $n-2$, $n-4$ etc. vorstellt.

Der Werth dieses Integrals lässt sich ermitteln, selbst wenn nicht, wie hier, n eine ganze Zahl bedeutet; es darf bei den zunächst folgenden Rechnungen n eine beliebige gebrochene Zahl vorstellen, auch negativ sein, muss in letzterem Falle aber < 1 genommen werden, wenn m gerade, < 2, wenn m ungerade ist. Das so verallgemeinerte Integral betrachten wir zuerst, und gehen dann zur Entwickelung der ganzen Potenz x^n, deren Möglichkeit allein untersucht war, zurück.

Es ist klar, dass A_m für ein ganzes n verschwindet, wenn $n < m$. In diesem Falle würde nämlich die Entwickelung von x^n nach Kugelfunctionen, deren Form man schon kennt, kein P^m enthalten, also die ganze Reihe für x^n nach Multiplication durch P^m und Integration in Bezug auf x zwischen -1 und $+1$ verschwinden. Hieraus folgt, dass auch

$$\int_0^1 x^n P^m(x)\, dx$$

verschwindet, wenn n ganz, $n < m$, $m-n$ eine gerade Zahl ist; in diesem Falle enthält nämlich $x^n P^m$ nur gerade Potenzen von x, das Integral zwischen 0 und 1 ist also die Hälfte desselben zwischen -1 und 1.

Hier erhält man gelegentlich den Satz, dass

$$\int_{-1}^1 \psi(x) P^m(x)\, dx$$

verschwindet, wenn $\psi(x)$ eine ganze Function von x von geringerem als dem m^{ten} Grade vorstellt.

Die Function $P^m(x)$ hat die Form

$$P^m(x) = \alpha x^m + \beta x^{m-2} + \gamma x^{m-4} + \text{etc.},$$

wenn α, β, γ, etc. gewisse bekannte Zahlcoefficienten bezeichnen, deren Werth man aus (2) ersehen kann; es ergiebt sich daher, wenn n beliebig bleibt, und nur den oben angegebenen Bedingungen unterworfen ist, (wenn es negativ genommen werden soll),

$$\int_0^1 x^n P^m(x)\, dx = \frac{\alpha}{m+n+1} + \frac{\beta}{m+n-1} + \frac{\gamma}{m+n-3} + \text{etc.}$$

Die rechte Seite, auf gleiche Benennung gebracht, verschafft einen Zähler der nach n eine ganze Function ist, und zwar je nachdem m gerade oder ungerade ist vom Grade $\frac{m}{2}$ oder $\frac{m-1}{2}$, der ferner für $n = m-2, m-4$, etc. 2, 0 im ersten Falle, im zweiten für $n = m-2, m-4$, etc. 3, 1 verschwindet. Das Integral ist also

resp. gleich
$$k\frac{n(n-2)(n-4)\ldots(n-m+2)}{(n+m+1)(n+m-1)\ldots(n+1)} \quad (m \text{ gerade})$$
$$k\frac{(n-1)(n-3)\ldots(n-m+2)}{(n+m+1)(n+m-1)\ldots(n+2)} \quad (m \text{ ungerade}),$$

wo k eine Constante nach n bezeichnet. Da für $n = \infty$ und ein endliches m
$$n\int_0^1 x^n P^m\, dx = \alpha + \beta + \gamma + \text{etc.}$$

d. h. gleich $P^m(1) = 1$ wird, so ist $k = 1$, und man findet
$$\int_0^1 x^n P^m(x)\, dx = \frac{n(n-2)\ldots(n-m+2)}{(n+m+1)(n+m-1)\ldots(n+1)}, \quad (m \text{ gerade})$$
$$= \frac{(n-1)(n-3)\ldots(n-m+2)}{(n+m+1)(n+m-1)\ldots(n+2)} \quad (m \text{ ungerade}).$$

Kehren wir zu unserer Entwickelung zurück, so handelt es sich hier um den Fall eines ganzen n, und eines m, welches so beschaffen ist, dass $n-m$ nicht negativ und gerade ist. Multiplicirt man in diesem Falle die erste Formel im Zähler und Nenner durch $1.3.5\ldots(n-1)$ und $2.4.6\ldots(n-m)$ die zweite durch $1.3.5\ldots n$ und $2.4.6\ldots(n-m)$, so entsteht

$$(12)\ldots A_m = (2m+1)\frac{\Pi n}{2.4\ldots(n-m)\,1.3.5\ldots(n+m+1)}.$$

Die Entwickelung von x^n wird daher
$$x^n = \frac{\Pi n}{1.3.5\ldots(2n+1)}\Big((2n+1)P^n(x) + (2n-3)\frac{(2n+1)}{2}P^{n-2}(x)$$
$$+ (2n-7)\frac{(2n+1)(2n-1)}{2.4}P^{n-4}(x) + \text{etc.}\Big).$$

Diese Untersuchungen rühren von Legendre*) her, der zuerst A_m für gerade m, in den späteren Arbeiten für alle ganze m und beliebige n, natürlich mit den hier gemachten Beschränkungen, ohne die das Integral seine Bedeutung verlieren würde, ableitet.

§. 17. Ein Beispiel von der Art, wie der Ausdruck des §. 16 für x^n angewandt werden kann, um eine gegebene Potenzreihe nach Kugelfunctionen zu entwickeln, bietet die Function
$$\frac{1}{y-x} = \frac{1}{y} + \frac{x}{y^2} + \frac{x^2}{y^3} + \text{etc.}$$

---

*) Memoiren von 1784 S. 373 und Exercices Tom. II, S. 252.

§. 17, 14.

dar, die convergirt, so lange $x < y$. Werden die Potenzen von x nach der erwähnten Formel in Kugelfunctionen umgesetzt, und alle Glieder gesammelt, welche dasselbe P enthalten, so entsteht eine Reihe von der verlangten Art. Zu dem Gliede, welches $P^n(x)$ enthält, tragen die Glieder der ursprünglichen Reihe $\frac{x^n}{y^{n+1}}$, $\frac{x^{n+2}}{y^{n+3}}$, etc. bei, nämlich resp.

$$\frac{(2n+1)\Pi(n)}{1.3.5\ldots(2n+1)}y^{-n-1}, \quad \frac{(2n+1)\Pi(n+2)}{2.1.3\ldots(2n+3)}y^{-n-3}, \text{ etc.};$$

setzt man also

$$(13)\ldots (2n+1)Q^n(y) = \frac{1.2.3\ldots n}{1.3.5\ldots(2n-1)}\left(y^{-n-1} + \frac{(n+1)(n+2)}{2(2n+3)}y^{-n-3}\right.$$
$$\left. + \frac{(n+1)(n+2)(n+3)(n+4)}{2.4(2n+3)(2n+5)}y^{-n-5} + \text{etc.}\right)$$

so wird

$$(14)\ldots \frac{1}{y-x} = \sum_{n=0}^{n=\infty}(2n+1)P^n(x)Q^n(y).$$

Die vorstehende Entwickelung, welche vom Verfasser *) mitgetheilt wurde, gilt nicht wie die Potenzreihe immer wenn $x < y$; es ist sicher ausserdem erforderlich, dass y grösser als 1 sei. Vorläufig wird man einsehen, dass die Entwickelung nicht mehr nothwendig unter den früheren Bedingungen gilt, indem die Glieder der ursprünglichen Reihe verschoben und vertheilt wurden, um die neue zu verschaffen, so wie, dass die Reihe Q^n nur convergirt, wenn $y > 1$ ist; an einer anderen Stelle soll die Convergenz und der Werth der Reihe (14) für reelle und imaginäre y genau untersucht werden (§. 41).

Für $y = 1$ erhält (13) schon einen unendlichen Werth, wie man aus den allgemeinen Untersuchungen von Gauss **) über die hypergeometrische Reihe weiss. Gauss setzt nämlich die Reihe

$$1 + \frac{\alpha\beta}{1.\gamma}x + \frac{\alpha(\alpha+1)\beta(\beta+1)}{1.2.\gamma(\gamma+1)}x^2 + \text{etc.}$$

---

*) Crelle, Journal f. M. Bd. XLII: Theorie der Anziehung eines Ellipsoids S. 72. Es scheint zweckmässig, $(2n+1)Q^n$ zu nennen, was dort Q^n hiess.

**) Societatis regiae scientiarum Gottingensis commentationes Tom. II. classis mathematicae ad a. 1812: Disquisitiones generales circa seriem infinitam

$$1 + \frac{\alpha\beta}{1.\gamma}x + \text{etc.}$$

gleich $F(\alpha, \beta, \gamma, x)$ und zeigt (Sectio tertia)

a) dass für $x = 1$ die Glieder in's Unendliche zunehmen, wenn $\alpha + \beta - \gamma - 1$ positiv ist,

b) dass sie zu einer endlichen Grenze convergiren, wenn $\alpha + \beta - \gamma - 1 = 0$,

c) dass sie zu Null convergiren, wenn $\alpha + \beta - \gamma - 1$ negativ ist,

d) dass die Summe der Reihe (für $x = 1$) immer und nur endlich wird, wenn $\alpha + \beta - \gamma$ negativ ist.

Man kann an dieser Stelle mit Gauss (No. 17) bemerken, dass die Reihe $(1-x)S$ für $x = 1$ verschwindet, wenn S eine solche Reihe

$$S = a_0 + a_1 x + a_2 x^2 + \text{etc.}$$

bezeichnet, deren Glieder a mit wachsender Entfernung vom Anfange zu Null convergiren ($a_\infty = 0$). Es ist nämlich $(1-x)S$ die Reihe

$$a_0 + x(a_1 - a_0) + x^2(a_2 - a_1) + \text{etc.};$$

Die Summe der ersten n Glieder, d. h. bis $x^n(a_n - a_{n-1})$ incl. wird für $x = 1$

$$a_0 + (a_1 - a_0) + (a_2 - a_1) \ldots + (a_n - a_{n-1}),$$

d. h. a_n, nimmt also mit wachsendem n zu Null ab.

Um diese Resultate auf Q^n anzuwenden, ziehe man in (13) auf der rechten Seite y^{-n-1} heraus, und findet für die Reihe, welche dann in der Parenthese bleibt, den Ausdruck

$$F\left(\frac{n+1}{2}, \frac{n+2}{2}, \frac{2n+3}{2}, y^{-2}\right),$$

der für $y = 1$ unendlich wird, weil $\alpha + \beta - \gamma$ gleich 0 ist; $(1-y^2)Q^n(y)$ oder $(1-y)Q^n(y)$ muss aber für $y = 1$ verschwinden.

§. 18. Eine nur oberflächliche Vergleichung von P in der Form (2) mit Q zeigt, dass abgesehen von den constanten Factoren, welche in die ganzen Reihen multiplicirt sind, $P^n(x)$ in $Q^n(x)$ durch Vertauschung von n mit $-(n+1)$ übergeht. Dieselbe Vertauschung lässt aber die Differentialgleichung (9) ungeändert, so dass zu vermuthen steht, es werde auch $Q^n(x)$ eine particuläre Lösung von (9) sein, die dann von $P^n(x)$ verschieden ist, weil Q für $x = \infty$ verschwindet, und P unendlich wird (§. 11).

§. 19, 14. I. Theil. Zweites Kapitel. 41

Um die vermuthete Beziehung zwischen P und Q zu beweisen, setze man
$$V = \frac{1}{y-x},$$
und findet
$$\frac{\partial}{\partial x}\left((1-x^2)\frac{\partial V}{\partial x}\right) = \frac{\partial}{\partial y}\left((1-y^2)\frac{\partial V}{\partial y}\right).$$

Entwickelt man nun durch (14), V in eine Reihe, und setzt nach §. 12, 6 für
$$\frac{\partial}{\partial x}\left((1-x^2)\frac{\partial P^n(x)}{\partial x}\right)$$
seinen Werth $-n(n+1)P^n(x)$, so giebt die Gleichung für V
$$\sum_{n=0}^{\infty}(2n+1)P^n(x)\left[\frac{\partial}{\partial y}\left((1-y^2)\frac{\partial Q^n(y)}{\partial y}\right) + n(n+1)Q^n(y)\right] = 0,$$
und nach dem Zusatze des §. 15 das Resultat, dass der Factor von $(2n+1)P^n(x)$ für sich verschwindet, d. h. dass $Q^n(x)$ wirklich der Differentialgleichung (9) genügt.

Die hier eingeführten Functionen Q sollen, wegen ihrer Verwandtschaft mit den P, Kugelfunctionen zweiter Art heissen. Hier sind sie durch (14), also nur für den Fall definirt, dass ihre Veränderliche grösser als 1 ist; im folgenden Kapitel wird ihre Definition verallgemeinert werden, so dass sie noch für kleinere Werthe der Veränderlichen eine Bedeutung behalten.

Die Kugelfunctionen zweiter Art treten zuerst bei Gauss[*]) in Gestalt hypergeometrischer Reihen auf, und spielen dort eine Rolle als Reste bei der Kettenbruch-Entwickelung von $\log\frac{x+1}{x-1}$ (M. vergl. hierüber das sechste Kapitel); als particuläre Lösung von der Differentialgleichung (9) der P in Arbeiten des Verfassers[**]). Ueber andere Formen wird man später das Nähere finden.

§. 19. Zu den Betrachtungen des §. 16 zurückkehrend, ist man jetzt im Stande, abgesehen von etwaiger Divergenz, die Entwickelung einer beliebigen Function $f(x)$, die nach auf-

---

[*]) Commentationes Gottingenses Tom. III: Methodus nova integralium valores per approximationem inveniendi, No. 18.
[**]) Dissertation und Crelle J. f. M. Bd. XXVI, §. 2.

steigenden Potenzen von x geordnet ist, nach den P vorzunehmen. Ist nämlich
$$f(x) = a_0 + a_1 x + a_2 x^2 + \text{etc.}$$
eine gegebene Function von x, so setze man, indem man sich die a gegeben denkt, nach §. 16 sämmtliche Potenzen von x in Kugelfunctionen um, und findet
$$f(x) = \sum_{n=0}^{n=\infty} C_n P^n(x),$$
wo zur Abkürzung gesetzt wird
$$C_n = \frac{1.2.3\ldots n}{1.3.5\ldots(2n-1)} \Big(a_n + \frac{(n+1)(n+2)}{2(2n+3)} a_{n+2} + \frac{(n+1)(n+2)(n+3)(n+4)}{2 \,.\, 4 \;\; (2n+3)(2n+5)} a_{n+4} + \text{etc.} \Big).$$

War z. B. $a_n = \frac{1}{y^{n+1}}$, so entsteht die Reihe (13); war $f(x)$ gleich e^{xy}, also
$$a_n = \frac{y^n}{\Pi n},$$
so wird
$$C_n = \frac{y^n}{1.3\ldots(2n-1)} \Big(1 + \frac{y^2}{2(2n+3)} + \frac{y^4}{2.4(2n+3)(2n+5)} + \text{etc.} \Big).$$
Für $f(x) = (y+x)^m$, wo
$$a_n = \frac{m(m-1)\ldots(m-n+1)}{1.2.3\ldots n} y^{m-n},$$
findet man
$$C_n = \frac{m(m-1)\ldots(m-n+1)}{1.3.5\ldots(2n-1)} y^{m-n} \Big(1 + \frac{(m-n)(m-n-1)}{2.(2n+3)} y^2 + \text{etc.} \Big).$$

Die Entwickelungen dieses Paragraphen hat Bauer [*]) zuerst veröffentlicht. War $f(x)$ eine hypergeometrische Reihe, so werden im Allgemeinen die Coefficienten C ähnliche Reihen höherer Ordnung, die sich in besonderen Fällen, z. B. wenn die Elemente α, β, γ der gegebenen hypergeometrischen Reihe ganze Zahlen oder unendlich werden, auf einfachere reduciren. Dasselbe tritt auch zuweilen ein, wenn α, β, γ einen Buchstaben enthalten, der eine bestimmte ganze Zahl vorstellt: in solchen Fällen kommt es vor, dass ein

---

[*]) Borchardt, Journal f. M. Bd. LVI: Von den Coefficienten der Reihen von Kugelfunctionen einer Variablen. S. 118.

Coefficient C, der mit diesem Buchstaben zusammenhängt, sich wesentlich vereinfacht. Ein Beispiel hierfür bietet die Entwickelung von $f(x) = (1 + kx^2)^{-\nu}$ dar, welche für ein ungerades n offenbar $C_n = 0$ giebt, für C_{2n} einen Werth, welcher aus dem Producte von

$$(-k)^n \frac{\nu(\nu+1)\ldots(\nu+n-1)}{1.2.3\ldots n} \cdot \frac{1.2.3\ldots(2n)}{1.3.5\ldots(4n-1)}$$

und der allgemeineren hypergeometrischen Reihe

$$1 - \frac{(2n+1)(2n+2)(\nu+n)}{2 \cdot (4n+3)(n+1)} k$$
$$+ \frac{(2n+1)(2n+2)(2n+3)(2n+4)(\nu+n)(\nu+n+1)}{2 \cdot 4 \quad (4n+3)(4n+5)(n+1)(n+2)} k^2 - \text{etc.}$$

besteht. C_{2n} vereinfacht sich nur wesentlich, wenn man $\nu = n + \frac{1}{2}$ macht, und zwar wird es dann gleich

$$(-k)^n \cdot \frac{4n+1}{2n+1} \Big(1 - \frac{2n+1}{2} k + \frac{(2n+1)(2n+3)}{2.4} k^2 - \text{etc.}\Big)$$

$$\text{d. h.} = \frac{4n+1}{2n+1} \frac{(-k)^n}{(1+k)^{n+\frac{1}{2}}}.$$

Diese Grösse ist also der Coefficient von $P^{2n}(x)$ in der Entwickelung von $(1+kx^2)^{-n-\frac{1}{2}}$ nach Kugelfunctionen; für dieselbe hat man nach §. 15 einen Ausdruck von anderer Form, nämlich

$$\frac{4n+1}{2} \int_{-1}^{1} \frac{P^{2n}(x)\,dx}{(1+kx^2)^{n+\frac{1}{2}}},$$

und findet so die Gleichung, welche Legendre *) an verschiedenen Stellen bewiesen hat

$$\int_{-1}^{1} \frac{P^{2n}(x)\,dx}{(1+kx^2)^{n+\frac{1}{2}}} = \frac{2}{2n+1} \frac{(-k)^n}{(1+k)^{n+\frac{1}{2}}}.$$

Herr Bauer zeigt am angef. Orte, dass in einigen Fällen die gefundenen Reihen für C_n durch Zähler und Nenner von gewissen Kettenbrüchen dargestellt werden können; es sind dies aber ganz besondere Fälle, die erst durch allgemeinere Betrachtungen in das rechte Licht treten, und sich dann als Resultate erweisen,

---

*) Zuerst in den Savans étrangers Tome X, S. 426, übersichtlicher in den Memoiren von 1784, S. 377.

welche Untersuchungen über die hypergeometrische Reihe angehören. Das Nähere findet sich in den Arbeiten des Verfassers*).

Reihen, welche nach Potenzen von y absteigen, entwickelt man in ähnlicher Art nach den Q, indem man, nach Anleitung der früheren Paragraphen, versucht, die Potenz y^{-n-1} durch eine nach den Q geordnete Reihe darzustellen. Man findet dieselbe durch $n$malige Differentiation von (14) nach x, wenn dann $x = 0$ gesetzt wird. Hierdurch entsteht

$$\frac{\Pi n}{y^{n+1}} = \sum_{m=0}^{m=\infty} (2m+1) Q^m(y) \frac{d^n P^m(x)}{dx^n},$$

wenn rechts nach der Differentiation $x = 0$ gesetzt wird. Nun ist aber $\frac{d^n P^m(x)}{dx^n}$ gleich 0, wenn $n > m$, da P^m eine ganze Function vom m^{ten} Grade ist; derselbe Differentialquotient verschwindet ferner für $x = 0$, wenn $m - n$ ungerade wird. Um ihn in den anderen Fällen zu ermitteln, suche man in $P^m(x)$ den Coefficienten von x^n auf, der gleich

$$(-1)^{\frac{m-n}{2}} \frac{1.3.5 \ldots (m+n-1)}{\Pi n . 2 . 4 \ldots (m-n)}$$

wird, so dass man erhält

$$\frac{1}{y^{n+1}} = \frac{1.3.5\ldots(2n-1)}{1.2.3\ldots n}\Big((2n+1)Q^n(y) - (2n+5)\frac{(2n+1)}{2}Q^{n+2}(y)$$
$$+ (2n+9)\frac{(2n+1)(2n+3)}{2.4}Q^{n+4}(y) + \text{etc.}\Big).$$

Ist nun

$$F(y) = \frac{b_0}{y} + \frac{b_1}{y^2} + \frac{b_2}{y^3} + \text{etc.}$$

eine gegebene Function von y, so wird, wenn man $F(y) = \sum_{n=0}^{n=\infty} D_n Q^n(y)$ setzt,

$$D_n = \frac{1.3.5\ldots(2n+1)}{1.2.3\ldots n}\Big(b_n - \frac{n(n-1)}{2(2n-1)}b_{n-2} + \frac{n(n-1)(n-2)(n-3)}{2.4.(2n-1)(2n-3)}b_{n-4} - \text{etc.}\Big).$$

Wird $F(y) = \frac{1}{y-x}$ gemacht, so geht D_n offenbar in $(2n+1)P^n(x)$ über, wie es nach (14) sein muss.

---

*) Borchardt, Journal f. M. Bd. LIII S. 284: Schreiben an den Herausgeber; ausführlicher Bd. LVII S. 231: Ueber die Zähler und Nenner der Näherungswerthe von Kettenbrüchen.

§. 20, 14. I. Theil. Zweites Kapitel. 45

§. 20. Functionen, die als trigonometrische Reihen gegeben sind, lassen sich auf ähnliche Weise wie Potenzreihen nach Kugelfunctionen entwickeln, indem zunächst Reihen für $\sin m\theta$ und $\cos m\theta$ gebildet werden, die nach $P^n(\cos\theta)$ fortschreiten, wie man sie früher für eine Potenz aufsuchte. Hier soll der Gang in so fern abgeändert werden, dass man sogleich die gegebenen Functionen in die verlangte Form umsetzt, und $\sin m\theta$ und $\cos m\theta$ als specielle Fälle betrachtet. Man beginne mit den Sinusreihen, da die Hülfsformeln für diese fast fertig vorliegen.

Es sei
$$f(\theta) = a_1 \sin\theta + a_2 \sin 2\theta + a_3 \sin 3\theta + \text{etc.}$$
wo bekanntlich a_m durch die Gleichung (§. 10)
$$a_m = \frac{2}{\pi}\int_0^\pi f(\theta) \sin m\theta\, d\theta$$
gefunden wird. Denkt man sich $f(\theta)$ in die Form
$$f(\theta) = \sum_{n=0}^{n=\infty} C_n P^n(\cos\theta)$$
gebracht, so ist (11)
$$C_n = \frac{2n+1}{2}\int_0^\pi f(\theta) P^n(\cos\theta) \sin\theta\, d\theta.$$

Im §. 4 Form. (a) findet sich die Entwickelung von $P^n(\cos\theta)$ nach Cosinus der Vielfachen; es ergab sich dort
$$\tfrac{1}{2} P^n(\cos\theta) = \Sigma k_m \cos(n-2m)\theta,$$
wenn zur Abkürzung
$$k_m = \frac{1.3\ldots(2n-1)}{2.4\ldots(2n)}\frac{1.3\ldots(2m-1)}{1.2\ldots m}\frac{n(n-1)\ldots(n-m+1)}{(2n-1)(2n-3)\ldots(2n-2m+1)}$$
gesetzt ist, und die Summation von $m=0$ bis $m=\frac{n-1}{2}$ oder $m=\frac{n}{2}$ ausgeführt wird, je nachdem n eine ungerade oder gerade Zahl bezeichnet; in letzterem Falle muss die Hälfte des von θ freien Gliedes genommen werden. Hieraus folgt, dass $\sin\theta P^n(\cos\theta)$ gleich
$$\Sigma k_m(\sin(n-2m+1)\theta - \sin(n-2m-1)\theta)$$
ist; da für ein gerades n das letzte k in dem Werthe von $\tfrac{1}{2} P^n$

halb zu nehmen war, und $\sin\theta P^n$ mit $k_{\frac{n}{2}} \sin\theta$ schliesst, so hat in der obigen Summe auch dies Glied den richtigen Werth, wenn die Summation nur so weit fortgesetzt wird, dass die Vielfachen von θ positiv bleiben. Es folgt hieraus

$$C_n = \frac{2n+1}{2} \Sigma k_m \left(\int_0^\pi f(\theta) \sin(n-2m+1)\theta\, d\theta \right.$$
$$\left. - \int_0^\pi f(\theta) \sin(n-2m-1)\theta\, d\theta \right)$$

oder endlich

$$C_n = \frac{2n+1}{4} \pi \Sigma k_m (a_{n-2m+1} - a_{n-2m-1}),$$

die Summe über alle m von 0 an so weit ausgedehnt, wie die Indices der a positiv bleiben. Die Reihe für C_n ist also:

$$\frac{4}{(2n+1)\pi} \cdot \frac{2.4\ldots(2n)}{1.3\ldots(2n-1)} C_n = (a_{n+1} - a_{n-1})$$
$$+ \frac{1.n}{1.(2n-1)}(a_{n-1} - a_{n-3}) + \frac{1.3.n(n-1)}{1.2.(2n-1)(2n-3)}(a_{n-3} - a_{n-5}) + \text{etc.}$$

die bei $a_2 - a_0 = a_2$ oder a_1 schliesst.

Setzt man alle a bis auf eines, z. B. das m^{te} gleich 0, und $a_m = 1$, so ergiebt sich im speciellen Falle die Reihe für $\sin m\theta$, nämlich

$$\frac{4}{\pi} \cdot \frac{2.4.6\ldots(2m-2)}{1.3\ldots(2m-3)} \sin m\theta = (2m-1) P^{m-1}(\cos\theta)$$
$$+ (2m+3) \frac{1.(2m-1)}{2.(2m)} P^{m+1} + (2m+7) \frac{1.3.(2m-1)(2m+1)}{2.4.(2m)(2m+2)} P^{m+3} + \text{etc.}$$
$$- \frac{(2m-1)(2m+1)}{(2m)(2m+2)} \left((2m+3) P^{m+1} + (2m+7) \frac{1.(2m+3)}{2.(2m+4)} P^{m+3} + \text{etc.} \right).$$

Bei Behandlung der Cosinus-Reihen ist es erforderlich, $P^n(\cos\theta)$ nach Sinus der Vielfachen zu entwickeln, um Integrale von der Form

$$\int_0^\pi P^n(\cos\theta) \cos m\theta \sin\theta\, d\theta$$

ermitteln zu können; das Resultat, welches sich hierbei ergiebt, wird auch für §. 29 von Interesse sein.

§. 20, 14.   I. Theil. Zweites Kapitel.   47

Um diese Entwickelung vorzunehmen, verwandele man zunächst $\cos m\theta$ in eine Sinus-Reihe, wenn m ganz und positiv ist. Wird $(0 < \theta < \pi)$
$$\cos m\theta = a_1 \sin\theta + a_2 \sin 2\theta + \text{etc.}$$
gesetzt, so findet man a_p durch das Integral
$$\frac{2}{\pi}\int_0^\pi \cos m\theta \sin p\theta \, d\theta,$$
gleich 0 wenn $m+p$ gerade ist, in den übrigen Fällen
$$= \frac{2}{\pi}\left(\frac{1}{p+m} + \frac{1}{p-m}\right).$$
Es ist daher
$$\frac{\pi}{2}\cos m\theta =$$
$$\sin(m+1)\theta\left(\frac{1}{2m+1} + \frac{1}{1}\right) + \sin(m+3)\theta\left(\frac{1}{2m+3} + \frac{1}{3}\right) + \text{etc.}$$
$$+\sin(m-1)\theta\left(\frac{1}{2m-1} - \frac{1}{1}\right) + \sin(m-3)\theta\left(\frac{1}{2m-3} - \frac{1}{3}\right) + \text{etc.}$$
wenn die untere Reihe fortgesetzt wird, so lange die Vielfachen von θ positiv bleiben. Aus den allgemeinen Prinzipien (§. 10) weiss man, dass die Formel für $\theta = 0$ nicht mehr gilt. Man hat also
$$\frac{\pi}{2}\cos m\theta = \Sigma \sin(m+2p+1)\theta\left(\frac{1}{2m+2p+1} + \frac{1}{2p+1}\right),$$
die Summe nach p so genommen, wie oben gesagt wurde. Diesen Werth setze man in $P^n(\cos\theta)$ ein, und findet dadurch für $P^n(\cos\theta)$ eine Sinusreihe
$$\frac{\pi}{4}P^n(\cos\theta) = a_1\sin\theta + a_2\sin 2\theta + \cdots$$
in der, wie man sofort bemerkt, nur solche Vielfache von θ vorkommen, die mit $n+1$ zugleich gerade oder ungerade sind, so dass also $a_{n+2p} = 0$, und dass nur die a von der Form a_{n+2p+1} zu bestimmen bleiben; der Index $n+2p+1$ mag grösser oder kleiner als n sein, jedenfalls ist er aber positiv. Es wird nun, nach dem Einsetzen des Ausdrucks für $\cos m\theta$, als Factor von $\sin(n+2p+1)\theta$, d. h. für a_{n+2p+1} folgender Werth gefunden:

$$\frac{k_0}{2n+2p+1} + \frac{k_1}{2n+2p-1} + \cdots + \frac{k_{\frac{n-1}{2}}}{n+2p+2} \quad \text{oder} \quad \frac{\tfrac{1}{2}k_{\frac{n}{2}}}{n+2p+1}$$

$$+ \frac{k_0}{2p+1} + \frac{k_1}{2p+3} + \cdots + \frac{k_{\frac{n-1}{2}}}{n+2p} \quad \text{oder} \quad \frac{\tfrac{1}{2}k_{\frac{n}{2}}}{n+2p+1}.$$

Da offenbar $k_p = k_{n-p}$, und da eine von k_0 beginnende Reihe der k, wenn man nach demselben Gesetze immer neue k bildet, bei k_n von selbst abbricht, so ist jene Reihe auch:

$$a_{n+2p+1} = \frac{k_0}{2p+1} + \frac{k_1}{2p+3} + \frac{k_2}{2p+5} + \text{etc.,}$$

fortgesetzt bis sie von selbst abbricht. Sie lässt sich summiren, wenn eine Formel von Pfaff[*]) benutzt wird, welche sich auf solche Reihen bezieht, welche nach Art der hypergeometrischen gebildet sind, aber im Zähler und Nenner ein Element mehr enthalten als die von Gauss. Ohne Anwendung dieser Formel führt auch die nachfolgende Betrachtung zu dem gleichen Ziele:

Zunächst kann man beweisen, dass die Reihe für $p = -1$, $-2, \cdots -\frac{n-1}{2}$ oder $-\frac{n}{2}$ verschwindet; es ist nämlich

$$\tfrac{1}{2}\int_0^\pi P^n(\cos\theta)\sin m\theta\, d\theta = a_m$$

daher

$$a_{m+1} - a_{m-1} = \int_0^\pi P^n(\cos\theta)\cos m\theta \sin\theta\, d\theta$$

und dieses jedenfalls 0, so lange $m < n$. Denn, setzt man $\cos\theta = x$, so ist $\cos m\theta$ eine ganze Function von x des nur m^{ten} Grades, also verschwindet (§. 16)

$$\int_{-1}^1 P^n(x)\cos m\theta\, dx.$$

Nimmt man hinzu dass

$$a_1 = \tfrac{1}{2}\int_{-1}^1 P^n(x)\, dx \quad \text{und} \quad a_2 = \int_{-1}^1 P^n(x)\, x\, dx$$

verschwindet, so wird daher, wie behauptet war,

$$0 = a_{n-1} = a_{n-3} = a_{n-5} = \text{etc.} = a_2 \text{ oder } a_1.$$

---

[*]) Nova acta Petropol. Tome XI, 1797. Supplément à l'histoire S. 51.

Hieraus folgt, dass $P^{(\gamma)}$ kein kleineres Vielfache von θ als das $(n+1)$fache enthält, dann aber auch, wie sich sogleich zeigen wird, ein einfacher Werth für die a, welche nicht verschwinden.

Erstens bemerke man, dass die Reihe für a_{n+2p+1} nur das Zeichen, nicht den Werth ändert, wenn p mit $-n-p-1$ vertauscht wird.

Denn die beiden Glieder der Reihe, welche ein und dasselbe k z. B. k_ν enthalten, sind
$$\frac{k_\nu}{2p+2\nu+1}, \quad \frac{k_\nu}{2p+2n-2\nu+1},$$
verwandeln sich also durch diese Vertauschung in
$$-\frac{k_\nu}{2p+2n-2\nu+1}, \quad -\frac{k_\nu}{2p+2\nu+1}.$$
Die Reihe verschwindet also nicht nur für die Werthe -1, $-2, \ldots -\frac{n-1}{2}$ oder $-\frac{n}{2}$ von p, sondern auch für $-n$, $-(n-1), \ldots -\frac{n+3}{2}$, oder $-\left(\frac{n}{2}+1\right)$, d. h. für alle $-p$ von 1 bis n, (indem auch für $p=-\frac{n+1}{2}$ die Reihe verschwindet, da sich dann die untereinanderstehenden Glieder direct fortheben).

Zweitens; bringt man die Reihe auf den Nenner
$$(2p+1)(2p+3)\ldots(2p+2n+1),$$
so ist der Zähler nach p eine ganze Function vom n^{ten} Grade, deren Wurzeln durch die vorhergehende Betrachtung bekannt sind. Die Summe derselben ist daher
$$c\frac{(p+1)(p+2)\ldots(p+n)}{(2p+1)(2p+3)\ldots(2p+2n+1)},$$
wo c einen von p unabhängigen Werth bezeichnet. Setzt man, um ihn zu bestimmen, $p=\infty$, nachdem man mit p multiplicirt hat, so wird
$$\frac{c}{2^{n+1}} = \tfrac{1}{2}(k_0+k_1+\text{etc.})$$
d. h. $= \tfrac{1}{2}P^n(1) = \tfrac{1}{2}$, also $c = 2^n$, und dadurch die neue Entwickelung der Kugelfunction

Wird diese Reihe nach P, nicht nach Q geordnet, so geht sie in
$$P^0Q^1+P^1(1\cdot Q^0+2Q^1)+P^2(2Q^1+3Q^2)$$
$$\text{etc.} + P^n(nQ^{n-1}+(n+1)Q^{n+1})+\text{etc.}$$
über. Nun ist aber
$$\frac{x}{y-x} = \frac{y}{y-x}-1,$$
also die vorige Reihe auch gleich
$$P^0(yQ^0-1)+3yQ^1P^1+\text{etc.}+(2n+1)yQ^nP^n+\text{etc.}$$
Nach §. 15 sind zwei nach P entwickelte gleiche Ausdrücke identisch, so dass sich für $n>0$ die Gleichung
$$(16, a) \ldots \quad (n+1)Q^{n+1}(y)-(2n+1)yQ^n(y)+nQ^{n-1}(y)=0$$
ergiebt, die für $n=0$ mit
$$Q^1(y)-yQ^0(y)+1=0$$
vertauscht werden muss.

An die zwei Gleichungen (16) knüpft Herr Dr. C. Neumann, dem der Verfasser noch andere schätzbare Mittheilungen und Verbesserungen verdankt, folgende Bemerkungen:

Man sieht dass $P^n(x)$ durch recurrirende Formeln aus P^{n-1}, P^{n-2}, etc. gefunden wird, dass also P^n von P^0 und P^1 durch eine lineare Gleichung
$$P^n(x) = AP^1(x) + BP^0(x)$$
abhängt, wenn A und B gewisse ganze Functionen bezeichnen. Vergleicht man (16, a) mit (16), so ergiebt sich, dass auch
$$Q^n(x) = AQ^1(x) + BQ^0(x)$$
sein muss, wo A und B dieselben Functionen wie früher werden. Nimmt man die Beziehung von P^1 zu P^0 und von Q^1 zu Q^0 hinzu, so folgt
$$P^n(x) = (Ax+B)P^0$$
$$Q^n(x) = (Ax+B)Q^0 - A.$$
Nun ist $P^0 = 1$, also $Ax+B = P^n$, folglich
$$Q^n(x) = P^n(x)Q^0(x) - A.$$
War x reell und grösser als 1, so giebt (13)
$$Q^0(x) = \tfrac{1}{2}\log\frac{x+1}{x-1},$$
wodurch sich für $Q^n(x)$, wenn der Buchstabe A mit R^n vertauscht

wird, der Werth

$$Q^n(x) = \tfrac{1}{2} P^n(x) \log \frac{x+1}{x-1} - R^n$$

findet, und hier stellt R^n eine ganze Function von x vor, die, wie man leicht bemerkt, vom $n-1^{\text{ten}}$ Grade ist.

Vorstehende einfache Entwickelung einer Formel, die Gauss*) zuerst gegeben hat, durfte an dieser Stelle nicht übergangen werden.

Ein zweites Mittel zur Auffindung neuer Entwickelungen nach Kugelfunctionen bietet eine von Christoffel**) angegebene Gleichung für $\frac{dP^n}{dx}$ dar. Mit Bauer***) a. ang. O. beweist man diese leicht, wenn man erwägt, dass $\frac{dP^n}{dx}$ nur die $n-1^{\text{te}}$, $n-3^{\text{te}}$, etc. Potenz von x enthält; entwickelt man den Differentialquotienten nach Functionen P, so nimmt er daher die Form

$$A_{n-1} P^{n-1} + A_{n-3} P^{n-3} + A_{n-5} P^{n-5} + \text{etc.}$$

an, wo

$$A_m = \frac{2m+1}{2} \int_{-1}^{1} \frac{dP^n}{dx} \cdot P^m \, dx.$$

Ist wie bei uns $m < n$, also gewiss $\frac{dP^m}{dx}$ von niedrigerem Grade als $P^{(n)}$, so verschwindet

$$\int_{-1}^{1} P^n \frac{dP^m}{dx} dx$$

und es wird

$$A_m = \frac{2m+1}{2} \int_{-1}^{1} (P^m dP^n + P^n dP^m)$$
$$= \frac{2m+1}{2} \big[P^m P^n\big]_{-1}^{1}.$$

Da in unserem Falle m die Zahlen $n-1$, $n-3$, etc. durchläuft, also $m+n$ ungerade ist, so wird $A_m = 2m+1$, und man hat die

---

*) Methodus nova integralium valores per approximationem inveniendi No. 18. M. vergl. auch Neumann's Arbeit, die in §. 33 erwähnt wird.
**) De motu permanenti electricitatis in corporibus homogeneis. Dissertatio inauguralis. Berolini 1856, p. 53.
***) Journal f. M. Bd. LVI, S. 102.

Entwickelung

(17) ... $\dfrac{dP^n(x)}{dx} = (2n-1)P^{n-1}(x)+(2n-5)P^{n-3}(x)+(2n-9)P^{n-5}(x)+$ etc.,

wenn die Reihe bei P^1 oder P^0 abgebrochen wird.

Ein ähnlicher Ausdruck findet sich für die Q; da nämlich $(y-x)^{-1}$, nach x und y differentiirt, gleiche und entgegengesetzte Werthe giebt, so entsteht

$$-\Sigma(2n+1)P^n(x)\dfrac{dQ^n(y)}{dy} = \Sigma(2n+1)Q^n(y)\dfrac{dP^n(x)}{dx},$$

oder gleich

$$\Sigma(2n+1)Q^n(y)((2n-1)P^{n-1}(x)+(2n-5)P^{n-3}(x)+\text{etc.}).$$

Fasst man die Factoren von $P^{(n)}(x)$ zusammen, so wird schliesslich erhalten:

(17, a) ... $-\dfrac{dQ^n(y)}{dy} = (2n+3)Q^{n+1}(y)$
$\qquad\qquad\qquad +(2n+7)Q^{n+3}(y)+(2n+11)Q^{n+5}(y)+$ etc.

Anmerk. Eine Function, die nach Potenzen von x absteigt, lässt sich nur auf eine Art nach Q entwickeln; setzt man nämlich

$$f(x) = a_1 Q^0 + \dfrac{1.3}{1} a_2 Q^1 + \dfrac{1.3.5}{1.2} a_3 Q^2 + \text{etc.},$$

andrerseits

$$f(x) = \dfrac{b_1}{x} + \dfrac{b_2}{x^2} + \dfrac{b_3}{x^3} + \cdots,$$

und benutzt (13), so wird

$$b_1 = a_1 \qquad\qquad\qquad b_2 = a_2$$
$$b_3 = a_3 + \dfrac{1}{3}a_1 \qquad\qquad b_4 = a_4 + \dfrac{3}{5}a_2$$
$$b_5 = a_5 + \dfrac{3.4}{2.7}a_3 + \dfrac{1}{5}a_1 \qquad b_6 = a_6 + \dfrac{4.5}{2.9}a_4 + \dfrac{3}{7}a_2$$
$$\text{etc.} \qquad\qquad\qquad \text{etc.,}$$

so dass die a durch nicht widersprechende und bestimmende lineare Gleichungen aus den b gefunden werden.

Drittes Kapitel.
Die Kugelfunction zweiter Art.

§. 22. Im vorigen Kapitel §. 17 und 18 wurden Functionen $Q^n(x)$ als Kugelfunctionen zweiter Art dadurch eingeführt, dass man $(x-y)^{-1}$, wenn $x > y$ und ausserdem $x > 1$ war, nach den Kugelfunctionen erster Art von y entwickelte. Die Möglichkeit der Entwickelung vorausgesetzt, ergab sich dort, dass

$$Q^n(x) = \frac{1.2\ldots n}{1.3\ldots(2n+1)}\left(x^{-n-1} + \frac{(n+1)(n+2)}{2(2n+3)}x^{-n-3} + \text{etc.}\right)$$

der Coefficient von $(2n+1)P^n(y)$ ist, und dass $Q^n(x)$ ein Integral der Differentialgleichung (9) wurde, d. h. von

$$(1-x^2)\frac{d^2z}{dx^2} - 2x\frac{dz}{dx} + n(n+1)z = 0.$$

Um das letzte Resultat auf directem Wege festzustellen, entwickele man nach den gewöhnlichen Methoden, die man in den üblichen Handbüchern der Integral-Rechnung findet [*]), die Integrale jener Gleichung nach absteigenden Potenzen von x. Setzt man dazu

$$z = x^\alpha + a_2 x^{\alpha-2} + a_4 x^{\alpha-4} + \text{etc.},$$

so ergiebt sich zunächst zur Bestimmung von α die Gleichung

$$\alpha(\alpha+1) = n(n+1),$$

aus der für α die zwei Werthe $\alpha = n$ und $\alpha = -n-1$ folgen; ferner

$$a_{2m+2} = a_{2m}\frac{(\alpha-2m)(\alpha-2m-1)}{(\alpha-2m-2)(\alpha-2m-1)-n(n+1)}.$$

Mit Hülfe der Gleichung

$$\beta(\beta+1) - n(n+1) = (\beta-n)(\beta+n+1)$$

findet man

$$a_{2m+2} = a_{2m}\frac{(\alpha-2m)(\alpha-2m-1)}{(\alpha-2m-n-2)(\alpha-2m+n-1)},$$

und hieraus für $\alpha = n$ die Reihe (2), welche $P^n(x)$ darstellt; für $\alpha = -n-1$ die oben angegebene für $Q^n(x)$. Bedeuten a und b willkürliche Constante, so setzt man aus den beiden particulären

---

[*]) Z. B. vergleiche man Euleri institutiones calculi integralis, Vol. II, Sectio I, Cap. VIII.

Integralen das allgemeine durch die Gleichung
$$z = aP^n(x) + bQ^n(x)$$
zusammen, und zwar ist dieses für $x > 1$ gültig, indem wohl P für jedes endliche x endlich bleibt, aber Q nur für $x > 1$ convergirt. Da P für $x = \infty$ unendlich, Q aber Null wird, so kann eine Lösung, die für $x = \infty$ nicht unendlich wird, nur die Form bQ^n haben; sie wird dann mit x^{n+1} multiplicirt für $x = \infty$ endlich bleiben; war diese endliche Grösse gegeben, z. B. $\dfrac{1.2\ldots n}{1.3\ldots(2n+1)}$, so ist dadurch die Constante b bestimmt, in dem Beispiele gleich 1.

§. 23. Diese Function lässt sich durch ein bestimmtes Integral darstellen, welches dem von Laplace für P^n angegebenen (§. 7) ähnlich wird, und für alle x, auch solche die < 1 oder die imaginär sind, nicht aufhört der Differentialgleichung (9) zu genügen. Man kann hierzu gelangen, indem man (9) durch eine Reihe integrirt, welche nach Potenzen von $x \pm \sqrt{x^2-1}$ geordnet ist (von $e^{i\theta}$, wenn $x = \cos\theta$ gesetzt wird), und die der Reihe (b) in §. 4 für P entspricht; wenn man diese dann in ein Integral umsetzt, wie es in §. 30 geschehen wird. Man kann aber auch auf eine andere Art, die manche Vortheile bietet, und sich den §. 6 und 7 näher anschliesst, zu demselben Ziele kommen.

Eine so einfache erzeugende Function, wie man sie in der Quadratwurzel für die P besitzt, liess sich für die Q nicht auffinden, wenn man nach Potenzen einer Grösse (wie früher α) entwickeln will; es tritt hier bei entsprechender Behandlung zur Quadratwurzel noch ein Logarithmus, der für imaginäre x besondere Untersuchungen erfordert, und aus diesem Grunde wurde $Q(x)$ zunächst §. 17 durch die Entwickelung von $(x-y)^{-1}$ nach $P(y)$ eingeführt. Eine für den gegenwärtigen Zweck geeignete erzeugende Function ergiebt sich aus der Betrachtung, dass das Integral (§. 7)
$$\frac{1}{\pi}\int_0^\pi \frac{d\varphi}{\alpha(x+\cos\varphi\sqrt{x^2-1})-1},$$
welches gleich
$$T = \frac{1}{\sqrt{1-2\alpha x+\alpha^2}}$$

ist, als Erzeugende der P angesehen werden konnte. Diese Bemerkung lässt sich auf folgende Art benutzen:

Es genügt T (§. 11) der Differentialgleichung

$$(a) \ldots (1-x^2)\frac{\partial^2 T}{\partial x^2} - 2x\frac{\partial T}{\partial x} + a\frac{\partial^2(aT)}{\partial a^2} = 0;$$

daher muss

$$(b) \ldots \int_0^g \frac{d\varphi}{a(x+\cos\varphi\sqrt{x^2-1})-1},$$

wenn man es für T in (a) einsetzt, einen Werth für die linke Seite von (a) geben, der für $g = \pi$ verschwindet. Wird die Rechnung ausgeführt, und denkt man sich g constant, d. h. von α und x unabhängig, so verwandelt sich die linke Seite von (a) in

$$\frac{\alpha}{\sqrt{x^2-1}} \cdot \frac{\sin g}{[a(x+\cos g\sqrt{x^2-1})-1^2]},$$

einen Ausdruck, welcher für $g = \pi$ wirklich verschwindet. Noch für einen anderen constanten Werth von g verschwindet derselbe, nämlich für ein solches g, dass $\sin g = \infty$, was nun geschehen kann, wenn g imaginär ist. Führt man deshalb in (b) für φ einen imaginären Winkel it ein, so ergiebt sich, dass

$$(18) \quad U = \int_0^\infty \frac{dt}{a(x+\cos it\sqrt{x^2-1})-1}$$

der Gleichung (a) genügt. Um sich von der imaginären Substitution unabhängig zu machen, kann man nur durch Einsetzen direct zeigen, dass wirklich U die Gleichung (a) befriedigt.

Dieses Integral, welches hier unausgeführt bleiben soll, das übrigens keine höhere Transcendente als Logarithmus und Arc. tang. enthält, wird als die Erzeugende der Q betrachtet werden. Wir setzen fest, dass die $\sqrt{x^2-1}$ so genommen wird, dass die reellen Theile von x und $\sqrt{x^2-1}$, ebenso auch (§. 8) die imaginären, gleiches Zeichen haben, dass, wenn x reell und kleiner als 1 ist $(x = \cos\theta)$, $\sqrt{x^2-1}$ positiv imaginär genommen wird. Da diese Festsetzungen noch bei andern Gelegenheiten vorkommen werden, (die letzte ist wegen der Anwendungen gemacht, bei denen θ in der Regel zwischen 0 und π liegt), so soll dies der Kürze halber dadurch ausgedrückt werden, dass man sagt, x und $\sqrt{x^2-1}$ werden mit gleichem Zeichen genommen. Ist α hinlänglich gross reell, so wird der Nenner unter dem Integrale (18) nie verschwinden, und das Integral einen endlichen Werth besitzen, wenn nicht $x = \pm 1$. Ist x reell, so ist dies sofort klar; im anderen Falle bedarf es eines einfachen Beweises.

[*Beweis. Ist x z. B. nicht negativ, und setzt man wie §. 8
$$x = a \pm bi$$
$$\sqrt{x^2-1} = p \pm qi,$$
so wird der Nenner unter dem Integrale (18)
$$\alpha(a + p \cos it) - 1 \pm i\alpha(b + q \cos it)$$
also nie 0, da $\cos it$ reell und > 1. Das Integral bleibt endlich da, wenn $e^t = z$ gesetzt wird, es die Form
$$\int_1^\infty \frac{dz}{c + gz + hz^2}$$
annimmt, wo c, g, h noch imaginär sein können und h nicht verschwindet, wenn nicht $x = \pm 1$. Zerfällt man das Integral in einen reellen und einen rein imaginären Theil, so wird jeder das Integral einer gebrochnen Function, deren Nenner vom vierten Grade, deren Zähler vom zweiten ist.]

Da $(x + \cos it \sqrt{x^2-1})$ nicht verschwindet, so lässt sich U bei hinlänglich grossem α nach absteigenden Potenzen von α entwickeln. Nach diesen Vorbereitungen definiren wir die Kugelfunction zweiter Art so:

Werden x und $\sqrt{x^2-1}$ mit gleichen Zeichen (s. ob.) genommen, so setze man die durch (18) bestimmte Function U gleich $\sum_{n=0}^{n=\infty} \frac{Q^n(x)}{\alpha^{n+1}}$; es heisst dann $Q^n(x)$ die n^{te} Kugelfunction zweiter Art.

Folgende Eigenschaften derselben sind sogleich klar:

1) Sie genügt derselben Differentialgleichung (9) wie $P^n(x)$. Denn U genügt der Gleichung (a), und verfährt man mit U wie §. 11 mit T, so findet man dieselbe Differentialgleichung (9) für $Q^n(x)$.

2) **Sie wird durch das Integral**

§. 24, 19. I. Theil. Drittes Kapitel. 59

$$(19) \ldots Q^n(x) = \int_0^\infty \frac{dt}{(x+\cos it\sqrt{x^2-1})^{n+1}}$$

ausgedrückt, dessen Form der von P^n in (5, a) entspricht.

3) Sie verschwindet für $x = \infty$, und verwandelt sich mit x^{n+1} multiplicirt für $x = \infty$ in

$$\frac{1.2.3\ldots n}{1.3.5\ldots(2n+1)},$$

woraus sogleich zu schliessen wäre (Schluss des §. 22), dass für jedes x, welches grösser als 1 ist, das neue Q mit dem alten übereinstimmt.

Beweis. Für $x = \infty$ wird

$$x^{n+1} Q^n(x) = \int_0^\infty \frac{dt}{(1+\cos it)^{n+1}}$$

oder, da $2\cos it = e^t + e^{-t}$ ist, gleich

$$2^{n+1} \int_0^\infty \frac{dt}{(e^{\frac{1}{2}t}+e^{-\frac{1}{2}t})^{2n+2}}$$

gleich

$$2^n \int_{-\infty}^\infty \frac{dt}{(e^{\frac{1}{2}t}+e^{-\frac{1}{2}t})^{2n+2}}.$$

Setzt man $e^t = z$, und multiplicirt unter dem Integrale Zähler und Nenner mit $e^{(n+1)t}$, so entsteht

$$2^n \int_0^\infty \frac{z^n dz}{(1+z)^{2n+2}} = 2^n \cdot \frac{\Gamma(n+1)\Gamma(n+1)}{\Gamma(2n+2)},$$

also genau der Quotient

$$\frac{1.2.3\ldots n}{1.3.5\ldots(2n+1)}.$$

§. 24. Die Function Q ist durch (19) vollständig bestimmt mit Ausnahme des Falles $x = 0$, in welchem das Zeichen von $\sqrt{x^2-1}$ ungewiss bleibt. Dieser Fall kann der Grenzfall eines reellen verschwindenden x sein, und dann wird nach unseren Festsetzungen, gleichgültig ob x positiv oder negativ war,

$$Q^n(o) = \frac{1}{i^{n+1}} \int_0^\infty \frac{dt}{(\cos it)^{n+1}}.$$

Ist Null die Grenze eines rein imaginären positiven oder negativen x, was man durch (oi) oder resp. $(-oi)$ bezeichnen kann, so hat man

$$Q^n(oi) = (-1)^{n+1} Q^n(-oi) = Q^n(o);$$

soll endlich o Grenze einer complexen Grösse sein, so stimmt der Werth mit $Q(oi)$ oder $Q(-oi)$ überein, je nachdem vor dem Verschwinden von x der imaginäre Theil positiv oder negativ war. Die Ausführung des obigen Integrals giebt übrigens

$$Q^n(o) = \frac{2^{n-1}}{i^{n+1}} \frac{\Gamma\frac{n+1}{2}\Gamma\frac{n+1}{2}}{\Gamma(n+1)}.$$

Für $x = \pm 1$ findet man ferner $Q^n(\pm 1) = \pm \infty$.

Im Allgemeinen wird $Q^n(-x) = (-1)^{n+1} Q^n(x)$; nur der Fall macht eine Ausnahme, in welchem x reell und zugleich < 1, also $x = \cos\theta$ ist. Denn ist $x = a \pm bi$, $\sqrt{x^2-1} = p \pm qi$, wo die oberen und ebenso die unteren Zeichen zusammen gehören, und a und p ebenso auch b und q (§. 8) zugleich positiv, negativ oder Null sind, so wird nach den Bestimmungen über die gleichen Zeichen von x und $\sqrt{x^2-1}$ auch $Q(x)$ im Nenner die Potenz von $(x+\cos it\sqrt{x^2-1})$, $Q(-x)$ von $(-x-\cos it\sqrt{x^2-1})$ enthalten. Aus diesem Grunde wird in den folgenden Paragraphen, wenn nicht ausdrücklich das Gegentheil bemerkt, und x nicht reell und zugleich <1 ist, immer x positiv gedacht, d. h. mit positivem reellen Theile oder, wenn x rein imaginär war, mit positivem imaginärem Theile; die Allgemeinheit der Untersuchung kann nach diesen Auseinandersetzungen hierunter nicht leiden.

War aber $x = \cos\theta$, so gebraucht man um $Q(x)$ zu bilden, den Zahlwerth von $\sin\theta$; nimmt man deshalb θ zwischen 0 und π, so wird

$$Q^n(\cos\theta) = \int_0^\infty \frac{dt}{(\cos\theta + i\sin\theta\cos it)^{n+1}}$$

$$(-1)^{n+1} Q^n(-\cos\theta) = \int_0^\infty \frac{dt}{(\cos\theta - i\sin\theta\cos it)^{n+1}}.$$

Diese beiden Ausdrücke unterscheiden sich, wie man sogleich sehen wird, wesentlich von einander. Geht man auf die erzeugenden

Functionen der rechten Seiten zurück, so sind sie nach (18) resp.

$$U_0 = \int_0^\infty \frac{dt}{a(\cos\theta + i\sin\theta \cos it) - 1}$$

$$U_1 = \int_0^\infty \frac{dt}{a(\cos\theta - i\sin\theta \cos it) - 1};$$

daher wird

$$U_1 - U_0 = 2ai\sin\theta \int_0^\infty \frac{\cos it\, dt}{(a\cos\theta - 1)^2 + a^2\sin^2\theta \cos^2 it}.$$

Den Nenner verwandle man in

$$1 + a^2 - 2a\cos\theta - a^2\sin^2\theta \sin^2 it,$$

und setze die reelle Grösse

$$-ai\sin\theta \sin it = a\sin\theta \frac{e^t - e^{-t}}{2} = z,$$

wodurch die Grenzen von z resp. 0 und ∞ werden. Ferner entsteht dadurch

$$U_1 - U_0 = 2i \int_0^\infty \frac{dz}{1 - 2a\cos\theta + a^2 + z^2},$$

und wenn das Integral der rechten Seite nach bekannten Regeln ausgeführt wird,

$$U_1 - U_0 = \frac{i\pi}{\sqrt{1 - 2a\cos\theta + a^2}}.$$

Die rechte Seite ist die erzeugende Function der P, man mag sie nach aufsteigenden oder absteigenden Potenzen von a entwickeln, so dass sich als wesentlicher Theil des Unterschiedes der beiden Q ein P herausstellt, und zwar ist genau

$(a) \ldots \quad (-1)^{n+1} Q^n(-\cos\theta) - Q^n(\cos\theta) = i\pi P^n(\cos\theta).$

Da $Q^n(\cos\theta)$ die Form $A - Bi$ hat, und dann $(-1)^{n+1} Q^n(-\cos\theta) = A + Bi$ sein muss, so folgt $B = \frac{1}{2}\pi P^n(\cos\theta)$, also

$$Q^n(\cos\theta) = A - \tfrac{1}{2}\pi i P^n(\cos\theta),$$

wodurch der imaginäre Theil von $Q^n(\cos\theta)$ gegeben ist.

Anmerk. Die Function Q ist im Allgemeinen stetig und einwerthig; sie wird nur unendlich für $x = \pm 1$, mehrwerthig für $x = 0$. Die Willkürlichkeit bei der Festsetzung des Werthes von $Q(\cos\theta)$ hätte sich vermeiden lassen, wenn allgemein für x eine reelle oder imaginäre Grösse θ eingeführt wäre, so dass $\cos\theta = x$, und dann Q als Function von θ selbst, nicht von $\cos\theta$ angesehen wird. Da meistentheils $\cos\theta$ das gegebene Argument ist, so wäre es mit grossen Unbequemlichkeiten verbunden, wenn man θ selbst überall einführen wollte. Es ist aber für manche sorgfältigen Untersuchungen von Werth, zu wissen, wie sich durch Einführung von θ, oder besser von $e^{i\theta}$ Alles gestaltet.

Man führe deshalb, wie schon im §. 4 an einer Stelle geschah, eine Grösse ξ als unabhängige Veränderliche ein, und setze $2x = \xi + \xi^{-1}$, wodurch $2\sqrt{x^2-1} = \xi - \xi^{-1}$ wird. Wenn $M(\xi) > 1$, also $\xi = r(\cos\psi + i\sin\psi)$ und $r > 1$, so haben $2x$ und $2\sqrt{x^2-1}$ im obigen Sinne gleiche Zeichen, da ihre reellen Theile resp. $\left(r + \frac{1}{r}\right)\cos\psi$, $\left(r - \frac{1}{r}\right)\cos\psi$, die imaginären ähnliche Ausdrücke sind, und $r - \frac{1}{r}$ positiv ist. Wird dagegen $r < 1$, d. h. $M(\xi) < 1$, so haben x und $\sqrt{x^2-1}$ entgegengesetzte Zeichen. Wird endlich $r = 1$, so können x und $\sqrt{x^2-1}$ alle Zeichencombinationen durchmachen. Setzt man nun

$$(19, a) \ldots 2^{n+1} Q^n[\xi] = \int_0^\infty \frac{dt}{((\xi+\xi^{-1}) + \cos it(\xi - \xi^{-1}))^{n+1}}$$

so stimmt $Q^n[\xi]$ mit $Q^n(x)$ überein, sobald $M\xi > 1$; sie stimmen überein wenn $M(\xi) = 1$, und ξ einen positiven imaginären Theil hat: ist dieser Theil negativ so kann man durch Gleichung (a) auf der Stelle $Q^n[\xi]$ durch $Q^n(x)$ und $P^n(x)$ ausdrücken (s. u.). Es wird $Q[\xi]$ überall einwerthig, aber nicht nur für $\xi = 1$, $(x = 1)$, unendlich, sondern für alle ξ auf der Linie der reellen ξ von $\xi = -1$ bis $\xi = 1$. In der That, der Nenner in (19, a) verschwindet für ein t, wenn $\frac{\xi^2+1}{\xi^2-1}$ negativ und >1 wird; dazu muss ξ^2-1 negativ sein: für ein negatives ξ^2 wäre aber $\frac{\xi^2+1}{\xi^2-1} < 1$, also ist ξ, wenn jener Nenner verschwindet, reell und < 1. Dies ist nothwendig und wie man sieht hinreichend, um den Bruch $\frac{\xi^2+1}{\xi^2-1}$ negativ und > 1 zu machen, so dass es vermehrt um $\cos it$ gewiss für einen

§. 24, 19.   I. Theil. Drittes Kapitel.   63

Werth von t zwischen 0 und ∞ verschwindet. Es hat also $Q[\xi]$ eine Linie der Unstetigkeit, indem es für alle reellen ξ von -1 bis $+1$ unendlich wird, und für $M(\xi) < 1$ eine Folge von Werthen, die nicht mit denen von $Q(x)$ übereinstimmen, und sich von diesen dadurch unterscheiden, dass $\cos it$ bei $Q[\xi]$ im Nenner mit dem umgekehrten Zeichen von dem bei $Q(x)$ auftritt.

In dieser Bezeichnung sagt die Formel (a) dieses Paragraphen, dass

$$(b) \ldots \quad Q^n\left[\frac{1}{\xi}\right] - Q^n[\xi] = i\pi P^n(x)$$

ist, wenn $M(\xi) = 1$; man kann hinzufügen, dass (b) auch noch für $M(\xi) > 1$ besteht, wenn nur ξ einen reellen positiven Theil besitzt aber nicht reell ist; letztere Bedingung ist erforderlich, damit $Q[\xi^{-1}]$ endlich bleibt. Dies kann man zeigen, indem man wie oben auf die erzeugende Function zurückgeht, wobei zu bemerken ist, dass dann die Einführung von z für t nicht durch reelle Substitution geschieht. Man kann auch folgenden Weg einschlagen:

Es ist die Differenz der Integrale $Q^n[\xi^{-1}] - Q^n[\xi]$ d. h.

$$(c) \quad \int_0^\infty \frac{dt}{(x - \cos it \sqrt{x^2-1})^{n+1}} - \int_0^\infty \frac{dt}{(x + \cos it \sqrt{x^2-1})^{n+1}}$$

zu betrachten, die sich in

$$\int_0^\infty \frac{\psi \, dt}{(1+(x^2-1)\sin^2 it)^{n+1}}$$

zusammenzieht, wo ψ die Differenz der $(n+1)^{\text{ten}}$ Potenzen von $(x+\cos it \sqrt{x^2-1})$ und $(x-\cos it \sqrt{x^2-1})$ vorstellt, also eine ganze Function von x, $\sqrt{x^2-1}$, $\cos it$, genauer eine ganze Function von x, $(x^2-1)\sin^2 it$, diese noch multiplicirt mit $\cos it \sqrt{x^2-1}$. Setzt man zunächst die reelle Grösse $i \sin it = y$, so wird das Integral

$$\sqrt{1-x^2} \int_0^\infty \frac{\chi \, dy}{(1+(1-x^2)y^2)^{n+1}},$$

wo χ eine ganze Function von x und $(y\sqrt{1-x^2})^2$ bedeutet, die nach y höchstens vom n^{ten} Grade ist. Da x nicht zugleich reell und >1 sein soll, so muss $1-x^2$ entweder reell und positiv, oder imaginär werden; $\sqrt{1-x^2}$ sei die Wurzel mit reellem positivem

Theile, (der reelle Theil kann unmöglich Null sein). Macht man $y\sqrt{1-x^2} = z$, so verwandelt sich das Integral in $\int \dfrac{\varphi(z)\,dz}{(1+z^2)^{n+1}}$, wo φ eine ganze Function von x bezeichnet, auch von z vom höchstens n^{ten} Grade; die Integration ist über eine gerade Linie zu erstrecken, die von 0 ins Unendliche durch den Punkt $\sqrt{1-x^2} = \alpha \pm \beta i$ geht (§. 8); man kann dafür auch von 0 auf reellem Wege bis ins Unendliche integriren. Ist nämlich $P = g \pm hi$ irgend ein Punkt

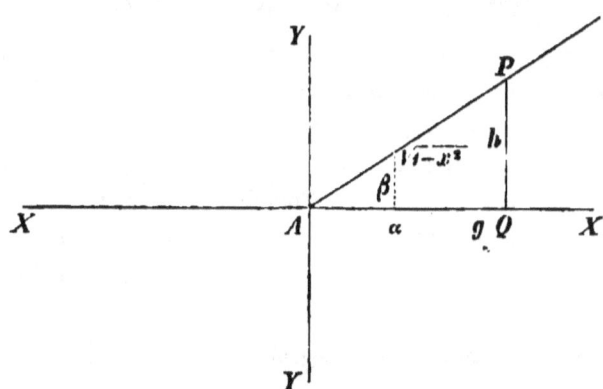

der bezeichneten Geraden, so dass $\alpha : \beta = g : h$, so wird $\dfrac{\varphi(z)}{(1+z^2)^{n+1}}$ für keinen Werth z, der in dem Dreiecke APQ liegt, unendlich, also ist das Integral über AP vermehrt um das über PQ gleich dem über AQ. Das Integral über PQ ist

$$\int_{g+hi}^{g} \frac{\varphi(z)\,dz}{(1+z^2)^{n+1}} = i\int_{h}^{0} \frac{\varphi(iz+g)\,dz}{(1+(iz+g)^2)^{n+1}}$$

$$= -i\int_{0}^{\frac{\beta g}{\alpha}} \frac{\varphi(iz+g)\,dz}{(1+(iz+g)^2)^{n+1}},$$

verschwindet also, wegen des Grades n von φ, für $g = \infty$. Die Integration darf daher über die verlängerte AQ, d. h. auf reellem Wege von 0 bis ∞ ausgeführt werden. Ordnet man nun $\varphi(z)$, welches eine ganze Function von x war, nach Potenzen von x, so entsteht auch nach der Integration eine ganze Function von x, die für

$x = \cos\theta$ bekannt, nämlich wie man aus (a) weiss, $i\pi P^n(\cos\theta)$ ist. Es muss daher die Differenz (c) allgemein $i\pi P^n(x)$ sein, immer vorausgesetzt, dass ξ nicht reell, also x nicht reell und grösser als 1 genommen wird, in welchem Falle das eine Integral ∞ wäre.

§. 25. Im §. 7 tritt neben dem Integrale, welches (19) entspricht, ein zweites verwandtes auf; im §. 8 wird die Gleichheit dieser Integrale durch eine Substitution direct gezeigt. Dieselbe Substitution verschafft eine zweite Form für Q, wie hier gezeigt werden soll; es wird nicht sogleich der Fall eines ganz beliebigen x behandelt, sondern zuerst die allgemeine Methode auf besondere Fälle angewandt, die sich sowohl durch Einfachheit empfehlen, als auch durch den Vortheil, den die einfachen Resultate an anderen Stellen verschaffen.

Der erste Fall sei der eines rein imaginären x; man mache $x = iy$, und denke sich y reell und positiv. Wird dann gesetzt

$$\cos u = \frac{y\cos it + \sqrt{y^2+1}}{y + \cos it\sqrt{y^2+1}},$$

$$\sin u = \frac{\sin it}{i(y + \cos it\sqrt{y^2+1})},$$

$$y - \cos u\sqrt{y^2+1} = \frac{-1}{y + \cos it\sqrt{y^2+1}},$$

$$du = \frac{dt}{y + \cos it\sqrt{y^2+1}},$$

mit der Bestimmung, dass $u = 0$ für $t = 0$ sei, so muss, wenn t von 0 bis ∞ wächst, u immer wachsen $\left(\text{da } \dfrac{du}{dt} \text{ positiv bleibt}\right)$, und für $t = \infty$ entsteht, ohne dass $\cos u$ je negativ geworden wäre, $\cos u = \dfrac{y}{\sqrt{y^2+1}}$, $\sin u = \dfrac{1}{\sqrt{y^2+1}}$, so dass u der $\operatorname{arccotg} y$ wird, welcher zwischen 0 und $\tfrac{1}{2}\pi$ liegt. Hieraus ergiebt sich (y pos.)

$$(20) \ldots Q^n(x) = Q^n(iy) = (-i)^{n+1}\int_0^\infty \frac{dt}{(y + \cos it\sqrt{y^2+1})^{n+1}}$$

$$= -i^{n+1}\int_0^{\operatorname{arccotg} y} (y - \cos u\sqrt{y^2+1})^n\, du.$$

Der zweite besondere Fall sei der eines positiven reellen x, welches grösser als 1 ist. In diesem Falle setze man

$$\cos iu = \frac{x\cos it + \sqrt{x^2-1}}{x+\cos it\sqrt{x^2-1}} = \frac{e^u+e^{-u}}{2},$$

$$-i\sin iu = \frac{-i\sin it}{x+\cos it\sqrt{x^2-1}} = \frac{e^u-e^{-u}}{2},$$

$$x - \cos iu\sqrt{x^2-1} = \frac{1}{x+\cos it\sqrt{x^2-1}},$$

$$du = \frac{dt}{x+\cos it\sqrt{x^2-1}},$$

$$u = 0; \quad t = 0,$$

und hat demnach wiederum eine reelle Substitution, durch die man erhält

$$(20, a) \ldots Q^n(x) = \int_0^\infty \frac{dt}{(x+\cos it\sqrt{x^2-1})^{n+1}}$$

$$= \int_0^{\log\sqrt{\frac{x+1}{x-1}}} (x-\cos iu\sqrt{x^2-1})^n du, \quad (x>+1),$$

wenn die obere Grenze der reelle Logarithmus der positiven Wurzel ist. In der That, die vierte Gleichung zeigt, dass u mit t wächst, also positiv bleibt, die erste und zweite, dass e^u von 1 bis $\frac{x+1}{\sqrt{x^2-1}} = \sqrt{\frac{x+1}{x-1}}$ wächst.

Der dritte besondere Fall, dass x reell und <1 ist, erfordert schon eine imaginäre Substitution, weshalb er mit dem allgemeinen zugleich behandelt wird.

Anmerk. Dieselben Substitutionen lassen sich bei beliebigen, nicht ganzen und nicht positiven n anwenden; sind die Grenzen des Integrals nach t beliebig gegeben, nicht 0 und ∞, so findet man durch obige Gleichungen zwischen u und t das entsprechende u.

* §. 26. Es sei jetzt x eine beliebige Grösse, nur nicht rein imaginär oder reell und zugleich >1; es ist für das Folgende bequemer, diese schon behandelten Fälle auszuschliessen, obgleich die Resultate noch in diesen Fällen brauchbar bleiben. Der reelle Theil von x sei positiv, und x und $\sqrt{x^2-1}$ mit gleichem Zeichen versehen; war $x = \cos\theta$, so sei wiederum $\theta < \pi$ also $< \tfrac{1}{2}\pi$ und $\sqrt{x^2-1} = i\sin\theta$.

Setzt man $x = \cos(\theta - \alpha i)$, und versteht unter α, wenn es nicht 0 ist, eine positive Grösse (für $\alpha = 0$ ist immer $0 < \theta < \tfrac{1}{2}\pi$ zu nehmen), so wird der reelle Theil von x gleich $\cos\theta.\cos\alpha i$; da er positiv sein soll (Annahme), so liegt θ zwischen $-\tfrac{1}{2}\pi$ und $\tfrac{1}{2}\pi$. Es wird bei der Untersuchung $\sqrt{x^2-1}$, $\sqrt{x+1}$, $\sqrt{x-1}$ vorkommen, jede mit positivem reellen Theile; man kann zeigen, dass das Produkt $\sqrt{x+1}.\sqrt{x-1}$ mit $\sqrt{x^2-1}$ dem Zeichen nach, also überhaupt übereinstimmt. Es ist nämlich

$$x \pm 1 = \frac{e^{-\theta i - \alpha} + e^{\theta i + \alpha}}{2} \pm 1,$$

d. h. gleich dem Quadrate von

$$\frac{e^{\frac{\alpha+\theta i}{2}} \pm e^{-\frac{\alpha+\theta i}{2}}}{\sqrt{2}}.$$

Werden die Wurzeln mit positivem reellen Theile genommen, so entsteht die Gleichung

$$\sqrt{2}\sqrt{x\pm 1} = (e^{\frac{1}{2}\alpha} \pm e^{-\frac{1}{2}\alpha})\cos\tfrac{1}{2}\theta + i(e^{\frac{1}{2}\alpha} \mp e^{-\frac{1}{2}\alpha})\sin\tfrac{1}{2}\theta$$

indem $e^{\frac{1}{2}\alpha} \pm e^{-\frac{1}{2}\alpha}$ immer positiv sein muss (α ist positiv) und ebenso $\cos\tfrac{1}{2}\theta$ (da θ zwischen $-\tfrac{1}{2}\pi$ und $\tfrac{1}{2}\pi$ liegt). Das doppelte Product der beiden Wurzeln hat als reellen Theil

$$(e^{\alpha} - e^{-\alpha})\cos\theta;$$

ist daher positiv.

War im besonderen Falle $\alpha = 0$, so setze man $\sqrt{x+1} = \sqrt{2}.\cos\tfrac{1}{2}\theta$, $\sqrt{x-1} = i\sqrt{2}.\sin\tfrac{1}{2}\theta$; das Product der Wurzeln ist dann genau $\sqrt{x^2-1}$, wie diese Wurzel genommen werden sollte, nämlich $i\sin\theta$.

Es wird ferner

$$\frac{\sqrt{x+1}}{\sqrt{x-1}} = \frac{e^{\alpha} - e^{-\alpha} - 2i\sin\theta}{e^{\alpha} - 2\cos\theta + e^{-\alpha}};$$

der reelle Theil hat also das positive Zeichen, der imaginäre das umgekehrte von θ; für $\alpha = 0$ verhält es sich ebenso mit dem imaginären Theile, während der reelle verschwindet.

Nach diesen vorläufigen Betrachtungen führen wir für die Grösse t durch dieselben Gleichungen, wie im zweiten Falle des vorigen Paragraphen eine Grösse u ein; den dort aufgestellten Beziehungen zwischen u und t mag noch die eine

$$e^u = \frac{e^{it}\sqrt{x+1}+e^{-it}\sqrt{x-1}}{e^{-it}\sqrt{x+1}+e^{it}\sqrt{x-1}}$$

zur besseren Uebersicht hinzugefügt werden. Hieraus ist klar dass e^u von 1 bis $\frac{\sqrt{x+1}}{\sqrt{x-1}}$ kommt, während t von 0 bis ∞; um aber u selbst zu verfolgen, setze man

$$u = p+qi,$$

wo p und q von t abhängen. Da x von der Form

$$x = R+iS\sin\theta$$

ist, wo R und S beide positiv sind (denn $x = \cos(\theta-\alpha i)$, und α positiv), $\sqrt{x^2-1}$ aber, mithin auch $x+\cos it\sqrt{x^2-1}$, dieselbe Form hat, so wird $(x+\cos it\sqrt{x^2-1})^{-1}$ gleich $r-is\sin\theta$ zu setzen sein, wenn auch r und s positiv sind. Hieraus folgt mit Hülfe des Ausdrucks von du

$$dp+idq = (r-is\sin\theta)dt,$$

d. h. p wächst fortwährend mit t, q wächst oder nimmt fortwährend ab, je nachdem θ negativ oder positiv ist. Ueber den reellen Theil von u ist man nun vollständig unterrichtet: er wächst von 0 bis zu dem reellen Theile von $\log\frac{\sqrt{x+1}}{\sqrt{x-1}}$. Um q weiter zu verfolgen, bilde man

$$e^u - e^{-u} = (e^t - e^{-t})(r-is\sin\theta),$$

woraus, wenn die reellen und imaginären Theile geschieden werden,

$$(e^p - e^{-p})\cos q = r(e^t - e^{-t})$$
$$(e^p + e^{-p})\sin q = -s(e^t - e^{-t})\sin\theta$$

folgt; es bleibt daher $\cos q$ immer positiv, während $\sin q$ immer das Zeichen von $-\theta$ besitzt, d. h. des imaginären Theiles (s. o.) von $\frac{\sqrt{x+1}}{\sqrt{x-1}}$. Da q von 0 an wächst, so wird q nie seinen Quadranten verlassen können, und daher unter $\frac{1}{2}\pi$ liegen. Es entsteht daraus folgende Regel um den Endwerth zu finden, zu welchem u gelangt, wenn t von 0 bis ∞ reell wächst; man sah, dass u ihn erreicht, während der reelle Theil immer positiv, der imaginäre immer positiv oder immer negativ imaginär bleibt, aber jeder Theil die Richtung seiner Zunahme nicht ändert, d. h. immer in demselben Sinne wächst: Man suche den $\log \frac{\sqrt{x+1}}{\sqrt{x-1}}$, wenn beiden Wurzeln ein positiver reeller Theil gegeben wird, dessen imaginärer Theil unter $\frac{\pi}{2}i$ liegt; dieser ist die obere Grenze.

War im besonderen Falle $x = \cos\theta$ (und positiv), so gelten diese Schlüsse noch immer, wenn für die Wurzeln $\sqrt{x\pm 1}$ die früher angegebenen Werthe genommen werden. Dann findet man $\frac{\sqrt{x+1}}{\sqrt{x-1}} = -i\cot\frac{1}{2}\theta$, also wird der gehörige Logarithmus dieses Quotienten

$$-\tfrac{1}{2}\pi i + \log\cot\tfrac{1}{2}\theta.$$

Um das Resultat beim allgemeinen Falle einfacher darzustellen, führe man für x eine Art von Polarcoordinaten ein, und setze, mit Aufhebung der früheren Bedeutung von r und θ

(a) ... $x = r\cos\theta + i\sqrt{r^2-1}\sin\theta$, $(-\tfrac{1}{2}\pi < \theta < \tfrac{1}{2}\pi)$

(b) ... $\sqrt{x^2-1} = \cos\theta\sqrt{r^2-1} + ir\sin\theta$

wo unter r eine positive Grösse verstanden wird, die grösser als 1 ist; erlaubt ist diese Substition, weil

1) die reellen Theile von x und $\sqrt{x^2-1}$ nie negativ werden,

2) die beiden Formen (a) und (b) so zusammenhängen, dass $(a)^2 - (b)^2 = 1$,

3) r und θ für jedes x aufgefunden werden können. Es sind nämlich r und θ, geometrisch betrachtet, die bei der Ellipse übliche Art von Polarcoordinaten, um einen Punkt festzulegen der als rechtwinklige Coordinaten den reellen und den von i befreiten imaginären Theil von x hat, wenn die Excentricität der Ellipse $=1$ ist.

Es wird dann

$$\frac{\sqrt{x+1}}{\sqrt{x-1}} = \frac{\sqrt{r^2-1} - i\sin\theta}{r - \cos\theta},$$

also

$$(c) \ldots \log \frac{\sqrt{x+1}}{\sqrt{x-1}} = \log \sqrt{\frac{r+\cos\theta}{r-\cos\theta}} - i\operatorname{arctang} \frac{\sin\theta}{\sqrt{r^2-1}}$$

wo der arctang zwischen $-\frac{1}{2}\pi$ und $\frac{1}{2}\pi$ zu nehmen ist. Für $r=1$ und ein positives θ wird die Formel des speciellen Falles $x = \cos\theta$ erhalten.

Da n eine ganze Zahl, also

$$\int (x - \cos iu \cdot \sqrt{x^2-1})^n \, du$$

das Integral einer ganzen Function von $\cos iu$ ist, so ist es gleichgültig, auf welchem Wege man von $u=0$ bis zum Endwerthe integrirt; es ensteht sonach folgendes Endresultat:

1) Bedeutet x eine beliebige Grösse mit positivem reellen Theile, die aber nicht zugleich reell und kleiner als 1 sein soll, und wird $\sqrt{x^2-1}$ mit demselben Zeichen wie x genommen, so ist

$$(21) \ldots Q^n(x) = \int_0^\infty \frac{dt}{(x+\cos it \cdot \sqrt{x^2-1})^{n+1}}$$

$$= \int_0^{\log\sqrt{\frac{x+1}{x-1}}} (x - \cos iu \cdot \sqrt{x^2-1})^n \, du,$$

und zwar bezeichnet die obere Grenze den Logarithmus der mit positivem reellen Theile genommenen Wurzelgrösse, dessen imaginärer Theil $< \frac{1}{2}\pi$. Durch (a), (b), (c) wird dieser Logarithmus vollständig definirt.

Der besondere Fall eines rein imaginären $x = iy$ ist übrigens im Resultate eingeschlossen; der Logarithmus wird dann $-i\operatorname{arccotg} y$, da man $\theta = \frac{1}{2}\pi$, $y = \sqrt{r^2-1}$ zu setzen hat: macht man noch $u = -iv$ so entsteht der Werth (20) für $Q^n(x)$. Für ein reelles x, welches grösser als 1 ist ($\theta = 0$), ergeben sich die früheren Formeln von selbst.

2) Ist im besonderen Falle $x = \cos\theta$, und $0 < \theta < \frac{1}{2}\pi$, so gelten noch die Formeln ad 1), obwohl der Ausdruck des Satzes in Worten ad 1) ungenau wird. Für diesen Fall ist

$$(21,a) \ldots Q^n(\cos\theta) = \int_0^\infty \frac{dt}{(\cos\theta + i\sin\theta\cos it)^{n+1}}$$

$$= \int_0^{\log\cot\frac{1}{2}\theta - \frac{1}{2}\pi i} (\cos\theta - i\sin\theta\cos iu)^n \, du.$$

Die letzte Formel lässt sich übrigens in die Summe zweier Integrale mit reellen Grenzen zerlegen. In der That, theilt man das Integral in eines von 0 bis $-\frac{1}{2}\pi i$, und eines von $-\frac{1}{2}\pi i$ bis $-\frac{1}{2}\pi i+\log\cot g\frac{1}{2}\theta$, und führt im ersten statt u die Grösse v durch die Gleichung $u=-iv$, im zweiten durch $u=-\frac{1}{2}\pi i+v$ ein, so erhält man

$$(21,b) \ldots Q^n(\cos\theta) = \int_0^{\log\cot g\frac{1}{2}\theta}(\cos\theta+i\sin\theta\sin iv)^n dv$$
$$-i\int_0^{\frac{1}{2}\pi}(\cos\theta-i\sin\theta\cos v)^n dv.$$

Das erste Integral ist offenbar reell, während die zweite, $-i$ als Factor enthaltende Grösse denselben imaginären Theil wie

$$-\frac{i}{2}\int_0^{\pi}(\cos\theta-i\sin\theta\cos v)^n dv,$$

d. h. den imaginären Theil $-\frac{1}{2}i\pi P^n(\cos\theta)$ hat, wie man auch schon aus §. 24 weiss. Die früheren Untersuchungen machen die Betrachtung des Falles überflüssig, in dem x einen negativen reellen Theil besitzt.

Anmerk. In ähnlicher Art lässt sich (21) selbst behandeln; dass auch für ein beliebiges n dieselbe Relation zwischen den beiden Integralen besteht, beweist man nach der Methode, welche §. 8 in der Anmerkung auseinandergesetzt ist. Auch statt der Grenzen 0 und ∞ von t kann man andere wählen, und findet durch die Gleichungen zwischen u und t die entsprechenden für u.

§. 27. Ausser dem bisher behandelten Integralausdrucke, welcher zuerst in den Arbeiten des Verfassers[*]) auftritt, lässt sich noch eine Anzahl bemerkenswerther Formen für Q entwickeln. Zunächst sollen die wichtigsten Reihen abgeleitet werden, die Q entweder für gewisse Intervalle von x, wie die ursprüngliche §. 22, oder überall darstellen. Man bedient sich dazu am besten der Differentialgleichung (9), die man in ihren verschiedenen Formen (§. 12) integrirt; hierbei werden zugleich Reihen für P, das zweite particuläre Integral derselben Gleichung auftreten, und man

---

[*]) Crelle, Journal f. M. Bd. XLII und Bericht aus den Verhandlungen der Preuss. Akademie d. W. zu Berlin aus dem Jahre 1854 S. 560.

hat so eine Quelle, aus der die Reihen des §. 4 fliessen, während dort jede neue Entwickelung besondere Kunstgriffe erforderte.

Zunächst entwickeln wir Q, welches schon §. 22 nach absteigenden Potenzen von x geordnet war, nach **aufsteigenden Potenzen von** x, mit Hülfe von (9) in der ursprünglichen Form (a) des §. 12.

Entwickelt man das Integral der Gleichung

$$(a) \quad (1-x^2)\frac{d^2z}{dx^2} - 2x\frac{dz}{dx} + n(n+1)z = 0$$

in eine aufsteigende Reihe, und setzt dazu

$$z = x^\alpha + a_2 x^{\alpha+2} + a_4 x^{\alpha+4} + \text{etc.},$$

so ist α dadurch zu bestimmen, dass in (a), wenn für z die Reihe eingesetzt wird, die niedrigste Potenz von x verschwindet. Dies giebt $\alpha(\alpha-1) = 0$, d. h. $\alpha = 0$ oder $\alpha = 1$. Allgemein wird

$$a_{2m+2} = -a_{2m}\frac{(n-\alpha-2m)(n+\alpha+2m+1)}{(\alpha+2m+1)(\alpha+2m+2)},$$

also das allgemeine Integral von (a)

$$z = cM + kN,$$

wo c und k willkürliche Constante und M und N Reihen bezeichnen, nämlich

$$M = 1 - \frac{n(n+1)}{1.2}x^2 + \frac{n(n-2)(n+1)(n+3)}{1.2.3.4}x^4 - \text{etc.}$$

$$N = x - \frac{(n-1)(n+2)}{2.3}x^3 + \frac{(n-1)(n-3)(n+2)(n+4)}{2.3.4.5}x^5 - \text{etc.}$$

Von diesen Reihen bricht je eine bei x^n ab, die erste für ein gerades n, die zweite für ein ungerades, und die nicht abbrechende wird nur bis $x = 1$ convergiren, für $x = 1$ unendlich (§. 17). Setzt man $x = \cos\theta$, und denkt sich $0 < \theta < \frac{1}{2}\pi$, indem sich das Resultat für den Fall $\frac{1}{2}\pi < \theta < \pi$ aus dem, welches man hier findet, sogleich ablesen lässt, so wird die abbrechende Reihe, bis auf einen constanten Factor gleich $P^n(\cos\theta)$, während für geeignete Werthe von c und k

$$Q^n(\cos\theta) = cM + kN$$

sein muss. Durch Vergleichung der Coefficienten von $\cos^n\theta$ in P^n und M oder N findet man

$$P^n(\cos\theta) = (-1)^{\frac{1}{2}n}\frac{1.3.5\ldots(n-1)}{2.4.6\ldots n}\cdot M, \quad (n=2m),$$

$$P^n(\cos\theta) = (-1)^{\frac{1}{2}(n-1)}\frac{1.3.5\ldots n}{2.4.6\ldots(n-1)}\cdot N, \quad (n=2m+1).$$

Um zu entdecken, welche Combination von M und N gleich Q^n d. h.

$$\int_0^\infty \frac{dt}{(\cos\theta + i\sin\theta \cos it)^{n+1}}$$

ist, bemerke man, dass der imaginäre Theil von Q gleich $-\frac{i\pi}{2}P$ sein muss (§. 24), d. h. dass

$$Q^n(\cos\theta) = kN - \frac{i\pi}{2}P^n(\cos\theta), \quad (n=2m)$$

$$Q^n(\cos\theta) = cM - \frac{i\pi}{2}P^n(\cos\theta), \quad (n=2m+1).$$

Im zweiten Falle wird für $\cos\theta = 0$ (§. 24)

$$c = (-1)^{\frac{1}{2}(n+1)}\frac{2.4.6\ldots(n-1)}{1.3.5\ldots n};$$

im ersten Falle ergiebt sich k, wenn man bedenkt, dass

$$2kN = \int_0^\infty \frac{dt}{(\cos\theta + i\sin\theta\cos it)^{n+1}} + \int_0^\infty \frac{dt}{(\cos\theta - i\sin\theta\cos it)^{n+1}}$$

ist; bringt man die Functionen unter den Integralen auf denselben Nenner $(\cos^2\theta + \sin^2\theta\cos^2 it)^{n+1}$, dividirt durch $\cos\theta$, und macht dann $\theta = \frac{1}{2}\pi$, so wird $k = (n+1)i^n\int_0^\infty \frac{dt}{(\cos it)^{n+2}}$, also

$$k = \frac{2.4.6\ldots n}{1.3.5\ldots(n-1)}\cdot i^n.$$

§. 28. Um die Integrale der Differentialgleichung (19) nach Potenzen von $\sqrt{x^2-1}$ zu entwickeln, bediene man sich der Form (e) des §. 12. Es wird dazu (um die neue Veränderliche genau zu definiren) $\varrho = i\sqrt{x^2-1}$ eingeführt, die Wurzel wie oben genommen; dadurch ergiebt sich

$$(e)\ldots \varrho(\varrho^2-1)\frac{d^2z}{d\varrho^2} + (2\varrho^2-1)\frac{dz}{d\varrho} - n(n+1)\varrho z = 0,$$

eine Gleichung, die zuerst durch eine nach ϱ absteigende Reihe

$$\varrho^\alpha + a_2\varrho^{\alpha-2} + a_4\varrho^{\alpha-4} + \text{etc.}$$

integrirt werden soll. Man findet durch die früher benutzten be-

kannten Methoden
$$a(a+1) - n(n+1) = 0,$$
d. h. $a = n, -(n+1)$; ferner
$$a_{2m+2} = -a_{2m} \frac{(a-2m)(a-2m)}{(n-a+2m+2)(n+a-2m-1)},$$
also die zwei particulären Lösungen, welche wieder als hypergeometrische Reihen auftreten:
$$M = \varrho^n F\left(-\frac{n}{2}, -\frac{n}{2}, -\frac{2n-1}{2}, \varrho^{-2}\right)$$
$$N = \varrho^{-n-1} F\left(\frac{n+1}{2}, \frac{n+1}{2}, \frac{2n+3}{2}, \varrho^{-2}\right)$$

wenn man sich der Kürze halber des Zeichens F der hypergeometrischen Reihe (§. 17) bedient; beide Reihen convergiren von $\varrho = 1$ bis $\varrho = \infty$. Da $P^n(x)$ nur die n^{te}, $(n-2)^{te}$ etc. Potenz von ϱ enthalten kann, wenn man es nach absteigenden Potenzen von ϱ entwickelt, Q^n die $-(n+1)^{te}$, $-(n+3)^{te}$, etc., so muss M und N bis auf constante Factoren resp. mit $P^n(x)$ und $Q^n(x)$ übereinstimmen. Diese constanten Factoren bestimmen sich durch die Betrachtung, dass $\frac{P^n(x)}{x^n}$ und $x^{n+1} Q^n(x)$ für $x = \infty$ die Werthe $\frac{1.3...(2n-1)}{1.2...n}$ und $\frac{1.2...n}{1.3...(2n+1)}$, während $\frac{M}{x^n}$ und Nx^{n+1} resp. die Werthe i^n und i^{-n-1} annehmen. Es wird daher

$$P^n(x) = \frac{1.3...(2n-1)}{1.2...n} i^{-n} F\left(-\frac{n}{2}, -\frac{n}{2}, -\frac{2n-1}{2}, \varrho^{-2}\right)$$
$$Q^n(x) = \frac{1.2...n}{1.3...(2n+1)} i^{n+1} F\left(\frac{n+1}{2}, \frac{n+1}{2}, \frac{2n+3}{2}, \varrho^{-2}\right).$$

Würde man die Integrale der Gleichung (e) nach aufsteigenden Potenzen von ϱ zu entwickeln versuchen, und dazu, wie §. 27
$$s = \varrho^a + a_2 \varrho^{a+2} + a_4 \varrho^{a+4} + \text{etc.}$$
setzen, so ergiebt sich $a^2 = 0$ und
$$a_{2m+2} = -a_{2m} \frac{(n-2m)(n+2m+1)}{(2m+2)^2},$$
daher eine erste Lösung
$$M = F\left(-\frac{n}{2}, \frac{n+1}{2}, 1, \varrho^2\right).$$

Die Wurzeln der quadratischen Gleichung für α werden hier gleich, nämlich beide gleich 0; dies zeigt, wie man aus den allgemeinen Prinzipien der Integration solcher Gleichungen *) weiss, dass eine zweite Lösung die Form $M \log \varrho + q$ hat, wo q eine Potenzreihe vorstellt. Diese erhält aber eine nicht elegante Gestalt, weshalb diese Untersuchungen nicht weiter verfolgt werden sollen. Das Historische über diese Reihen findet man bei den allgemeineren ähnlichen Formeln im zweiten Theile.

Durch Einführung von $1 \pm x$ u. dgl. als Veränderliche in die Gleichung (9) würde man auf Reihen geführt, die nach Potenzen dieser Grössen fortschreiten. M. vergl. §. 51.

§. 29. Die letzte Reihenentwicklung, die hier betrachtet werden soll, folgt aus (9) in der Form (g), nämlich aus

$$(g) \ldots \xi^2(1-\xi^2)\frac{d^2z}{d\xi^2} - 2\xi^3\frac{dz}{d\xi} - n(n+1)(1-\xi^2)z = 0;$$

sie unterscheidet sich von den früheren dadurch, dass sie für alle Werthe von ξ brauchbar ist. Bisher war nicht bestimmt worden, welcher der beiden Werthe ξ sein solle; es wird nun festgesetzt, dass man für x die Grösse

$$\xi = x + \sqrt{x^2-1}$$

einführt, wenn x und $\sqrt{x^2-1}$ gleiche Zeichen haben, das Zeichen von x übrigens beliebig ist: durch diese Festsetzungen wird $M(\xi) > 1$. Denn es ist

$$\frac{1}{\xi} = x - \sqrt{x^2-1},$$

folglich hat eine von den zwei Grössen $x \pm \sqrt{x^2-1}$ einen Modulus, der grösser als 1 ist, jedenfalls aber $x + \sqrt{x^2-1}$ einen grösseren Modulus als $x - \sqrt{x^2-1}$, folglich wird $M(x+\sqrt{x^2-1}) > 1$. Ausgenommen ist nur der Fall $x = \cos\theta$, in welchem $M(\xi)$ gerade gleich $M(\xi^{-1})$, gleich 1 wird; in diesem Falle soll wie an den früheren Stellen $\sqrt{x^2-1}$ positiv imaginär sein, so dass, wenn $M(\xi) = 1$, nur solche Werthe ξ in Frage kommen, für welche ξ einen positiven imaginären Theil hat.

---

*) M. vergl. Euler's Integralrechnung an der schon oben bezeichneten Stelle, problema 123.

Es wird, um z nach absteigenden Potenzen von ξ zu entwickeln,
$$z = \xi^\alpha + a_2 \xi^{\alpha-2} a_4 \xi^{\alpha-3} + \text{etc.}$$
gesetzt; man findet dann
$$\alpha(\alpha+1) - n(n+1) = 0$$
$$a_{2m+2} = a_{2m} \cdot \frac{(n+1+2m-\alpha)(n+\alpha-2m)}{(n+2+2m-\alpha)(n+\alpha-2m-1)},$$
d. h. die zwei particulären Lösungen
$$M = \xi^n \; F\left(\tfrac{1}{2},\; -n,\; -\tfrac{2n-1}{2},\; \xi^{-2}\right)$$
$$N = \xi^{-n-1} F\left(\tfrac{1}{2},\; n+1,\; \tfrac{2n+3}{2},\; \xi^{-2}\right).$$

Dass
$$P^n(x) = \frac{1.3.5\ldots(2n-1)}{2.4.6\ldots(2n)} M$$
ist, weiss man schon aus §. 4, b; da ferner N für ξ gleich unendlich verschwindet, so kann sich, so lange wenigstens $x > 1$, d. h. $\xi > 1$, N von $Q^n(x)$ nur durch einen constanten Factor k unterscheiden. Multiplicirt man die Gleichung $Q = kN$ mit x^{n+1} und setzt $x = \infty$, so ergiebt sich
$$\frac{1.2.3\ldots n}{1.3.5\ldots(2n+1)} = \frac{k}{2^{n+1}},$$
also, zunächst allerdings nur (§. 22), so lange $x > 1$,
$$(22)\ldots\; Q^n(x) = 2 \cdot \frac{2.4\ldots(2n)}{1.3\ldots(2n+1)} \xi^{-n-1} F\left(\tfrac{1}{2},\; n+1,\; \tfrac{2n+3}{2},\; \xi^{-2}\right).$$

Dieser Werth stimmt wie bewiesen werden soll genau mit dem $Q^n(x)$ überein, welches früher (§. 23, 19) durch ein Integral definirt war, und zwar für alle Werthe von x, auch für die, welche einen negativen reellen Theil besitzen oder solche die rein imaginär, positiv oder negativ sind: man hat nur genau darauf zu achten, welcher Werth ξ nach dem laufenden Paragraphen zu ertheilen ist. (Nämlich $M(\xi) > 1$, oder wenn $\xi = e^{i\theta}$, $0 < \theta < \pi$.) Im §. 30 wird dieses direct bewiesen werden, indem man die Reihe (22) durch ein Integral summirt; hier zeigen wir dasselbe auf anderem Wege.

[* Dass die Reihe (22) convergirt, so lange $M(\xi) > 1$, ist ohne weitere Untersuchung klar; ebenso sieht man ein, dass die Reihe für $\xi = 1$ gerade wie $Q^n(x)$ unendlich wird. (§. 17, *d*. Nach der dortigen Bezeichnung ist $\alpha+\beta-\gamma = 0$.) Ist endlich ξ nicht gleich 1, wohl aber $M(\xi) = 1$, so convergirt die Reihe noch, wie wir durch ein Verfahren, welches dem am Schlusse des §. 17 angewandten ähnlich ist, zeigen wollen; man berücksichtige beim Beweise, dass die unendlich entfernten Glieder der Reihe (nach §. 17, *c*) jedenfalls verschwinden.

Um den Convergenzbeweis zu führen, wenn $M(\xi) = 1$ ohne dass $\xi = 1$, setze man $\xi^{-2} = \zeta$ und betrachte eine Reihe mit reellen Coefficienten *a*

$$a_0 + a_1\zeta + a_2\zeta^2 + \text{etc.},$$

welche die Bedingung erfüllt $a_{m-1} > a_m$, $a_\infty = 0$; es muss dann

$$a_0 + (a_1 - a_0)\zeta + \text{etc.} + (a_m - a_{m-1})\zeta^m = p_m$$

mit wachsendem *m*, so lange $M(\zeta) < 1$, einer endlichen Grenze P zustreben, die auch noch für $M(\zeta) = 1$ nicht unendlich wird. Denn in diesem Falle haben die Glieder der Reihe als Moduln resp. a_0, $(a_0 - a_1)$, etc. $(a_{m-1} - a_m)$; der Modulus einer Summe ist immer kleiner als die Summe der Moduln der Summanden, also ist $M(p_m)$ kleiner als

$$a_0 + (a_0 - a_1) + \text{etc.} + (a_{m-1} - a_m) = 2a_0 - a_m.$$

Daher bleibt p_m noch für jedes *m* endlich (als Gegensatz des unendlich Grossen), selbst wenn $M(\zeta) = 1$; ebenso

$$\frac{p_m}{1-\zeta} = a_0 + a_1\zeta + \text{etc.} + a_{m-1}\zeta^{m-1} + \frac{a_m\zeta^m}{1-\zeta}.$$

Das Glied a_m, daher $\frac{a_m\zeta^m}{1-\zeta}$, convergirt zu 0 für $m = \infty$, wenn nicht $\zeta = 1$ ist, so dass die unendliche Reihe

$$a_0 + a_1\zeta + a_2\zeta^2 + \text{etc.}$$

die Summe $\frac{P}{1-\zeta}$ giebt, wodurch der Convergenzbeweis geliefert ist.

Bleibt eine convergente nach ξ geordnete Potenzreihe bei Veränderung von ξ convergent, so hat sich die durch sie dargestellte Function, wie aus den Elementen der Reihenlehre folgt continuirlich geändert; die durch (22) dargestellte Function, welche Q_n heissen mag, bis der Beweis geliefert ist, dass sie für jedes x

mit $Q^n(x)$ übereinstimmt, ändert sich also continuirlich, wenn ξ von einem Werthe, dessen Modulus 1, der aber nicht selbst 1 ist, continuirlich wächst. Dieselbe Eigenschaft besitzt aber $Q^n[\xi]$ (§. 24, Anmerk.); denn der Nenner im Integral verschwindet nur (s. ebendaselbst) wenn ξ reell und ≤ 1, also für einen Werth von ξ der hier nicht in Betracht kommt. Daher ist jenes Integral, zwischen $t = 0$ und einer beliebig grossen endlichen Grenze g genommen, continuirlich; der Modulus des Integrales von g bis ∞ wird mit wachsendem g beliebig klein, also das ganze Integral continuirlich, monogen und monodrom für alle ξ von $M(\xi) = 1$ incl., ausgeschlossen $\xi = 1$, bis $M(\xi) = \infty$. Für $\xi > 1$, also für $M(\xi) > 1$ stimmt Q_* mit $Q^n[\xi]$ überein, also auch für $M(\xi) = 1$, (selbst wenn der imaginäre Theil von ξ negativ genommen wird) wegen der Continuität. Aber $Q^n[\xi] = Q^n(x)$ für ein ξ dessen Modulus >1, und auch dessen Modulus $= 1$, wenn der imaginäre Theil im letzten Falle positiv genommen wird; folglich ist wirklich die Reihe Q_* für jedes x gleich der durch (19) definirten Function $Q^n(x)$.

Dass das oben erwähnte Integral

$$\int_g^\infty \frac{\xi^{n+1} dt}{((\xi^2+1)+\cos it(\xi^2-1))^{n+1}}$$

wirklich mit wachsendem g verschwindet, erkennt man sogleich, wenn man durch die Substitution $e^t = z$ die Function unter dem Integrale zu einer rationalen nach z macht, deren Zähler vom nur n^{ten}, deren Nenner vom $2n+2^{\text{ten}}$ Grade ist.]

Aus den obigen Betrachtungen folgt also: **Welches Zeichen auch x hat, wird nur $\sqrt{x^2-1}$ mit demselben Zeichen wie x genommen, oder positiv imaginär wenn x reell und <1, immer ist die durch (22) gegebene Function $Q^n(x)$, sobald $\xi = x + \sqrt{x^2-1}$ gemacht wird, gleich der im §.23 durch (19) definirten**

$$Q^n(x) = \int_0^\infty \frac{dt}{(x+\cos it\sqrt{x^2-1})^{n+1}}.$$

Man fasse (22) noch einmal ins Auge, wenn $x = \cos\theta$, also für $\xi = e^{i\theta}$, $(0 < \theta < \pi)$. Für diesen Fall zerfällt $Q^n(x)$ nach (22)

in zwei Theile, einen reellen A und einen imaginären $-Bi$, so dass
$$Q^n(\cos\theta) = A - Bi,$$
wo
$$A = 2 \cdot \frac{2.4\ldots(2n)}{1.3\ldots(2n+1)} \Big(\cos(n+1)\theta + \frac{1.(n+1)}{1.(2n+3)} \cos(n+3)\theta$$
$$+ \frac{1.3.(n+1)(n+2)}{1.2.(2n+3)(2n+5)} \cos(n+5)\theta + \text{etc.} \Big),$$

während B die Reihe wird, die aus obiger durch Vertauschung aller Cosinus mit Sinus entsteht. Diese ist aber nach (15) gleich $\tfrac{1}{2}\pi i P^n(\cos\theta)$, so dass man wiederum findet
$$Q^n(\cos\theta) = A - \tfrac{1}{2}\pi i P^n(\cos\theta).$$
Man vergl. §. 24, a und die (a) unmittelbar folgenden Entwickelungen.

§. 30. Der directe Beweis der Gleichung (22) für alle Werthe von x mit beliebigem Zeichen, auf den im vorigen Paragraphen hingewiesen wurde, lässt sich durch das Verfahren geben, welches Euler[*]) zur Summation von Reihen durch bestimmte Integrale anwendet. Zu diesem Zwecke bedient man sich der bekannten Formel, welche die Euler'schen Integrale erster Gattung durch die zweite Gattung Γ oder Π ausdrückt

$$(a) \ldots \int_0^1 u^{a-1}(1-u)^{b-1}du = \frac{\Pi(a-1)\Pi(b-1)}{\Pi(a+b-1)},$$

und welche ein positives a und b voraussetzt. Mit Hülfe derselben ergiebt sich der Ausdruck des Integrals

$$(b) \ldots \int_0^1 u^{a-1}(1-u)^{\beta-1}(1-u\xi^{-2})^{-(n+1)}du$$

durch eine hypergeometrische Reihe; entwickelt man nämlich
$$(1-u\xi^{-2})^{-(n+1)}$$
nach dem binomischen Lehrsatze in eine nach Potenzen von $u\xi^{-2}$ aufsteigende Reihe, die convergirt, so lange $M(u\xi^{-2})$, wie hier geschieht, nicht 1 überschreitet (denn $M(\xi)$ sinkt nie unter 1), so wird das Integral der Summe der Glieder gleich der Summe der Integrale, wenn diese nämlich eine Summe besitzen, also (b) vermittelst (a) gleich

---

[*]) Institutiones Calculi integralis Vol. II, Sect. I, Cap. XI.

$$(c) \ldots \frac{\Pi(\alpha-1)\Pi(\beta-1)}{\Pi(\alpha+\beta-1)} F(n+1, \alpha, \alpha+\beta, \xi^{-2}).$$

Um diesen Ausdruck mit (22) in Uebereinstimmung zu bringen, setze man $\alpha = \frac{1}{2}$, $\beta = n+1$; dass (c) dann noch für ein ξ, dessen Modulus 1 ist (aber nicht $\xi = 1$) convergirt, weiss man bereits aus §. 29. Multiplicirt man endlich noch mit ξ^{-n-1} so wird eine Gleichung erhalten deren linke Seite

$$\int_0^1 u^{-\frac{1}{2}} (1-u)^n \left(\xi - \frac{u}{\xi}\right)^{-n-1} du$$

durch die Substitution

$$u = \frac{v-1}{v+1}, \quad v = \frac{1+u}{1-u}, \quad 1-u = \frac{2}{v+1},$$

in

$$2^{n+1} \int^\infty \frac{1}{\left[\left(\xi + \frac{1}{\xi}\right) + v\left(\xi - \frac{1}{\xi}\right)\right]^{n+1}} \frac{dv}{\sqrt{v^2-1}},$$

endlich durch die Substitution $v = \cos it$ in

$$\int_0^\infty \frac{dt}{(x + \cos it \cdot \sqrt{x^2-1})^{n+1}}$$

übergeht. Die rechte Seite stimmt aber mit der von (22) überein, da

$$\frac{\Pi(-\frac{1}{2})\Pi n}{\Pi(n+\frac{1}{2})} = 2 \cdot \frac{2.4 \ldots (2n)}{1.3 \ldots (2n+1)}.$$

§. 31. Im Vorhergehenden ist die Differentialgleichung (9) für alle Werthe von x durch zwei particuläre Integrale P und Q, die für jedes x vollständig definirt waren, und dadurch das allgemeine Integral gefunden. P als ganze Function von x bleibt stetig, nicht aber Q, man mag es als Function von x oder ξ betrachten (§. 24, Anmerk.). Der Vollständigkeit halber soll jetzt die Frage behandelt werden: Wie setzt sich eine Function z, welche der Differentialgleichung (9) genügt und in einem beliebig kleinen Intervalle von x gegeben ist, auf einem beliebig gegebenen Wege x, der nicht durch den Punkt 1 führt, continuirlich fort, so dass sie nie aufhört, der Differentialgleichung zu genügen? Nach der obigen Bemerkung über P ist es nur nöthig, die Fortsetzung von Q zu betrachten; aus den allgemeinen Prinzipien folgt auch, dass wenn man mit $Q^n(x)$ von irgend einem x, es sei $x = x_0$, ausgeht dessen Modulus > 1, man für jedes andere $x = x_1$ wieder dieselbe Function $Q^n(x_1)$ erhält, so lange $M(x_1) > 1$, und wenn der Weg, welcher von x zu x_1 führte, nicht in den Kreis eindringt, welcher mit dem Radius 1 um den Anfangspunkt beschrieben ist (kürzer ausgedrückt, wenn immer $M(x) > 1$ bleibt); dieser Kreis enthält nämlich die sämmtlichen Unstetigkeitspunkte von Q.

Die anscheinenden Schwierigkeiten dieser Frage, welche eine Differentialgleichung zweiter Ordnung betrifft, verschwinden, da man ein stetiges Integral dieser Gleichung kennt, welches eine ganze Function von x ist. Abel[*]) hat nämlich eine Methode angegeben, die allerdings im wesentlichen schon von Euler[**]) herrührt und seither grosse Verallgemeinerungen erfahren hat, um ein zweites Integral einer linearen Differentialgleichung erster Ordnung durch ein gegebenes erstes auszudrücken. Ist z irgend ein Integral der Gleichung

$$(a) \ldots (1-x^2)\frac{d^2z}{dx^2} - 2x\frac{dz}{dx} + n(n+1)z = 0,$$

der auch $P^n(x)$ genügt, so dass

$$(b) \ldots (1-x^2)\frac{d^2P}{dx^2} - 2x\frac{dP}{dx} + n(n+1)P = 0,$$

so ergiebt sich, indem man $(a).P - (b).z$ bildet,

$$(1-x^2)\frac{d}{dx}\left(P\frac{dz}{dx} - z\frac{dP}{dx}\right) - 2x\left(P\frac{dz}{dx} - z\frac{dP}{dx}\right) = 0,$$

also wenn c eine Constante bezeichnet,

$$P\frac{dz}{dx} - z\frac{dP}{dx} = \frac{c}{x^2-1},$$

endlich nach Division durch P^2 und darauf folgender Integration nach x,

$$\frac{z}{P(x)} = c\int \frac{dx}{(x^2-1)(P(x))^2}.$$

Soll z für ein x welches > 1, mit Q^n übereinstimmen, so muss das Integral für $x = \infty$ verschwinden, und ausserdem (§. 22) die Con-

---

[*]) Crelle, Journal f. Math. Bd. II, S. 22: Ueber einige bestimmte Integrale.
[**]) Institutiones Calculi integralis Vol. II, Sectio I, cap. IV, problema 104.

stante c so bestimmt werden, dass für $x = \infty$

$$x^{n+1}z = cP^n(x)x^{n+1}\int_x^x \frac{dx}{(x^2-1)(P^n(x))^2}$$

gleich $\dfrac{1.2\ldots n}{1.3\ldots(2n+1)}$ wird. Nun ist für $x = \infty$

$$P^n(x)\cdot x^{-n} = \frac{1.3\ldots(2n-1)}{1.2\ldots n},$$

ferner der Werth von

$$x^{-2n-1}\int_\infty^x \frac{dx}{(x^2-1)P^2}$$

nach angestellter, bei solchen Untersuchungen üblicher Differentiation gleich

$$-\frac{1}{(2n+1)}\frac{x^2}{x^2-1}\cdot\left(\frac{x^n}{P}\right)^2$$

oder gleich

$$-\frac{1}{(2n+1)}\cdot\left(\frac{1.2\ldots n}{1.3\ldots(2n-1)}\right)^2$$

folglich $c = -1$, also endlich

$$(c)\ldots z = P^n(x)\int_x^x \frac{dx}{(x^2-1)(P^n(x))^2}.$$

Die Aufgabe die Function z, welche der Differentialgleichung genügt und für Werthe $x > 1$ mit Q übereinstimmt, zu verfolgen, während x verschiedene Wege einschlägt, ist also auf Betrachtung dieses Integrals (c) reducirt. Die Unstetigkeitspunkte, welche in Betracht kommen können, sind daher $x = \pm 1$, und $x = \alpha, \beta$, etc., wenn durch diese Buchstaben die Wurzeln der Gleichung $P^n(x) = 0$ bezeichnet werden, die (§. 9 und 11) sämmtlich reell, kleiner als 1 und verschieden sind: es wird sich zeigen, dass durch die besondere Natur der Function nur die kritischen Punkte ± 1 in Betracht kommen.

Zerlegt man die Function unter dem Integralzeichen in Partialbrüche, so wird sie die Form annehmen

$$\frac{c}{x-1} + \frac{k}{x+1} + \sum\frac{A_\alpha}{(x-\alpha)^2} + \sum\frac{B_\alpha}{(x-\alpha)},$$

wenn sich die Summenzeichen auf alle Wurzeln α, β, etc. beziehen; es ändert demnach das Integral, wenn x irgend einen von den $n+2$ kritischen Punkten umkreist, jedesmal seinen Werth um $2\pi i$

§. 31, 22. I. Theil. Drittes Kapitel.

multiplicirt mit c, k oder dem betreffenden B, und daher könnte man glauben, dass x keine Function von $\frac{z}{P}$ sei: anders gestaltet sich aber das Verhältniss dadurch, dass sämmtliche B verschwinden. Bestimmt man nämlich c, k, A und B, so ergiebt sich

$$c = \frac{1}{(x+1)(P)^2}, \ (x=1); \quad k = \frac{1}{(x-1)(P)^2}, \ (x=-1);$$

$$A_\alpha = \frac{1}{\alpha^2-1}\left(\frac{x-\alpha}{P(x)}\right)^2, \quad B_\alpha = \frac{d}{dx}\left(\frac{(x-\alpha)^2}{(x^2-1)(P(x))^2}\right), \ (x=\alpha);$$

also zunächst

$$c = \tfrac{1}{2}, \quad k = -\tfrac{1}{2}, \quad A_\alpha = \frac{1}{\alpha^2-1}\cdot\left(\frac{1}{P'(\alpha)}\right)^2,$$

wenn man mit Fortlassung des Index n unter $P'(x)$ den Differentialquotienten $\frac{dP^n(x)}{dx}$ versteht. Um nun auch B zu ermitteln, setze man

$$\varphi(x) = \frac{1}{x^2-1}\cdot\left(\frac{x-\alpha}{P(x)}\right)^2,$$

so dass $\varphi'(\alpha)$ zu suchen bleibt. Differentiirt man logarithmisch, so wird

$$\frac{\varphi'(x)}{2\varphi(x)} = -\frac{x}{x^2-1} + \frac{1}{x-\alpha} - \frac{P'(x)}{P(x)}.$$

Für $x=\alpha$ bleibt $\varphi(x)$ und $\frac{x}{x^2-1}$ endlich, während $\frac{P(x)-(x-\alpha)P'(x)}{(x-\alpha)P(x)}$ sich in $\tfrac{0}{0}$ verwandelt. Die erste Differentiation giebt als Werth des Ausdrucks

$$-\frac{(x-\alpha)P''(x)}{P(x)+(x-\alpha)P'(x)}, \ (x=\alpha),$$

die zweite $-\frac{P''(\alpha)}{2P'(\alpha)}$, so dass

$$-\frac{\varphi'(\alpha)}{2\varphi(\alpha)} = \frac{\alpha}{\alpha^2-1} + \frac{P''(\alpha)}{2P'(\alpha)}$$

erhalten wird. Bringt man die rechte Seite auf gleiche Benennung, so wird der Zähler $(\alpha^2-1)P''(\alpha)+2\alpha P'(\alpha)$, und dieses durch die Differentialgleichung $n(n+1)P(\alpha)$ also 0; daher verschwindet $\psi'(\alpha)$ oder B_α. Es wird demnach

$$(d) \ldots \ z = \tfrac{1}{2}P^n(x)\log\frac{x+1}{x-1} + P^n(x)\int\frac{A_\alpha}{x-\alpha},$$

wo $\log\frac{x+1}{x-1}$ durch das Integral

$$(e) \ldots \int_x^a \frac{dx}{x-1} - \int_x^a \frac{dx}{x+1}$$

für $a = \infty$ definirt ist. Es ändert sich also z nur bei Umkreisung der Punkte ± 1 um $\pm \pi i P''(x)$.

Die Formeln (d) und (e) geben das Mittel an die Hand, zu bestimmen um wie viel ganze Vielfache von $\pi i P$ sich z nach Zurücklegung irgend eines Weges von Q unterscheidet; es soll diese Untersuchung, welche durch die bekannte Behandlung des $\int \frac{dx}{x}$ schon lange erledigt ist und hier keine weitere Anwendung findet, verlassen, und nur das Resultat in den folgenden Paragraphen genommen werden, dass für ein x, dessen Modulus grösser als 1 ist,

$$(f) \ldots Q''(x) = \tfrac{1}{2} P'' \log \frac{x+1}{x-1} - R''$$

gesetzt werden kann, wo R'' eine ganze Function (vom $n-1^{\text{ten}}$ Grade) bezeichnet. Wäre $M(x) < 1$ angenommen, so hätte man offenbar eine ähnliche Formel.

§. 32. Der vorige Paragraph lieferte als besonderen Fall eine Gleichung (f), die schon im §. 21 abgeleitet war, und welche gilt, so lange $M(x) > 1$. Die ganze Function R'' ist zwar durch die Untersuchungen an jenen Stellen vollständig bestimmt, man kann sie aber noch, wie Christoffel*) in der schon früher erwähnten Arbeit gezeigt hat, in eine besonders elegante Form bringen. Um diese zu finden, setze man in die Differentialgleichung (9)

$$(1-x^2)\frac{d^2z}{dx^2} - 2x\frac{dz}{dx} + n(n+1)z = 0$$

für z den Ausdruck

$$z = \tfrac{1}{2} P'' \log \frac{x+1}{x-1} - R''$$

ein; der Factor von $\tfrac{1}{2} \log \frac{x+1}{x-1}$ im Resultate ist dann

$$(1-x^2)\frac{d^2 P}{dx^2} - 2x\frac{dP}{dx} + n(n+1)P,$$

daher $= 0$, und es bleibt zur Bestimmung der ganzen Function R

---

*) Dissertatio inauguralis p. 54. M. vergl. auch die Arbeit desselben Verfassers: Borchardt, Journal f. Math. Bd. LV. S. 68.

§. 33, 23.   I. Theil. Drittes Kapitel.

die Gleichung

$$(a) \ldots (1-x^2)\frac{d^2R^n}{dx^2} - 2x\frac{dR^n}{dx} + n(n+1)R^n = 2\frac{dP^n}{dx},$$

oder nach (17)

$$= 2[(2n-1)P^{n-1} + (2n-5)P^{n-3} + (2n-9)P^{n-5} + \text{etc.}].$$

Man entwickele nun R^n in eine Reihe von Kugelfunctionen

$$R^n = \sum_m a_m P^{n-m},$$

und bestimme die Coefficienten a; da die linke Seite von (a), wenn P^{n-m} für R^n geschrieben wird, sich in $m(2n+1-m)P^{n-m}$ verwandelt, so sind die a so zu bestimmen dass

$$\sum_m m(2n+1-m)a_m P^{n-m} = 2\sum_p (2n-4p-1)P^{n-2p-1},$$

d. h. es wird a_0, a_2, a_4 etc. gleich 0, und

$$a_{2p+1} = \frac{(2n-4p-1)}{(2p+1)(n-p)}.$$

Man hat demnach die Endformel

$$(23) \ldots Q^n(x) = \tfrac{1}{2} P^n(x) \log\frac{x+1}{x-1} - R^n, \quad (M(x) > 1);$$

$$(23,a) \quad R^n = \frac{2n-1}{1 \cdot n}P^{n-1}(x) + \frac{(2n-5)}{3(n-1)}P^{n-3}(x) + \frac{(2n-9)}{5(n-2)}P^{n-5}(x) + \text{etc.},$$

die Reihe bis incl. P^0 oder P^1 fortgesetzt.

Anmerk. Ist $M(x) < 1$, so wird die gleiche Formel gelten, wenn nur $\log\frac{x+1}{x-1}$ nach Anweisung des §. 31 gehörig definirt ist.

§. 33. Die Formel (23) hat, wie bereits §. 21 erwähnt wurde, Gauss zuerst angegeben. Neumann (der Vater) kommt [*)] zu derselben von einem Integralausdruck für Q^n ausgehend, der, so lange $M(x) > 1$ mit der bei uns definirten Function Q^n übereinstimmt, für andere Werthe sich von ihr nur um ganze Vielfache von $i\pi P^n$ unterscheiden kann. (Das Letztere sieht man aus den Betrachtungen des §. 31 sogleich ein.) Man findet das Integral

---

[*)] Crelle, Journ. f. Math. Bd. XXXVII S. 24: Entwicklung der in elliptischen Coordinaten ausgedrückten reciproken Entfernung zweier Punkte in Reihen, welche nach dem Laplace'schen Y^n fortschreiten, und Anwendung dieser Reihen zur Bestimmung des magnetischen Zustandes eines Rotationsellipsoids, welcher durch vertheilende Kräfte erregt ist.

von Neumann leicht aus (14)

$$\frac{1}{x-y} = \sum_{n=0}^{n=\infty} (2n+1) P^n(y) Q^n(x),$$

indem man nach (11) den Coefficienten von $P^n(y)$ in dieser Entwickelung nach P durch die Gleichung

$$(24) \ldots \quad Q^n(x) = \tfrac{1}{2} \int_{-1}^{1} \frac{P_n(y)}{x-y} dy$$

bestimmt. Um von diesem Ausdruck auf die Form (23) zu kommen, setze man die rechte Seite von (24) in

$$-\tfrac{1}{2} \int_{-1}^{1} \frac{P^n(x) - P^n(y)}{x-y} dy + \tfrac{1}{2} P^n(x) \int_{-1}^{1} \frac{dy}{x-y}$$

um; der erste Theil ist das Integral einer ganzen Function von x und y, vom Grade $n-1$ nach jeder dieser beiden Grössen, hat also die Form $-R^n$, wenn R eine ganze Function $(n-1)^{\text{ten}}$ Grades nach x, wie oben vorstellt. Der zweite Theil giebt unmittelbar

$$\tfrac{1}{2} P^n(x) \log \frac{x+1}{x-1}.$$

Die Formel (24) hat Jacobi*) wesentlich verallgemeinert, indem er sie auf Integrale von Differentialgleichungen hypergeometrischer Reihen übertrug.

§. 34. Die Kugelfunctionen erster Art wurden im §. 5 als vielfache Differentialquotienten einer Grösse dargestellt, zugleich auch die Methoden von Legendre und Ivory erwähnt, welche die Differentialgleichung der Kugelfunctionen behandeln. In den folgenden Paragraphen werden die Betrachtungen dieser Autoren, nur den gegenwärtigen Zwecken gemäss verarbeitet vorgeführt, und vorzugsweise zur Ableitung ähnlicher Resultate für die Q benutzt. Es ergiebt sich hieraus zunächst, dass Q^n sich als ein nfaches Integral einer einfachen Function darstellen lässt; für die ganze Function n^{ten} Grades P^n ist dasselbe ohne weitere Untersuchung klar, indem der n^{te} Differentialquotient von P^n eine Constante wird. Um Weitläufigkeiten zu vermeiden stelle man sich $M(x) > 1$ vor.

---

*) Borchardt, Journ. f. Math. Bd. LVI, S. 154, §. 2: Untersuchungen über die Differentialgleichung der hypergeometrischen Reihe.

§. 24, 25. I. Theil. Drittes Kapitel.

Differentiirt man die Differentialgleichung

$$(9) \ldots (1-x^2)\frac{d^2z}{dx^2} - 2x\frac{dz}{dx} + n(n+1)z = 0$$

$m$mal nach z, und setzt den m^{ten} Differentialquotienten von z nach x gleich z^m, so entsteht eine Gleichung von der Form

$$(1-x^2)\frac{d^2z^m}{dx^2} - A_m x\frac{dz^m}{dx} + B_m z^m = 0,$$

deren Coefficienten A und B man leicht durch die Betrachtung bestimmt, dass $A_0 = 2$, $A_1 = 4$, etc. $A_m = 2 + A_{m-1}$ d. h. $A_m = 2(m+1)$ ist. Ferner wird $B_0 = n(n+1)$, allgemein $B_m = B_{m-1} - A_{m-1}$, also $B_{m-1} = B_{m-2} - A_{m-2}$, etc. $B_1 = B_0 - A_0$; daher hat man

$$B_m = B_0 - (A_0 + A_1 + \cdots + A_{m-1})$$

oder

$$B_m = n(n+1) - m(m+1) = (n-m)(n+m+1).$$

Die Differentialgleichung für z^m ist also

$$(25) \ldots (1-x^2)\frac{d^2z^m}{dx^2} - 2(m+1)x\frac{dz^m}{dx} + (n-m)(n+m+1)z^m = 0.$$

Für $m = n$ ist die eine Lösung dieser Gleichung eine Constante, die andere wird durch

$$\log\frac{dz^n}{dx} = -(n+1)\log(x^2-1)$$

oder

$$z^n = c\int\frac{dx}{(x^2-1)^{n+1}}$$

gegeben. Da $z = P^n$ und $z = Q^n$ particuläre Integrale von (9) sind, so wird, bei gehörig bestimmten Constanten

$$c\int\frac{dx}{(x^2-1)^{n+1}} = \frac{d^nQ^n}{dx^n}$$

sein müssen. Benutzt man den Reihenausdruck für Q^n, so ist klar, dass Q und seine sämmtlichen Differentialquotienten also auch Q^n für $x = \infty$ verschwinden; das Integral ist daher von $x = \infty$ an zu nehmen. Ferner beginnt $\frac{d^nQ^n}{dx^n}$ mit $\frac{(-2)^n\Pi n}{(2n+1)}x^{-(2n+1)}$; es ist also c so zu bestimmen, dass für $x = \infty$

$$\frac{(-2)^n\Pi n}{(2n+1)} = cx^{2n+1}\int_\infty^x\frac{dx}{(x^2-1)^{n+1}}$$

d. h. $-c = (-2)^n \Pi n$ wird. Man hat also
$$\frac{d^n Q^n}{dx^n} = 2^n \Pi n \int_\infty^x \frac{dx}{(1-x^2)^{n+1}}$$
und
$$(a) \ldots Q^n = 2^n \Pi(n) \int_\infty^x \frac{dx^{n+1}}{(1-x^2)^{n+1}},$$
wenn das Zeichen dx^{n+1} eine $(n+1)$fache, jedesmal von $x = \infty$ beginnende Integration anzeigt.

Anmerk. Um die Gleichung für z^m vollständig zu integriren wenn $m > n$, kann man nicht in ganz gleicher Art fortfahren, indem zwar für $m = n+p+1$
$$z^{n+p+1} = \frac{d^p(1-x^2)^{-n-1}}{dx^p}$$
noch immer eine Lösung bleibt, aber die zweite particuläre Lösung P von (9) durch mehr als $n$malige Differentiation 0, also kein neues particuläres Integral giebt. Man gehe deshalb von (25) für $m = n+1$ aus, also von der Gleichung für z^{n+1}
$$(1-x^2)\frac{d^2 z^{n+1}}{dx^2} - 2(n+2)x\frac{dz^{n+1}}{dx} - 2(n+1)z^{n+1} = 0,$$
von der nur ein particuläres Integral $(1-x^2)^{-n-1}$ bekannt ist. Ermittelt man durch Euler's oder Abel's Methoden (§. 31) das zweite, so wird das vollständige
$$z^{n+1} = \frac{c}{(1-x^2)^{n+1}} \int (1-x^2)^n \, dx$$
und z^{n+p+1} der p^{te} Differentialquotient hiervon.

§. 35. Eine Integration von (9) giebt entsprechende Resultate; ähnlich wie die Gleichung (25) lässt sich erweisen, dass
$$(25,a) \ldots (1-x^2)\frac{d^2 z_m}{dx^2} + 2(m-1)x\frac{dz_m}{dx} + (n-m+1)(n+m)z_m = 0$$
durch $m$fache Differentiation (9) giebt, wenn $\frac{d^m z_m}{dx^m}$ gleich z gesetzt wird. Für $m = n$ ist $(x^2-1)^n$ eine Lösung dieser Gleichung, eine zweite
$$(x^2-1)^n \int_\infty^x \frac{dx}{(x^2-1)^{n+1}},$$

woraus sich als vollständiges Integral von (9) ergiebt:

$$z = c\frac{d^n(x^2-1)^n}{dx^n} + k\frac{d^n}{dx^n}\left((x^2-1)^n\int_\infty^x \frac{dx}{(x^2-1)^{n+1}}\right).$$

Es muss also bei gehörig bestimmter Constante c der erste Summand, als ganze Function, $P^n(x)$ darstellen, wie man auch bereits aus §. 5 weiss, der zweite, da er für $x = \infty$ verschwindet, bei passender Wahl von k die Function $Q^n(x)$ geben. Wie früher sucht man den passenden Werth von k und findet

$$k = \frac{(-1)^{n+1}}{1.3\ldots(2n-1)},$$

also einen zweiten Ausdruck von Q:

(a) ... $$Q^n(x) = \frac{1}{1.3.5\ldots(2n-1)}\frac{d^n}{dx^n}\left((x^2-1)^n\int_\infty^x \frac{dx}{(1-x^2)^{n+1}}\right).$$

Die Gleichsetzung von (a) in §. 34 und hier giebt

(b) ... $$\Pi(2n)\int_\infty^x \frac{dx^{n+1}}{(x^2-1)^{n+1}} = \frac{d^n}{dx^n}\left((x^2-1)^n\int_\infty^x \frac{dx}{(x^2-1)^{n+1}}\right).$$

Die Darstellung von Q^n durch einen n^{ten} Differentialquotienten ist vom Verfasser[*]) nur angedeutet, von Bertram[**]) aber erst vollständig ausgeführt worden. Letzterer hat auch die Formel (b) gegeben (S. 11. Man berichtige dort den offenbaren Druckfehler in den numerischen Coefficienten).

§. 36. Jacobi[***]) hat eine merkwürdige seither oft benutzte Formel für $\sin m\theta$ entwickelt, die sich durch ganz ähnliche Behandlung einer Differentialgleichung beweisen lässt. Wird $y = \sin m\theta$, $(0 < \theta < \pi)$ gesetzt, ferner $\cos\theta = x$ gemacht und bezeichnet m eine ganze positive Zahl, so genügt y der Differentialgleichung

(a) ... $$\frac{d^2y}{d\theta^2} + m^2 y = 0,$$

die durch Einführung von x für θ in

---

[*]) Crelle, Journ. f. Math. Bd. XXVI, Anmerk. 1, Formel 22.

[**]) Jahresbericht über die Königstädtische Realschule. Berlin 1855: Zur Theorie der Kugelfunctionen S. 9, Formel 12.

[***]) Crelle, Journ. f. Math. Bd. XV: Formula transformationis integralium definitorum, pag. 4.

$$(1-x^2)\frac{d^2y}{dx^2} - x\frac{dy}{dx} + m^2 y = 0$$

übergeht. Eine $n$malige Integration verschafft als Gleichung für eine Grösse y_n, welche durch $n$malige Differentiation nach x in y übergeht:

$$(1-x^2)\frac{d^2y_n}{dx^2} + (2n-1)x\frac{dy_n}{dx} + (m^2-n^2)y_n = 0;$$

für $n = m$ ist das eine Integral derselben eine Constante, ein anderes

$$y_m = \int (1-x^2)^{\frac{2m-1}{2}} dx,$$

so dass der ursprünglichen Gleichung (a) jedenfalls

$$y = \frac{d^{m-1}}{dx^{m-1}}\left((1-x^2)^{\frac{2m-1}{2}}\right)$$

genügt, während (a) andrerseits durch

$$y = a \cos m\theta + b \sin m\theta,$$

wo a und b Constante bezeichnen, vollständig integrirt wird, und bei gehöriger Wahl dieser Constanten die beiden Werthe von y übereinstimmen müssen. Für $\theta = 0$ ist $x = 1$, und der $(m-1)^{te}$ Differentialquotient einer Function von der Form $(1-x^2)^{m-1}$ mal $\sqrt{1-x^2}$ jedenfalls 0; daher muss a gleich Null sein, und der obige Werth von y ist nur $b \sin m\theta$. Dividirt man durch $\sin\theta = \sqrt{1-x^2}$ und setzt θ gleich 0, so wird auf der einen Seite mb erhalten; das Resultat auf der anderen Seite wird der Coefficient von $\frac{h^{m-1}}{\Pi(m-1)}$ in der Entwickelung von

$$\frac{1}{\sqrt{1-x^2}}\left(1-(x+h)^2\right)^{\frac{2m-1}{2}}$$

nach Potenzen von h, für $x = 1$. Die zu potenzirende Grösse bringe man in die Form $1-x^2-(2x+h)h$ und entwickele dann nach dem binomischen Lehrsatze; das letzte Glied welches einen Beitrag zu dem Coefficienten von $\frac{h^{m-1}}{\Pi(m-1)}$ liefern kann ist dann

$$(-1)^{m-1}\frac{(2m-1)(2m-3)\ldots 5.3}{2^{m-1}}\frac{\sqrt{1-x^2}}{\sqrt{1-x^2}}((2x+h)h)^{m-1},$$

während die früheren Glieder höhere Potenzen von $\sqrt{1-x^2}$ im Zähler enthalten, also für $x = 1$ verschwinden. Es bleibt daher

für $x = 1$ nur der Beitrag dieses Gliedes, also die Gleichung
$$mb = (-1)^{m-1} . 3 . 5 \ldots (2m-1),$$
so dass schliesslich erhalten wird:

(26) ... $$\frac{\sin m\theta}{m} = \frac{(-1)^{m-1}}{1 . 3 . 5 \ldots (2m-1)} \frac{d^{m-1}}{dx^{m-1}}\left((1-x^2)^{\frac{2m-1}{2}}\right)$$

wenn $x = \cos\theta$, $0 < \theta < \pi$, und $(1-x^2)^{\frac{2m-1}{2}}$ die $(2m-1)^{te}$ Potenz der positiven Grösse $\sqrt{1-x^2}$ bezeichnet; die Zeichen für die anderen Werthe von θ ergeben sich dann von selbst.

Die Gleichung (26) ist etwa auf diese Art, mit Benutzung der Differentialgleichung, von Liouville*) abgeleitet, während Jacobi den Ausdruck (26) fand, indem er direct den $(m-1)^{ten}$ Differentialquotienten vermittelst einer Formel von Lacroix bildete.

§. 37. Bequemer erhält man die Darstellung der Lösungen als n^{ter} Differentialquotienten durch **Ivory's Verfahren**, welches hier sogleich in der **Verallgemeinerung von Jacobi****) mitgetheilt werden soll.

Bereits **Euler*****) hat gezeigt, dass die hypergeometrische Reihe $y = F(\alpha, \beta, \gamma, u)$ der Differentialgleichung
$$u(1-u)\frac{d^2y}{du^2} + (\gamma - (\alpha+\beta+1)u)\frac{dy}{dx} - \alpha\beta y = 0$$
genügt; wird eines der beiden ersten Elemente α, β, eine negative ganze Zahl $-n$, und nur dann bricht die Reihe ab, so dass
$$u(1-u)\frac{d^2y}{du^2} + (\gamma - (\alpha+1-n)u)\frac{dy}{dx} + n\alpha y = 0$$
durch eine solche hypergeometrische Reihe erfüllt wird, welche zugleich eine ganze Function n^{ten} Grades von u ist. Jacobi behandelt die vorstehende Form der Gleichung; hier soll sie vorher durch die Substitution $u = \frac{1-x}{2}$ in eine andere Gestalt gebracht werden, in welcher dieselbe sich den hier vorkommenden Gleichungen näher anschliesst, nämlich in

---

*) Liouville, Journal de Math. Tom. VI: Sur une formule de M. Jacobi, pag. 69.
**) Borchardt, Journ. f. Math. Bd. LVI (Zur hypergeom. Reihe §. 3.).
***) Institut. Calc. integr. Vol. II, Sect. 1, Cap. X, probl. 130.

$$(1-x^2)\frac{d^2y}{dx^2} + (a+1-2\gamma-n-(a+1-n)x)\frac{dy}{dx} + any = 0$$

oder, wenn für a und γ andere Buchstaben eingeführt werden, in

$$(27) \ldots \quad (1-x^2)\frac{d^2y}{dx^2} + (a-bx)\frac{dy}{dx} + n(b+n-1)y = 0.$$

Diese Gleichung untersuchen wir nun, ohne das bisher in diesem Paragraphen Gesagte vorauszusetzen.

Differentiirt man (27) nach x und macht $y^m = \frac{d^m y}{dx^m}$, so entsteht

$$(a) \ldots (1-x^2)\frac{d^2 y^m}{dx^2} + (a-(2m+b)x)\frac{dy^m}{dx} + (n-m)(n+m+b-1)y^m = 0.$$

Hieraus folgt sogleich, dass für $m = n$ ein Integral von (a) eine Constante, dass also eines von (27) eine ganze Function von x ist; diese und ihre Differentialquotienten sollen nun weiter betrachtet werden.

Die linke Seite von (a) lässt sich durch Zusammenfassen der beiden ersten Glieder in ähnlicher Art umformen, wie früher (§.12) die Gleichung (9) aus der ursprünglichen Gestalt (a) in (b) verwandelt wurde. Macht man zur Abkürzung

$$M_m = (1-x)^{m-1+\frac{b-a}{2}} (1+x)^{m-1+\frac{b+a}{2}},$$

so geht (a) nach Multiplication durch M_m in

$$(b) \ldots \frac{d}{dx}(M_{m+1} y^{m+1}) = -(n-m)(n+m+b-1)M_m y^m$$

über. Diese Formel wende man hintereinander auf die Fälle $m = 0, 1, 2$ etc. bis $(n-1)$ an; im letzterem Falle ist y^{m+1} eine Constante: es wird dann $M_0 y$ durch den ersten Differentialquotienten von $M_1 y'$, also den zweiten von $M_2 y''$, etc. endlich den n^{ten} von $M_n y^n$ oder von M_n ausgedrückt, und man erhält, dass jede ganze Function n^{ten} Grades y, welche (27) integrirt, die Form

$$(c) \ldots \quad M_0 y = k \frac{d^n}{dx^n}(M_n)$$

hat, wo k eine willkürliche Constante bezeichnet. Für $a = 0$ und $b = 2$ giebt (c) unmittelbar Ivory's Resultat nach seiner Methode abgeleitet, dass nämlich

$$y = k\frac{d^n}{dx^n}(1-x^2)^n$$

ist. Bleiben a und b allgemein, so hat man Jacobi's Resultat, die Darstellung einer gewissen, noch näher zu betrachtenden ganzen Function durch einen vielfachen Differentialquotienten.

Um dieselbe aufzusuchen, integrirt man (27) durch eine nach Potenzen von u aufsteigende Reihe und findet

$$y = F\left(-n, b+n-1, \frac{b-a}{2}, \frac{1-x}{2}\right),$$

also

$$(28) \ldots (1-x)^{\frac{b-a-2}{2}}(1+x)^{\frac{b+a-2}{2}} F\left(-n, b+n-1, \frac{b-a}{2}, \frac{1-x}{2}\right)$$
$$= k\frac{d^n}{dx^n}\left((1-x)^{n-1+\frac{b-a}{2}}(1+x)^{n-1+\frac{b+a}{2}}\right).$$

Durch Vergleichung der Coefficienten von den höchsten Potenzen von x auf beiden Seiten findet man schliesslich

$$k = \frac{(-1)^n}{(b-a)(b-a+2)\ldots(b-a+2n-2)}.$$

§. 38. Die früheren Formeln, auf specielle Fälle angewandt, geben interessante Resultate, von denen einige hier zusammengestellt werden sollen.

Man betrachte die Werthe von $Q^0(x)$ in den verschiedenen Fällen. Aus (20) folgt, dass für ein positives reelles y, also für ein positives rein imaginäres x

$$(a) \ldots Q^0(iy) = -i\int_0^\infty \frac{dt}{y+\cos it.\sqrt{y^2+1}} = -i\,\text{arc cotg}\,y$$

ist, wenn der arc. zwischen 0 und $\tfrac{1}{2}\pi$ liegt. Es würde

$$Q^0(-iy) = i\int_0^\infty \frac{dt}{y+\cos it.\sqrt{y^2+1}}$$

also $= i\,\text{arc cotg}\,y$ sein. Das Integral (a) geht durch Vertauschung von $\cos it$ mit $-\cos it$ in

$$\int_0^\infty \frac{dt}{y-\cos it\sqrt{y^2+1}} = \text{arc cotg}\,y - \pi$$

über (§. 24, b). Ist x reell, positiv und >1, so wird ferner nach (20, a)

$A + B\cos it + C\sin it$, wo
$$A = a, \quad B = b\cos i\omega, \quad C = b\sin i\omega.$$

In den beiden ersten Fällen (ad 1 und ad 2), auf die wir uns hier allein beschränken wollen, erhält man dann die Resultate, die für ein reelles positives A gelten:

1) Ist B reell und positiv und Ci reell, so wird

$$(29) \ldots \int_{-\pi}^{\pi} \frac{dt}{A + B\cos it \pm C\sin it} = \frac{1}{\sqrt{A^2 - B^2 - C^2}} \log\left(\frac{A + \sqrt{A^2 - B^2 - C^2}}{A - \sqrt{A^2 - B^2 - C^2}}\right)$$

2) Ist B reell und positiv, ferner Ci reell, so wird

$$(29, b) \ldots \int_{-\pi}^{\pi} \frac{dt}{A + B\cos it \pm C\sin it}$$
$$= \frac{2}{\sqrt{B^2 + C^2 - A^2}} \text{ arc cotg } \frac{A}{\sqrt{B^2 + C^2 - A^2}}$$

und

$$\int_{-\pi}^{\pi} \frac{dt}{A - B\cos it \pm C\sin it}$$
$$= \frac{2}{\sqrt{B^2 + C^2 - A^2}} \left(\text{arc cotg}\frac{A}{\sqrt{B^2 + C^2 - A^2}} - \pi\right),$$
$$\left(0 < \text{arc cotg}\frac{A}{\sqrt{B^2 + C^2 - A^2}} < \frac{\pi}{2}\right).$$

Die Bedingung ist noch hinzuzufügen, dass ad 1, $\sqrt{A^2 - B^2 - C^2}$ und ad 2, $\sqrt{B^2 + C^2 - A^2}$ reell (positiv genommen) sei.

Obgleich am Schlusse dieses Kapitels im §. 42 bei Gelegenheit der Untersuchungen über die imaginäre Substitution (29) noch verallgemeinert auftritt, so werden die hier gegebenen speciellen Fälle doch nicht überflüssig sein, da es immer einige Rechnung erfordert, wenn das allgemeine Resultat auf besondere Formen angewandt werden soll.

§. 39. Wir gehen jetzt zu einer neuen von Laplace in der Mécanique céleste für die P unternommenen Untersuchung über, nämlich zur Betrachtung der Kugelfunctionen für unendliche Indices n. Man kann sich dazu sowohl der Reihen bedienen, wie es hier, als auch der Integralform, was im §. 40 geschehen soll, um dort die für solche Zwecke üblichen Methoden zu erläutern.

§. 39, 29.   I. Theil. Drittes Kapitel.   97

Die Reihen, welche zu Grunde gelegt werden, sind für $Q^n(x)$ im §. 29, Formel (22), für $P^n(x)$ im §. 4, (a) und (b), abgeleitet. Es zerfällt $Q^n(x)$, welches wir zuerst betrachten, in ein Product von einer Constanten

$$c_n = 2 \cdot \frac{2.4 \ldots (2n)}{1.3 \ldots (2n+1)},$$

von ξ^{-n-1} und einer Reihe, die für alle in Frage kommenden ξ convergirt, und für $n = \infty$ in

$$1 + \frac{1}{2}\xi^{-2} + \frac{1.3}{2.4}\xi^{-4} + \frac{1.3.5}{2.4.6}\xi^{-6} + \text{etc.}$$

übergeht, welches bekanntlich gleich $(1-\xi^{-2})^{-\frac{1}{2}}$ ist, wenn die Wurzel mit positivem reellen Theile genommen wird, oder

$$= \sqrt{\frac{x + \sqrt{x^2-1}}{2\sqrt{x^2-1}}}.$$

Bei einigen Anwendungen ist es nicht nothwendig c_n für $n = \infty$ zu untersuchen; unten wird aber der Vollständigkeit halber auf gewöhnliche Art c_∞ abgeleitet werden. Man hat also

$$\underset{n=\infty}{Gr}(\xi^{n+1} Q^n(x)) = \underset{n=\infty}{Gr}\left(\frac{1}{\sqrt{1-\xi^{-2}}} + \varepsilon_n\right) c_n,$$

wo ε_n mit wachsendem n zu 0 convergirt.

Ist $M(\xi) > 1$, so lässt sich der Werth von $P^n(x)$ durch §. 4, b auf gleiche Art finden. Setzt man nämlich

$$k_n = \frac{1.3 \ldots (2n-1)}{2.4 \ldots (2n)},$$

so wird

$$\underset{n=\infty}{Gr}(\xi^{-n} P^n(x)) = Gr\left(\frac{1}{\sqrt{1-\xi^{-2}}} + \varepsilon_n\right) k_n.$$

War aber $M(\xi) = 1$, so darf die Grenze der Reihe, welche in P auftritt, nicht auf diese Art genommen werden, indem zwar die ersten Glieder der Reihe abnehmen, die darin auftretenden Zahlencoefficienten aber später wieder zunehmen, so dass z. B. ξ^{-n+2}, ξ^{-n} resp. mit den endlichen Grössen $\frac{n}{2n-1}$, 1, multiplicirt sind. Man wird das richtige Resultat von der Reihe (a) des §. 4 ausgehend erhalten, wenn diese nur bis $\cos 1.\theta$ oder $\cos 0.\theta$ fortgesetzt, dafür aber verdoppelt wird. Um mühsamere Untersuchungen zu vermeiden, bedient man sich bequemer der Gleichung (15), nach der für $n = \infty$, wenn $0 < \theta < \pi$,

$$\frac{\pi}{2} P^n(\cos\theta) = c_n [\sin(n+1)\theta + \tfrac{1}{3}\sin(n+3)\theta + \text{etc.}]$$

wird, d. h.

$$= \frac{c_n}{2i}\left(\frac{e^{(n+1)i\theta}}{\sqrt{1-e^{2i\theta}}} - \frac{e^{-(n+1)i\theta}}{\sqrt{1-e^{-2i\theta}}}\right),$$

wo die Quadratwurzeln positiven reellen Theil erhalten, also

$$\frac{2}{\sqrt{1-e^{2i\theta}}} = \frac{1+i}{\sqrt{\sin\theta}} e^{-\frac{i\theta}{2}}$$

zu setzen ist. Man findet demnach

$$P^n(\cos\theta) = \frac{2}{\pi} \frac{c_n}{\sqrt{2\sin\theta}} \cos\left(\frac{2n+1}{2}\theta - \frac{\pi}{4}\right).$$

Um die Formeln fertig herzustellen, bedarf es nach der Angabe des ungefähren Werthes von

$$c_n = \sqrt{\pi} \frac{\Pi n}{\Pi(n+\tfrac{1}{2})}, \quad k_n = \frac{2}{(2n+1)} \cdot \frac{1}{c_n},$$

welcher sich mit Anwendung der bekannten Formel

$$\Pi(a) = \sqrt{2\pi}\, e^{-a} a^{a+\tfrac{1}{2}}, \quad (a = \infty)$$

als

$$c_n = \sqrt{\frac{2\pi}{2n+1}}$$

ergiebt.

Hieraus folgt endlich der Ausdruck von Laplace*) für $n = \infty$

$$(a) \ldots P^n(\cos\theta) = \sqrt{\frac{2}{n\pi\sin\theta}} \cos\left(\frac{2n+1}{2}\theta - \frac{\pi}{4}\right),$$

ferner allgemein in den übrigen Fällen

$$(b) \quad P^n(x) = \frac{1}{\sqrt{n\pi}} \frac{\xi^n}{\sqrt{1-\xi^{-2}}}$$

und für jedes x

$$(c) \ldots Q^n(x) = \sqrt{\frac{\pi}{n}} \frac{\xi^{-n-1}}{\sqrt{1-\xi^{-2}}}.$$

---

*) Mécanique céleste Tom. V, Livre XI, no. 3, und Supplément au 5e volume, no. 1.

§. 40, 29.   I. Theil. Drittes Kapitel.

Um ohne Anwendung der Hülfsformel für $\Pi(a)$ den Werth von c_n abzuleiten, bemerke man, dass

$$c_n = \frac{\Pi n \, \Pi(-\tfrac{1}{2})}{\Pi(n+\tfrac{1}{2})} = \int_0^\infty \frac{y^{-\frac{1}{2}} dy}{(1+y)^{n+\frac{1}{2}}}$$

ist. Dies verwandelt sich durch die Substitution $y = \dfrac{z}{n}$ in

$$\frac{1}{\sqrt{n}} \int_0^\infty \frac{z^{-\frac{1}{2}} dz}{\left(1+\frac{z}{n}\right)^{n+\frac{1}{2}}};$$

zerlegt man das Integral in eines von 0 bis zu der endlichen Grenze a, und von a bis ∞, so verschwindet das letztere offenbar für $n = \infty$, während das erstere in

$$\frac{1}{\sqrt{n}} \int_0^\infty e^{-z} z^{-\frac{1}{2}} dz = \sqrt{\frac{\pi}{n}}$$

übergeht.

Aus den Formeln (a), (b), (c) folgt für das Product $P^n(x) Q^n(y)$, wenn η sich ebenso auf y wie ξ auf x bezieht, dass dasselbe für $n = \infty$ gleich

$$\frac{1}{n} \cdot \frac{1}{\eta \sqrt{1-\xi^{-2}} \sqrt{1-\eta^{-2}}} \left(\frac{\xi}{\eta}\right)^n$$

wird, wenn nicht $M(\xi) = 1$, dass es also in's Unendliche wächst, wenn nicht $M\xi < M\eta$, in diesem Falle aber zu 0 convergirt, dass es ferner gleich

$$\frac{1}{n} \cdot \eta^{-n-1} \cos\left(\frac{2n+1}{2}\theta - \frac{\pi}{4}\right) \sqrt{\frac{2}{\sin\theta(1-\eta^{-2})}}$$

ist, wenn $x = \cos\theta$, d. h. $M(\xi) = 1$. Daher verschwindet es allerdings, aber wie $\dfrac{1}{n}$, wenn $M(\eta) = 1$, sonst wie eine n^{te} Potenz von $\dfrac{1}{\eta}$.

§. 40. Laplace leitet den Werth (a) für P^n an der oben erwähnten Stelle aus seinem Integrale (5) ab. Nach dieser Formel ist

$$\pi P^n(x) = \int_0^\pi (x + \cos\varphi \sqrt{x^2-1})^n d\varphi;$$

zerlegt man das Integral in eines von 0 bis $\tfrac{1}{2}\pi$ und von $\tfrac{1}{2}\pi$ bis π, bringt das letztere durch die Substitution $\pi - \varphi$ für φ auf die

Grenzen 0 und $\tfrac{1}{2}\pi$, führt endlich für $\sin^2\tfrac{1}{2}\varphi$ die Veränderliche z ein, so wird πP^n gleich

$$\xi^n\int_0^{\tfrac{1}{2}}\left(1-2\frac{\sqrt{x^2-1}}{\xi}\cdot z\right)^n\frac{dz}{\sqrt{z}\sqrt{1-z}}+\xi^{-n}\int_0^{\tfrac{1}{2}}(1+2\xi\sqrt{x^2-1}\cdot z)^n\frac{dz}{\sqrt{z}\sqrt{1-z}}.$$

Im weiteren Verlaufe soll nur das erste Integral ausführlich untersucht werden, da das zweite eine gleiche Behandlung gestattet; wir wollen auch, wie bei Laplace geschieht, nur den Fall $x=\cos\theta$ betrachten, den einzigen, welcher Schwierigkeiten darbietet. Da man das Resultat schon aus §. 39, (a) im allgemeinen kennt, so kommt es hier hauptsächlich darauf an, die Vorzüge, welche die Untersuchung in der Integralform hat, nämlich die genauere Feststellung des Fehlers, in's Auge zu fassen.

Es ist also $x=\cos\theta$, $0<\theta<\pi$, $\xi=\cos\theta+i\sin\theta$, $\sqrt{x^2-1}=i\sin\theta$; setzt man

$$a=2\frac{\sqrt{x^2-1}}{\xi}=2\sin^2\theta+i\sin 2\theta,$$

so ist der Grenzwerth für $n=\infty$ von

$$J_n=\int_0^{\tfrac{1}{2}}(1-az)^n\frac{dz}{\sqrt{z}\sqrt{1-z}}$$

aufzusuchen. Da die Norm, das Quadrat des Moduls, von $1-az$ gleich $1-4\sin^2\theta(z-z^2)$, also am grössten nämlich $=1$ für $z=0$ ist, so werden die Theile des Integrals, in denen z nahe an 0 liegt, bei grossem n den Hauptbeitrag zu J liefern: man zerlege deshalb J in die Summe $A+B$, wo durch A das Integral von 0 bis $\tfrac{h}{n}$ bezeichnet wird, wenn h eine beliebig grosse, aber von n unabhängige Grösse vorstellt; die Grenzen von B sind $\tfrac{h}{n}$ und $\tfrac{1}{2}$. Den einzigen Beitrag zu J, der beachtet werden muss, liefert A, wie gezeigt werden soll; zugleich wird dieser Beitrag gefunden.

Um später die Untersuchung nicht weiter unterbrechen zu müssen betrachte man zuerst den ungefähren Werth von $(1-az)^n$, wo $M(az)$ sicher unter $\sin\theta$ liegt, da $z<\tfrac{1}{2}$. Es wird $\log(1-az)^n=n\log(1-az)$; der $\log(1-az)$ ist in eine convergente Reihe entwickelbar:

§. 40, 29.   I. Theil. Drittes Kapitel.

$$-\log(1-az) = az + \frac{a^2z^2}{2} + \frac{a^3z^3}{3} + \text{etc.}$$

a) Die rechte Seite der Gleichung hat offenbar einen positiven reellen Theil. Der $M(az)$ ist kleiner als 1 und az hat einen positiven reellen Theil $2\sin^2\theta \cdot z$. Setzt man $az = p \pm qi$, so ist $1-az$ also $= 1-p \mp qi$; $1-p$ und q sind beide kleiner als 1, also auch ihr Modulus. Daher wird

$$1 - az = r(\cos\varphi + i\sin\varphi)$$

wo $r < 1$, und

$$-\log(1-az) = -\log r - \varphi i$$

hat einen positiven reellen Theil, und dieser Theil ist gleich $-\log M(1-az)$.

b) Da $(M(1-az))^2$ oder

$$N(1-az) = 1 - 4\sin^2\theta(z-z^2)$$

(s. o.), und da $z-z^2$ sein Maximum für $z = 0$, sein Minimum $\cos^2\theta$ für $z = \tfrac{1}{2}$ erreicht, so nimmt der reelle Theil von $-\log(1-az)$ mit z von $z = 0$ bis $z = \tfrac{1}{2}$ zu.

c) Hat daher der Modulus von $1-az$ an irgend einer Stelle einen um einen endlichen Werth von 1 verschiedenen Modulus, so wird er für grössere z sich noch mehr von 1 unterscheiden. Es wird also von diesem Werthe z an bis $z = \tfrac{1}{2}$ immer $\log(1-az)$ die Form haben

$$\log(1-az) = -\eta - \varphi i,$$

wo η positiv und angebbar ist, also

$$(1-az)^n = e^{-n\eta}(\cos\varphi - i\sin\varphi).$$

Unser Integral verschwindet also von diesem Werthe von z an bis $z = \tfrac{1}{2}$ genommen, wie eine $-n^{te}$ Potenz mit wachsendem n, kann daher vernachlässigt werden, wenn wie hier geschehen soll nur Fehler beachtet werden, die wie negative Potenzen von n selbst verschwinden.

d) Es wird sich zeigen, dass $(1-az)^n$ einer endlichen Grenze zustrebt, wenn z zwischen 0 und $\dfrac{h}{n}$ liegt, wie gross auch h ist; dass es schon wie eine Exponentialgrösse, die im Exponenten eine Potenz von n enthält, verschwindet, also vernachlässigt werden kann, wenn z die Form hat $z = \varepsilon n^{b-1}$, wo b beliebig klein positiv aber nicht Null und ebenso wie ε von n unabhängig ist. In der That hat $-n\log(1-a\mathfrak{z})$ dann einen Werth, dessen Glied von höchster Ordnung nach n gleich $an\mathfrak{z}$ d. h.

$$a\varepsilon n^b = \varepsilon(2\sin^2\theta + i\sin 2\theta)n^b$$

wird, dessen reeller Theil also positiv $= 2\varepsilon \sin^2\theta . n^b$ ist; die folgenden Glieder von der Ordnung n^{b-1}, n^{b-2}, etc. ($b-1$ ist schon negativ) nehmen schnell mit wachsendem n ab, und der $M(1-a\mathfrak{z})^n$ hat als ungefähren Werth

$$e^{-2\varepsilon \sin^2\theta n^b}.$$

Es bleibt also nur noch der Fall $b = 0$; in diesem setze man $\mathfrak{z} = \dfrac{y}{n}$ wo y zwischen 0 und h liegt. Dann ist, genau bis auf Glieder von der Ordnung $\dfrac{1}{n}$

$$n\log(1-a\mathfrak{z}) = -ay,$$

also mit Vernachlässigung aller Glieder, welche n im Exponenten enthalten,

$$(1-a\mathfrak{z})^n = e^{-ay}, \quad \left(\mathfrak{z} = \frac{y}{n}, \quad 0 < y < h\right).$$

Es wird schliesslich

$$J_n = \int_0^{\frac{h}{n}} (1-a\mathfrak{z})^n \frac{d\mathfrak{z}}{\sqrt{\mathfrak{z}}\sqrt{1-\mathfrak{z}}},$$

nach der Substitution $\mathfrak{z} = \dfrac{y}{n}$

$$= \frac{1}{\sqrt{n}} \int_0^h e^{-ay} \frac{dy}{\sqrt{y}\sqrt{1-\dfrac{y}{n}}},$$

also bis auf Grössen von der Ordnung $n^{-\frac{3}{2}}$ excl. genau

$$J_n = \frac{1}{\sqrt{n}} \int_0^h e^{-ay} \frac{dy}{\sqrt{y}}.$$

Nimmt man h immer grösser, so entsteht

$$J_n = \frac{1}{\sqrt{n}} \int_0^\infty e^{-ay} \frac{dy}{\sqrt{y}} = \sqrt{\frac{\pi}{an}}$$

$$= \sqrt{\frac{\pi}{2n\sin\theta}} \cdot e^{+\frac{\theta i}{2}} \frac{(1-i)}{\sqrt{2}},$$

so dass man nach Multiplication von J_n mit $e^{n\theta i}$ den Werth des

§. 40, 29. I. Theil. Drittes Kapitel. 103

ersten der beiden Integrale erhält, deren Summe πP^n giebt; das zweite geht hieraus durch Vertauschung von $-\theta$ mit θ hervor. Behält man deshalb nach der Multiplication nur den doppelten reellen Theil bei, so findet man für $\pi P^n(\cos\theta)$ die Formel (a) des vorigen Paragraphen.

Auch Dirichlet's Integrale (§. 10) liefern dasselbe Resultat für $P^n(\cos\theta)$, wie man durch nachfolgende Betrachtungen einsehen wird, die der Verfasser kein Bedenken trägt hier mitzutheilen, obgleich er sie einer ungedruckten Arbeit entnimmt, nämlich der Nachschrift eines Vortrages von Dirichlet über Wahrscheinlichkeits-Rechnung, welche etwa aus dem Jahre 1837 herstammen mag.

Dirichlet betrachtet statt der von uns abgeleiteten Integrale für $P^n(\cos\theta)$ allgemeinere, welche entstehen wenn man statt der $-\tfrac{1}{2}^{\text{ten}}$ Potenz von $1-2\alpha\cos\theta+\alpha^2$ die $-s^{\text{te}}$ nach Potenzen von α entwickelt, wobei $s<1$ genommen wird. Indem wir ihm hierin folgen, suchen wir den Werth für $n=\infty$ von

$$\frac{\pi}{2}U^n = \int_0^\theta \frac{\cos n\psi \cos s\psi\, d\psi}{(2(\cos\psi-\cos\theta))^s} + \int_\theta^\pi \frac{\cos n\psi \cos s(\pi-\psi)\, d\psi}{(2(\cos\theta-\cos\psi))^s}$$

auf; für $s=\tfrac{1}{2}$ ist $U=P$. Um das zweite Integral so umzuformen, dass es dem ersten ähnlicher wird, setze man darin $\theta=\pi-\eta$ und führe $\pi-\psi$ für ψ ein: dann geht es in

$$(-1)^n \int_0^\eta \frac{\cos n\psi \cos s\psi\, d\psi}{(2(\cos\psi-\cos\eta))^s}$$

über, so dass sich U aus vier Integralen derselben Form zusammensetzen lässt. Macht man nämlich

$$J(a,\theta) = \frac{1}{\pi}\int_0^\theta \frac{\cos a\psi\, d\psi}{(2(\cos\psi-\cos\theta))^s}$$

so wird

$$U^n = J(n+s,\theta) + J(n-s,\theta) + (-1)^n(J(n+s,\eta) + J(n-s,\eta)).$$

Betrachtet man eines, z. B. das erste von diesen Integralen, so wird der Theil der Function unter dem Integralzeichen am meisten zum Werthe des Integrals beitragen, für welchen ψ nahe θ ist; setzt man deshalb $\psi=\theta-\varphi$, so wird

$$2^{2s}\pi J(a,\theta)$$
$$= \cos a\theta \int_0^\theta \frac{\cos a\varphi\, d\varphi}{(\sin(\theta-\tfrac{1}{2}\varphi)\sin\tfrac{1}{2}\varphi)^s} + \sin a\theta \int_0^\theta \frac{\sin a\varphi\, d\varphi}{(\sin(\theta-\tfrac{1}{2}\varphi)\sin\tfrac{1}{2}\varphi)^s},$$

oder wenn ε eine kleine endliche Grösse bezeichnet, nahe

$$(2\sin\theta)^s \pi J(a,\theta) = \cos a\theta \int_0^\varepsilon \frac{\cos a\varphi\, d\varphi}{\varphi^s} + \sin a\theta \int_0^\varepsilon \frac{\sin a\varphi\, d\varphi}{\varphi^s}.$$

Macht man $a = n+s$ und $a\varphi = \psi$, so verwandelt sich die rechte Seite mit wachsendem n, durch die bekannten Formeln

$$\int_0^\infty \frac{\cos\psi\, d\psi}{\psi^s} = \sin\frac{s\pi}{2}\, \Gamma(1-s),$$

$$\int_0^\infty \frac{\sin\psi\, d\psi}{\psi^s} = \cos\frac{s\pi}{2}\, \Gamma(1-s),$$

in

$$(n+s)^{s-1}\Gamma(1-s)\sin\left(\frac{s\pi}{2}+(n+s)\theta\right),$$

so dass man erhält

$$J(n+s,\theta) = \frac{\Gamma(1-s)}{(2\sin\theta)^s \pi}\, \frac{\sin\left(\frac{s\pi}{2}+(n+s)\theta\right)}{(n+s)^{1-s}},$$

Hieraus folgt, wenn man im Nenner n für $n\pm s$ setzt,

$$J(n+s,\theta)+J(n-s,\theta) = \frac{2}{\pi}\, \frac{\Gamma(1-s)}{(2\sin\theta)^s}\, \frac{\sin\left(\frac{s\pi}{2}+n\theta\right)\cos s\theta}{n^{1-s}};$$

addirt man hierzu $(-1)^n$mal den Werth, welcher durch Vertauschung von $\pi-\theta$ mit θ entsteht, so erhält man U, und für $s=\tfrac{1}{2}$ den Werth (a) des §. 39 für $P^n(\cos\theta)$.

§. 41. Nach diesen Betrachtungen kehren wir zu den Untersuchungen des §. 17 zurück. Es war dort durch nicht ganz strenge Schlüsse die Entwickelung

$$(a) \ldots \quad \frac{1}{y-x} = \sum_{n=0}^{n=\infty}(2n+1)P^n(x)Q^n(y)$$

gefunden; jedenfalls musste an jener Stelle $y>1$ vorausgesetzt werden, da Q für keine anderen y definirt war, ferner $x<y$, endlich waren x und y reell. Es sollen jetzt die Bedingungen ermittelt werden, unter welchen die Gleichung (a) stattfindet.

§. 41, 29.   I. Theil. Drittes Kapitel.   105

Zunächst ersieht man aus §. 39 sogleich, dass die Reihe (a) divergirt, wenn $M(\xi) \geqq M(\eta)$; man nehme deshalb an, es sei $M(\xi) < M(\eta)$, d. h.
$$M(x+\sqrt{x^2-1}) < M(y+\sqrt{y^2-1}).$$
Durch die Integrale §. 7 und 23 transformire man das n^{te} Glied der Reihe (a) in
$$g_n = \frac{2n+1}{\pi} \int_0^\infty dt \int_0^\pi \frac{(x+\cos\varphi\sqrt{x^2-1})^n}{(y+\cos it\sqrt{y^2-1})^{n+1}} d\varphi;$$
summirt man eine endliche Anzahl von Gliedern, so darf unter dem Integrale summirt werden, so dass man hat:
$$\sum_{n=0}^{n=n} g_n = \int dt \int \left(\sum_0^n \frac{2n+1}{\pi} \frac{(x+\cos\varphi\sqrt{x^2-1})^n}{(y+\cos it\sqrt{y^2-1})^{n+1}} \right) d\varphi,$$
die Integrale zwischen gehörigen Grenzen, d. h. 0 und π oder ∞ genommen. Die Summe $g_{n+1}+g_{n+2}+$etc. in infin. wird mit wachsendem n beliebig klein (§. 39); wenn auch die rechte Seite der Gleichung in dem Falle beliebig klein wird, dass dort die Summe nicht von 0 bis n, sondern von $n+1$ bis ∞ erstreckt wird, so dürfen daher beide Summen zugleich von $n=0$ bis $n=\infty$ genommen werden. Nun ist wegen der gleichen Zeichen von x und $\sqrt{x^2-1}$ sicher
$$M(x+\cos\varphi\sqrt{x^2-1}) < M(x+\sqrt{x^2-1}), \quad < M(\xi)$$
$$M(y+\cos it\sqrt{y^2-1}) > M(y+\sqrt{y^2-1}), \quad > M(\eta);$$
daher wird der Modulus der von $(n+1)$ an genommenen Summe unter dem Integrale, wenn man $M\left(\frac{\xi}{\eta}\right) = \zeta$ macht (wo $\zeta < 1$), kleiner als
$$\frac{1}{\pi M(y+\cos it\sqrt{y^2-1})} \sum_{n+1}^\infty (2n+1)\zeta^n.$$
Die multiplicirende Summe ist bekanntlich eine endliche Grösse
$$\sum_{n+1}^\infty (2n+1)\zeta^n = s,$$
die mit wachsendem n verschwindet, also der Modulus des zu untersuchenden Integrals
$$< \frac{s}{\pi} \int_0^\pi d\varphi \int_0^\infty \frac{dt}{M(y+\cos it\sqrt{y^2-1})}.$$

Dass hier das Integral nach t, also der ganze vorstehende Ausdruck endlich ist und dann natürlich wegen s mit wachsendem n verschwindet, zeigt sich sofort, wenn $\cos it$ in $\dfrac{e^t + e^{-t}}{2}$ aufgelöst, und der Grad des Nenners in Bezug auf e^t beachtet wird. Es ist dann klar, dass das Integral nach t von einer Zahl h bis ∞ mit wachsendem h verschwindet; das Integral zwischen endlichen Grenzen 0 und h einer nicht unendlich werdenden Function bleibt ferner endlich, also auch das ganze Integral von 0 bis ∞.

Der Satz, welcher oben benutzt wurde, dass der Modulus eines Integrals einen kleineren Werth hat als das Integral des Modulus, ist eine unmittelbare Folge des andern, welcher schon im §. 29 ohne Beweis angewandt wurde, dass nämlich, wenn u und v zwei beliebige Grössen vorstellen,
$$M(u+v) < M(u) + M(v).$$
[Zum Beweise des Satzes mache man
$$u = re^{i\varphi}, \quad v = \varrho e^{i\psi}.$$
Dann ist
$$M(u+v) = \sqrt{r^2 + 2r\varrho \cos(\varphi - \psi) + \varrho^2}$$
also $< M(u) + M(v)$ d. h. $< r + \varrho$, weil eine Seite des Dreiecks kleiner ist als die Summe der beiden andern.] Diese Formel auf unendlich viele Summanden angewandt, beweist den Hülfssatz.

Wird berücksichtigt, dass
$$\sum_{0}^{\infty}(2n+1)\frac{\alpha^n}{\beta^{n+1}} = \frac{\beta+\alpha}{(\beta-\alpha)^2},$$
so kann man aus der Formel, welche nun die Summe der unendlichen Reihe $\sum_{0}^{\infty}(2n+1)P^n(x)Q^n(y)$, die in (a) vorkommt, giebt, die folgende

(b) ... $\dfrac{1}{\pi}\displaystyle\int_0^\infty dt \int_0^\pi \dfrac{(y + \cos it \sqrt{y^2-1} + x + \cos\varphi \sqrt{x^2-1})}{(y + \cos it \sqrt{y^2-1} - x - \cos\varphi \sqrt{x^2-1})^2} d\varphi$

ableiten, und es ist nur noch zu zeigen, dass dies Integral $(y-x)^{-1}$ wird: in der That giebt die rechte Seite von (a) den Ausdruck (b), wie man sah, so oft

(c) ... $M(x + \sqrt{x^2-1}) < M(y + \sqrt{y^2-1})$;

so oft also (b) ausgeführt $(y-x)^{-1}$ giebt, ist $(y-x)^{-1}$ in die

§. 41, 29.   I. Theil. Drittes Kapitel.   107

Reihe (*a*) entwickelbar, natürlich (*c*) vorausgesetzt. Es wird nun zuerst die Gleichheit unter der Voraussetzung eines reellen x und y bewiesen, wenn ausserdem $x < y$ und $y > 1$ gedacht wird; hierdurch vermeidet man lästige Untersuchungen über die Zeichen. Zweitens schliesst man aus dem Bestehen der Gleichheit im erwähnten besonderen Falle auf das in dem allgemeinen.

1) Es ist (§. 6)
$$\frac{1}{\pi}\int_0^\pi \frac{d\varphi}{a - b\cos\varphi} = \frac{1}{\sqrt{a^2 - b^2}}$$

wenn

$$a = y - x + \cos it \cdot \sqrt{y^2 - 1}$$
$$b = \sqrt{x^2 - 1}$$

gesetzt wird; hieraus folgt, z. B. durch Differentiation unter dem Integrale,

$$\frac{1}{\pi}\int_0^\pi \frac{d\varphi}{(a - b\cos\varphi)^2} = \frac{a}{(\sqrt{a^2 - b^2})^3}$$

$$\frac{1}{\pi}\int_0^\pi \frac{\cos\varphi\, d\varphi}{(a - b\cos\varphi)^2} = \frac{b}{(\sqrt{a^2 - b^2})^3},$$

wenn man überall die reelle Grösse $\sqrt{a^2 - b^2}$ positiv nimmt. Das innere Integral in (*b*), multiplicirt mit $\frac{1}{\pi}$, ist dann

$$\frac{(y + \cos it\sqrt{y^2 - 1})^2 - 1}{[y^2 - 2xy + 1 + 2(y - x)\cos it\sqrt{y^2 - 1} + \cos^2 it(y^2 - 1)]^{\frac{3}{2}}}.$$

Macht man

$$z = y + \cos it\sqrt{y^2 - 1},$$

so ist der Ausdruck (*b*), nach *t* unbestimmt und noch nicht zwischen 0 und ∞ integrirt,

$$= \int \frac{(z^2 - 1)\, dz}{(\sqrt{1 - 2zx + z^2})^3\sqrt{1 - 2zy + z^2}}$$

$$= \frac{1}{y - x}\frac{\sqrt{1 - 2zy + z^2}}{\sqrt{1 - 2zx + z^2}}.$$

Setzt man für z die Grenzen ∞ und $y + \sqrt{y^2 - 1}$, so wird wirklich

$$(b) = \frac{1}{y - x}$$

erhalten.

2) Die Function unter dem Integrale in (b) wird nur unendlich wenn der Nenner verschwindet, bleibt also endlich sobald (c) besteht; $y-x$ wird nur 0, wenn $y = x$, also auch $\frac{1}{y-x}$ bleibt endlich, so lange x und y die Ungleichheit (c), $M(\xi) < M(\eta)$ erfüllen. Führt man statt x, y, $\sqrt{x^2-1}$, $\sqrt{y^2-1}$ in die zu integrirende Function ξ und η ein, so entsteht links

$$\frac{2}{\eta-\xi+\eta^{-1}-\xi^{-1}},$$

rechts das Integral einer Function, deren Nenner, mit Fortlassung constanter Factoren, das Quadrat von

$$\eta\cos^2 it + \eta^{-1}\sin^2 it - \xi\cos^2\varphi - \xi^{-1}\sin^2\varphi$$

ist, deren Zähler sich von diesem Ausdrucke nur im Zeichen von ξ unterscheidet. Diese Function ist offenbar monodrom nach ξ und η (nach x und y wäre sie nicht monodrom), als rationale Function derselben auch monogen (hat also, so lange $M(\xi) < M(\eta)$ die drei Eigenschaften, welche die Function, wenn sie für alle ξ und η gelten, nach Cauchy synektisch machen). Ein Integral der Function nach Constanten in Bezug auf ξ und η, hier φ und t zwischen endlichen Grenzen resp. 0 und π, 0 und h, ist daher gleichfalls endlich, monodrom, monogen. Da das Integral, wenn man es nach t von h bis ∞ genommen hätte, mit wachsendem h verschwinden würde, so hätte man auch eine Function mit den genannten drei Eigenschaften erhalten, wenn man nach φ und t von 0 bis resp. π und ∞ integrirt hätte. Wir besitzen daher zwei Functionen von ξ und η, nämlich (b) und $(y-x)^{-1}$, welche gleich sind, wenn x und y reell, $x < y$, $y > 1$, d. h. wenn η reell und > 1, ξ reell und > 1 oder $= \cos\theta + i\sin\theta$, wobei jedenfalls $M\xi < \eta$. Diese Functionen sind, so lange $M(\xi) < M(\eta)$ bleibt endlich, monogen und monodrom: sie sind daher gleich für alle ξ und η, so lange $M(\xi) < M(\eta)$.

§. 42. Das Integral von Laplace

$$P^n(x) = \frac{1}{\pi}\int_0^\pi (x+\cos\varphi\sqrt{x^2-1})^n\, d\varphi$$

zeigt, dass bei der Entwickelung von $(x+\cos\varphi\sqrt{x^2-1})^n$ nach Cosinus der Vielfachen von φ in die endliche Reihe

§. 42, 30.   I. Theil. Drittes Kapitel.   109

$$c_0 + c_1 \cos\varphi + c_2 \cos 2\varphi + \text{etc.}$$

das Glied c_0 gleich $P^n(x)$ ist. Diese Entwickelung könnte man dadurch erhalten, dass $(x+\cos\varphi\sqrt{x^2-1})^n$ zuerst nach Potenzen von $\cos\varphi$ geordnet wird, und dass man dann die Potenzen von $\cos\varphi$ in Cosinus der Vielfache nach den bekannten Formeln umsetzt. Da n eine ganze Zahl vorstellt, so würde die Entwickelung nach den Potenzen noch unverändert fortbestehen, wenn für $\cos\varphi$ eine beliebige Grösse, z. B. der Cosinus eines imaginären Bogens gesetzt wird; der Ausdruck der Potenzen von $\cos\varphi$ durch die Cosinus der Vielfachen bleibt in diesem Falle derselbe wie bei reellem φ, und man findet daher, wenn ψ und t reelle Grössen vorstellen und c die früheren Constanten sind,

$$(x+\cos(\varphi-\psi-it)\sqrt{x^2-1})^n$$
$$= c_0 + c_1 \cos(\varphi-\psi-it) + c_2 \cos 2(\varphi-\psi-it) + \text{etc.}$$

Hieraus folgt nach §. 10, indem die Reihe rechts nach Cosinus und Sinus der Vielfachen von φ fortschreitet,

$$(30)\ldots\quad P^n(x) = \frac{1}{2\pi}\int_0^{2\pi} (x+\cos(\varphi-\psi-it)\sqrt{x^2-1})^n\, d\varphi,$$

so dass in dem früheren Ausdrucke von P, wenn er auf die Grenzen 0 und 2π gebracht wird, die imaginäre Substitution gestattet ist, ohne dass dadurch die Grenzen sich ändern.

Es soll nun untersucht werden, ob das Gleiche auch mit dem Integrale (19) für Q, nachdem dort die Grenzen 0 und ∞ in $-\infty$ und ∞ umgewandelt sind, d. h. mit

$$Q^n(x) = \tfrac{1}{2}\int_{-\infty}^{\infty} \frac{dt}{(x+\cos it\sqrt{x^2-1})^{n+1}}$$

der Fall ist: dass man t ohne die Grenzen nach t zu ändern mit $t+u$ vertauschen kann, wenn u eine reelle Constante vorstellt, ist ohne weiteres klar; es fragt sich nur, ob man t mit $t+\psi i$ vertauschen darf wenn ψ reell ist. Es wird deshalb das Integral

$$(a)\ldots\quad \int_{-\infty}^{\infty} \frac{dt}{(x+\cos(it-\psi)\sqrt{x^2-1})^{n+1}}$$

betrachtet; zu ermitteln bleibt, ob (a) von ψ unabhängig ist.

Zuerst fragt es sich, für welche ψ auf einer Kreisperipherie der Nenner in (a) verschwindet, das Integral also seine Bedeutung verliert. Man betrachte zunächst die besonderen Fälle:

1) **Es sei x reell und grösser als 1.** Dann kann der Nenner
$$N = x + \cos it \cos\psi \sqrt{x^2-1} + \sin it \sin\psi \sqrt{x^2-1}$$
nur verschwinden (da $\sin it$ imaginär wird, sobald nicht $t=0$), wenn $t=0$ und $x+\cos\psi\sqrt{x^2-1}=0$, oder wenn $\sin\psi=0$ und $x+\cos it \cos\psi \sqrt{x^2-1}=0$. Der erste Fall kann nicht eintreten, weil $\dfrac{x}{\sqrt{x^2-1}}$ positiv und grösser als 1 ist; es bleibt also nur der zweite übrig. Für $\sin\psi=0$, muss $\psi=0$ oder π sein; für $\psi=0$ wird $x+\cos it \cos\psi\sqrt{x^2-1}$ nie Null, wohl aber für $\psi=\pi$, natürlich nicht für alle t, sondern für ein der Art gewähltes, dass $\cos it = \dfrac{x}{\sqrt{x^2-1}}$. In diesem Falle hat man also das Resultat: Wird der Winkel ψ in N festgehalten, während t alle Werthe von $-\infty$ bis $+\infty$ erhält, so verschwindet N nur (für einen gewissen Werth von t), wenn ψ genau $=\pm\pi$ ist. Bezeichnet ε eine beliebig kleine positive Grösse, so wird N^{-1} also endlich bleiben für alle ψ zwischen $-\pi+\varepsilon$ über 0 hinaus bis $\pi-\varepsilon$. Der eingeschobene Werth 0 zeigt die Richtung an, in der ψ wachsen darf.

2) **Es sei x rein imaginär $=iy$**, so nimmt $-iN$ die Form
$$y + \cos it \cos\psi \sqrt{y^2+1} + \sin it \sin\psi \sqrt{y^2+1}$$
an, verschwindet also nur für $\sin it \sin\psi = 0$. Für $\sin\psi=0$ kann $-iN$ nicht verschwinden, indem es sich auf $y\pm\cos it\sqrt{y^2+1}$ reducirt, und $\sqrt{y^2+1}$ schon $>y$; für $t=0$ aber reducirt es sich auf $y+\cos\psi\sqrt{y^2+1}$, verschwindet also, wenn ψ einen Werth ψ_0 erreicht, der durch die Gleichung
$$\cos\psi_0 = -\frac{y}{\sqrt{y^2+1}} = -\frac{x}{\sqrt{x^2-1}}$$
bestimmt wird. Nennt man den Werth ψ_0, welcher zwischen $\tfrac{1}{2}\pi$ und π liegt, so wird also N nur für ψ_0 und $-\psi_0$ verschwinden, oder N^{-1} bleibt endlich für alle ψ von $-\psi_0+\varepsilon$ über 0 hinaus bis $\psi_0-\varepsilon$, wenn

$$\cos\psi_0 = -\frac{x}{\sqrt{x^2-1}}, \quad \frac{\pi}{2} < \psi_0 < \pi$$

und zweitens auch von $\psi_0+\varepsilon$ über π hinaus bis $2\pi-\psi_0-\varepsilon$.

3) Es sei $x = \cos\theta$, $0 < \theta < \pi$. Alsdann verschwindet N nur, wenn das imaginäre Glied
$$i\cos it \cos\psi \sin\theta$$
ausfällt, also für $\psi = \pm\frac{1}{2}\pi$. Für jeden dieser zwei Werthe wird das Uebrigbleibende
$$\cos\theta \pm \sin\theta \frac{e^{-t}-e^t}{2}$$
verschwinden, da $e^{-t}-e^t$ alle Werthe von $-\infty$ bis ∞ erhält. Es bleibt also N^{-1} endlich von $-\frac{1}{2}\pi+\varepsilon$ über 0 bis $\frac{1}{2}\pi-\varepsilon$, und zweitens von $\frac{1}{2}\pi+\varepsilon$ über π bis $\frac{3}{2}\pi-\varepsilon$.

Man betrachte endlich den allgemeinen Fall, in dem x complex ist, und setze dazu, wie §. 26, (a), indem man x positiv annimmt,

4) $x = r\cos\theta + i\sqrt{r^2-1}\sin\theta$; $(-\frac{1}{2}\pi < \theta < \frac{1}{2}\pi)$. Dann wird
$$\frac{x}{\sqrt{x^2-1}} = \frac{r\sqrt{r^2-1} - i\sin\theta\cos\theta}{r^2 - \cos^2\theta}.$$

Soll dieser Ausdruck gleich $-\cos(it-\psi)$ sein, so müssen daher die zwei Gleichungen
$$\frac{r\sqrt{r^2-1}}{r^2-\cos^2\theta} = -\cos it \cos\psi,$$
$$\frac{\sin\theta\cos\theta}{r^2-\cos^2\theta} = \frac{e^t-e^{-t}}{2}\sin\psi$$

erfüllt sein. Ein Werth ψ_0 der ihnen genügt, liegt wie man aus der ersten sieht, zwischen $\frac{1}{2}\pi$ und π; dieser heisse ψ_0; derselbe entspricht einem gewissen t, dem gleichen aber entgegengesetzten t entspricht $-\psi_0$. Mehr Werthe existiren nicht, wie man sogleich bemerkt, wenn man die Eliminationsgleichung

(b) ... $\dfrac{r^2(r^2-1)}{\cos^2\psi} - \dfrac{\sin^2\theta\cos^2\theta}{\sin^2\psi} = (r^2-\cos^2\theta)^2$

gebildet hat, die allerdings vier Werthe für $\cos\psi$ liefert, von denen aber nur einer negativ und kleiner als 1 wird, der folglich allein den ursprünglichen beiden Gleichungen genügt. Man hat also das

Resultat: N^{-1} bleibt endlich für alle ψ von $-\psi_0 + \varepsilon$ bis $\psi_0 - \varepsilon$, über 0 hinaus; zweitens von $\psi = \psi_0 + \varepsilon$ bis $2\pi - \psi_0 - \varepsilon$ über π hinaus, wenn ψ der zwischen $\frac{1}{2}\pi$ und π liegende Bogen ist, welcher sich durch Auflösung von (b) ergiebt.

Nachdem die Stellen bezeichnet worden sind, an denen N^{-1} unendlich wird, gehen wir zu dem zweiten Theile unserer Untersuchung über, und betrachten das Integral

$$J = \int \frac{dt}{(x + \cos it \sqrt{x^2 - 1})^{n+1}}$$

wenn über verschiedene Wege integrirt wird.

Sind die beiden Punkte auf der Achse des Reellen, welche die reellen Grössen $-h$ und $+h$ darstellen A und B; die Punkte

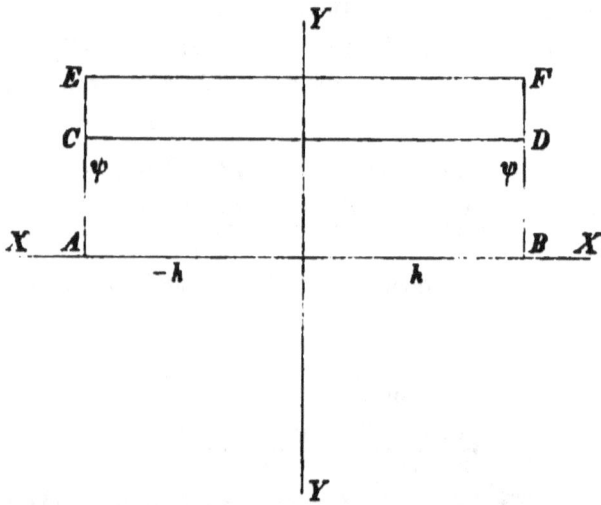

$-h + \psi i$ und $h + \psi i$ ferner C und D (ψ bezeichnet eine reelle, positive oder negative Grösse), so dass $ABCD$ ein Rechteck ist: so wird J, auf reellem Wege von $-h$ bis h genommen, also über AB integrirt, gleich dem Integrale über die Peripherie $ACDB$ genommen, wenn innerhalb des Rechteckes der Nenner nicht verschwindet. Die Bedingungen hierfür sind ad 1—4 angegeben. Das Integral über $ACDB$ zerfällt in die Summe der drei über AC, CD, DA; im ersten durchläuft t die Werthe $t = -h + \varphi i$ von $\varphi = 0$ bis $\varphi = \psi$; im zweiten $t = \psi i + u$ von $u = -h$ bis $u = h$; im dritten $t = h + \varphi i$ von $\varphi = \psi$ bis $\varphi = 0$. Das Integral über den zweiten Weg CD (Kürzer angedeutet: J, CD) ist daher

$$= \int_{-h}^{h} \frac{du}{(x + \cos(iu - \psi) \sqrt{x^2 - 1})^{n+1}},$$

ferner J, AC

$$= i \int_{0}^{\psi} \frac{d\varphi}{(x + \cos(ih + \varphi) \sqrt{x^2 - 1})^{n+1}},$$

endlich J, DB

$$= i \int_{\psi}^{0} \frac{d\varphi}{(x + \cos(ih - \varphi) \sqrt{x^2 - 1})^{n+1}}.$$

Mit wachsendem h verschwinden J, AC und J, DB, da die Nenner unendlich werden; sie würden auch noch verschwinden, wenn unser ursprüngliches Integral J im Zähler noch eine ganze Function von $\cos it$ höchstens vom Grade n enthalten hätte. J, AB geht dann in $2Q^n(x)$ über, während J, CD sich in den Ausdruck (a) dieses Paragraphen verwandelt. Setzt man in (a) noch $t + u$ für t, wo u nirgend eine reelle Constante bezeichnet, so hat man endlich das Resultat:

„Es ist

(31) $$\int_{-\infty}^{\infty} \frac{dt}{(x + \cos(it + iu - \psi) \sqrt{x^2 - 1})^{n+1}}$$

von u und ψ unabhängig, also $= 2Q^n(x)$ wenn ψ im Intervalle von $-\psi_0 + \varepsilon$ über 0 bis $\psi_0 - \varepsilon$ bleibt, wo ψ_0 einen positiven Winkel bezeichnet, der nicht unter $\frac{1}{2}\pi$ liegt, und ad 1 gleich π, ad 3 gleich $\frac{1}{2}\pi$, ad 2 durch die Gleichungen $\cos \psi_0 = -\frac{x}{\sqrt{x^2 - 1}}$, $\frac{1}{2}\pi < \psi_0 < \pi$, ad 4 durch (b) und $\frac{1}{2}\pi < \psi < \pi$ gegeben wird."

Wäre ψ grösser als ψ_0 genommen, nämlich zwischen ψ_0 und und $2\pi - \psi_0$, wodurch, mit dem früheren Falle verbunden, jede Lage von ψ in den vier Quadranten umfasst wird, so würde man dieselbe Betrachtung für das Rechteck $CEFD$ angestellt haben, dessen Eckpunkte E und F die Punkte $-h \pm \pi i$, $h \pm \pi i$ darstellen. Man hätte dann gefunden, dass (31) von ψ unabhängig ist, insofern man Werthe dafür nimmt, die dem Rechtecke $CDEF$ angehören, kann also π für ψ setzen. Berücksichtigt man noch dass (p. 63, b)

$$\tfrac{1}{2}\int_{-\infty}^{\infty}\frac{dt}{(x-\cos it\sqrt{x^2-1})^{n+1}} = Q^n(x)+i\pi P^n(x),$$

wenn man nur den Fall x reell und >1 ausschliesst, der aber hier nicht zur Anwendung kommt, weil für ihn ψ_0 gleich π wird, so findet man folgenden Ergänzungssatz:

„Liegt aber ψ zwischen $\psi_0+\varepsilon$ und $2\pi-\psi_0-\varepsilon$, so wird, wenn x positiv ist, (war $x=\cos\theta$ so ist das Zeichen beliebig) das Integral (31) gleich

$$2Q^n(x)+2i\pi P^n(x)."$$

Anmerk. Auf ähnliche Art zeigt man, mit Hülfe obiger Andeutungen für diesen Fall, dass

$$\int_{-\infty}^{\infty}\frac{G(\cos(it+iu-\psi))dt}{(x+\cos(it+iu-\psi)\sqrt{x^2-1})^{n+1}}$$

je nachdem die erste oder zweite Grenze für ψ stattfindet, gleich

$$\int_{-\infty}^{\infty}\frac{G(\cos it)dt}{(x\pm\cos it\sqrt{x^2-1})^{n+1}}$$

wird, wenn $G(z)$ eine ganze Function von z vom höchstens n^{ten} Grade vorstellt. Hat man statt einer ganzen Function G eine rationale, so wird man die entsprechenden Sätze leicht aufstellen.

Beispiele. Man setze in diesen Formeln $n=0$, und vergleiche §. 38. In den dort angegebenen besonderen Fällen für

$$\int_{-\infty}^{\infty}\frac{dt}{a+b\cos it}$$

ist ad 1, x reell und >1; ad 2, x rein imaginär, ad 3, x reell und <1. Ist also a reell positiv, so wird, wenn wie ad 1 die Grösse b reell positiv und $<a$:

$$K=\int_{-\infty}^{\infty}\frac{dt}{a+b\cos(it+iu-\psi)}$$
$$=\frac{1}{\sqrt{a^2-b^2}}\log\left(\frac{a+\sqrt{a^2-b^2}}{a-\sqrt{a^2-b^2}}\right),$$

ausgenommen wenn man ψ gerade $=\pm\pi$ gesetzt hat. Man findet ad 2, wenn b reell positiv und $>a$,

$$K=\frac{2}{\sqrt{b^2-a^2}}\operatorname{arc cotg}\frac{a}{\sqrt{b^2-a^2}},\quad (0<\operatorname{arc}<\tfrac{1}{2}\pi),$$

für alle ψ bis ψ_0, wo $\cos\psi_0=-\dfrac{a}{b}$; liegt aber ψ zwischen ψ_0

und $2\pi - \psi_0$, so ist die rechte Seite um $-\dfrac{2\pi}{\sqrt{b^2-a^2}}$ zu vermehren.

Den dritten besondern Fall, so wie den allgemeinsten übergehen wir hier um die Untersuchungen nicht zu weit auszudehnen, und verfolgen nur den zweiten weiter, der ein Resultat liefert, welches später benutzt werden soll. Macht man nämlich $a = A$, $b\cos\psi = B$, $b\sin\psi = C$, so wird

$$(31, a) \ldots \int_{-\infty}^{\infty} \frac{dt}{A + B\cos it + C\sin it},$$

wenn A, B, C reell, und A, $B^2 + C^2 - A^2$ und $A + B$ positiv sind,

$$= \frac{2}{\sqrt{B^2+C^2-A^2}} \operatorname{arc\,cotg} \frac{A}{\sqrt{B^2+C^2-A^2}}, \quad (0 < \operatorname{arc} < \tfrac{1}{2}\pi);$$

ist aber $A + B$ negativ, dasselbe vermehrt um

$$-\frac{2\pi}{\sqrt{B^2+C^2-A^2}}.$$

Die Integration von (31, a) im allgemeinsten Falle, wenn A, B, C beliebig reell oder imaginär sind, wird sich immer auf die Behandelung von K für ein bestimmtes a, b, ψ und u, also (indem der Werth von u gleichgültig ist, der von ψ nur in sofern eine Rolle spielt, als man wissen muss, ob er über oder unter ψ_0 liegt), auf

$$\int_{-\infty}^{\infty} \frac{dt}{a + b\cos it}$$

oder endlich auf die Function $Q^n(x)$ zurückführen lassen, deren Werth man §. 38, d findet.

Dass die imaginäre Substitution in Q^n gestattet ist, hat der Verfasser im 42sten Bande*) des Crelle'schen Journals p. 73 mitgetheilt.

Viertes Kapitel.
Zugeordnete Functionen erster Art.

§. 43. Es ist schon erwähnt worden, dass sich aus der Gleichung (5) schliessen lässt, es müsse in der Entwickelung von

$$(x + \cos\varphi\sqrt{x^2-1})^n$$

---

*) Theorie der Anziehung eines Ellipsoids.

nach Cosinus der Vielfachen von φ das von φ unabhängige Glied $P^n(x)$ sein; man kann hinzufügen, dass nach (6) das Gleiche von
$$(x+\cos\varphi\sqrt{x^2-1})^{-n-1}$$
gelten muss. Es sollen nun diese Reihen wirklich hergestellt werden, wobei wir uns, unseren Zwecken entsprechend n ganz (und positiv) denken; nimmt man für n eine gebrochene Zahl, so wird nichts wesentliches geändert, und Einiges im §. 46 sogar einfacher. Die Resultate für diesen Fall kann man nach den Andeutungen im Folgenden aus unseren Formeln ablesen.

Man bringe $x+\cos\varphi\sqrt{x^2-1}$ in die Form
$$=\frac{(x+e^{i\varphi}\sqrt{x^2-1})^2-1}{2\,e^{i\varphi}\sqrt{x^2-1}}$$
oder
$$=\frac{(x+z)^2-1}{2z},\quad z=e^{i\varphi}\sqrt{x^2-1}.$$

Entwickelt man die n^{te} Potenz nach dem Taylor'schen Lehrsatze, und macht zur Abkürzung
$$u=(x^2-1)^n,$$
so wird erhalten:
$$(a)\ldots\ 2^n(x+\cos\varphi\sqrt{x^2-1})^n =$$
$$\frac{1}{\Pi(n)}\frac{d^n u}{dx^n}+\frac{z}{\Pi(n+1)}\frac{d^{n+1}u}{dx^{n+1}}+\text{etc.}+\frac{z^n}{\Pi(2n)}\frac{d^{2n}u}{dx^{2n}}$$
$$+\frac{z^{-1}}{\Pi(n-1)}\frac{d^{n-1}u}{dx^{n-1}}+\text{etc.}+\frac{z^{-n}}{\Pi(0)}u,$$
so dass die m^{ten} Glieder, welche untereinander stehen
$$\frac{z^m}{\Pi(n+m)}\frac{d^{n+m}u}{dx^{n+m}},\quad \frac{z^{-m}}{\Pi(n-m)}\frac{d^{n-m}u}{dx^{n-m}}$$
sind. Die linke Seite der Gleichung ist reell; dasselbe muss daher von der rechten Seite gelten, die i verbunden mit den Sinus der Vielfachen von φ enthält: diese Sinus heben sich daher fort. Zu $\sin m\varphi$ tragen nur die beiden oben neben einander gestellten Glieder bei, indem
$$z^m=(\sqrt{x^2-1})^m e^{mi\varphi},\quad z^{-m}=(\sqrt{x^2-1})^{-m}e^{-mi\varphi};$$
soll $\sin m\varphi$ fortfallen, so besteht also für jedes m die Gleichung:
$$(32)\ldots\ \frac{(x^2-1)^m}{\Pi(n+m)}\frac{d^{n+m}(x^2-1)^n}{dx^{n+m}}=\frac{1}{\Pi(n-m)}\frac{d^{n-m}(x^2-1)^n}{dx^{n-m}}.$$

Diese schöne, von Jacobi *) zuerst gegebene Formel verwandelt die Reihe (a) in die folgende:

$$(33) \ldots 2^n(x+\cos\varphi\sqrt{x^2-1})^n =$$
$$\frac{1}{\Pi n}\frac{d^n(x^2-1)^n}{dx^n} + 2\sum_{m=1}^{m=n}\frac{(\sqrt{x^2-1})^m}{\Pi(n+m)}\frac{d^{n+m}(x^2-1)^n}{dx^{n+m}}\cos m\varphi,$$

in welcher nach (32) unter dem Summenzeichen auch m mit $-m$ vertauscht werden darf.

Das erste Glied dieser Reihe ist, wie man aus (3) ersieht, $2^n P^n(x)$; die folgenden enthalten höhere Differentialquotienten von $(x^2-1)^n$ als den n^{ten}. Bildet man allgemein den p^{ten} Differentialquotienten von $(x^2-1)^n$, wie §. 5 der n^{te} gebildet wurde, so ergiebt sich

$$\frac{\Pi(2n-p)}{\Pi(2n)}\frac{d^p(x^2-1)^n}{dx^p} =$$
$$x^{2n-p} - \frac{(2n-p)(2n-p-1)}{2(2n-1)}x^{2n-p-2} + \frac{(2n-p)\ldots(2n-p-3)}{2.4(2n-1)(2n-3)}x^{2n-p-4} - \text{etc.}$$

Um dies auf die Ausdrücke anzuwenden, welche in (33) vorkommen, mache man, wenn $m^2 \leq n^2$,

$$(34) \ldots \mathfrak{P}_m^n(x) =$$
$$x^{n-m} - \frac{(n-m)(n-m-1)}{2(2n-1)}x^{n-m-2} + \frac{(n-m)(n-m-1)(n-m-2)(n-m-3)}{2.4(2n-1)(2n-3)}x^{n-m-4} - \text{etc.}$$

es mag m positiv oder negativ sein; ferner setze man

$$(34, a) \ldots P_m^n(x) = (\sqrt{x^2-1})^m \mathfrak{P}_m^n(x),$$

wobei es erlaubt sein wird, wenn keine Zweideutigkeit entsteht, die oberen oder unteren Indices fortzulassen. Durch die eingeführten Grössen drücken sich die hier vorkommenden Stücke in folgender Art aus:

$$(34, b) \ldots \frac{d^{n+m}(x^2-1)^n}{dx^{n+m}} = \frac{\Pi(2n)}{\Pi(n-m)}\mathfrak{P}_m^n(x),$$

$$(34, c) \ldots \frac{d^{n-m}(x^2-1)^n}{dx^{n-m}} = \frac{\Pi(2n)}{\Pi(n+m)}\mathfrak{P}_{-m}^n(x);$$

ferner sagt (32):

$$(x^2-1)^m \mathfrak{P}_m^n(x) = \mathfrak{P}_{-m}^n(x)$$

oder

$$(32, a) \ldots P_m^n(x) = P_{-m}^n(x), \quad (m \leq n).$$

---

*) Crelle, Journal f. Math. Bd. II S. 225: Ueber eine besondere Gattung etc.

Ausserdem wird
$$P_0^n = \mathfrak{P}_0^n; \quad P^n(x) = \frac{1.3\ldots(2n-1)}{1.2\ldots n} P_0^n(x);$$
endlich auch, — um die häufig wiederkehrenden Formeln dieser Art zusammenzustellen —
$$\frac{(\sqrt{x^2-1})^m}{1.3\ldots(2n-1)} \frac{d^m P^n(x)}{dx^m} = \frac{1}{\Pi(n-m)} \cdot P_m^n(x).$$
Es nimmt nun die Gleichung (33) die Form an
$$(33, a) \ldots \frac{2^n}{\Pi(2n)} (x + \cos\varphi \sqrt{x^2-1})^n =$$
$$\frac{P_0^n(x)}{\Pi(n)\Pi(n)} + 2 \sum_{m=1}^{m=n} \frac{P_m^n(x) \cos m\varphi}{\Pi(n+m)\Pi(n-m)}.$$

Die vorstehende Entwickelung verschafft auch einen Integralausdruck für P_m^n vermittelst des Satzes über die Coefficienten-Bestimmung trigonometrischer Reihen im §. 10. Es ergiebt sich dadurch
$$(35) \ldots \frac{2^{-n} \Pi(2n)}{\Pi(n+m)\Pi(n-m)} P_m^n(x) =$$
$$\frac{1}{\pi} \int_0^\pi (x + \cos\varphi \sqrt{x^2-1})^n \cos m\varphi \, d\varphi,$$

ein Integral, welches dem von Laplace für P^n entspricht.

Die Function P_m^n soll als Zugeordnete erster Art eingeführt werden. Man wird an späteren Stellen sehen, dass dieselbe schon von Euler und Legendre ausführlich behandelt worden ist; ihre Darstellung durch die Entwickelung der Potenz $(x + \cos\varphi \sqrt{x^2-1})^n$ und die daraus folgenden Gleichungen hat der Verfasser[*]) zuerst mitgetheilt, hat übrigens diese Entwickelungen später in einem älteren Manuscripte von Jacobi gefunden, welches auch schon Neumann's Integral (24) enthält. Die Bezeichnung durch den Buchstaben P mit zwei Indices ist von Gauss gewählt[**]); um zur Abkürzung den einen oder den anderen Index fortlassen zu können, zog der Verfasser vor, sie nicht neben einander zu stellen, wie er es früher nach Gauss that, sondern den

---

[*]) Dissertatio inauguralis, 1842, §. 7 — 8.
[**]) Resultate aus den Beobachtungen des magnetischen Vereins im Jahre 1838, Leipzig 1839: Allgemeine Theorie des Erdmagnetismus, §. 18.

einen zum oberen den anderen zum unteren Index zu machen. Da hier x nicht nur Werthe annimmt, die <1 sind, so war es, nach unsern Festsetzungen über das Zeichen von $\sqrt{x^2-1}$ geboten, hier P_m^n zu nennen, was bei Gauss $(\pm i)^m P^{n,m}$ sein würde.

Endlich muss noch erwähnt werden, dass Neumann im 37sten Bande des Crelleschen Journals für diese Functionen zwar dieselben Buchstaben beibehält, dass sein P sich aber von dem unsrigen um einen numerischen Factor unterscheidet. Da in mehreren Arbeiten über mathematische Physik die Bezeichnung von Neumann benutzt wird, so ist die Bemerkung erforderlich, dass bei ihm $P_{n,0}$ unser P^n, sein $P_{n,m}(x)$ unser

$$(1-x^2)^{\frac{1}{2}m}\frac{d^m P^n(x)}{dx^m}$$

giebt.

[*Was bei den Q über Einführung einer Grösse ξ gesagt ist, kann auch hier benutzt werden, und man kann

$$\int_0^\pi (\xi+\xi^{-1}+\cos\varphi(\xi-\xi^{-1}))^n \cos m\varphi\, d\varphi$$

gleich

$$\frac{\pi\,\Pi(2n)}{\Pi(n+m)\Pi(n-m)} P_m^n[\xi]$$

setzen; ist dann $\xi+\xi^{-1} = 2x$, so stimmt $P(x)$ mit $P[\xi]$ überein so lange $M(\xi)>1$, ferner wenn $M(\xi)=1$ und der imaginäre Theil von ξ positiv ist; in allen übrigen Fällen ist offenbar

$$P_m^n(x) = (-1)^m P_m^n[\xi].]$$

Besondere Fälle. Für $x=1$ verschwinden sämmtliche P_m^n mit Ausnahme von $m=0$; da nämlich $P^n(1)=1$, so wird

$$P_0^n(1) = \frac{1.2\ldots n}{1.3\ldots(2n-1)}.$$

P_m^n verschwindet in allen übrigen Fällen nach (34, a) sicher, da $\mathfrak{P}_m^n(x)$ eine endliche Reihe, daher für $x=1$ endlich ist. Es bleibt also sogar noch

$$(x^2-1)^{-\frac{1}{2}m} P_m^n(x)$$

endlich für $x=1$.

Betrachtet man $x=0$ als Grenze eines reellen oder positiv imaginären x, so wird nach unseren Festsetzungen $\sqrt{x^2-1}$ für

$x = 0$, i und wie man aus (35) sieht $P_m^n(0) = 0$ wenn $n-m$ ungerade ist. Auch in den übrigen Fällen giebt dieselbe Formel den Werth für $P(0)$; es wird nämlich das Integral in (35), dann

$$2i^n \int_0^{\frac{1}{2}\pi} \cos^n\varphi \cos m\varphi \, d\varphi = \frac{\pi i^n \Pi(n)}{2.4\ldots(n+m).2.4\ldots(n-m)}$$

also

$$P_m^n(0) = i^n \cdot \frac{1.3\ldots(n+m-1).1.3\ldots(n-m-1)}{1.3.5\ldots(2n-1)},$$

wenn $n-m$ gerade ist, sonst 0.

§. 44. Es bleibt noch die $-(n+1)^{te}$ Potenz des Ausdrucks $(x + \cos\varphi\sqrt{x^2-1})$, den wir mit r bezeichnen wollen, zu entwickeln, nachdem die n^{te} Potenz im vorigen Paragraphen untersucht ist; es wird hierbei x positiv gedacht. Behält man die Bezeichnung des §. 43 bei, so ist

$$r = \frac{(x+z)^2 - 1}{2z},$$

und es handelt sich um die Entwickelung von $(2z)^{n+1}((x+z)^2-1)^{-n-1}$, also von

$$((x+z)^2-1)^{-n-1}$$

nach Potenzen von z. Die Grösse, welche zu der negativen Potenz zu erheben ist, verschwindet für $z = 1-x$ und für $z = -1-x$; es existirt aber ein allgemeiner Satz, nach welchem jede rationale Function $f(z)$ von z (allgemeiner jede monogene, monodrome Function), die ferner für keinen Werth von z unendlich wird dessen Modulus kleiner als eine gegebene reelle Grösse a ist, — sich für alle z, deren Modulus $< a$ ist, nach aufsteigenden Potenzen von z entwickeln lässt. Wird $f(z)$ nicht unendlich, sobald $M(z) > b$, so ist $f(z)$ nach absteigenden z entwickelbar, wenn $M(z) > b$; bleibt $f(z)$ endlich, so lange $a < M(z) < b$, so ist $f(z)$ nach auf- und absteigenden z entwickelbar, so lange z so beschaffen ist, dass sein Modulus zwischen a und b liegt. In unserem Falle, wo $z = e^{i\varphi}\sqrt{x^2-1}$ und φ einen reellen Winkel vorstellt, ist $M(z) = M(\sqrt{x^2-1})$; die zu entwickelnde Function wird nur für $z = \pm 1 - x$ unendlich, also nur für $M(z) = M(x\pm 1)$, und $M(\sqrt{x^2-1})$ liegt zwischen $M(x+1)$ und $M(x-1)$, weil

$$M\left(\frac{\sqrt{x^2-1}}{x+1}\right) = M\left(\sqrt{\frac{x-1}{x+1}}\right), \quad M\left(\frac{\sqrt{x^2-1}}{x-1}\right) = M\left(\sqrt{\frac{x+1}{x-1}}\right).$$

§. 44, 35.　　I. Theil. Viertes Kapitel.

Da eine von den rechten Seiten im Allgemeinen nicht 1 sein wird, sondern $\gtreqless 1$, so ist die andere $\lesseqgtr 1$, also liegt wirklich $M(z)$ für die Werthe, die z hier annehmen kann, zwischen den Modulu $M(\sqrt{x-1}) = a$ und $M(\sqrt{x+1}) = b$. Es folgt daraus, dass
$$((x+z)^2-1)^{-n-1}, \quad (z = \sqrt{x^2-1}.e^{i\varphi})$$
nach auf- und absteigenden Potenzen von z entwickelbar ist.

Ausgenommen würden nur die Fälle sein, in denen
$$M(\sqrt{x-1}) = M(\sqrt{x+1});$$
setzt man $x = u+vi$, so würde dann
$$(u-1)^2 + v^2 = (u+1)^2 + v^2$$
also $u = 0$ oder x rein imaginär (im besondern Falle 0) sein. Wenn also x rein imaginär ist, so kann die Potenz nicht mehr nach auf- und absteigenden z entwickelt werden.

Dies genügt für die wichtigeren von den folgenden Untersuchungen. Man berücksichtige noch den Fall, wo φ eine complexe Grösse vorstellt, die man dann in einen reellen und imaginären Theil $\varphi - it$, (wo unbeschadet der Allgemeinheit t positiv gedacht wird, da hier nur $\cos(\varphi - it)$ vorkommt, und das Zeichen von φ keine Rolle spielt), auflöse. Dadurch wird
$$M(z) = M(\sqrt{x^2-1}\, e^{t+\varphi i}) = e^t M(\sqrt{x^2-1});$$
es bleibt also $M(z)$ zwischen $M\sqrt{x+1}$ und $M\sqrt{x-1}$, so lange zugleich
$$e^t M\left(\sqrt{\frac{x+1}{x-1}}\right) \gtreqless 1, \quad e^t M\left(\sqrt{\frac{x-1}{x+1}}\right) \lesseqgtr 1.$$
Ist $M\sqrt{\frac{x+1}{x-1}} = 1$, also x rein imaginär, so kann daher von einer Entwickelung nicht die Rede sein; ist aber die grössere der beiden Grössen $M\left(\sqrt{\frac{x+1}{x-1}}\right)$ und $M\left(\sqrt{\frac{x-1}{x+1}}\right)$, und diese ist offenbar $M\left(\sqrt{\frac{x+1}{x-1}}\right)$, gleich b so gilt die Entwickelung nach auf- und absteigenden Potenzen so lange als $e^t < b$, oder von $t = 0$ bis $t = \log b$ excl.

Nimmt man t noch grösser, so wird $M(z)$ immer $> M\sqrt{x \pm 1}$, die Potenz also nach absteigenden Potenzen von z entwickelbar sein. Fasst man alles zusammen, so hat man folgendes Resultat:

1) Es sei x positiv und nicht rein imaginär, und $M\left(\sqrt{\dfrac{x+1}{x-1}}\right)$ gleich b (wo b reell und grösser als 1); setzt man dann (t positiv)
$$z = \sqrt{x^2-1}\cdot e^{t+i\varphi},$$
so lässt sich
$$((x+z)^2-1)^{-s-1}$$
so lange t zwischen 0 incl. und $\log b$ excl. liegt, in eine nach z auf- und absteigende Reihe entwickeln, ist t noch grösser in eine absteigende.

2) Ist aber x rein imaginär, so lässt sich die genannte Grösse für jedes positive t nach absteigenden z entwickeln. Der Fall $t=0$ ist hier auszuschliessen, in welchem für ein φ sicher $(x+z)^2-1$ verschwindet.

Um die späteren Entwickelungen nicht zu unterbrechen, soll sogleich an dieser Stelle über die Einheit der Entwickelung einer Function $f(z)$ nach Potenzen von z gehandelt werden. Man weiss, dass eine Entwickelung nach auf- oder nach absteigenden z nur auf eine Art möglich ist; da der Verfasser nicht ausdrücklich erwähnt fand, dass das Gleiche auch für Entwickelungen nach auf- und absteigenden z gilt, so soll es hier bewiesen werden.

Man setze
$$f(z) = c_0 + c_1 z + c_2 z^2 + \text{etc.}$$
$$+ k_1 z^{-1} + k_2 z^{-2} + \text{etc.},$$
und es gelte diese Gleichung für alle Werthe von z die einen bestimmten Modulus ϱ besitzen, also, wenn $z = \varrho e^{i\varphi}$ gemacht ist, von $\varphi = 0$ bis $\varphi = 2\pi$. Dann zerfällt $f(z)$ in die Summe der beiden Reihen
$$c_0 + (c_1\varrho + k_1\varrho^{-1})\cos\varphi + (c_2\varrho^2 + k_2\varrho^{-2})\cos 2\varphi + \text{etc.},$$
$$i((c_1\varrho - k_1\varrho^{-1})\sin\varphi + (c_2\varrho^2 - k_2\varrho^{-2})\sin 2\varphi + \text{etc.}),$$
wo die c und k imaginär sein können. Es sei zunächst $f(z) = 0$; da durch Vertauschung von φ mit $-\varphi$ die Summe der Reihen in ihre Differenz übergeht, so muss jede für sich verschwinden, also für jedes ganze m
$$c_m \varrho^m + k_m \varrho^{-m} = 0,$$
$$c_m \varrho^m - k_m \varrho^{-m} = 0,$$

§. 45, 35.   I. Theil.   Viertes Kapitel.   123

also jedes c und k gleich 0 sein. Es lässt sich daher 0 in eine Reihe solcher Form nur auf eine Art entwickeln, indem nämlich alle c und k verschwinden.

Hieraus folgt unmittelbar, wenn eine solche Entwickelung einer Function $F(z)$ gegeben ist, die wenigstens für alle z gilt, deren Modulus eine bestimmte Grösse ϱ wird,

$$F(z) = a_0 + a_1 z + a_2 z^2 + \text{etc.}$$
$$+ b_1 z^{-1} + b_2 z^{-2} + \text{etc.},$$

jede andere für dieselben z geltende

$$A_0 + A_1 z + A_2 z^2 + \text{etc.}$$
$$+ B_1 z^{-1} + B_2 z^{-2} + \text{etc.}$$

mit ihr identisch sein muss. Denn die Differenz beider Entwickelungen, welche sicher 0 sein muss, hat zu Coefficienten die (s. o.) verschwindenden Grössen

$$A_0 - a_0, \quad A_1 - a_1, \quad A_2 - a_2, \quad \text{etc.}$$
$$B_1 - b_1, \quad B_2 - b_2, \quad \text{etc.}$$

Anmerk. Ist für ein bestimmtes x und t im ersten Theile des Satzes die Entwickelung nach auf- und absteigenden z möglich, so gilt sie noch für dasselbe t und $x = 1$, weil dann $b = \infty$, also die erlaubten Grenzen für t weiter werden; ist im Falle (1) oder (2) für ein x und t die Entwickelung nach absteigenden z erlaubt, so gilt dasselbe bei dem gleichen t und $x = 0$, da dann $b = 1$ ist, also jedes positive t die Bedingung $t > \log b$ erfüllt.

§. 45. Wir gehen nun zu der Entwickelung von r^{-n-1} (s. §. 44) über, und nehmen an, dass der reelle Theil von x positiv ist, schliessen also den Fall eines rein imaginären x aus. Entwickelt man dann, wie es erlaubt ist, nach auf- und absteigenden z, so erhält man

$$(a) \ldots (x + \cos\varphi \sqrt{x^2 - 1})^{-n-1} = (2z)^{n+1}((x+z)^2 - 1)^{-n-1}$$
$$= z^{n+1} \cdot \begin{cases} a z^{-n-1} + a_1 z^{-n-2} + a_2 z^{-n-3} + \text{etc.} \\ + a_{-1} z^{-n} + a_{-2} z^{-n+1} + \text{etc.} \end{cases}$$

Würde man die Multiplication mit z^{n+1} ausführen und für z seinen Werth $\sqrt{x^2 - 1} \cdot e^{i\varphi}$ setzen, so würde die Reihe auf der rechten Seite von (a) eine trigonometrische werden, in welcher das von φ unabhängige Glied a ist: es muss daher a gleich

$$\frac{1}{\pi} \int_0^\pi \frac{d\varphi}{(x + \cos\varphi \sqrt{x^2 - 1})^{n+1}},$$

d. h. es muss
$$a = P^n(x)$$
sein. Ferner ist klar, dass die Summe sämmtlicher Glieder, welche den Sinus eines Vielfachen von φ, $\sin m\varphi$ enthalten, verschwindet, dass also
$$\frac{a_m}{(\sqrt{x^2-1})^m} = a_{-m}(\sqrt{x^2-1})^m.$$
Die rechte Seite von (a) hat also die Form
$$(b) \ldots P^n(x) + 2\sum_{m=1}^{m=\infty} \frac{a_m}{(\sqrt{x^2-1})^m} \cos m\varphi;$$
die Summe zerlege man in eine von $m=1$ bis $m=n$, und eine von $m=n+1$ bis ∞, und betrachte zunächst den ersten Theil, der bei den meisten Untersuchungen die Hauptrolle spielt, nachher den zweiten Theil.

Um die Coefficienten a_m des ersten Theiles zu bestimmen, $(0 < m \leq n)$, betrachte man die Glieder in der Parenthese von (a), deren Summe durch
$$2^{n+1}((x+z)^2-1)^{-n-1}$$
dargestellt wird; daher muss die Summe, $m$mal nach x differentiirt dasselbe geben, wie dieselbe $m$mal nach z differentiirt, und nach Ausführung der ersten Operation muss (§. 44) mit jeder Potenz von z in den neuen Reihen dasselbe multiplicirt sein, wie nach Ausführung der zweiten. Nach der ersten Operation ist der Factor von z^{-n-1} gleich
$$\frac{d^m(a)}{dx^m} = \frac{d^m P^n(x)}{dx^m},$$
nach der zweiten
$$(-1)^m(n-m+1)(n-m+2)\ldots n \, a_{-m} = (-1)^m \frac{\Pi(n)}{\Pi(n-m)} a_{-m};$$
es ist also
$$\frac{a_m}{(\sqrt{x^2-1})^m} = (-1)^m (\sqrt{x^2-1})^m \frac{\Pi(n-m)}{\Pi(n)} \frac{d^m P^n(x)}{dx^m}$$
und nach §. 43
$$= (-1)^m \cdot \frac{1.3\ldots(2n-1)}{1.2\ldots n} P_m^n(x).$$
Berücksichtigt man noch das Verhältniss von P^n zu P_0^n, so findet man endlich

§. 45, 36.   I. Theil.   Viertes Kapitel.

$$(36)\ \ldots\ \frac{1.2\ldots n}{1.3\ldots(2n-1)}(x+\cos\varphi\sqrt{x^2-1})^{-n-1} =$$
$$P_0^n(x)+2\sum_{m=1}^{m=\infty}(-1)^m P_m^n(x)\cos m\varphi + 2Z,$$

wenn Z nur Cosinus höherer Vielfache von φ als des n^{ten} enthält, und genau

$$\frac{1.3\ldots(2n-1)}{1.2\ldots n}Z = \sum_{m=n+1}^{m=\infty}\frac{a_m}{(\sqrt{x^2-1})^m}\cos m\varphi$$

ist.

Um der Vollständigkeit halber noch die Glieder zu entwickeln, welche Z angehören bemerke man zuerst, dass auch für $m>n$,

$\frac{a_m}{(\sqrt{x^2-1})^m}$ verschwindet wenn $x=1$ gesetzt wird: in diesem Falle wird nämlich die linke Seite von (36) unabhängig von φ. Ferner wende man das obige Verfahren auf die Glieder der Parenthese in (a) mit positivem Index an, und betrachte den Theil derselben

$$a_n z^{-2n-1} + a_{n+1} z^{-2n-2} + a_{n+2} z^{-2n-3} + \text{etc.}$$

aus welchem folgt, dass

$$-(2n+1)a_n = \frac{da_{n+1}}{dx},\quad -(2n+2)a_{n+1} = \frac{da_{n+2}}{dx},\quad \text{etc.}$$

also

$$\frac{d^p a_{n+p}}{dx^p} = (-1)^p (2n+1)(2n+2)\ldots(2n+p)a_n$$

ist, wie gross positiv auch die ganze Zahl p sei. Berücksichtigt man (p. 117) dass $P_n^n(x) = (\sqrt{x^2-1})^n$, ferner die obige Bemerkung über die Werthe von a_m für $x=1$, so entsteht

$$a_n = (-1)^n \cdot \frac{1.3\ldots(2n-1)}{1.2\ldots n} \cdot (x^2-1)^n$$

$$a_{n+p} = (-1)^{n+1} \cdot \frac{1.3\ldots(2n-1)}{1.2\ldots n} \cdot (2n+1)\int_1^x (x^2-1)^n dx$$

$$a_{n+p} = (-1)^{n+p} \cdot \frac{1.3\ldots(2n-1)}{1.2\ldots n} \cdot (2n+1)(2n+2)\ldots(2n+p)\int_1^x (x^2-1)^n dx^p,$$

wenn dx^p eine $p$fache Integration andeutet, und jedesmal von $x=1$ an integrirt wird. Man findet daher

$$(36,a)\ \ldots\ Z = \frac{1}{\Pi(2n)}\sum_{m=n+1}^{m=\infty}(-1)^m \frac{\Pi(n+m)}{(\sqrt{x^2-1})^m}\cdot\cos m\varphi\int_1^x (x^2-1)^n dx^{m-n}.$$

Das hier vorkommende vielfache Integral lässt sich durch eine Reihe ausdrücken, wenn $\frac{x-1}{2} = y$ gesetzt wird; dadurch verwandelt es sich in

$$(c) \quad 2^{m+n} \int_0^y y^n (1+y)^n \, dy^{m-n} =$$

$$\frac{2^{m+n} \Pi(2n)}{\Pi(m+n)} y^m \left(y^n + \frac{n(m+n)}{1.(2n)} y^{n-1} + \frac{n(n-1)(m+n)(m+n-1)}{1.2.(2n)(2n-1)} y^{n-2} + \text{etc.} \right),$$

die an der gehörigen Stelle von selbst abbricht. Setzt man also für $m > n$, $\frac{x-1}{2} = y$ und

$$(36, b) \ldots P_m^n(x) = \frac{2^n y^{m+n}}{(\sqrt{y(1+y)})^m} F\left(-n, -m-n, -2n, -\frac{1}{y}\right),$$

so wird

$$Z = \sum_{m=n+1}^{m=\infty} (-1)^m P_m^n(x) \cos m\varphi.$$

[Man bemerke an dieser Stelle dass $P_m^n(x)$ für $y = -1$, also für $x = -1$ unendlich wird; es entsteht nämlich der Zähler der rechten Seite von $(36, b)$ durch wiederholte Integration einer in den Grenzen ihr Zeichen nicht ändernden Function

$$y^n (1+y)^n,$$

verschwindet also nicht, während für $y = -1$ der Nenner gleich Null ist. Es wird hier ganz davon abgesehen, dass P_m^n durch Entwickelung von

$$(x + \cos\varphi \sqrt{x^2-1})^{-n-1}$$

eingeführt wurde, bei der man übrigens x positiv annahm; wir reden vom Werthe des Ausdrucks $(36, b)$.]

Noch eine zweite Form lässt sich für a_m wenn $m > n$ aufstellen, indem man den Theil

$$a_{-n-1} + a_{-n-2} z + a_{-n-3} z^2 + \text{etc.}$$

von der Parenthese in (a) wie oben behandelt; dadurch entsteht

$$\frac{d^p a_{-n-1}}{dx^p} = 1.2.3 \ldots p . a_{-n-p-1}$$

oder

$$\frac{1}{\Pi(p)} \frac{a_{n+p+1}}{(x^2-1)^{n+p+1}} = \frac{d^p}{dx^p} \left(\frac{a_{n+1}}{(x^2-1)^{n+1}} \right),$$

und durch Vergleichung mit den früheren Werthen von a_{m+p+1}:

$$(-1)^{m-n-1}\int_1^x (x^2-1)^n dx^{m-n} =$$

$$\frac{\varPi(2n+1)(x^2-1)}{\varPi(m+n)\varPi(m-n-1)} \frac{d^{m-n-1}}{dx^{m-n-1}}\left((x^2-1)^{-n-1}\int_1^x (x^2-1)^n dx\right).$$

Die Entwickelungen dieses Paragraphen rühren von Jacobi her, der sie in der früher schon erwähnten Arbeit *) gegeben hat, welche den Ausgangspunkt für eine neue Behandlung der Kugelfunctionen bildet. Die hier am Schluss gegebene Gleichung, welche die Beziehung zwischen zwei verschiedenen Formen der a enthält, hätte, wie wohl mit etwas weitläufigerer Rechnung, aus den Betrachtungen des §. 34 und 35 hergeleitet werden können.

Würde man x mit entgegengesetzten Zeichen genommen haben, so hätte, weil dann im Allgemeinen $\sqrt{x^2-1}$ gleichfalls das entgegengesetzte Zeichen erhält, die rechte Seite von (36) mit $(-1)^{n+1}$ multiplicirt und für x sein positiver Werth gesetzt werden müssen; wäre aber $x = \cos\theta$, wo $\sqrt{x^2-1}$ gleich $i\sin\theta$ gesetzt werden soll, so hätte man für $\frac{1}{2}\pi < \theta < \pi$ noch φ mit $\pi - \varphi$ zu vertauschen. Es kann deshalb von hier an in den allgemeinen Formeln immer ohne Nachtheil das positive Zeichen von x angenommen werden.

Die Formeln (36) gelten noch, wenn auf beiden Seiten $\varphi - it$ für φ gesetzt wird, wenn nur t kleiner ist als $\log M\left(\sqrt{\frac{x+1}{x-1}}\right)$. (M. vergl. §. 44.)

§. 46. Der vorige Paragraph liefert aber nicht mehr eine Entwickelung von

$$(x + \cos(\varphi - it)\sqrt{x^2-1})^{-n-1}$$

wenn t die genannte Grenze überschreitet oder wenn die Bedingungen des zweiten Falles in §. 44 eintreten. Um die neue Reihe zu erhalten, die wieder in doppelter Form auftreten wird, setze man zuerst

(a) ... $(x + \cos(\varphi - it)\sqrt{x^2-1})^{-n-1} = (2z)^{n+1}((x+z)^2-1)^{-n-1}$,
$(z = \sqrt{x^2-1}\,e^{t+i\varphi})$;

---

*) Crelle, Journal f. Math. Bd. XXVI: Ueber die Entwickelung etc. S. 83.

dann giebt (a) eine Entwickelung von der Form
$$2^{n+1}z^{n+1}(az^{-2n-2}+a_1 z^{-2n-3}+a_2 z^{-2n-4}+ \text{etc.}),$$
wo offenbar $a = 1$, und nach dem Muster der vorigen Paragraphen
$$-(2n+2)a = \frac{da_1}{dx}, \quad -(2n+3)a_1 = \frac{da_2}{dx}, \quad \text{etc.}$$
gefunden wird. Da für $x = 0$ die Entwickelung noch gelten muss (Anmerk. des §. 44), so wird für $x = 0$
$$a = 1, \quad a_2 = \frac{n+1}{1}, \quad a_4 = \frac{(n+1)(n+2)}{1.2}, \quad \text{etc.}$$
$$a_1 = a_3 = a_5 = \text{etc.} = 0$$
also $a = 1$, $a_1 = -(2n+2)\int dx$, etc., allgemein
$$a_m = (-1)^m \frac{\Pi(2n+m+1)}{\Pi(2n+1)} \int dx^m$$
d. h. a_m ist eine ganze Function von x vom Grade m und von der Form
$$a_m = cx^m + c_2 x^{m-2} + c_4 x^{m-4} + \text{etc.},$$
so beschaffen, dass der m^{te}, $(m-2)^{\text{te}}$, $(m-4)^{\text{te}}$ etc. Differentialquotient nach x für $x = 0$ sich in $(-1)^m \Pi(2n+m+1)$ multiplicirt resp. mit
$$\frac{1}{\Pi(2n+1)}, \quad \frac{n+1}{1} \cdot \frac{1}{\Pi(2n+3)}, \quad \frac{(n+1)(n+2)}{1.2} \cdot \frac{1}{\Pi(2n+5)} \quad \text{etc.}$$
verwandelt. Daher wird
$$a_m = (-1)^m \frac{\Pi(2n+m+1)}{\Pi(2n+1)\Pi(m)}\Big(x^m +$$
$$\frac{m(m-1)}{2(2n+3)}x^{m-2} + \frac{m(m-1)(m-2)(m-3)}{2.4(2n+3)(2n+5)}x^{m-4} + \text{etc.}\Big).$$
Führt man also, entsprechend den $\mathfrak{P}$, eine Function $\mathfrak{Q}$ durch die Gleichung
$$(37) \ldots \mathfrak{Q}_m^n(x) = x^{-n-m-1} + \frac{(n+m+1)(n+m+2)}{2(2n+3)}x^{-n-m-3}$$
$$+ \frac{(n+m+1)(n+m+2)(n+m+3)(n+m+4)}{2.4(2n+3)(2n+5)}x^{-n-m-5} + \text{etc.}$$
ein, es mag m positiv oder negativ sein, (nur muss wegen der Convergenz so lange $-n-m-1$ negativ ist, $x > 1$ werden), so entsteht
$$a_m = (-1)^m \frac{\Pi(2n+m+1)}{\Pi(2n+1)\Pi(m)} \mathfrak{Q}_{-n-m-1}^n(x),$$

§. 47, 37. I. Theil. Viertes Kapitel.

und die Entwickelung

$$(37, a) \ldots \frac{1}{2^{n+1}(x+\cos(\varphi - it)\sqrt{x^2-1})^{n+1}}$$
$$= \frac{e^{-(n+1)(t+i\varphi)}}{(\sqrt{x^2-1})^{n+1}} - \frac{2n+2}{1} \cdot \frac{e^{-(n+2)(t+i\varphi)}}{(\sqrt{x^2-1})^{n+2}} \cdot \mathfrak{D}^n_{-n-2}(x)$$
$$+ \frac{(2n+2)(2n+3)}{1 \cdot 2} \cdot \frac{e^{-(n+3)(t+i\varphi)}}{(\sqrt{x^2-1})^{n+3}} \cdot \mathfrak{D}^n_{-n-3}(x) - \text{etc.}$$

Eine zweite Entwickelung derselben Grösse erhält man, indem man

$$\zeta = \sqrt{x^2-1} \cdot e^{-t-i\varphi},$$
$$x + \cos(\varphi - it)\sqrt{x^2-1} = \frac{(x+\zeta)^2-1}{2\zeta}$$

macht, und nach aufsteigenden ζ ordnet, wodurch eine Reihe entsteht, die nach absteigenden z fortschreitet. Es wird dann dieselbe Grösse, welche auf der linken Seite von $(37, a)$ befindlich ist

$$= \zeta^{n+1}((x+\zeta)^2-1)^{-n-1}$$
$$= \zeta^{n+1}(x^2-1)^{-n-1} + \frac{\zeta^{n+2}}{1}\frac{d}{dx}(x^2-1)^{-n-1} + \frac{\zeta^{n+3}}{1 \cdot 2}\frac{d^2}{dx^2}(x^2-1)^{-n-1} + \text{etc.}$$

Setzt man nun für ζ seinen Werth $\frac{x^2-1}{z}$, und vergleicht das, was in die gleichen Potenzen von z multiplicirt ist, so findet man als Factor von z^{-n-m-1} in der ersten Reihe a_m, in der zweiten

$$\frac{(x^2-1)^{n+m+1}}{\Pi(m)} \frac{d^m}{dx^m}(x^2-1)^{-n-1}.$$

Entwickelt man $(x^2-1)^{-n-1}$ in eine Reihe und differentiirt diese $m$fach, so verwandelt sich vorstehender Ausdruck in

$$\frac{(-1)^m \Pi(2n+m+1)}{\Pi(m)\Pi(2n+1)} \mathfrak{D}^n_{n+m+1}(x) \cdot (x^2-1)^{n+m+1},$$

so dass als Resultat der Vergleichung beider Entwickelungen unserer $-(n+1)^{\text{ten}}$ Potenz entsteht

$$(37, b) \ldots \mathfrak{D}^n_{-p}(x) = \mathfrak{D}^n_p(x) \cdot (x^2-1)^p,$$

vorläufig wenn $p > n$; später zeigt sich, dass diese Gleichung, welche der auf §. 117 für $\mathfrak{P}$ entspricht, noch gilt, wenn auch $p \leq n$. (Man vergl. noch §. 50 und 51, p. 141.)

§. 47. Die Formel (35) gab so lange $m \leq n$, für P^n_m einen Ausdruck durch ein Integral; einen zweiten liefert (36), da auch in dieser die P_m^n als Coefficienten einer trigonometrischen Reihe auftreten; durch Gleichsetzen derselben entsteht eine Beziehung, die als Erweiterung der Formel (6) angesehen werden kann, welche die Doppelform für P^n enthielt. Man findet nämlich sogleich

$$(38) \ldots 2\pi P_m^n(x) = 2^n \cdot \frac{\Pi(n+m)\Pi(n-m)}{\Pi(2n)} \int_0^{2\pi} (x+\cos\varphi\sqrt{x^2-1})^n \cos m\varphi \, d\varphi$$

$$= (-1)^m \cdot \frac{1.2\ldots n}{1.3\ldots(2n-1)} \int_0^{2\pi} \frac{\cos m\varphi \, d\varphi}{(x+\cos\varphi\sqrt{x^2-1})^{n+1}}$$

mit den Bedingungen $m \leq n$, und dass der reelle Theil von x positiv, nicht 0 sei. Ist $m > n$, so hat man nur einen Ausdruck für P_m^n, der wegen einer Anwendung auf einen speciellen Fall hier noch besonders angeführt werden soll; aus (36, a) folgt nämlich

$$(38, a) \ldots P_m^n(x) = \frac{(-1)^m}{2\pi} \cdot \frac{1.2\ldots n}{1.3\ldots(2n-1)} \int_0^{2\pi} \frac{\cos m\varphi \, d\varphi}{(x+\cos\varphi\sqrt{x^2-1})^{n+1}}$$

$$= \frac{2^n y^{m+n}}{(\sqrt{y(1+y)})^m} F\left(-n, -m-n, -2n, \frac{1}{y}\right),$$

wo $y = \frac{x-1}{2}$, und $\sqrt{y(1+y)}$ das Zeichen von $\sqrt{x^2-1}$ hat.

∗ Diese Ausdrücke lassen sich noch verallgemeinern; bezeichnet nämlich $f(\chi)$ eine solche Function von χ, die sich für alle χ der Form $\varphi - it$, wo φ reell ist und sämmtliche Werthe von 0 bis 2π annimmt, und t eine reelle Grösse vorstellt, in eine Reihe

$$\tfrac{1}{2} c_0 + c_1 \cos\chi + c_2 \cos 2\chi + \text{etc.}$$

entwickeln lässt, also auch für $\chi = \varphi - \psi - it$, wo auch ψ reell ist, so wird einerseits

$$\pi c_m = \int_0^{2\pi} f(\varphi) \cos m\varphi \, d\varphi,$$

andrerseits

$$f(\varphi - \psi - it) = \tfrac{1}{2} c_0 + \sum_1^\infty c_m \cos m\varphi \cos m(\psi + it)$$
$$+ \sum_1^\infty c_m \sin m\varphi \sin m(\psi + it),$$

daher

$$\pi c_m \cdot \begin{Bmatrix} \cos m(\psi+it) \\ \text{oder} \\ \sin m(\psi+it) \end{Bmatrix} = \int_0^{2\pi} f(\varphi - \psi - it) \cdot \begin{Bmatrix} \cos m\varphi \\ \text{oder} \\ \sin m\varphi \end{Bmatrix} d\varphi.$$

Setzt man den früheren Werth für c_m ein, so erhält man

§. 47, 38.   I. Theil. Viertes Kapitel.   131

$$\int_0^{2\pi} f(\varphi-\psi-it) \begin{Bmatrix} \cos m\varphi \\ \sin m\varphi \end{Bmatrix} d\varphi = \begin{Bmatrix} \cos m(\psi+it) \\ \sin m(\psi+it) \end{Bmatrix} \int_0^{2\pi} f(\varphi) \cos m\varphi \, d\varphi.$$

Da wir eine solche Function $f(\chi)$ in der n^{ten} und $-(n+1)^{\text{ten}}$ Potenz von $(x+\cos\chi\sqrt{x^2-1})$ besitzen, so lassen sich die Gleichungen (38) und (38, a) durch folgenden Satz erweitern:

1) **Es ist bei positivem n**

(38, b) ...
$$\int_0^{2\pi} (x+\cos(\varphi-\psi-it)\sqrt{x^2-1})^n \cos m\varphi \, d\varphi$$
$$= \cos m(\psi+it) \int_0^{2\pi} (x+\cos\varphi\sqrt{x^2-1})^n \cos m\varphi \, d\varphi,$$

(38, b) ...
$$\int_0^{2\pi} (x+\cos(\varphi-\psi-it)\sqrt{x^2-1})^n \sin m\varphi \, d\varphi$$
$$= \sin m(\psi+it) \int_0^{2\pi} (x+\cos\varphi\sqrt{x^2-1})^n \cos m\varphi \, d\varphi.$$

2) **War ψ und t reell, letzteres nicht negativ und**

$$t < \log M\left(\sqrt{\frac{x+1}{x-1}}\right);$$

war ferner der reelle Theil von x positiv, so hat man

(38, b) ...
$$\int_0^{2\pi} \frac{\cos m\varphi \, d\varphi}{(x+\cos(\varphi-\psi-it)\sqrt{x^2-1})^{n+1}}$$
$$= \cos m(\psi+it) \int_0^{2\pi} \frac{\cos m\varphi \, d\varphi}{(x+\cos\varphi\sqrt{x^2-1})^{n+1}},$$

(38, b) ...
$$\int_0^{2\pi} \frac{\sin m\varphi \, d\varphi}{(x+\cos(\varphi-\psi-it)\sqrt{x^2-1})^{n+1}}$$
$$= \sin m(\psi+it) \int_0^{2\pi} \frac{\cos m\varphi \, d\varphi}{(x+\cos\varphi\sqrt{x^2-1})^{n+1}}.$$

Endlich folgt durch die gleichen Hülfsmittel noch aus §. 46

3) **Ist der reelle Theil von x Null oder positiv, so wird**

(38, c) ...
$$\frac{1}{2^{n+1}\pi} \int_0^{2\pi} \frac{\cos m\varphi}{(x+\cos(\varphi-\psi-it)\sqrt{x^2-1})^{n+1}} d\varphi$$
$$= \frac{i}{2^{n+1}\pi} \int_0^{2\pi} \frac{\sin m\varphi}{(x+\cos(\varphi-\psi-it)\sqrt{x^2-1})^{n+1}} d\varphi$$
$$= (-1)^{m-n-1} \frac{\Pi(n+m)}{\Pi(2n+1)\Pi(m-n-1)} \frac{\mathfrak{D}^n_{-m}(x)}{(\sqrt{x^2-1})^n} e^{-m(t-i\varphi)},$$

9*

wenn $m > n$, und $t > \log M\left(\sqrt{\dfrac{x+1}{x-1}}\right)$; ist $m \leq n$ so werden beide Integrale 0.

Die Formeln 38, b und c sind als Resultat einer imaginären Substitution für die Veränderliche φ in dem Integrale für P_n^o zu betrachten, und in so fern auch mit denen des §. 42 zusammen zu stellen.

Setzt man im besonderen Falle $n = 0$, so erhält man die merkwürdigen Formeln, welche Jacobi*) entwickelt hat. In diesem Falle sind nämlich die Werthe der vorkommenden Stücke: $P_0^o = 1$, ferner nach (36, b)

$$P_m^o = \frac{y^m}{(\sqrt{y(1+y)})^m} = \left(\frac{x-1}{x+1}\right)^{\frac{m}{2}};$$

$$\mathfrak{Q}_{-m}^o = \frac{(x+1)^m - (x-1)^m}{2m},$$

Hieraus findet man für

$$\frac{1}{2\pi}\int_0^{2\pi} \frac{\cos m\varphi \, d\varphi}{(x+\cos(\varphi-\psi-it))\sqrt{x^2-1}} = H_m,$$

$$\frac{1}{2\pi}\int_0^{2\pi} \frac{\sin m\varphi \, d\varphi}{(x+\cos(\varphi-\psi-it))\sqrt{x^2-1}} = K_m$$

folgende Werthe: Im ersten Falle, $t < \log M\left(\sqrt{\dfrac{x+1}{x-1}}\right)$, ist

$$H_0 = 1, \quad H_m = (-1)^m\left(\frac{x-1}{x+1}\right)^{\frac{m}{2}} \cos m(\psi + it);$$

$$K_0 = 0, \quad K_m = (-1)^m\left(\frac{x-1}{x+1}\right)^{\frac{m}{2}} \sin m(\psi + it).$$

Im zweiten Falle, $t > \log M\sqrt{\dfrac{x+1}{x-1}}$, wird

$$H_0 = K_0 = 0,$$

$$H_m = iK_m = \frac{(-1)^{m-1}}{2} \frac{(x+1)^m - (x-1)^m}{(\sqrt{x^2-1})^m} e^{-m(t-i\psi)}.$$

---

*) Crelle, Journal f. Math. Bd. XXXII, S. 8: Ueber $\displaystyle\int_0^{2\pi} \frac{d\varphi}{1 - A\cos\varphi - B\sin\varphi}$.

Bei der Vergleichung der Resultate achte man darauf dass dort im letzten Absatze die Werthe von D und D' durch einen Druckfehler vertauscht sind.

Jacobi betrachtet am ang. Orte dieselben Integrale in der Form

$$\int_0^{2\pi} \frac{\cos m\varphi \, d\varphi}{1-A\cos\varphi - B\sin\varphi}, \quad \int_0^{2\pi} \frac{\sin m\varphi \, d\varphi}{1-A\cos\varphi - B\sin\varphi},$$

und setzt

$(\alpha) \ldots \quad A = a + a_1 i,$

$(\beta) \ldots \quad B = b + b_1 i.$

In unserer Bezeichnung ist

$(\gamma) \ldots \quad -A = \dfrac{\sqrt{x^2-1}}{x} \cos(\psi + it),$

$(\delta) \ldots \quad -B = \dfrac{\sqrt{x^2-1}}{x} \sin(\psi + it).$

Die Unterscheidung der beiden Fälle stellt sich bei Jacobi so, dafs im ersten Falle

$(\varepsilon) \ldots \quad (ab_1 - a_1 b)^2 < a_1^2 + b_1^2,$

im zweiten

$(\zeta) \ldots \quad (ab_1 - a_1 b)^2 > a_1^2 + b_1^2.$

sein muss. Bei der Vergleichung der Bedingung an den beiden Stellen, die nur in der Form verschieden ist, wird man erkennen, dass unsere Bedingung für t mit der $M(C) < 1$ resp. > 1 bei Jacobi übereinstimmt, die der Meister in die oben angegebene Gestalt gebracht hat.

Es soll nun nachgewiesen werden, dass die Bedingung

$(\eta) \ldots \quad t \leqq M\left(\log \sqrt{\dfrac{x+1}{x-1}}\right)$

mit (ε) oder resp. (ζ) übereinstimmt wenn x und t mit A und B durch (γ) und (δ) verbunden sind. Aus diesen beiden Gleichungen folgt

$$\frac{1}{x} = \sqrt{1-A^2-B^2}$$

wenn die Wurzel rechts mit positivem reellen Theile oder wo ein solcher fehlt mit einem bestimmten, uns hier gleichgültigen Zeichen genommen wird. Bildet man

$$(\gamma) - (\delta)i = -(A - Bi)$$

so entsteht rechts

$$e^{t-i\psi} \frac{\sqrt{x^2-1}}{x},$$

so dass die ursprüngliche Form der Bedingung (η) sich in

$$e^t = M\left(\frac{A-Bi}{\sqrt{x^2-1}}x\right) \lessgtr M\left(\sqrt{\frac{x+1}{x-1}}\right)$$

oder

$$M\left(\frac{A-Bi}{1+\sqrt{1-A^2-B^2}}\right) \lessgtr 1$$

verwandelt. Die Grösse auf der linken Seite, von welcher der Modulus zu nehmen ist heisse C.

Setzt man nun

$$\sqrt{1-A^2-B^2} = p+qi$$

wo p jedenfalls eine nicht negative Grösse bezeichnet, so hat man, indem man statt der Moduln die Quadrate derselben, die Normen nimmt, und zur Abkürzung

setzt:
$$\varDelta = (ab_1 - a_1 b)$$

$$N(A \mp Bi) = a^2 + a_1^2 + b^2 + b_1^2 \pm 2\varDelta,$$
$$A^2 + B^2 = 1 - (p+qi)^2 = (1+p+qi)(1-p-qi),$$
also
$$N(A^2+B^2) = ((1+p)^2+q^2)((1-p)^2+q^2),$$
$$(a^2+a_1^2+b^2+b_1^2)^2 - 4\varDelta^2 = (1+p^2+q^2)^2 - 4p^2.$$

Hieraus folgt, dass die Ungleichheit $\varDelta \lessgtr p$ zugleich mit

$$a^2 + a_1^2 + b^2 + b_1^2 \lessgtr 1 + p^2 + q^2$$

besteht; addirt man noch

$$2\varDelta \lessgtr 2p$$

hinzu, so entsteht hieraus

$$N(A - Bi) \lessgtr (1+p)^2 + q^2$$
$$\lessgtr N(1+p+qi)$$

d. h. $M(C) \lessgtr 1$, so dass die ursprüngliche Ungleichheit (η) gleichbedeutend mit $\varDelta \lessgtr p$ ist. Um die schliessliche Form von Jacobi zu finden benutzt man die Gleichungen

$$p^2 - q^2 = 1 + a_1^2 + b_1^2 - a^2 - b^2$$
$$-pq = aa_1 + bb_1$$

aus denen sich auf der Stelle durch Ausführung der Multiplication, welche die linke Seite andeutet

$$(\varDelta^2+q^2)(\varDelta^2-p^2) = \varDelta^4 + \varDelta^2(a^2+b^2-a_1^2-b_1^2) - (a^2+b^2)(a_1^2+b_1^2)$$
$$= (\varDelta^2 + a^2 + b^2)(\varDelta^2 - a_1^2 - b_1^2)$$

ergiebt. Vorstehender Ausdruck zeigt, dass $\varDelta \lessgtr p$ gleichbedeutend mit $\varDelta^2 \leq a_1^2 + b_1^2$, vollständig dass

$$t \leq M \log \sqrt{\frac{x+1}{x-1}}$$

gleichbedeutend mit

$$(ab_1 - a_1 b)^2 \leq a_1^2 + b_1^2$$

ist, was nachzuweisen war.

✱ §. 48. Die Formel (38) des vorigen Paragraphen kommt zuerst, in einer nur unwesentlich verschiedenen Form, bei Euler vor; die Untersuchungen über den Zusammenhang der beiden Integrale welche die Gleichung verbindet, hat ihn an verschiedenen Stellen beschäftigt. Nachdem er bereits im 6ten Kapitel der Sectio I, Vol. I, no. 290 seiner Integralrechnung die Beziehung zwischen den von φ freien Gliedern in der Entwickelung der beiden Ausdrücke $(1 + n \cos \varphi)^\nu$ und $(1 + n \cos \varphi)^{-\nu-1}$ nach trigonometrischen Reihen, und damit unsere Formel für $m = 0$ bewiesen hat, giebt er im vierten Supplement zum 5ten Kapitel (im 4ten Bande der Integralrechnung) §. 21 — §. 112 das von ihm errathene Theorema maxime memorabile circa formulam integralem

$$\int \frac{\cos \lambda \varphi \, d\varphi}{(1 + a^2 - 2a \cos \varphi)^{n+1}};$$

erst §. 83 geht er an den Beweis dieses theorematis insignis per conjecturam eruti. (Dass dies Integral sich nur ganz unwesentlich von unserer Form der P_m^n unterscheidet, lehrt der Augenschein.) Legendre beweist den Satz in den Exercices T. I, p. 376; man vergl. auch T. II, p. 274 und Traité des fonctions elliptiques, T. II, Appendice, Section première. Endlich hat Jacobi im 15ten Bande des Crelle'schen Journals *) einen sehr einfachen Beweis gegeben, der zum Zwecke einer späteren Verallgemeinerung hier reproducirt werden soll:

Es sei m eine positive ganze Zahl, $\leq n$ wenn n ganz ist, sonst von beliebiger Grösse. Es lässt sich alsdann das Integral

$$\int_0^\pi (x + \cos \varphi \sqrt{x^2 - 1})^n \cos m\varphi \, d\varphi,$$

---

*) Formula transformationis integralium definitorum, p. 9. Die oben auseinandergesetzte Methode benutzt Jacobi erst im 26sten Bande des Journals.

welches in diesem Paragraphen J_n oder schlechtweg J heissen mag, durch die Formel (26) für $\sin m\varphi$ transformiren. Macht man nämlich $\cos\varphi = u$, so ist nach derselben

$$\frac{\sin m\varphi}{m} = k\frac{d^{m-1}}{du^{m-1}}\left((1-u^2)^{\frac{2m-1}{2}}\right); \quad k = \frac{(-1)^{m-1}}{1.3.5\ldots(2m-1)};$$

also

$$\cos m\varphi\, d\varphi = k\frac{d^m}{du^m}\left((1-u^2)^{\frac{2m-1}{2}}\right)du.$$

Setzt man diesen Werth in J ein, so geht es in ein Integral von 1 bis -1 nach u über; integrirt man hier durch Theile, indem man jedesmal die Anzahl der Differentiationen von $(1-u^2)^{\frac{2m-1}{2}}$ um eine Einheit verringert, und bemerkt, dass jedesmal der von der Integration freie Theil für die Grenzen ± 1 verschwindet (da $(1-u^2)^z$, wenn z irgend eine positive Zahl bezeichnet, weniger Male nach u differentiirt als die grösste ganze Zahl unter z angiebt, für $x = \pm 1$ gleich 0 wird), so entsteht nach m solcher Operationen

$$J_n = (-\sqrt{x^2-1})^m k \cdot \frac{\Pi(n)}{\Pi(n-m)}\int_1^{-1}(x+u\sqrt{x^2-1})^{n-m}(1-u^2)^{\frac{2m-1}{2}}du,$$

oder, wenn wieder für u sein Werth $\cos\varphi$ gesetzt wird

$$(-1)^{m+1}\frac{(x^2-1)^{-\frac{1}{2}m}}{k}\frac{\Pi(n-m)}{\Pi(n)}J_n = \int_0^\pi (x+\cos\varphi\sqrt{x^2-1})^{n-m}\sin^{2m}\varphi\, d\varphi.$$

Hätte man in derselben Art J_{-n-1} behandelt, so würde die linke Seite der neuen Gleichung

$$-\frac{(x^2-1)^{-\frac{1}{2}m}}{k}\cdot\frac{\Pi(n)}{\Pi(m+n)}J_{-n-1}$$

geworden sein, die rechte

$$\int_0^\pi \frac{\sin^{2m}\varphi\, d\varphi}{(x+\cos\varphi\sqrt{x^2-1})^{n+m+1}}.$$

Diese stimmt mit der rechten Seite der vorigen Gleichung überein, wie man sogleich einsieht wenn man die Substitution des §. 8 anwendet, vorher aber in der Gleichung welche J_n enthält $\varphi = \pi - \eta$ setzt, wodurch ihre rechte Seite in

$$\int_0^\pi (x-\cos\eta\sqrt{x^2-1})^{n-m}\sin^{2m}\eta\, d\eta$$

übergeht. In der That, nachdem

$$x - \cos\eta \sqrt{x^2-1} = \frac{1}{x+\cos\varphi \sqrt{x^2-1}},$$

$$\sin\eta = \frac{\sin\varphi}{x+\cos\varphi \sqrt{x^2-1}},$$

$$d\eta = \frac{d\varphi}{x+\cos\varphi \sqrt{x^2-1}}$$

gemacht ist, verwandelt sich das Integral in

$$\int_0^\pi \frac{\sin^{2m}\varphi \, d\varphi}{(x+\cos\varphi \sqrt{x^2-1})^{n+1}}.$$

Die Vergleichung der linken Seiten liefert dann

$$(-1)^m \frac{\Pi(n-m)}{\Pi n} J_n = \frac{\Pi(n)}{\Pi(n+m)} J_{-n-1},$$

also die Beziehung zwischen den beiden Integralen, welche in (38) enthalten ist, und zwar hier für ein beliebiges, positives oder negatives, ganzes oder gebrochenes n, da die Substitution nach §. 8 auch noch in diesen Fällen anwendbar bleibt, wenn nur die n^{ten} Potenzen wie daselbst in der Anmerkung bestimmt sind.

Anmerk. Dieselbe Methode zeigt, dass eine einfache Beziehung zwischen J_n und J_{-n-1} noch besteht, wenn dem einen Integrale statt 0 und π beliebige Grenzen φ_0 und φ_1, dem andern solche welche den Substitutionsgleichungen entsprechen gegeben werden.

§. 49. Es ist leicht, eine Differentialgleichung aufzustellen, welche der für P^n ähnlich ist, und welcher $P^n_m(x)$ genügt. Man gehe dazu von dem Ausdrucke dieser Function durch $\mathfrak{P}^n_m$ in (34, a) aus; $\mathfrak{P}^n_m$ ist im wesentlichen der m^{te} Differentialquotient von $\mathfrak{P}^n_0$ oder von P^n; letzteres gleich z gesetzt genügt der Differentialgleichung (9), also nach §. 34 sein m^{ter} Differentialquotient, gleich z^m gesetzt, der Gleichung (25)

$$(a) \ldots (1-x^2)\frac{d^2 z^m}{dx^2} - 2(m+1)x\frac{dz^m}{dx} + (n-m)(n+m+1)z^m = 0.$$

Dieser Gleichung muss daher $z^m = \mathfrak{P}^n_m(x)$ genügen; da ferner

$$P^n_m = (\sqrt{x^2-1})^m \mathfrak{P}^n_m,$$

so wird, wenn man für z^m als neue Veränderliche

$$(b) \ldots y = (\sqrt{x^2-1})^m z^m$$

betrachtet, eine Differentialgleichung für y entstehen, von der ein particuläres Integral $y = P_n^m(x)$ ist. Führt man die Rechnung aus, so ergiebt sich

$$(39) \ldots (1-x^2)^2 \frac{d^2y}{dx^2} - 2x(1-x^2)\frac{dy}{dx} + [n(n+1) - m^2 - n(n+1)x^2]y = 0.$$

Die Eigenschaften der Integrale dieser Differentialgleichung sollen nun durch directe Behandlung der Differentialgleichung selbst näher untersucht werden, da eine Anzahl von Aufgaben auf dieselbe führt; es wird sich zeigen, wie durch diese Methode die Hauptbeziehungen der P_n^m sich ohne Hülfe der Formeln ergeben, durch welche wir sie in diesem Kapitel aufgefunden haben, so dass man zwei Methoden besitzt, deren Werth sich nicht wohl vergleichen lässt.

Man denke sich also die Gleichung (39) vorgelegt, ohne dass man auf dem oben angezeigten Wege zu ihr gelangt wäre. Es ist zunächst klar, dass im besonderen Falle $m = 0$, (39) sich auf die Differentialgleichung (9) der P^n reducirt; wird durch

$$(b) \ldots y = (\sqrt{x^2-1})^m z^{(m)}$$

eine Grösse $z^{(m)}$ eingeführt, so genügt $z^{(m)}$ der Gleichung (a); man findet ferner, dass eine Function z_m, welche durch die Gleichung

$$(c) \ldots y = (\sqrt{x^2-1})^{-m} z_m$$

definirt wird, immer

$$(d) \ldots (1-x^2)\frac{d^2z_m}{dx^2} + 2(m-1)x\frac{dz_m}{dx} + (n-m+1)(n+m)z_m = 0$$

genügt, die sich von (a) nur durch das Zeichen von m unterscheidet, und mit $(25, a)$ im §. 35 übereinstimmt.

Ehe diese Gleichungen, zunächst nach den Prinzipien der §. 34 und 35, weiter untersucht werden, wollen wir einige andere Formen derselben angeben, in ähnlicher Art wie es §. 12 mit (9) geschah. Durch Einführung von $x = \cos\theta$ geht (39) in

$$(39, a) \ldots \frac{d^2y}{d\theta^2} + \cot g\,\theta \frac{dy}{d\theta} + \left(n(n+1) - \frac{m^2}{\sin^2\theta}\right)y = 0$$

über; durch die Substitution $\varrho = i\sqrt{x^2-1}$ in

$$(39, b) \ldots (1-\varrho^2)\frac{d^2y}{d\varrho^2} + \frac{1-2\varrho^2}{\varrho}\frac{dy}{d\varrho} + \left(n(n+1) - \frac{m^2}{\varrho^2}\right)y = 0.$$

Ferner entsteht eine bemerkenswerthe Form der Gleichung durch

Einführung der schon oft angewandten Veränderlichen ξ, wo
$$2x = \xi+\xi^{-1}, \quad 2\sqrt{x^2-1} = \xi-\xi^{-1},$$
in (a) und (d). Hierdurch erhält man

(40) ... $\xi^2(\xi^2-1)\dfrac{d^2 z^m}{d\xi^2} + 2\xi(m+(m+1)\xi^2)\dfrac{dz^m}{d\xi}$

$\qquad -(n+m+1)(n-m)(\xi^2-1)z^m = 0,$

(40, a) ... $\xi^2(\xi^2-1)\dfrac{d^2 z_m}{d\xi^2} - 2\xi(m+(m-1)\xi^2)\dfrac{dz_m}{d\xi}$

$\qquad -(n-m+1)(n+m)(\xi^2-1)z_m = 0;$

der Vollständigkeit halber können noch die beiden Gleichungen

(40, b) ... $\dfrac{d^2 z^m}{d\theta^2} + (2m+1)\cotg\theta\dfrac{dz^m}{d\theta} + (n-m)(n+m+1)z^m = 0,$

(40, c) ... $\dfrac{d^2 z_m}{d\theta^2} - (2m-1)\cotg\theta\dfrac{dz_m}{d\theta} + (n+m)(n-m+1)z_m = 0$

hinzugefügt werden.

§. 50. Hat man das vollständige Integral der Differentialgleichung für z^m und für z_m, so erkennt man aus den Betrachtungen des §. 49 sogleich, dass zwischen ihnen die Beziehung

(a) ... $z_m = (x^2-1)^m z^m$

besteht, so dass also eine neue Verbindung der Integrale z^m und z_m gegeben ist, auf welche der Verfasser (Crelle XXVI, Anmerk. 1) aufmerksam machte. Um die Betrachtungen nicht zu weit auszudehnen, soll in diesem Paragraphen nur ein solcher Werth für m genommen werden, welcher $\leqq n$ ist. Dann folgt aus §. 34 vermittelst des allgemeinen Werthes von z^0 durch $m$fache Differentiation der allgemeine

(b) ... $z^m = a\dfrac{d^{n+m}(x^2-1)^n}{dx^{n+m}} + b\displaystyle\int^x \dfrac{dx^{n+1-m}}{(x^2-1)^{n+1}},$

wo a und b willkürliche Constante bezeichnen; den mit b multiplicirten Theil kann man auch nach §. 35 durch

(c) ... $\dfrac{d^{n+m}}{dx^{n+m}}\left((x^2-1)^n \displaystyle\int^x \dfrac{dx}{(x^2-1)^{n+1}}\right)$

ersetzen. Durch $m$fache Integration folgt ferner aus §. 35

(d) ... $z_m = a\dfrac{d^{n-m}(x^2-1)^n}{dx^{n-m}} + \beta\, d^{n-m}\left((x^2-1)^n \displaystyle\int_{-\infty}^x \dfrac{dx}{(x^2-1)^{n+1}}\right).$

Aus (b), (c), (d) verbunden mit (a) liest man nun zunächst die Gleichung (32) ab, wenn man bedenkt, dass die mit α und a multiplicirten Grössen ganze Functionen von x sind, die mit b und β multiplicirten für $x = \infty$ verschwinden. Die Constantenbestimmung geschieht wie früher bei ähnlichen Gelegenheiten durch Vergleichung der höchsten Potenzen von x. Es entsteht zweitens die neue Gleichung*):

$$\frac{1}{\Pi(n-m)} \frac{d^{n-m} A}{dx^{n-m}} = \frac{(x^2-1)^m}{\Pi(n+m)} \frac{d^{n+m} A}{dx^{n+m}};$$

$$A = (x^2-1)^n \int_{-\infty}^{x} \frac{dx}{(x^2-1)^{n+1}}, \quad (m \leq n).$$

Nach der Methode von Abel welche im §. 31 erwähnt wurde lässt sich aus einem Integrale von (39) z. B. aus $P_m^n(x)$ ein zweites Q_m^n durch eine Integration ableiten. Man findet nämlich durch dieselbe mit Fortlassung der doppelten Indices

$$(x^2-1) \frac{d}{dx}\left(P \frac{dQ}{dx} - Q \frac{dP}{dx}\right) = -2x\left(P \frac{dQ}{dx} - Q \frac{dP}{dx}\right),$$

also

$$\frac{Q}{P} = c \int_{x}^{\infty} \frac{dx}{(x^2-1)(P(x))^2}.$$

Bestimmt man c gehörig durch die Festsetzung dass

$$x^{n+1} Q_m^n(x) = 1, \quad (x = \infty)$$

sein soll, so wird $c = 2n+1$ also

$$Q_m^n(x) = (2n+1) P_m^n(x) \int_{x}^{\infty} \frac{dx}{(x^2-1)(P_m^n(x))^2}.$$

§. 51. Es sollen jetzt die Integrale der Differentialgleichungen des §. 49 in Reihen entwickelt werden. Für $m = 0$ ist die Entwickelung schon im §. 22, 27—29 ausführlich behandelt; hier werden nur die Reihen besprochen, welche bei dem jetzigen Stande der Theorie als die wichtigeren zu bezeichnen sind.

1) **Entwickelung nach absteigenden x.** Benutzt man §.49,a, so ist klar, daſs man durch $m$fache Differentiation der für $m = 0$ gefundenen Reihen die für $z^{(m)}$ erhält. Setzt man also, wie es Gleichung 34 und 37 geschah

---

*) **Bertram**: Ueber Kugelfunctionen S. 11.

$$\mathfrak{P}_{n,m}^n(x) = x^{n-m} - \frac{(n-m)(n-m-1)}{2.(2n-1)} x^{n-m-2} + \text{etc.}$$

$$\mathfrak{Q}_m^n(x) = x^{-n-m-1} + \frac{(n+m+1)(n+m+2)}{2.(2n+3)} x^{-n-m-3} + \text{etc.}$$

so ist

$$z^{(m)} = a\mathfrak{P}_m^n + b\mathfrak{Q}_m^n;$$

da ferner $\mathfrak{P}_{-m}^n$, $\mathfrak{Q}_{-m}^n$ particuläre Lösungen von §. 49, d sind, so muss auch

$$z_m = \alpha \mathfrak{P}_{-m}^n + \beta \mathfrak{Q}_{-m}^n$$

werden; folglich findet man auch für $m \leqq n$ die Gleichung

$$\mathfrak{Q}_{-m}^n(x) = (x^2-1)^m \mathfrak{Q}_m^n(x),$$

die bereits §. 46, Gleich. 37, b für den Fall bewiesen war, dass $m > n$.

2) Entwickelung nach absteigenden ϱ. Die übliche Methode giebt als Integral von (39, b)

$$y = a\varrho^n F\left(-\frac{n+m}{2}, -\frac{n-m}{2}, -\frac{2n-1}{2}, \varrho^{-2}\right)$$
$$+ \beta\varrho^{-n-1} F\left(\frac{n+1-m}{2}, \frac{n+1+m}{2}, \frac{2n+3}{2}, \varrho^{-2}\right).$$

Vergleicht man diese Lösung mit der vorigen

$$y = a(\sqrt{x^2-1})^m \mathfrak{P}_m^n(x) + b(\sqrt{x^2-1})^m \mathfrak{Q}_m^n(x)$$

und bemerkt, dass die mit a und α multiplicirten Functionen für $\varrho = \infty$ selbst unendlich werden, die mit b und β multiplicirten verschwinden, so ergiebt sich dass die gleichartigen Gruppen von Lösungen dieselben Integrale darstellen müssen. Hieraus folgt

$$(\sqrt{x^2-1})^m \mathfrak{P}_m^n(x) = (-i)^n \varrho^n F\left(-\frac{n+m}{2}, -\frac{n-m}{2}, -\frac{2n-1}{2}, \varrho^{-2}\right)$$

$$(\sqrt{x^2-1})^m \mathfrak{Q}_m^n(x) = (-i)^{-n-1} \varrho^{-n-1} F\left(\frac{n+1-m}{2}, \frac{n+1+m}{2}, \frac{2n+3}{2}, \varrho^{-2}\right).$$

Während $P^n(x)$ oder $P_0^n(x)$ bei Legendre und Laplace sogleich als Function von x in Form der Reihe auftritt, welche schon durch (2) eingeführt wurde, so kommt die Zugeordnete $P_m^n(x)$, die eine Lösung von (39), zuerst als nach ϱ geordnete Reihe bei Laplace[*]) vor. Erst bei Legendre[**]) wird dieselbe in obiger Art als Produkt von $(\sqrt{x^2-1})^m$ in eine nach x geordnete Reihe

---

[*]) Memoiren von 1782, S. 141.
[**]) Memoiren von 1789: Suite des recherches sur la figure des planètes.

dargestellt. Dort deckt auch Legendre S. 432 einen Irrthum von Laplace an obiger Stelle auf, der, wie sich herausstellt, nicht alle Zugeordnete in die Betrachtung gezogen hat, sondern nur die, für welche $n-m$ gerade ist (cf. §. 67). Das was die zweiten Integrale betrifft ist so weit nicht andere Urheber citirt sind von dem Verfasser, meist in den früheren, schon erwähnten Arbeiten hinzugefügt, indem erst die Probleme, die derselbe behandelte, eine Untersuchung dieser Lösungen erforderten.

3) **Entwickelung nach absteigenden ξ.** Da für jedes x die Grösse ξ so bestimmt wird, dass $M(\xi) \geqq 1$, so wird man die Differentialgleichung für alle x durch Reihen integriren können, welche nach ξ absteigen. Dadurch ergiebt sich aus (40)

$$P_m^n(x) = (\sqrt{x^2-1})^m \mathfrak{P}_m^n(x)$$

$$= 2^{-n}\left(\xi - \frac{1}{\xi}\right)^m \xi^{n-m} F\left(\frac{2m+1}{2},\, -(n-m),\, -\frac{2n-1}{2},\, \xi^{-2}\right)$$

$$= 2^{-n}\left(\xi - \frac{1}{\xi}\right)^{-m} \xi^{n+m} F\left(-\frac{2m-1}{2},\, -(n+m),\, -\frac{2n-1}{2},\, \xi^{-2}\right)$$

und

$$(\sqrt{x^2-1})^m \mathfrak{Q}_m^n(x)$$

$$= 2^{n+1}\left(\xi - \frac{1}{\xi}\right)^m \xi^{-n-m-1} F\left(\frac{2m+1}{2},\, n+m+1,\, \frac{2n+3}{2},\, \xi^{-2}\right)$$

$$= 2^{n+1}\left(\xi - \frac{1}{\xi}\right)^{-m} \xi^{-n+m-1} F\left(-\frac{2m-1}{2},\, n-m+1,\, \frac{2n+3}{2},\, \xi^{-2}\right).$$

Setzt man $x = \cos\theta$, und $\xi = e^{i\theta}$, so entsteht eine nach Cosinus und Sinus der Vielfachen von θ geordnete Reihe; von den beiden Formeln für $\mathfrak{Q}_m^n$ bleibt jedenfalls (m. vergl. §. 29) noch immer die zweite convergent. Der eine von den beiden Ausdrücken für P_m^n, aus welchem der andere durch Vertauschung von m mit $-m$ entsteht, wird

$$2^n P_m^n(\cos\theta) = (2i\sin\theta)^m \left\{\cos(n-m)\theta + \frac{(n-m)(2m+1)}{1 \cdot (2n-1)}\cos(n-m-2)\theta \right.$$

$$\left. + \frac{(n-m)(n-m-1)(2m+1)(2m+3)}{1 \cdot 2 \, (2n-1)(2n-3)}\cos(n-m-4)\theta + \text{etc.}\right\},$$

die Reihe so weit fortgesetzt, bis sie von selbst abbricht. Für $m = 0$ erhält man die Entwickelung von P_0^n, welche mit der von P^n in §. 4, a bis auf die unterscheidende Constante übereinstimmt.

Für den Fall dass $n-m$ gerade ist, hat Hansen*) diese Reihe angegeben; man wird bemerken dass bei ihm $N(n,\mu)$, wenn B mit $\tfrac{1}{2}\pi-\theta$ vertauscht und $\mu = \dfrac{n-m}{2}$ gesetzt ist, bis auf einen constanten Factor mit unserer Reihe übereinstimmt; die Coefficienten von den Cosinus der Vielfachen von θ möchten hier eine etwas einfachere Form erhalten haben als an jener Stelle.

4) Entwickelung nach aufsteigenden $\dfrac{1-x}{2}$. Im §. 4 waren für P^n auch Entwickelungen nach Potenzen von $\sin\tfrac{1}{2}\theta$, etc. aufgeführt; unsere Differentialgleichung gestattet, auch für P_m^n solche Ausdrücke aufzustellen. Führt man in (a) und (d) des §. 39 für x die Veränderliche $v = \dfrac{1-x}{2}$ ein, so verwandeln dieselben sich in

$$v(1-v)\frac{d^2z^m}{dv^2} + (m+1)(1-2v)\frac{dz^m}{dv} + (n-m)(n+m+1)z^m = 0$$

$$v(1-v)\frac{d^2z_m}{dv^2} - (m-1)(1-2v)\frac{dz_m}{dv} + (n+m)(n-m+1)z_m = 0.$$

Integrirt geben diese folgende ganze Functionen von v als particuläre Lösungen

$$z^m = F(m-n,\ m+n+1,\ m+1,\ v)$$
$$z_m = v^m F(-n,\ n+1,\ m+1,\ v).$$

Die Gleichung (a) des §. 50, welche diese Functionen z^m und z_m verbindet, ist nach gehöriger Bestimmung der Constanten

$$(1-v)^m\, F(m-n,\ m+n+1,\ m+1,\ v) = F(-n,\ n+1,\ m+1,\ v),$$

während man findet

$$\mathfrak{P}_m^n(x) = 2^{n-m}\,\frac{\Pi(n)}{\Pi(2n)}\,\frac{\Pi(m+n)}{\Pi(m)}\, F(m-n,\ m+n+1,\ m+1,\ v).$$

Diese vierte Art der Entwickelung ist hier berührt, um die Formeln nicht unerwähnt zu lassen, welche Legendre zur Behandlung von

$$J = \frac{1}{\pi}\int_0^\pi \frac{\cos m\varphi\, d\varphi}{(1+a^2-2a\cos\varphi)^{n+1}}$$

benutzte. Dividirt man in dem Integrale Zähler und Nenner durch $(1-a^2)^{n+1}$, und setzt $\dfrac{1+a^2}{1-a^2} = x$, $\dfrac{2a}{1-a^2} = -\sqrt{x^2-1}$, so findet man

---

*) Abhandlungen der Königl. Sächsischen Gesellschaft der Wissenschaften zu Leipzig, Bd. IV: Entwickelung der negativen und ungraden Potenzen der Quadratwurzel der Function $r^2 + r'^2 - 2rr'(\cos U\cos U' + \sin U\sin U'\cos J)$, S. 345, no. 41.

nach (38)
$$J = \frac{(2a)^m}{(1-a^2)^{n+m+1}} \frac{1.3\ldots(2n-1)}{1.2\ldots n} \mathfrak{P}_m^n(x)$$

und setzt man den Werth für $\mathfrak{P}$, ordnet dann nach $v = -\frac{a^2}{1-a^2}$:

$$J = \frac{\Pi(m+n)}{\Pi(m)\Pi(n)} \frac{a^m}{(1-a^2)^{m+1}} F\left(-n, n+1, m+1, -\frac{a^2}{1-a^2}\right).$$

Dies ist Legendre's*) Formel, die Jacobi**) durch Anwendung seines Ausdrucks für $\sin m\theta$ (§. 36) ableitet. Euler †) hat eine andere Form für dasselbe Integral benutzt, die nach Potenzen von

$$\frac{a}{1+a^2} = -\frac{\sqrt{x^2-1}}{x}$$

oder von $\tang\theta$ fortschreitet, während unsere nach $\sin^2\tfrac{1}{2}\theta$. Diese Entwickelungen, von welchen man für $m = 0$ bereits Proben hatte, verfolgen wir nicht weiter, und übergehen ähnliche, die sich sämmtlich als ganz besondere Fälle der allgemeinen von Kummer ††) betrachteten Umformung der hypergeometrischen Reihe ausweisen.

§. 52. Nach den P_m^n kann sich eine Function $f(x)$ auf doppelte Art entwickeln lassen; zuerst in eine Reihe

$$f(x) = \sum_{n=0}^{\infty} A^n P_m^n(x),$$

in welcher der dann zur Abkürzung hier fortzulassende Index m festgehalten wird, zweitens in die Reihe

$$f(x) = \sum_{m=0}^{\infty} B^m P_m^n(x),$$

in welcher dasselbe vom oberen Index n gilt. Um im ersten Falle die Coefficienten A zu bestimmen und die Einheit der Entwickelung nachzuweisen, hat man nach Anleitung des §. 15 nur

$$J_m = \int_{-1}^{1} P_m^n(x) P_m^\nu(x) \, dx$$

zu untersuchen; man zeigt hier, wie §. 14, dass $J = 0$ wenn n

---

*) Exercices T. II (no. 25), §. 172.
**) Crelle, Journ. f. Math. Bd. XV, S. 9.
†) Institutiones Calculi integralis Vol. IV. Suppl. ad T. I, Cap. V, §. 98.
††) Crelle, Journ. f. Math. Bd. XV: Ueber die hypergeometrische Reihe
$$1 + \frac{\alpha.\beta}{1.\gamma}x + \text{etc.}$$

§. 52, 41.   I. Theil. Viertes Kapitel.   145

und ν verschieden sind, und findet ausserdem den Werth von J für $\nu = n$.

Um das erste zu beweisen, leite man aus (39) die Gleichung
$$\int_{-1}^{1} P^{\nu}\frac{d}{dx}\left((1-x^2)\frac{dP^n}{dx}\right)dx - m^2\int_{-1}^{1}\frac{P^{\nu}P^n dx}{1-x^2} = -n(n+1)\int_{-1}^{1}P^n P^{\nu}dx$$
ab; zwei Integrationen durch Theile verändern das erste Glied der linken Seite so, dass n und ν sich umtauschen. Da aber das so entstehende Glied nach (39) auch
$$= m^2\int_{-1}^{1}\frac{P^{\nu}P^n dx}{1-x^2} - \nu(\nu+1)J$$
ist, so muss $(n(n+1) - \nu(\nu+1))J = 0$, d. h. J selbst 0 sein, wenn nicht $n = \nu$.

Wird aber $n = \nu$, so folgt aus 34, b und c, dass
$$\frac{\Pi(2n)\Pi(2n)}{\Pi(n+m)\Pi(n-m)}J_m = \int_{-1}^{1}\frac{d^{n+m}(x^2-1)^n}{dx^{n+m}}\frac{d^{n-m}(x^2-1)^n}{dx^{n-m}}dx$$
ist, und wenn man durch Theile integrirt, wodurch in beiden Ausdrücken unter dem Integrale rechts m sich in $(m-1)$ verwandelt, dass es
$$= -\frac{\Pi(2n)\Pi(2n)}{\Pi(n+m-1)\Pi(n-m+1)}J_{m-1}$$
wird, so dass man erhält
$$J_m = -\frac{(n+m)}{(n-m+1)}J_{m-1} = (-1)^m\frac{(n+m)(n+m-1)\ldots(n+1)}{(n-m+1)(n-m+2)\ldots n}J_0;$$
aber J_0 selbst ist (p. 118):
$$\int_{-1}^{1}(P_0^n)^2 dx = \left(\frac{1.2\ldots n}{1.3\ldots(2n-1)}\right)^2\int_{-1}^{1}(P^n(x))^2 dx,$$
und das letzte Integral nach §. 14 gleich $\frac{2}{2n+1}$. Stellt man diese Ausdrücke zusammen, so wird

(41) ... $J_m = (-1)^m\frac{2}{2n+1}\frac{\Pi(n+m)\Pi(n-m)}{(1.3\ldots(2n-1))^2}$,

und

(41,a) ... $A^n = (-1)^m\frac{2n+1}{2}\frac{(1.3\ldots(2n-1))^2}{\Pi(n+m)\Pi(n-m)}\int_{-1}^{1}f(x)P_m(x)dx$.

Dass J verschwindet wenn n und ν verschieden sind, geht aus der Arbeit von Laplace in den Memoiren von 1782 no. 18 hervor, ist aber erst von **Legendre***) ausdrücklich gesagt, der auch J für den Fall $n = \nu$ berechnet hat.

Die Bestimmung der Coefficienten B gestaltet sich nicht eben so einfach; dass die Entwickelung nur auf eine Art möglich ist zeigt sich, indem man beweist, dass
$$\Sigma B^m P_m(x)$$
für alle x nur dann verschwinden kann, wenn alle B Null sind. Setzt man zuerst $x = 1$ so muss dazu B^0 gleich 0 sein, weil P_1, P_2 etc. verschwinden; dividirt man dann durch $\sqrt{x^2-1}$ und setzt $x = 1$, so muss auch B^1 gleich Null sein etc. Man erhält dadurch auch ein Mittel, die B bei Entwickelung von f zu bestimmen, indem
$$f(1) = B^0 \mathfrak{P}_0^n(1)$$
$$\frac{f(x) - B^0 \mathfrak{P}_0^n(x)}{\sqrt{x^2-1}} \text{ für } x = 1 \text{ gleich } B^1 \mathfrak{P}_1^n(1); \text{ etc. etc.}$$
Aus p. 142, ad 3 ist klar, dass $\mathfrak{P}_m^n(1)$ nicht verschwindet.

§. 53. Um die P_m^n recurrirend berechnen zu können, kann man passende Formeln durch §. 49, a aufstellen. Da $z^n = \mathfrak{P}_m^n(x)$ dieser Gleichung genügt, und
$$\frac{d\mathfrak{P}_m^n(x)}{dx} = (n-m)\mathfrak{P}_{m+1}^n(x),$$
$$\frac{d^2\mathfrak{P}_m^n(x)}{dx^2} = (n-m)(n-m-1)\mathfrak{P}_{m+2}^n(x),$$
so erhält man zunächst
$$(n-m-1)(x^2-1)\mathfrak{P}_{m+2} + 2(m+1)x\mathfrak{P}_{m+1} - (n+m+1)\mathfrak{P}_m = 0,$$
und beim Uebergange von den $\mathfrak{P}$ zu den P, (34, a)

$$(42) \ldots (n-m-1)P_{m+2}^n(x) + 2(m+1)\frac{x}{\sqrt{x^2-1}}P_{m+1}^n(x) - (n+m+1)P_m^n(x) = 0,$$

wo $m \leqq n$, aber auch negativ sein kann, wie man einsieht, wenn man (32, a) d. h. die Beziehung $P_{-m} = P_m$ benutzt. Auch für $m = -1$ gilt diese Gleichung, und giebt dann die schon bekannte Relation $P_1 = P_{-1}$; will man sich der Formel zur successiven Berechnung bedienen, so kann man von $P_n^n = (\sqrt{x^2-1})^n$ und $P_{n-1}^n = x(\sqrt{x^2-1})^{n-1}$ ausgehen.

---

*) Memoiren von 1789, S. 433—435, no. 42 und 43.

Fünftes Kapitel.
Zugeordnete Functionen zweiter Art.

§. 54. In ähnlicher Art wie den P_m^n werden auch den Q^n Functionen zugeordnet, zu deren Einführung die Integralform am geeignetsten erscheint. Durch zweckmässige Behandlung des Ausdrucks

$$\int_0^\pi (x + \cos\varphi \sqrt{x^2-1})^n \cos m\varphi \, d\varphi,$$

dessen Zusammenhang mit P_m^n aus (38) zu ersehen ist, hätte man die wichtigsten Eigenschaften der letzteren Function ableiten, und zwar, ausser der augenblicklich klaren Beziehung zur Entwickelung von $(x + \cos\varphi\sqrt{x^2-1})^n$, die Differentialgleich. (39) finden können, der das Integral genügt. Dies soll zunächst gezeigt und dadurch der Uebergang zu den $Q_m^n(x)$, den Zugeordneten zweiter Art gebildet werden.

Man setze J, vollständiger

$$J_m^n(\varphi) = \int_0^\varphi (x + \cos\varphi \sqrt{x^2-1})^n \cos m\varphi \, d\varphi,$$

$$x + \cos\varphi \sqrt{x^2-1} = r;$$

und findet dann durch Differentiation

$$\sqrt{x^2-1}\frac{dJ_m}{dx} - n J_{m+1} = n\int_0^\varphi r^{n-1} \Big[\sqrt{x^2-1}(\cos m\varphi - \cos\varphi \cos(m+1)\varphi)$$
$$+ x(\cos\varphi \cos m\varphi - \cos(m+1)\varphi)\Big] d\varphi,$$

oder wenn man zusammenzieht

$$= n\int_0^\varphi r^{n-1}\Big[\sin(m+1)\varphi \cdot \sqrt{x^2-1} + x \sin m\varphi\Big]\sin\varphi \, d\varphi.$$

Dieser Ausdruck ist eine Summe zweier Integrale; das erste und dann das zweite giebt nach Integration durch Theile resp.

$$- r^n \sin(m+1)\varphi + (m+1) J_{m+1},$$

$$- \frac{x}{\sqrt{x^2-1}} r^n \sin m\varphi + \frac{mx}{\sqrt{x^2-1}} J_m,$$

so dass man durch Zusammenstellen der Resultate findet:

$$(a) \ldots \sqrt{x^2-1} \frac{dJ_m^n}{dx} - \frac{mx}{\sqrt{x^2-1}} J_m = (m+n+1) J_{m+1}^n$$

$$- r^n\Big(\sin(m+1)\varphi + \frac{x \sin m\varphi}{\sqrt{x^2-1}}\Big).$$

Macht man nun $\varphi = \pi$ und denkt sich n positiv oder wenn es negativ genommen wird x nicht rein imaginär, (weil sonst r gleich Null werden kann), so verschwindet der von der Integration freie Theil, und man erhält für $J_m^n(\pi)$ die Gleichung, aus welcher die Haupteigenschaften der P_m^n sich leicht ergeben (m. vergl. §. 56):

$$(b) \ldots \sqrt{x^2-1}\,\frac{dJ_m^n}{dx} - \frac{mx}{\sqrt{x^2-1}}\,J_m^n = (m+n+1)J_{m+1}^n; \quad (\varphi = \pi).$$

Eine andere Form derselben Gleichung nämlich ($\varphi = \pi$)

$$(c) \ldots \frac{d}{dx}\!\left((x^2-1)^{-\frac{m}{2}} J_m^n\right) = (m+n+1)(x^2-1)^{-\frac{m+1}{2}} J_{m+1}^n$$

findet man aus (b) auf der Stelle nach Division durch $(\sqrt{x^2-1})^{m+1}$, und eine p fache Anwendung der Formel (c) liefert ($\varphi = \pi$)

$$(d) \ldots \frac{d^p}{dx^p}\!\left((x^2-1)^{-\frac{m}{2}} J_m^n\right)$$
$$= (m+n+1)(m+n+2)\ldots(m+n+p)(x^2-1)^{-\frac{m+p}{2}} J_{m+p}^n.$$

Die Behandlung des Integrals, welches durch Vertauschung von $-(n+1)$ mit n aus dem eben behandelten entsteht, also von $J_m^{-n-1}(\varphi)$ stimmt mit der vorhergehenden genau überein; man hat nur in allen Formeln (a) bis (d) dieselbe Vertauschung vorzunehmen. Es entstehen also die Gleichungen:

$$(\alpha) \ldots \sqrt{x^2-1}\,\frac{dJ_m^{-n-1}}{dx} - \frac{mx}{\sqrt{x^2-1}}\,J_m^{-n-1}$$
$$= (m-n)J_{m+1}^{-n-1} - \frac{1}{r^{n+1}}\!\left(\sin(m+1)\varphi + \frac{x}{\sqrt{x^2-1}}\sin m\varphi\right)$$

für jedes φ; für $\varphi = \pi$:

$$(\beta) \ldots \sqrt{x^2-1}\,\frac{dJ_m^{-n-1}}{dx} - \frac{mx}{\sqrt{x^2-1}}\,J_m^{-n-1} = (m-n)J_{m+1}^{-n-1},$$

$$(\gamma) \ldots \frac{d}{dx}\!\left((x^2-1)^{-\frac{m}{2}} J_m^{-n-1}\right) = (m-n)(x^2-1)^{-\frac{m+1}{2}} J_{m+1}^{-n-1},$$

$$(\delta) \ldots \frac{d^p}{dx^p}\!\left((x^2-1)^{-\frac{m}{2}} J_m^{-n-1}\right)$$
$$= (m+p-1-n)(m+p-n)\ldots(m-n)(x^2-1)^{-\frac{m+p}{2}} J_{m+p}^{-n-1}.$$

Beispiel. Für $n = -\frac{1}{2}$ erzeugt man aus

$$J_0 = \int_0^\varphi \frac{d\varphi}{\sqrt{x+\cos\varphi\,\sqrt{x^2-1}}},$$

dem elliptischen Integrale erster Gattung, durch Differentiation nach x vermittelst (a) und (α)

$$J_m = \int_0^\varphi \frac{\cos m\varphi\, d\varphi}{\sqrt{x+\cos\varphi\,\sqrt{x^2-1}}}.$$

§. 55. Man geht nun von den P zu den Q in ähnlicher Art über, wie es bei dem einfacheren Falle im §. 23 geschah, indem man für φ eine imaginäre Grösse it einführt. Um auch hier die imaginäre Substitution zu vermeiden, behandele man wie J im §. 54, indem man sich n positiv und zwar vorläufig ganz denkt, hier

$$K_m(t) = \int_0^t \frac{\cos m\,it\, dt}{(x+\cos it\,\sqrt{x^2-1})^{n+1}},$$

$$L_m(t) = \int_0^t (x-\cos it\,\sqrt{x^2-1})^n \cos m\,it\, dt.$$

Setzt man für den Augenblick

$$x + \cos it\,\sqrt{x^2-1} = \varrho,$$

so entsteht

$$(\alpha) \ldots \sqrt{x^2-1}\,\frac{dK_m}{dx} - m\,\frac{x}{\sqrt{x^2-1}}K_m$$

$$= (m-n)K_{m+1} + \frac{i}{\varrho^{n+1}}\left(\sin(m+1)it + \frac{x}{\sqrt{x^2-1}}\sin m\,it\right).$$

So lange $m < n$, wird daher der von der Integration freie Theil verschwinden, es mag übrigens m positiv oder negativ sein, und man erhält für $t = \infty$ die Gleichungen β, γ, δ des vorigen Paragraphen, wenn man J_m^{-n-1} mit

$$(43) \ldots K_m = \int_0^\infty \frac{\cos m\,it\, dt}{(x+\cos it\,\sqrt{x^2-1})^{n+1}}$$

vertauscht. Bei (δ) wird man nicht vergessen dürfen, dass $m+p$ nicht n übersteigen darf, weil sonst K_{m+p} die Bedeutung verliert.

Vergleicht man L mit J^n und leitet daraus die Gleichung welche §. 54, a entspricht her, so findet man, dass der Theil, welcher (a) dort von (b) unterscheidet, für kein constantes, d. h. von x unabhängiges t verschwindet ausser $t = 0$. An die Stelle von r dort tritt hier

$$\sigma = (x - \cos it \sqrt{x^2-1})$$

auf; der erwähnte Theil würde also, da n positiv ist, verschwinden, wenn t so gewählt wird, dass σ verschwindet, d. h. dass

$$\frac{e^t + e^{-t}}{2} = \frac{x}{\sqrt{x^2-1}}.$$

Dadurch erhält t aber einen von x abhängigen Werth, und bei der Differentiation $\frac{dL_m}{dx}$ wird man nicht allein den Ausdruck finden, welcher unmittelbar aus dem von $\frac{dJ_m^n}{dx}$ abzulesen ist: jener Werth wird nur $\frac{\partial L_m}{\partial x}$ sein, wenn man mit Jacobi den Buchstaben ∂ braucht um partielles Differentiiren anzudeuten. Der noch hinzutretende Theil $\frac{\partial L_m}{\partial t} \frac{dt}{dx}$

$$= (x - \cos it \sqrt{x^2-1})^n \cos mit \cdot \frac{dt}{dx}$$

wird aber 0, da t eben so gewählt ist, dass es σ verschwinden lässt. Man erhält also wieder Formeln wie (b) bis (d) im §. 54, wenn man nur $\sqrt{x^2-1}$ mit $-\sqrt{x^2-1}$ vertauscht, (indem aus Gründen der Zweckmässigkeit, die man durch Vergleichung mit §. 25 verstehen wird in L der Wurzel das negative Zeichen gegeben wurde). Setzt man also, (indem man t den besonderen Werth giebt, und in dem folgenden unter J, K, L immer nur die Integrale zwischen 0 und π, resp. 0 und ∞, resp. 0 und $\log \sqrt{\frac{x+1}{x-1}}$ versteht)

$$(44) \ldots L_m = \int_0^{\log \sqrt{\frac{x+1}{x-1}}} (x - \cos iu \sqrt{x^2-1})^n \cos miu \, du$$

so wird

$$(b) \ldots \sqrt{x^2-1} \frac{dL_m}{dx} - \frac{mx}{\sqrt{x^2-1}} L_m = -(m+n+1) L_{m+1}$$

$$(c) \ldots \frac{d}{dx}\left((x^2-1)^{-\frac{m}{2}} L_m\right) = -(m+n+1)(x^2-1)^{-\frac{m+1}{2}} L_{m+1}$$

$$(d) \ldots \frac{d^p\left((x^2-1)^{-\frac{m}{2}} L_m\right)}{dx^p}$$
$$= (-1)^p (m+n+1)(m+n+2)\ldots(m+n+p)(x^2-1)^{-\frac{m+p}{2}} L_{m+p};$$

§. 56, 44.   I. Theil. Fünftes Kapitel.   151

es darf in (d) der Buchstabe p jede ganze Zahl bezeichnen. [* Für $\log \sqrt{\frac{x+1}{x-1}}$ nehme man dieselben Grössen, welche dafür §. 25 und 26 gesetzt wurden. Unter x kann wieder eine Grösse desselben Zeichens wie dort, also im Allgemeinen von positivem Zeichen verstanden werden, da der Fall des x mit umgekehrten Zeichen leicht darauf zurückgeführt werden kann. Dass n auch gebrochen sein darf, wird man wie bei früheren Gelegenheiten (§. 8, Anmerk.) auch hier beweisen.]

§. 56. **Sämmtliche Ausdrücke J, K, L (in denen die Integration zwischen den für jeden angegebenen besonderen Werthen ausgeführt ist), genügen der Differentialgleichung (39).**

Die mit den lateinischen Buchstaben b, c, d oder den entsprechenden griechischen bezeichneten Gleichungen der §§. 53 u. 54 genügen zum Beweise; man führe ihn z. B. für die L.

Da $L_m = L_{-m}$ so giebt (c)

$$\frac{d}{dx}\left((x^2-1)^{\frac{m}{2}} L_{-m}\right) = (m-n-1)(x^2-1)^{\frac{m-1}{2}} L_{-(m-1)}.$$

Die rechte Seite dieser Gleichung ist aber

$$(m-n-1)(x^2-1)^{\frac{m-1}{2}} L_{m-1};$$

dividirt man sie durch $(x^2-1)^{m-1}$, verwandelt links L_{-m} wieder in L_m, und differentiirt, so wird

$$\frac{d}{dx}\left[(x^2-1)^{-(m-1)} \frac{d}{dx}\left((x^2-1)^{\frac{m}{2}} L_m\right)\right] = (m-n-1)\frac{d}{dx}\left((x^2-1)^{-\frac{m-1}{2}} L_{m-1}\right).$$

Die rechte Seite ist, wiederum nach (c),

$$-(m-n-1)(m+n)(x^2-1)^{-\frac{m}{2}} L_m,$$

die linke, nach Ausführung der Differentiation und Multiplication mit $(x^2-1)^{\frac{m}{2}}$

$$(x^2-1)\frac{d^2L}{dx^2} + 2x\frac{dL}{dx} + mL\left(1 - \frac{mx^2}{x^2-1}\right).$$

Dies, vermehrt um $(m+n)(m-n-1)L_m$ und dann gleich 0 gesetzt, giebt aber (39).

War n ganz und positiv und m ganz, so werden J_m^n und K_m nur so lange Integrale der Differentialgleichung (39) sein können, als $m < n+1$; denn ersteres verschwindet, sobald $m > n$ und für letzteres gilt (s. o.) nicht mehr die Formel (β). **Man hat aber noch immer wenn auch $m > n$, zwei offenbar verschiedene Integrale von (39), nämlich J_m^{-n-1} und L_m.**

Ehe wir die J verlassen, soll noch angedeutet werden, wie die gefundenen Relationen (b) bis (d) auf die Werthe derselben führen, welche sich in den vorigen Kapiteln bereits für sie ergaben: J_{-n}^n wird, wie aus dem Integrale ersichtlich ist, bis auf eine Constante $(\sqrt{x^2-1})^n$; macht man in §. 54, d

$$m = -n, \quad p = n+\mu,$$

so folgt aus

$$J_{-n}^n = c(x^2-1)^{\frac{n}{2}}$$

$$(x^2-1)^{-\frac{\mu}{2}} J_\mu^n = k \frac{d^{n+\mu}(x^2-1)^n}{dx^{n+\mu}}$$

und eine ähnliche Formel für $J_{-\mu}^n = J_\mu^n$; etc.

§. 57. Wir gehen nun zu den K und L über, welche den Gegenstand dieses Kapitels bilden, während die J nur als Mittel benutzt wurden, die K und L einzuführen und eine Methode für ihre Untersuchung zu verschaffen. Die Integration soll immer zwischen den besondern Grenzen 0 und ∞ resp. $\log\sqrt{\frac{x+1}{x-1}}$ ausgeführt sein.

Aus §. 55 folgt, dass K_m derselben Gleichung (δ) des §. 54 genügt, wie J_m^{-n-1}; setzt man dort also K_m für J_m^{-n-1}, macht dann $m = 0$ und schreibt darauf m für p, so entsteht

$$(a) \ldots K_m = (-\sqrt{x^2-1})^m \frac{\Pi(n-m)}{\Pi(n)} \frac{d^m K_0}{dx^m}, \quad (m \leq n).$$

Aus §. 56, d folgt auf gleiche Art für alle ganzen m

$$(b) \ldots L_m = (-\sqrt{x^2-1})^m \frac{\Pi(n)}{\Pi(n+m)} \frac{d^m L_0}{dx^m},$$

so dass alle K und L aus einem einzigen, K_0 oder L_0 abgeleitet werden. Es ist aber $K_0 = L_0$, wie man aus §. 23—26 weiss, und jedes ist genau $Q^n(x)$, wodurch man die Doppelgleichung für K_m

und L_m erhält

$$(c) \ldots (-1)^m (\sqrt{x^2-1})^m \frac{d^m Q^n}{dx^m} = \frac{\Pi(n)}{\Pi(n-m)} K_n = \frac{\Pi(n+m)}{\Pi(n)} L_m.$$

Die Bezeichnung K und L für jene Integrale war nur eine vorläufige; indem eine Function Q_m^n eingeführt wird, drückt man beide Buchstaben durch den einen neuen aus.

Eine zweckmässige Festsetzung für die Bedeutung des Buchstaben Q_m^n wird man durch Vergleichung mit der von P_m^n erhalten. Es war P_m^n gleich dem Producte von $(\sqrt{x^2-1})^m$ und einer Reihe $\mathfrak{P}_m^n$ deren höchste Potenz von x den Factor 1 hatte. Hier hat man, wenigstens wenn $x > 1$ (m. vergl. (37))

$$(d) \ldots Q^n = \frac{1.2 \ldots n}{1.3 \ldots (2n+1)} \mathfrak{Q}_0^n$$

$$(e) \ldots \frac{d^m \mathfrak{Q}_0^n}{dx^m} = (-1)^m \frac{\Pi(n+m)}{\Pi(n)} \mathfrak{Q}_m^n,$$

so dass für $x > 1$, $(\sqrt{x^2-1})^m \mathfrak{Q}_m^n$ gleich

$$(f) \ldots (-1)^m \frac{1.3 \ldots (2n+1)}{1.2 \ldots (n+m)} (\sqrt{x^2-1})^m \frac{d^m Q^n}{dx^m}$$

werden würde. Wir setzen deshalb fest, dass

$$(45) \quad \frac{1}{1.3.5\ldots(2n+1)} Q_m^n(x) = \frac{1}{\Pi(n)} \int_0^{\log\sqrt{\frac{x+1}{x-1}}} (x - \cos iu \sqrt{x^2-1})^n \cos miu\, du$$

$$= \frac{\Pi n}{\Pi(n+m)\Pi(n-m)} \int_0^\infty \frac{\cos mit\, dt}{(x + \cos it \sqrt{x^2-1})^{n+1}}$$

sei, und zwar ist der erste Theil der Gleichung Definition, der zweite, so lange $m \leq n$, Folgerung aus (c). Aus (45) ergeben sich nun rückwärts die Formeln d, e, f, mit Hülfe von (a) und (b).

Zwar weiss man in jedem Falle, welches die obere Grenze $\log\sqrt{\frac{x+1}{x-1}}$ ist; zwei Fälle sind aber als besonders einfach hervorzuheben, erstens x reell und > 1, in dem nichts weiter hinzuzufügen ist, und zweitens x rein imaginär $= iy$. In diesem Falle kann man die allgemeine Betrachtung so modificiren, dass man nur durch Integrale mit reellen Grenzen geht; es scheint dies aber eine überflüssige Arbeit zu sein, nachdem bereits §. 25 entsprechende Betrachtungen bei einem später allgemein behandelten Falle (§. 26) vorkamen. Wenden wir sogleich die allgemeine Formel an, so wird nach §. 26 jener Logarithmus $=-i\operatorname{arc cotg} y$; macht man dann $u=-iv$ (und setzt darauf wieder u für v), wodurch die Grenzen 0 und $\operatorname{arc cotg} y$ für v entstehen, so wird das mittlere Glied von (45) zu

$$(45,a) -\frac{i}{\Pi(n)}\int_0^{\operatorname{arc cotg} y}(x-\cos u\sqrt{x^2-1})^n \cos m u\, du;\ (0<\operatorname{arc cotg} y<\tfrac{1}{2}\pi)$$

vereinfacht.

Fasst man Alles zusammen, so ist also die Doppelgleichung (45), die sich für $m>n$ nur auf eine einfache, die Gleichheit zwischen den ersten beiden Gliedern reducirt, eine solche welche die Function $Q_m^n(x)$, die Zugeordnete der zweiten Art, mit den bei der Definition von Q^n durch ein Integral erläuterten Modalitäten einführt, und zugleich, wenn $m \leq n$, eine Transformation in ein zweites Integral liefert. Es ist ferner

$$Q_m^n = (\sqrt{x^2-1})^m \mathfrak{Q}_m^n(x),$$

wo $\mathfrak{Q}_m^n$ für alle x nach Potenzen von $x+\sqrt{x^2-1}$ geordnet werden kann, für $x>1$ nach absteigenden Potenzen von x. Andere Eigenschaften derselben findet man in den vorhergehenden Paragraphen. Ferner ist Q_m^n ein Integral der Differentialgleichung (39).

[* Aus (45) folgt, dass $Q_m^n(x) = (-1)^{n+1}Q_m^n(-x)$, ausgenommen den Fall, wo x reell und <1. Aus (24) weiss man, dass es sich in letzterem Falle nur um die Beziehung von

$$K^m = \int_0^\infty \frac{\cos m t\, dt}{(x-\cos it\sqrt{x^2-1})^{n+1}}$$

zu

$$K_m = \int_0^\infty \frac{\cos m t\, dt}{(x+\cos it\sqrt{x^2-1})^{n+1}}.$$

für den Fall $x = \cos\theta$ handelt. Nach §. 24, b hat man

$$K^0 - K_0 = i\pi P^n,$$

also mit Hülfe von (a) in diesem Paragraphen, nach $m$facher Differentiation

$$K^m = (-1)^m K_m + i\pi \cdot \frac{1.3\ldots(2n-1)}{1.2\ldots n} P_m^n(x).$$

Hat x andere Werthe ist aber positiv und nicht zugleich reell und grösser als 1, so gilt dieselbe Formel.]

Anmerk. Da man $(x-\cos i u \sqrt{x^2-1})^n$ in eine nach Cosinus der Vielfachen von iu fortschreitende Reihe entwickeln kann (§. 43), deren Coefficienten die $P_m^n(x)$ ausmachen, so liefert der erste Theil von (45) eine eigenthümliche endliche Reihe für die Q_m^n, deren Glieder aus $P_m^n(x)$ bestehen, in deren erstem $\log\frac{x+1}{x-1}$ erscheint, während in den übrigen nur noch Potenzen von x und $\sqrt{x^2-1}$ vorkommen.

* §. 58. Wie im §. 42, so ist auch in dem Ausdrucke für Q_m^n, welcher die $-(n+1)^{te}$ Potenz enthält eine **imaginäre Substitution** gestattet. Verwandelt man das Integral, abgesehen von dem constanten Factor in (45), zunächst in

$$\tfrac{1}{2}\int_{-\infty}^{\infty}\frac{e^{mt}\,dt}{(x+\cos it\sqrt{x^2-1})^{n+1}},$$

so lassen sich hierauf dieselben Schlüsse anwenden, welche man §. 42 findet, indem an jener Stelle in der Anmerkung schon der Fall erwähnt wurde, dass im Zähler unter dem Integrale sich eine ganze Function von e^t von nicht höherem als dem n^{ten} Grade befindet. Bezeichnet ψ_0 denselben kritischen Winkel welcher dort eingeführt wurde, so ist also

$$\tfrac{1}{2}\int_{-\infty}^{\infty}\frac{e^{m(t+i\psi)}\,dt}{(x+\cos(it-\psi)\sqrt{x^2-1})^{n+1}} = \tfrac{1}{2}\int_{-\infty}^{\infty}\frac{e^{mt}\,dt}{(x\pm\cos it\sqrt{x^2-1})^{n+1}},$$

wo das doppelte Zeichen so verstanden werden muss, dass das obere gilt, wenn $-\psi_0<\psi<\psi_0$, das untere wenn $\psi_0<\psi<2\pi-\psi_0$. Schreibt man die Formel noch einmal nach Vertauschung von ψ resp. mit $-\psi$ oder $2\pi-\psi$, (was bei der linken Seite offenbar auf dasselbe hinauskommt), und bemerkt dass

$$\int_{-\infty}^{\infty}\frac{e^{mt}\,dt}{(x+\cos(it+\psi)\sqrt{x^2-1})^{n+1}} = \int_{-\infty}^{\infty}\frac{e^{-mt}\,dt}{(x+\cos(it-\psi)\sqrt{x^2-1})^{n+1}},$$

(zum Beweise setze man $t=-u$), so wird die erste Formel mit $e^{-mi\psi}$ multiplicirt, die zweite mit $e^{mi\psi}$, als Summe geben:

$$\int_{-\infty}^{\infty}\frac{\cos mt\,dt}{(x+\cos(it-\psi)\sqrt{x^2-1})^{n+1}} = \cos m\psi\int_{-\infty}^{\infty}\frac{e^{mt}\,dt}{(x\pm\cos it\sqrt{x^2-1})^{n+1}}$$

und als Differenz:

$$\int_{-\infty}^{\infty}\frac{\sin mit\,dt}{(x+\cos(it-\psi)\sqrt{x^2-1})^{n+1}} = \sin m\psi \int_{-\infty}^{\infty}\frac{e^{mt}dt}{(x\pm\cos it\sqrt{x^2-1})^{n+1}}.$$

Setzt man diese Werthe in (45) ein, so folgt für ein beliebiges η:

(46) ... $$\int_{-\infty}^{\infty}\frac{\cos m(it-\eta)d\eta}{(x+\cos(it-\psi)\sqrt{x^2-1})^{n+1}}$$
$$= 2\frac{\Pi(n+m)\Pi(n-m)}{\Pi(n).1.3\ldots(2n+1)}\cos m(\psi-\eta)Q_m^n(x),$$

wenn $-\psi_0 < \psi < \psi_0$; im zweiten Falle hat man als Factor von $\cos m(\psi-\eta)$ auf der rechten Seite dasselbe multiplicirt mit $\cos m\pi$ zu nehmen, und es noch um

$$2i\pi\cdot\frac{1.3\ldots(2n-1)}{1.2\ldots n}P_m(x)$$

zu vermehren. (Man vergl. p. 154.)

Die bisher in diesem Kapitel entwickelten Formeln hat der Verf. zum Theil in seinen früheren Arbeiten, hauptsächlich im 42sten Bande des Crelle'schen Journals, angegeben, zum Theil werden sie hier zum ersten Male veröffentlicht. Die Untersuchung des Integrals im §. 54 ist, wenn auch weniger ausführlich und allgemein, in des Verf. Inaugural-Dissertation enthalten.

§. 59. Neumann hat auch für die Q_m^n einen Integralausdruck geben, ähnlich dem für Q^n im §. 33, welcher sich in demselben Aufsatze findet der oben citirt wurde. Man kommt zu diesem Ausdrucke, indem man, unter der Voraussetzung $M(y+\sqrt{y^2-1})$ grösser als $M(x+\sqrt{x^2-1})$ (m. vergl. §. 41), die Formel

$$\frac{1}{y-x} = \sum_{n=0}^{n=\infty}(2n+1)P^n(x)Q^n(y)$$

$m$mal nach y differentiirt. Dadurch findet man

$$(-1)^m\frac{\Pi(m)}{(y-x)^{m+1}} = \Sigma(2n+1)P^n(x)\frac{d^mQ^n(y)}{dy^m},$$

und nach dem Satze über die Bestimmung der Coefficienten solcher Reihen

$$\frac{d^mQ^n(y)}{dy^m} = (-1)^m\frac{\Pi(m)}{2}\int_{-1}^{1}\frac{P^n(x)dx}{(y-x)^{m+1}}.$$

Wird für die linke Seite ihr Werth aus §. 57, f gesetzt, so ergibt

§. 61, 46. I. Theil. Fünftes Kapitel. 157

sich schliesslich

$$2Q_m^n(y) = 1.3\ldots(2n+1)\frac{\Pi(m)}{\Pi(n+m)}(\sqrt{x^2-1})^m\int_{-1}^{1}\frac{P^n(\alpha)d\alpha}{(y-x)^{m+1}}.$$

Auch für die Q hat Neumann die Bedeutung des Buchstabens geändert, indem bei ihm

$$Q_{n,m}(x) = (-1)^m\Pi(m)(1-x^2)^{\frac{m}{2}}\int_{-1}^{1}\frac{P^n(\alpha)d\alpha}{(x-\alpha)^{m+1}}$$

wird, wo die rechte Seite der Gleichung unser Zeichen P^n enthält.

§. 60. Für die Q_m^n lassen sich recurrirende Formeln von demselben Charakter finden wie für die P_m^n. Um sie nach der Methode des §. 53 aufzusuchen geht man wieder von der Formel (a) des §. 49 aus, der $z^n = \mathfrak{Q}_m^n$ als particuläres Integral genügt. Da dann

$$\frac{dz^n}{dx} = -(n+m+1)\mathfrak{Q}_{m+1},$$
$$\frac{d^2z^n}{dx^2} = (n+m+1)(n+m+2)\mathfrak{Q}_{m+2}$$

wird, so findet man

$$(x^2-1)(n+m+2)\mathfrak{Q}_{m+2} - 2(m+1)x\mathfrak{Q}_{m+1} - (n-m)\mathfrak{Q}_m = 0$$

und nach Multiplication mit $(x^2-1)^{\frac{m}{2}}$

(a) ... $(n+m+2)Q_{m+2}^n - 2(m+1)\dfrac{x}{\sqrt{x^2-1}}Q_{m+1}^n - (n-m)Q_m^n = 0.$

Man kann noch eine Reihe ähnlicher Relationen zwischen je drei Q aufstellen, die aus den Relationes inter functiones contiguas stammen, welche Gauss in seiner Abhandlung über die hypergeometrische Reihe aufgeführt hat. Einige findet man in des Verf. Arbeit im 26sten Bande des Crelle'schen Journ. Anmerk. 4.

§. 61. Die unendlich entfernten Kugelfunctionen selbst wurden im §. 39—40 untersucht; an dieser Stelle soll über die ähnliche Frage bei den Zugeordneten gehandelt werden. Hier wird aber die Anzahl der Fälle welche zu unterscheiden sind beträchtlich grösser als früher, indem man zunächst, wie oben, nach der Grösse von x, genauer von $M(\xi)$ eintheilt, dann aber auch nach dem Verhältnisse des oberen zu dem unteren Index. Ist der erstere n unendlich, während m endlich bleibt, so wird man sich der früheren Resultate bedienen können, indem $P_\bullet^n$ von P^n, $Q_\bullet^n$ von Q^n sich nur durch constante Factoren unterscheiden, die aus den Π zusammengesetzt sind, während die Ausdrücke der Π für ein unendliches Argument bekannt sind; auch wenn $n-m$ endlich bleibt, hat die Betrachtung keine Schwierigkeit, wenn man sich für $\Omega_\bullet^n$ der nach ξ geordneten Reihen bedient. Da es bisher nicht gelungen ist, die Resultate für sämmtliche Fälle mit der Kürze abzuleiten und zusammenzustellen, welche ihrer (nach den bisher bekannten Anwendungen bemessenen) geringeren Wichtigkeit entspricht, so mag es genügen, wenn hier ausser dem Hinweis auf die in dem früheren Falle benutzten Methoden, nur noch erwähnt wird, dass, wie Jacobi in der mehrfach genannten Arbeit*) mittheilt, Legendre's Formel im §. 51, ad 4 für ein unendliches m den Werth verschafft

$$\frac{\Pi(n)}{\pi}\int_0^\pi \frac{\cos m\varphi\, d\varphi}{(1+a^2-2a\cos\varphi)^{n+1}} = \frac{\Pi(m+n)}{\Pi(m)}\frac{a^m}{(1-a^2)^{n+1}},$$

den man noch weiter transformiren kann, wenn für die Π die bekannten Ausdrücke eingeführt werden.

Sechstes Kapitel.
Die Kettenbrüche.

§. 62. In der Abhandelung über die hypergeometrische Reihe zeigt Gauss, dass der Quotient zweier hypergeometrischen Reihen

$$\frac{F(\alpha,\ \beta+1,\ \gamma+1,\ x)}{F(\alpha,\ \beta,\ \gamma,\ x)}$$

sich in einen Kettenbruch von besonders einfacher Form

$$\cfrac{1}{1-\cfrac{a_1 x}{1-\cfrac{a_2 x}{1-\text{etc.}}}}$$

entwickeln lässt, in welchem die a gewisse Constante nach x bezeichnen, die er auch angiebt. Wird im besonderen Falle $\beta=0$, so geht die eine Reihe in 1 über; vertauscht man noch γ mit $\gamma-1$,

---

*) Crelle, Journal f. Math. Bd. XV, Transformation bestimmter Integrale.

so lässt sich also $F(\alpha, 1, \gamma, x)$ d. h.

$$1 + \frac{\alpha}{\gamma} x + \frac{\alpha(\alpha+1)}{\gamma(\gamma+1)} x^2 + \text{etc.}$$

selbst durch einen Kettenbruch von angegebener Form darstellen.

In der Arbeit: Methodus nova integr. valores etc. wird ein specieller Fall betrachtet, nämlich die logarithmische Reihe

$$\tfrac{1}{2} \log\left(\frac{y+1}{y-1}\right) = y^{-1} + \frac{y^{-3}}{3} + \text{etc.},$$

also $\dfrac{1}{y} F(\tfrac{1}{2}, 1, \tfrac{3}{2}, y^{-2})$, welche daher einen Kettenbruch

$$\cfrac{y^{-1}}{1 - \cfrac{a_1 y^{-2}}{1 - \cfrac{a_2 y^{-2}}{1 - \text{etc.}}}}$$

verschaffen muss, der durch Entwickelung der einzelnen Brüche vermittelst Multiplication mit y noch transformirt werden kann. Vertauscht man noch y mit x, welches man sich reell und > 1 denken mag, so ergiebt sich aus den allgemeinen Untersuchungen: **Es lässt sich**

$$\tfrac{1}{2} \log \frac{x+1}{x-1}$$

in einen Kettenbruch

$$(a) \ldots \cfrac{1}{x - \cfrac{a_1}{x - \cfrac{a_2}{x - \text{etc.}}}}$$

entwickeln. Die Nenner der Näherungsbrüche und ebenso gewisse hierbei vorkommende Reste haben einen merkwürdigen Zusammenhang mit den Kugelfunctionen, den Gauss in der zuletzt erwähnten Arbeit entdeckt hat. Dieser Zusammenhang soll im Folgenden aufgesucht werden; man setzt hierbei die erwähnten Folgerungen aus allgemeinen Sätzen nicht voraus, und findet gelegentlich die Bestimmungsstücke a des Kettenbruchs.

§. 63. Es seien Z_n und N_n die auf gewöhnliche Art gebildeten Zähler und Nenner des n^{ten} Näherungswerthes eines Kettenbruchs, und zwar zähle man das n so, dass in dem Falle, in

welchem ein Bruch von der Form des im §. 62 am Schlusse erwähnten (α) vorliegt,
$$Z_1 = 1, \quad Z_2 = x, \quad \text{etc.}$$
$$N_1 = x, \quad N_2 = x^2 - a_1, \quad \text{etc.}$$
sei; man weiss, dass dann allgemein
$$Z_n = x Z_{n-1} - a_{n-1} Z_{n-2},$$
$$N_n = x N_{n-1} - a_{n-1} N_{n-2}$$
wird. Hieraus folgt sogleich, dass der Grad von Z_n und N_n resp. $n-1$ und n ist, dass ferner diese Functionen als Glieder höchsten Grades nach x resp. x^{n-1} oder x^n enthalten. Endlich ist auch bekannt, oder lässt sich aus den letzten beiden Gleichungen leicht beweisen, dass
$$Z_n N_{n-1} - Z_{n-1} N_n = a_1 a_2 \ldots a_{n-1}$$
wird.

Hängen Grössen Z und N durch die Gleichungen
$$Z_1 = 1, \quad Z_2 = x, \quad N_1 = x, \quad N_2 = x^2 - a_1,$$
und für jedes n, welches grösser als 1 ist, ausserdem durch
$$Z_n = x Z_{n-1} - a_{n-1} Z_{n-2},$$
$$N_n = x N_{n-1} - a_{n-1} N_{n-2}$$
zusammen, so sind Z_n und N_n auch umgekehrt die auf gewöhnliche Art gebildeten Zähler und Nenner von dem n^{ten} Näherungswerthe des Kettenbruchs

$$\cfrac{1}{x - \cfrac{a_1}{x - \text{etc.} \ldots \cfrac{a_{n-1}}{x}}}.$$

Der Beweis folgt unmittelbar daraus, dass Z_n und N_n durch jene Gleichungen vollständig bestimmt sind, und dass man die Zähler und Nenner der Näherungswerthe des Kettenbruchs eben successive durch diese Gleichungen bildet.

Kann irgend eine Function φ durch einen Bruch, wie (α) im vorigen Paragraphen, dargestellt werden, so ist φ der Werth von $\dfrac{Z_n}{N_n}$ für $n = \infty$; bildet man also eine Reihe von Gleichungen

§. 63, 46.   I. Theil. Sechstes Kapitel.

$$\frac{Z_{n+1}}{N_{n+1}} - \frac{Z_n}{N_n} = \frac{a_1 a_2 \ldots a_n}{N_n N_{n+1}},$$

$$\frac{Z_{n+2}}{N_{n+2}} - \frac{Z_{n+1}}{N_{n+1}} = \frac{a_1 a_2 \ldots a_{n+1}}{N_{n+1} N_{n+2}}$$

etc.   etc.

und addirt, so ergiebt sich

$$\varphi - \frac{Z_n}{N_n} = a_1 a_2 \ldots a_n \left(\frac{1}{N_n N_{n+1}} + \frac{a_{n+1}}{N_{n+1} N_{n+2}} + \text{etc.} \right).$$

Abgesehen von der Function φ würde man jedenfalls finden, dass immer $\frac{Z_\infty}{N_\infty} - \frac{Z_n}{N_n}$ gleich dem Ausdrucke auf der rechten Seite ist, wenn $\frac{Z_n}{N_n}$ für $n = \infty$ eine Grenze hat, die durch $\frac{Z_\infty}{N_\infty}$ bezeichnet wird.

Beachtet man den Grad der hier vorkommenden Grössen, so folgt: Lässt φ sich in (α) entwickeln, so muss der n^te Nenner $N_n = x^n + \text{etc.}$ so beschaffen sein, dass $N_n \varphi - Z_n$, nach absteigenden x entwickelt, keine höheren Potenzen von x als die $-(n+1)^\text{te}$ enthält.

Man kann die Form von Z und N noch genauer bestimmen; es enthält nämlich N_n nur Potenzen die mit n gleichartig, d. h. deren Exponenten mit n zugleich gerade oder zugleich ungerade sind, und Z_n enthält nur Potenzen von gleicher Art wie $(n-1)$. Für die ersten Z oder N, z. B. N_1, N_2, N_3 ist dies ohne weiteres klar, für die anderen durch die Recursionsformel

$$N_n = x N_{n-1} - a_{n-1} N_{n-2}$$

und durch diejenige welche den Z entspricht bewiesen: in der That, ist N_{n-2} gleichartig $n-2$ also auch n, und N_{n-1} gleichartig $n-1$, so wird $x N_{n-1}$ gleichartig n; es muss also N von der Form sein

$$N_n = x^n + c_2 x^{n-2} + c_4 x^{n-4} + \text{etc.}$$

$$Z_n = x^{n-1} + k_2 x^{n-3} + \text{etc.}$$

Geht man nun zu $N_n \varphi - Z_n$ (s. o.) zurück, so lässt sich das Resultat bestimmter fassen, wenn zwei Fälle unterschieden werden:

1) Ist n gerade, so wird N_n nur dann der Nenner des n^ten Näherungswerthes eines Kettenbruchs (α) sein können, welcher eine Function φ darstellt, wenn $c_0 = 1$ und

$$(a) \ldots N_n = c_0 x^n + c_2 x^{n-2} + \cdots + c_n,$$

wenn ferner in dem Producte φN_n die 0te, -1te, etc. $-n^{te}$ Potenz von x fehlen.

2) Ist n ungerade, so muss ($c_0 = 1$)

$$(b) \ldots N_n = x(c_0 x^{n-1} + c_2 x^{n-3} + \cdots + c_{n-1})$$

sein, und im Producte φN_n fehlen die -1te, -2te, etc. $-n^{te}$ Potenz. Diese Eigenschaft führt zur Bestimmung der Coefficienten c.

Wendet man dieses nämlich, um zuerst die Gleichungen für die c aufzustellen, auf die Reihe $\varphi = \frac{1}{2} \log \frac{x+1}{x-1}$ an, d. h. auf

$$\varphi = x^{-1} + \frac{x^{-3}}{3} + \frac{x^{-5}}{5} + \text{etc.}$$

und bildet im ersten Falle die betreffenden Coefficienten des Productes $N_n \varphi$, so sind alle Coefficienten von geraden Potenzen von selbst 0; die übrigen ad 1 erwähnten setze man gleich 0 und erhält dann

$$\frac{c_n}{1} + \frac{c_{n-2}}{3} + \cdots \frac{c_0}{n+1} = 0,$$

$$\frac{c_n}{3} + \frac{c_{n-2}}{5} + \cdots \frac{c_0}{n+3} = 0,$$

etc. etc. etc.

$$\frac{c_n}{n-1} + \frac{c_{n-2}}{n} + \cdots \frac{c_0}{2n-1} = 0,$$

weil die Ausdrücke auf der Linken gerade die Factoren von x^{-1}, x^{-3}, … $x^{-(n-1)}$ in dem Producte $N\varphi$ darstellen. Es sind dies genau $\frac{1}{2} n$ Gleichungen, d. h. so viel wie Unbekannte c_2, c_4, … c_n vorkommen.

Im zweiten Falle wird

$$\frac{c_{n-1}}{3} + \frac{c_{n-3}}{5} + \cdots \frac{c_0}{n+2} = 0,$$

$$\frac{c_{n-1}}{5} + \frac{c_{n-3}}{7} + \cdots \frac{c_0}{n+4} = 0,$$

etc. etc. etc.

$$\frac{c_{n-1}}{n} + \frac{c_{n-3}}{n+2} + \cdots \frac{c_0}{2n-1} = 0$$

zu setzen sein, und man hat $\frac{1}{2}(n-1)$ Gleichungen, so viel wie Unbekannte c_2, c_4, etc. c_{n-1} existiren.

§. 63, 46.   I. Theil. Sechstes Kapitel.

Diese Systeme von Gleichungen sind zuerst von **Gauss** in der erwähnten Arbeit über die mechanischen Quadraturen aufgestellt und gelöst worden; er findet die Unbekannten durch ein nicht näher von ihm angegebenes Verfahren. Ferner ist von **Jacobi** *) eine Auflösung geliefert, welche hier mitgetheilt werden soll. Endlich hat der Verfasser **) die Systeme verallgemeinert, durch directe Elimination der Unbekannten aufgelöst, und dadurch die Resultate von **Gauss** von der logarithmischen auf allgemeine hypergeometrische Reihen übertragen.

Nach **Jacobi** löst man die Gleichungen und zeigt zugleich dass die Auflösung bestimmt ist, indem man zunächst die Aufgabe durch eine andere ersetzt. Man sucht nämlich im Falle

1) die Function N, von der Form (a) pag. 162, für welche

$$\int_{-1}^{1} N dx = \int_{-1}^{1} N x\, dx = \int_{-1}^{1} N x^2 dx = \text{etc.} = \int_{-1}^{1} N x^{n-1} dx = 0$$

wird; es ist das erste, dritte, fünfte etc. Integral offenbar das Doppelte der linken Seiten der ersten, zweiten, dritten Gleichung im ersten Systeme, verschwindet also, weil die c diesen Gleichungen genügen sollen, während das zweite, vierte etc. Integral 0 ist, weil diese Integrale unbestimmt genommen nur gerade Potenzen von x enthalten. Man wird die Function N und zwar auf eine Art bestimmen können (s. unten). Im Falle

2) sucht man aus ähnlichen Gründen eine Function N, von der Form (b), für welche

$$\int_{-1}^{1} N dx = \int_{-1}^{1} N x\, dx = \text{etc.} = \int_{-1}^{1} N x^{n-1} dx = 0.$$

Die Bedingungen in den beiden Fällen, dass eine Reihe gewisser Integrale verschwinden soll, kann man in eine andere Ge-

---

*) Crelle, Journal f. Math. Bd. I: Ueber **Gauss** neue Methode, die Werthe der Integrale näherungsweise zu finden.

) Crelle, Journal f. Math. Bd. XXXII: Schreiben an **Jacobi über Verwandlung von Reihen in Kettenbrüche, und Bd. XXXIV: Untersuchungen über die Reihe

$$1 + \frac{(1-q^\alpha)(1-q^\beta)}{(1-q)(1-q^\gamma)} x + \text{etc.},$$

II. Abschnitt; Bd. LVII: Ueber die Zähler und Nenner von Kettenbrüchen.

stalt bringen, indem die Formel für die Integration durch Theile

$$\int u\, dv = uv - \int v\, du$$

wiederholt angewandt wird. Hier stellen u und v ganze Functionen von x vor; es lässt sich also unbedenklich, wenn dv gegeben ist, ein solches v wählen, dass v für $x = -1$ verschwindet, und u wird nicht unendlich. Daher hat man, bei so gewähltem v, auch

$$\int_{-1} u\, dv = uv - \int_{-1} v\, du;$$

setzt man nun $u = x^m$, $dv = N$, also $v = \int_{-1} N\, dx$, indem vorläufig N irgend eine ganze Function von x bezeichnet, später erst unseren Nenner, so wird

$$(c)\ldots \int_{-1} x^m N\, dx = x^m \int_{-1} N\, dx - m \int_{-1} x^{m-1} dx \int_{-1} N\, dx,$$

woraus für $m = 0, 1, 2$ folgt

$$\int_{-1} N\, dx = \int_{-1} N\, dx$$

$$\int_{-1} x N\, dx = x \int_{-1} N\, dx - \int_{-1} N\, dx^2$$

$$\int_{-1} x^2 N\, dx = x^2 \int_{-1} N\, dx - 2 \int_{-1} x\, dx \int_{-1} N\, dx.$$

Die letzte Formel verwandelt sich durch die vorhergehende, wenn in dieser $\int_{-1} N\, dx$ statt N gesetzt wird, wodurch

$$\int_{-1} x\, dx \int_{-1} N\, dx = x \int_{-1} N\, dx^2 - \int_{-1} N\, dx^3$$

entsteht, in

$$\int_{-1} x^2 N\, dx = x^2 \int_{-1} N\, dx - 2x \int_{-1} N\, dx^2 + 2 \int_{-1} N\, dx^3.$$

Allgemein, wenn für alle m, von $m = 0$ bis $m = m$, die Integrale überall von -1 an genommen, die Gleichung besteht

$$\int x^m N\, dx = x^m \int N\, dx - a_m^{(1)} x^{m-1} \int N\, dx^2 + a_m^{(2)} x^{m-2} \int N\, dx^3 - \text{etc.},$$

also auch nach Vertauschung von N mit $\int N\, dx$ die Gleichung

§. 63, 46. I. Theil. Sechstes Kapitel. 165

$$\int x^m dx \int N dx = x^m \int N dx^2 - a_m^{(1)} x^{m-1} \int N dx^3 + a_m^{(2)} x^{m-2} \int N dx^4 - \text{etc.},$$

so findet man nach (c)

$$\int x^{m+1} N dx = x^{m+1} \int N dx - (m+1) x^m \int N dx^2$$
$$+ (m+1) a_m^{(1)} x^{m-1} \int N dx^3 - (m+1) a_m^{(2)} x^{m-2} \int N dx^4 + \text{etc.},$$

d. h. einen Ausdruck von derselben Form, wie der bis $m = m$ geltende noch für $m = m+1$. Gelegentlich kann hinzugefügt werden, dass

$$a_{m+1}^{(1)} = m+1, \quad a_{m+1}^{(2)} = (m+1) a_m^{(1)}, \quad a_{m+1}^{(3)} = (m+1) a_m^{(2)}, \text{ etc.},$$

woraus sich der Werth aller a ergiebt, nämlich

$$a_{m+1}^{(1)} = (m+1),$$
$$a_{m+1}^{(2)} = (m+1) m,$$
$$a_{m+1}^{(3)} = (m+1) a_m^{(2)} = (m+1) m (m-1), \text{ etc.}$$

schliesslich auch

$$\int_{-1} x^m N dx = x^m \int_{-1} N dx - m x^{m-1} \int_{-1} N dx^2$$
$$+ m(m-1) x^{m-2} \int_{-1} N dx^3 - \text{etc.} \pm m(m-1)\ldots 1 \int_{-1} N dx^{m+1}.$$

Aus diesen Hülfsformeln sieht man, wie die Bedingungen **ad 1 und 2 sich in die anderen umgestalten**, dass

$$\int_{-1} N dx, \quad \int_{-1} N dx^2, \quad \ldots \quad \int_{-1} N dx^n$$

für $x = 1$ verschwinden müssen; dadurch ist aber N bis auf einen constanten Factor vollständig bestimmt, welcher aus der Eigenschaft von N, dass es mit x^n beginnt, gefunden wird. Setzt man nämlich

$$\int_{-1} N dx^n = \varphi(x),$$

so ist $\varphi(x)$ eine ganze Function, ausserdem vom Grade $2n$, da N vom n^{ten} Grade war; ferner ergab sich dass $\varphi(1) = \varphi'(1) = \text{etc.}$ $= \varphi^{n-1}(1) = 0$, was sich so ausdrücken lässt, dass $\varphi(x)$ durch $(x-1)^n$ theilbar sein muss. Ausserdem ist noch $\varphi(-1) = \varphi'(-1) = \text{etc.}$ $= \varphi^{n-1}(-1) = 0$, also $\varphi(x)$ auch durch $(x+1)^n$, folglich durch $(x^2-1)^n$ theilbar, und als Function $2n^{\text{ten}}$ Grades $\varphi(x) = k(x^2-1)^n$, wenn k eine Constante bezeichnet. Hieraus folgt

$$N_n = \frac{d^n \varphi(x)}{dx^n} = k \frac{d^n (x^2-1)^n}{dx^n},$$

und daher bis auf eine Constante $= P^n(x)$; es fängt aber mit x^n an, so dass genau der Werth von N wird:

$$N_n = P_0^n(x).$$

Z_n ist dann die ganze Function $(n-1)^{\text{ten}}$ Grades, welche durch Multiplikation von P_0^n mit $\frac{1}{2}\log\left(\frac{x+1}{x-1}\right)$ entsteht.

§. 64. Ganz abgesehen von den Kettenbruchentwickelungen ist hierdurch genau bewiesen, dass eine ganze Function n^{ten} Grades $N_n = P_0^n$ existirt, so beschaffen dass

$$\tfrac{1}{2} P_0^n \log \frac{x+1}{x-1}$$

in die Summe einer ganzen Function vom offenbar $(n-1)^{\text{ten}}$ Grade, Z_n vermehrt um einen Rest S_n zerfällt, welcher nur negative Potenzen von x von der $-(n+1)^{\text{ten}}$ an incl. enthält. Z_n und S_n hat schon Gauss entwickelt, aber das erste in weniger übersichtlicher Form als die welche sich nach den Untersuchungen von Christoffel herausstellt. Benutzt man nämlich die Gleichung (23)

$$\tfrac{1}{2} P^n \log \frac{x+1}{x-1} = R^n + Q^n(x),$$

und multiplicirt sie mit $\dfrac{1.2\ldots n}{1.3\ldots (2n-1)}$, so wird

$$(a)\ldots \quad \tfrac{1}{2} P_0^n \log \frac{x+1}{x-1} = Z_n + S_n,$$

wo Z_n eine ganze Function von x ist, nämlich

$$Z_n = \frac{1.2\ldots n}{1.3\ldots (2n-1)} \left(\frac{(2n-1)}{1.n} P^{n-1} + \frac{(2n-5)}{3(n-1)} P^{n-3} + \text{etc.} \right),$$

$$S_n = \frac{1.2\ldots n}{1.3\ldots (2n-1)} Q^n,$$

so dass, wenn $\frac{1}{2}\log\frac{x+1}{x-1}$ sich in einen Kettenbruch der verlangten Form entwickeln lässt, der Zähler des n^{ten} Näherungswerthes Z_n, der Nenner $N_n = P_0^n$ und der Rest S_n durch Kugelfunctionen ausgedrückt worden sind.

Es bleibt noch übrig, die Möglichkeit der Entwickelung nachzuweisen, und den Bruch selbst zu finden. Dazu fasse man folgende Bemerkungen zusammen:

1) Nach der Gleichung (a) dieses Paragraphen unterscheiden sich $\frac{1}{2}\log\frac{x+1}{x-1}$ und $\frac{Z_n}{P_0^n}$ nur um $\frac{S_n}{P_0^n}$, also wenn man sich wie es hier immer geschah, $x > 1$ denkt, um eine convergente Reihe, welche mit der $-(2n+1)^{\text{ten}}$ Potenz von x anfängt. Für $n = \infty$ werden daher beide Terme gleich, oder

$$\tfrac{1}{2}\log\left(\frac{x+1}{x-1}\right) = \frac{Z_n}{P_0^n}, \quad (n = \infty).$$

2) Es sind die P durch eine Gleichung

$$P_0^n - x P_0^{n-1} + a_{n-1} P_0^{n-2} = 0$$

verbunden. Denn nach (16) ist

$$n P^n - (2n-1) x P^{n-1} + (n-1) P^{n-2} = 0,$$

also nach p. 118

$$(b) \ldots P_0^n - x P_0^{n-1} + \frac{(n-1)^2}{(2n-1)(2n-3)} P_0^{n-2} = 0.$$

Man erhält dadurch eine Gleichung von der vorerwähnten Form und

$$a_n = \frac{n^2}{(2n-1)(2n+1)};$$

ferner ist $P_0^1 = x$, $P_0^2 = x^2 - \tfrac{1}{3} = x^2 - a_1$.

3) Multiplicirt man (b) mit $\frac{1}{2}\log\frac{x+1}{x-1}$, wodurch jedes Glied $P\log\frac{x+1}{x-1}$ in eine ganze Function und einen Rest zerfällt, so muss dieselbe Gleichung zwischen den ganzen Functionen (und zwischen den Resten) für sich bestehen, also hat man auch

$$(c) \ldots Z_n - x Z_{n-1} + a_{n-1} Z_{n-2} = 0.$$

Aus (b) und (c) leitet man aber als Werth von $\frac{Z_n}{P_0^n}$ für jedes n nach p. 160 den ersten Theil des Bruches (a) im §. 62 ab, welcher mit $\frac{a_{n-1}}{x}$ schliesst; es ist daher $\frac{1}{2}\log\frac{x+1}{x-1}$ wirklich in einen Kettenbruch von gegebener Form entwickelbar, und der Bruch selbst, wegen des oben gefundenen Werthes von a_n,

$$\tfrac{1}{2}\log\frac{x+1}{x-1} = \cfrac{1}{x - \cfrac{1.1}{1.3}{x - \cfrac{2.2}{3.5}{x - \cfrac{3.3}{5.7}{x-\text{etc.}}}}}$$

Anhang.

§. 65. Im Vorhergehenden sind die Eigenschaften der Kugelfunctionen einer Veränderlichen und ihrer Zugeordneten entwickelt. Es wurden hierzu zwei Methoden benutzt, von denen die eine als die ältere bezeichnet werden kann, nämlich diejenige, welche diese Functionen als Lösungen gewisser Differentialgleichungen betrachtet. Man hat gesehen, wie eine Reihe merkwürdiger Eigenschaften durch diese Methode ermittelt wurde, die zwar auch auf andere Art sich ergeben, aber zum Theile weniger leicht oder weniger naturgemäss. Hätte man diese schon historisch berechtigte Methode übergangen, so würde eine bedeutende Lücke geblieben sein, indem z. B. bei Aufgaben der mathematischen Physik, in denen die Kugelfunctionen auftreten, gerade die Eigenschaft, dass sie die Differentialgleichung integriren, die primitive zu sein pflegt.

Die andere Methode lässt unsere Function als Entwickelungscoefficienten auftreten, und ist vorzugsweise zur Darstellung derselben durch bestimmte Integrale und besonders für die Q geeignet. Durch den Beitrag den sie zur Lehre der bestimmten Integrale liefert, besonders wenn die mit n bezeichnete Grösse aufhört ganz zu sein, oder wenn x imaginär ist, und wenn es auf sorgfältigere Untersuchungen ankommt, möchte sie, abgesehen von der Leichtigkeit, mit der sie manche Fragen im Folgenden bei verhältnissmässig geringer Rechnung liefert, nicht ohne Werth, und somit die hier gegebene weitere Ausführung dessen berechtigt sein, was Jacobi im 26sten Bande des Crelle'schen Journals in seiner mehrfach erwähnten Arbeit mittheilte.

Die Function P^n wurde zunächst durch die Entwickelung einer

§. 65, 46.   I. Theil. Anhang.

Quadratwurzel eingeführt; die allgemeinere Form
$$\Omega = (1 - 2ax + a^2)^{-\nu}$$
hat schon Gauss in seiner Arbeit über die hypergeometrische Reihe untersucht. Entwickelt man dieselbe nach aufsteigenden a in eine Reihe
$$\sum_{n=0}^{\infty} C_n a^n,$$
so wird
$$C_n = \frac{\Pi(\nu+n-1)}{\Pi(\nu-1)\Pi(n)} 2^n \Big(x^n - \frac{n(n-1)}{1(n+\nu-1)} \frac{x^{n-2}}{4}$$
$$+ \frac{n(n-1)(n-2)(n-3)}{1.2(n+\nu-1)(n+\nu-2)} \frac{x^{n-4}}{16} - \text{etc.}\Big);$$
es lässt sich also C_n nach (28) vermittelst eines vielfachen Differentialquotienten darstellen. Um diesen in eine möglichst bequeme Form zu bringen, stelle man C_n durch eine nach $u = \frac{1-x}{2}$ fortschreitende Reihe dar, wozu man am leichtesten sogleich in Ω diese Transformation vornimmt. Dadurch wird
$$\Omega = \Big[(1-a)^2\Big(1 + \frac{4au}{(1-a)^2}\Big)\Big]^{-\nu};$$
behandelt man diesen Ausdruck wie mit einem ähnlichen, der $\sin^2\frac{\theta}{2}$ enthielt, im §. 4 verfahren wurde, so findet man
$$C_n = \frac{(2\nu)(2\nu+1)\ldots(2\nu+n-1)}{1.2\ldots n} F\Big(-n, n+2\nu, \frac{2\nu+1}{2}, u\Big),$$
im besondern Falle $\nu = \frac{1}{2}$ die Reihe (c) des §. 4. Setzt man nun in (28)
$$a = 0, \quad b = 2\nu+1,$$
so wird
$$(x^2-1)^{\frac{2\nu-1}{2}} C_n = \frac{2^n}{\Pi(n)} \cdot \frac{\nu(\nu+1)\ldots(\nu+n-1)}{(2\nu+n)(2\nu+n+1)\ldots(2\nu+2n-1)} \frac{d^n}{dx^n}(x^2-1)^{n+\frac{2\nu-1}{2}}.$$
Diese Formel tritt zuerst in Jacobi's Abhandlung über die hypergeometrische Reihe auf, und ist[*]) aus seinen hinterlassenen Papieren mitgetheilt.

Gauss entwickelt Ω nach Cosinus der Vielfachen von θ, wenn wieder $x = \cos\theta$ gesetzt wird, in eine Reihe
$$A + 2A_1 \cos\theta + 2A_2 \cos 2\theta + \text{etc.}$$

---
[*]) Borchardt, Journ. f. Math. Bd. LVI, §. 5.

deren Coefficienten A zunächst in der Form des im §. 48 erwähnten Euler'schen Integrals auftreten also im wesentlichen P_m^n sind. Gauss bringt sie in die Form von Reihen, die sämmtlich hypergeometrische sind, und entweder nach α, oder $\frac{\alpha}{\alpha^2+1}$, oder $\frac{\alpha}{(\alpha+1)^2}$, oder endlich nach $\frac{\alpha}{(\alpha-1)^2}$ fortschreiten. Hansen*) erwähnt eine Entwickelung von Ω selbst nach Potenzen von $\frac{\alpha}{\alpha^2+1}$, die er für den Fall $\nu=\frac{1}{2}$ ausführt. Endlich vergleiche man über die numerische Berechnung der A ausser der Méc. cél. und den Exercices noch das Habilitationsprogramm von Scheibner **).

II. Theil.
Die Kugelfunctionen mehrerer Veränderlichen.

Erstes Kapitel.
Entwickelung der Kugelfunction erster Art nach Laplace.

§. 66. In der Einleitung wurde gezeigt, wie Laplace in den Memoiren von 1782, von der Entwickelung der Reciproken der Entfernung zweier Punkte im Raume ausgehend, auf welche ihn das Potential führte, zu der Kugelfunction P^n gelangte, in der als Argument eine Grösse $\cos\gamma$ vorkam, welche nicht unmittelbar gegeben war, sondern die gegebenen Stücke, (nämlich die Winkel welche die Lage zweier Punkte bis auf ihre Entfernung vom Anfangspunkte bestimmen) in der Verbindung

(47) ... $\cos\gamma = \cos\theta\cos\theta_1 + \sin\theta\sin\theta_1 \cos(\psi-\psi_1)$

enthielt. Es lag θ und θ_1 zwischen 0 und π, ψ und ψ_1 zwischen 0 und 2π. Denselben Winkel führt Legendre auch in den Savans

---

*) Entwickelung der negativen und ungeraden Potenzen der Quadratwurzel etc. §. III, no. 43.
**) Ueber die Berechnung einer Gattung von Functionen, welche bei der Entwickelung der Störungsfunction erscheinen. Gotha, 1853.

étrangers S. 418 ein. Laplace gab dann die Differentialgleichung (a) des §. 2 für $P^n(\cos\gamma)$, auf welche er durch die in der Einleitung angegebenen Betrachtungen geführt wurde, und entwickelte mit ihrer Hülfe $P(\cos\gamma)$ nach Cosinus der Vielfachen von $(\psi-\psi_1)$, während Legendre an obiger Stelle nur das von $(\psi-\psi_1)$ unabhängige Glied dieser Entwickelung fand, und endlich in den Memoiren von 1789 S. 432 die Laplace'sche Entwickelung in die schliessliche elegante Form brachte, in welcher sie jetzt überall auftritt.

Am directesten gelangt man zu der Gleichung (a) des §. 2 wohl auf dem von Laplace eingeschlagenen Wege; nach dem hier gewählten Gange, bei welchem zuerst die Eigenschaften der Functionen einer Veränderlichen untersucht und für $P^n(z)$ eine Differentialgleichung nach z aufgefunden wurde, scheint es vorzuziehen, diese Differentialgleichung zu Grunde zu legen, und aus ihr, nach den Andeutungen der Anmerk. im §. 11, d. i. nach der Methode von Legendre*) in den späteren Arbeiten, die partielle Differentialgleichung (a) abzuleiten.

Es war die Gleichung welcher $P^n(z) = f$ genügte, nach §. 11

$$(1-z^2)\frac{d^2f}{dz^2} - 2z\frac{df}{dz} + n(n+1)f = 0;$$

setzt man nun
$$z = a\cos\theta + b\sin\theta\cos\psi + c\sin\theta\sin\psi$$

und bezeichnen a, b, c, Constanten nach θ und ψ, es mögen diese Veränderlichen reell oder imaginär sein, so wird

$$\frac{\partial z}{\partial \theta} = -a\sin\theta + b\cos\theta\cos\psi + c\cos\theta\sin\psi,$$

$$\frac{\partial^2 z}{\partial \theta^2} = -z,$$

$$\frac{\partial z}{\partial \psi} = (-b\sin\psi + c\cos\psi)\sin\theta, \quad \frac{\partial^2 z}{\partial \psi^2} = -(b\cos\psi + c\sin\psi)\sin\theta.$$

Daher geht

$$(a) \ldots \frac{\partial^2 f}{\partial \theta^2} + \cot\theta\frac{\partial f}{\partial \theta} + \frac{1}{\sin^2\theta}\frac{\partial^2 f}{\partial \psi^2}$$

in $A\frac{d^2f}{dz^2} + B\frac{df}{dz}$ über, wo

---

*) Exercices T. II, 5ième partie §. XI, p. 263.

$$A = \left(\frac{\partial z}{\partial \theta}\right)^2 + (b\sin\psi - c\cos\psi)^2$$
$$B = -z + \cotg\theta \frac{\partial z}{\partial \theta} + \frac{1}{\sin^2\theta}\frac{\partial^2 z}{\partial \psi^2}$$

wird. Die Ausführung der Rechnung zeigt, dass A vermehrt um $z^2 - a^2 - b^2 - c^2$ verschwindet, dass $B = -2z$, dass also (a) sich in

$$(a^2 + b^2 + c^2 - z^2)\frac{d^2f}{dz^2} - 2z\frac{df}{dz}$$

verwandelt. Waren a, b, c so gewählt, dass $a^2 + b^2 + c^2 = 1$, so wird nach der Gleichung (9) vorstehender Ausdruck $= -n(n+1)f$, so dass $P^n(z)$ der Differentialgleichung genügt

(48) ... $\dfrac{\partial^2 f}{\partial \theta^2} + \cotg\theta \dfrac{\partial f}{\partial \theta} + \dfrac{1}{\sin^2\theta}\dfrac{\partial^2 f}{\partial \psi^2} + n(n+1)f = 0.$

Solche Werthe a, b, c, welche $a^2 + b^2 + c^2 = 1$ machen, sind
$$\cos\theta_1, \quad \sin\theta_1 \cos\psi_1, \quad \sin\theta_1 \sin\psi_1;$$
setzt man dieselben ein, so verwandelt sich z in die rechte Seite von (47), und $f = P^n(\cos\gamma)$ genügt der Gleichung (48).

Ehe wir zur Integration derselben schreiten, sollen die Formen aufgeführt werden welche sie annimmt wenn man für $\cos\theta$ eine Grösse x einführt, oder für diese wieder eine andere $\varrho = i\sqrt{x^2-1}$. Um die Symmetrie zu erhalten, kann man dann in dem Ausdruck z auch für $\cos\theta_1$ eine Grösse x_1, resp. $\varrho_1 = i\sqrt{x_1^2-1}$ einführen; geschieht dieses, so gestalten sich unsere Resultate wie folgt:

Setzt man

(47, a) ... $z = xx_1 - \sqrt{x^2-1}\sqrt{x_1^2-1}\cos(\psi - \psi_1),$

so wird $f = P^n(z)$ der Differentialgleichung

(48, a) ... $\dfrac{\partial}{\partial x}\left((1-x^2)\dfrac{\partial f}{\partial x}\right) + \dfrac{1}{(1-x^2)}\dfrac{\partial^2 f}{\partial \psi^2} + n(n+1)f = 0$

genügen, oder auch für $\varrho = i\sqrt{x^2-1}$ der Gleichung

(48, b) ... $\varrho\sqrt{1-\varrho^2}\dfrac{\partial}{\partial \varrho}\left(\varrho\sqrt{1-\varrho^2}\dfrac{\partial f}{\partial \varrho}\right) + \dfrac{\partial^2 f}{\partial \psi^2} + n(n+1)\varrho^2 f = 0.$

Eine Grösse die von x, x_1 etc. durch (47, a) abhängt, soll im Folgenden immer durch z bezeichnet werden, so wie γ für eine von θ, etc. durch (47) abhängige Grösse gebraucht wird; ferner soll zur Abkürzung zuweilen

§. 67, 48. II. Theil. Erstes Kapitel. 173

$$(47, c) \ldots \varphi = \psi - \psi_1$$

gesetzt werden.

In (48) kommt nur θ und ψ nicht aber θ_1 und ψ_1 vor; wegen der Symmetrie des Ausdrucks $\cos\gamma$ muss aber für $P^n(\cos\gamma)$ noch immer eine Gleichung von der Form (48) bestehen, wenn man θ in derselben mit θ_1 oder ψ mit ψ_1 vertauscht, allgemeiner wenn für θ irgend eine der zwei Grössen θ, θ_1, für ψ irgend eine der beiden ψ, ψ_1, gesetzt wird.

Es ist $P^n(\cos\gamma)$ eine ganze Function vom Grade n von $\cos\gamma$, daher auch von $\cos\theta$, $\sin\theta\cos\psi$, $\sin\theta\sin\psi$. Von jeder ganzen Function der drei Grössen $\cos\theta$, $\sin\theta\cos\psi$, $\sin\theta\sin\psi$, welche für f gesetzt der Gleichung (48) genügt, sagt man, sie gehöre zur **Gattung der P^n in Bezug auf θ und ψ**; ähnlich von jeder ganzen Function von x, $\cos\psi\sqrt{x^2-1}$, $\sin\psi\sqrt{x^2-1}$, die (48, a) genügt, sie gehöre zur **Gattung der P^n in Bezug auf x und ψ**. In Bezug auf die Zeichen der Wurzeln gelten die alten Bestimmungen, deren Zweckmässigkeit man hier einsehen wird, wo θ immer zwischen 0 und π liegt, also nach der alten Festsetzung $\sqrt{x^2-1}$ für $x = \cos\theta$ immer genau mit $i\sin\theta$ übereinstimmt.

§. 67. Wir gehen nun zur Entwickelung von $P^n(z)$ nach den Cosinus der Vielfachen von φ über; da z in keiner höheren als der n^{ten} Potenz in $P^n(z)$ auftritt, so kann P^n kein höheres Vielfache von φ als das n fache enthalten; da ferner nur ein Glied z^n, also nur eines $\cos^n\varphi$ enthält, so kann auch $\cos n\varphi$ nicht fehlen. Es hat daher $P^n(z)$ die Form

$$\sum_{m=0}^{m=n} u_m \cos m\varphi,$$

wenn u weder ψ noch ψ_1, sondern nur x und x_1 enthält; setzt man diesen Werth statt f in die Gleichung (48, a), in welcher ψ nicht selbst vorkommt, sondern nur als Buchstabe nach dem differentiirt wird, so bleibt nach dem Einsetzen die linke Seite von (48, a) eine Reihe, die nach Cosinus der Vielfachen von φ geordnet ist: soll sie verschwinden, so muss jedes Glied für sich verschwinden. Lässt man in den m^{ten} Gliedern den gemeinsamen Factor $\cos m\varphi$ fort, so muss demnach u_m der Differentialgleichung

$$\frac{\partial}{\partial x}\left((1-x^2)\frac{\partial u_m}{\partial x}\right)+\left(n(n+1)-\frac{m^2}{1-x^2}\right)u_m = 0$$

genügen. Diese stimmt aber mit (39) überein, und ist durch die Form
$$u_m = g_m P_m^n(x) + h_m Q_m^n(x)$$
im §. 56 vollständig integrirt, wo g und h Constante sind, d. h. kein x enthalten, oder da u nur von x und x_1 abhängt, wo g und h nur x_1 enthalten können. Man sieht auf der Stelle, dass alle h verschwinden müssen: denn setzt man für u_m den gefundenen Werth in $P^n(z)$, so verwandelt es sich in
$$\sum_{m=0}^{m=n} g_m P_m^n(x)\cos m\varphi + \sum_{m=0}^{m=n} h_m Q_m^n(x)\cos m\varphi;$$
P wird für kein endliches x, also auch nicht für $x=1$ unendlich, während $Q(1)=\infty$ ist, so dass alle h verschwinden müssen, und als Werth von $P^n(z)$ nur die erste endliche Reihe übrig bleibt, welche die g enthält.

Wegen der Symmetrie von $P^n(z)$ in Bezug auf x und x_1 muss dasselbe auch die Form
$$\sum_{m=0}^{m=n} k_m P_m^n(x_1)\cos m\varphi$$
haben, wo k nur x enthalten kann; die beiden Cosinusreihen
$$\Sigma g_m P_m^n(x)\cos m\varphi, \quad \Sigma k_m P_m^n(x_1)\cos m\varphi$$
müssen also gleich, und weil die Gleichheit für alle φ besteht, identisch sein, oder
$$g_m P_m^n(x) = k_m P_m^n(x_1)$$
während g nur x_1, k nur x enthält. Hieraus folgt, dass wenn b_m einen numerischen Werth vorstellt
$$g_m = b_m P_m^n(x_1), \quad k_m = b_m P_m^n(x)$$
wird, dass also
$$(a)\ \ldots\ P^n(z) = \sum_{m=0}^{m=n} b_m P_m^n(x) P_m^n(x_1)\cos m\varphi$$
ist. Diese Form hat Laplace angegeben; er hat auch die Constanten bestimmt, aber die wahre Natur der P_m^n in sofern nicht erkannt, als er sie nach absteigenden $\varrho = i\sqrt{x^2-1}$ entwickelte, für dieselben also die Reihen §. 51 ad 2 die nach ϱ geordnet sind anwandte. Bei der Bestimmung der b findet sich der Irrthum, auf

welchen an der citirten Stelle hingedeutet wurde: der Fortschritt von Legendre bei dieser Formel besteht in der richtigen Bestimmung der b und darin, dass er für die P_m^n ihre eleganteren Werthe einführte. Man vergl. die oben citirte Stelle in den Memoiren von 1789.

Die numerischen Constanten lassen sich wohl am leichtesten durch Berücksichtigung des Falles $x = x_1 = \infty$ bestimmen, für welchen sich z auf $2x^2\sin^2\frac{1}{2}\varphi$ reducirt. Dividirt man (a) durch x^{2n}, so wird nach (2) und (34, a) für $x = \infty$

$$x^{-2n}P^n(z) = \frac{1.3\ldots(2n-1)}{1.2\ldots n}(2\sin^2\tfrac{1}{2}\varphi)^n, \quad x^{-n}P_m^n(x) = 1,$$

also

$$2^n\cdot\frac{1.3\ldots(2n-1)}{1.2\ldots n}\sin^{2n}\tfrac{1}{2}\varphi = \sum_0^n b_m\cos m\varphi.$$

Bekanntlich ist
$$(-1)^n 2^{2n}\sin^{2n}\tfrac{1}{2}\varphi = 2\cos n\varphi - 2\cdot\frac{2n}{1}\cos(n-1)\varphi$$
$$+ 2\cdot\frac{2n.(2n-1)}{1.2}\cos(n-2)\varphi + \cdots + (-1)^n\frac{2n.(2n-1)\ldots(n+1)}{1.2\ldots n},$$

also nach Umkehrung der Reihe

$$= (-1)^n\frac{\Pi(2n)}{\Pi(n)\Pi(n)}\left(1 - 2\cdot\frac{n}{n+1}\cos\varphi + 2\frac{n(n-1)}{(n+1)(n+2)}\cos 2\varphi + \text{etc.}\right).$$

Führt man endlich eine numerische Constante a durch die Gleichungen

$$(49)\ldots\quad a_m^n = 2\cdot\frac{(1.3.5\ldots(2n-1))^2}{\Pi(n+m)\Pi(n-m)},$$

$$a_0^n = \left(\frac{1.3.5\ldots(2n-1)}{1.2.3\ldots n}\right)^2$$

ein, so wird $b_m = (-1)^m a_m^n$, also schliesslich

$$(49, a)\ldots\quad P^n(z) = P^n(xx_1 - \sqrt{x^2-1}\sqrt{x_1^2-1}\cos\varphi)$$

$$= \sum_{m=0}^{m=n}(-1)^m a_m^n P_m^n(x)P_m^n(x_1)\cos m\varphi.$$

Untersucht man mehrerer solcher Functionen für ein gleiches n, so wird es erlaubt sein, sämmtliche obere Indices fortzulassen.

Der von Legendre zuerst gegebene Satz über das von φ freie Glied (§. 66), der hieraus ohne weiteres fliesst, lautet:

$$\frac{1}{\pi}\int_0^\pi P^n(z)\partial\varphi = P^n(x)P^n(x_1).$$

§. 68. Ausser dieser Entwickelung von $P^n(z)$ nach Cosinus der Vielfachen von φ sind offenbar noch andre möglich, und es sind auch noch andere bereits ausgeführt worden. Im dritten und vierten Kapitel wird uns eine solche beschäftigen, welche nach gewissen ganzen Functionen von neuen, statt θ und ψ einzuführenden Veränderlichen fortschreitet; hier soll nur noch diejenige erwähnt werden, welche Hansen im 4ten Bande der Abhandl. d. Sächsischen Gesellschaft d. W. in der schon früher genannten Arbeit*) durchgeführt hat. Es bedeuten θ und θ_1 dort die Breiten zweier Himmelskörper, während φ die Neigung ihrer Bahnen vorstellt; wenn die letztere klein ist, so hat eine Entwickelung nach Cosinus der Vielfachen von φ für die numerische Rechnung keine Bedeutung, wohl aber eine Entwickelung nach Potenzen von $\sin\frac{1}{2}\varphi$ oder $\tan(\frac{1}{2}\varphi)$. Nach solchen Grössen ordnet Hansen die Function $P^n(\cos\gamma)$ (bei ihm, in n°. 24 ist D_n unser $P^n(\cos\gamma)$), und verwandelt die Coefficienten, die bei unserer Darstellung Potenzen von $\sin\theta$, $\cos\theta$, $\sin\theta_1$, $\cos\theta_1$ enthalten würden, in Reihen die nach **Sinus und Cosinus der Vielfachen von θ und θ_1** geordnet sind. Man übersieht aus (49, a), wenn man sich $\cos m\varphi$ in eine Potenzreihe entwickelt denkt, dass jene Coefficienten linear aus den Aggregaten $P_m(\cos\theta) \cdot P_m(\cos\theta_1)$ zusammengesetzt sind; es käme also noch darauf an, jedes der Aggregate nach den trigonometrischen Functionen der Vielfachen von θ und θ_1 zu ordnen. Hülfsformeln dazu sind im §. 51 ad 3 gegeben, aus denen man erkennt dass jenes Aggregat mit $(\sin\theta\sin\theta_1)^{\pm m}$ multiplicirt allerdings eine einfache Entwickelung liefert; dagegen würde schon $P_m(\cos\theta)$ selbst eine complicirte Entwickelung nach den Sinus und Cosinus der Vielfachen geben, indem man dazu $\sin^m\theta$ in eine solche Reihe verwandeln und diese mit

$$\cos(n-m)\theta + \frac{(n-m)(2m+1)}{1 \cdot (2n-1)}\cos(n-m-2)\theta + \text{etc.}$$

---

*) Entwickelung der negativen und ungeraden Potenzen der Quadratwurzel etc. S. 285—376. Man vergl. auch das Programm von Scheibner.

multipliciren muss. Hansen hat dieses vollständig durchgeführt, und die Reihe durch Hinzufügung von vielen Tafeln für die numerische Rechnung brauchbar gemacht. Da die Formeln sich nicht wesentlich zusammenziehen, und die Entwickelungen jenes Aufsatzes ohne Hinzufügung der Tafeln einen grossen Theil ihres Werthes verlieren müssten, so übergehen wir hier dieselben mit Verweisung auf das Original, und begnügen uns damit, die Aufgabe und die Methode, durch welche man sie mit Hülfe unserer Formeln lösen kann auseinandergesetzt zu haben.

In n°. 37 seiner Arbeit hebt Hansen einen besondern Fall seiner neuen Darstellung von $P^n(z)$ hervor, von dem er später Anwendungen geben würde; da unsere Formeln die Lösung für diesen leicht verschaffen, so soll er hier näher betrachtet werden.

Es ist dies der Fall, dass $P^n(\cos\alpha \cos\beta)$ nach Cosinus der Vielfachen von β zu entwickeln ist; um diese Aufgabe nach (49, a) zu lösen, setze man dort

$$x_i = 0, \quad x = \sin\alpha, \quad \varphi = \beta$$

und findet

$$P^n(\cos\alpha \cos\beta) = \Sigma(-1)^m a_m P_m(\sin\alpha) P_m(0) \cos m\beta.$$

Die Grösse $P_m(0)$ ist eine Constante, $= i^m \mathfrak{P}_m(0)$, also 0 wenn $n-m$ ungerade ist, im anderen Falle das Product von i^m und dem von x freien Gliede in $\mathfrak{P}_m(x)$, daher (cf. p. 120) gleich

$$\frac{(-1)^{\frac{n}{2}} \Pi(n-m)}{2.4\ldots(n-m).(n+m+1)(n+m+3)\ldots(2n-1)}.$$

Zieht man dies mit a_m zusammen, so folgt

$$\frac{2^n}{1.3\ldots(2n-1)} \cdot P^n(\cos\alpha \cos\beta) = 2 \Sigma (-1)^{\frac{n-m}{2}} \cdot \frac{\cos^m\alpha \, \mathfrak{P}_m(\sin\alpha) \cos m\beta}{\Pi\frac{n+m}{2} \Pi\frac{n-m}{2}}$$

die Summe über alle n gleichartigen m von 0 bis n, und für $m=0$ die Hälfte genommen. Für $\mathfrak{P}_m(\sin\alpha)$ ist die Reihe (34)

$$\sin^{n-m}\alpha - \frac{(n-m)(n-m-1)}{2(2n-1)} \sin^{n-m-2}\alpha + \text{etc.}$$

die nach Potenzen von $\sin\alpha$ absteigt, oder nach p. 142

$$\left(\frac{i}{2}\right)^{n-m}\left(\cos(n-m)\alpha - \frac{(n-m)(2m+1)}{1.(2n-1)}\cos(n-m-2)\alpha + \text{etc.}\right)$$

zu nehmen.

§. 69. Dieselbe Grösse $P^n(\cos\alpha\cos\beta)$ lässt sich noch in eine andere Form durch (49, a) bringen, indem man $x=\cos\alpha$, $x_1=\cos\beta$, $\varphi=\frac{1}{2}\pi$ setzt. Dadurch entsteht

$$P^n(\cos\alpha\cos\beta) = \Sigma(-1)^m a_{2m} P_{2m}(\cos\alpha) P_{2m}(\cos\beta) \cos 2m\varphi,$$

wenn über alle ganzen m von 0 bis $\frac{1}{2}n$ summirt wird. Diese Formel lässt sich noch verallgemeinern, indem man (49, a) im ganzen m mal nach $\cos\varphi$ differentiirt und dann $\cos\varphi = 0$ setzt. Die linke Seite wird dann

$$(-1)^m (\sqrt{x^2-1}\sqrt{x_1^2-1})^m \frac{d^m P^n(z)}{dz^m}, \quad (\cos\varphi = 0);$$

der m^{te} Differentialquotient verwandelt sich nach §. 43 in

$$\frac{1.3\ldots(2n-1)}{\Pi(n-m)} \mathfrak{P}_m^n(xx_1).$$

Ferner wird für $\cos\varphi = 0$ und $m > 0$,

$$\frac{d^m \cos(m+2p)\varphi}{d(\cos\varphi)^m} = (-1)^p (m+2p) 2^{m-1} \frac{\Pi(m+p-1)}{\Pi(p)}.$$

Fasst man alles zusammen, und führt auch rechts statt der P die $\mathfrak{P}$ ein, so findet man endlich

(a) $\ldots \dfrac{2^{-m}}{1.3\ldots(2n-1)} \dfrac{\Pi(n+m)}{\Pi(m-1)} \mathfrak{P}_m^n(xx_1) = m \mathfrak{P}_m^n(x) \mathfrak{P}_m^n(x_1)$

$-(m+2)\dfrac{m}{1}\cdot\dfrac{(n-m)(n-m-1)}{(n+m+1)(n+m+2)} \mathfrak{P}_{m+2}^n(x) \mathfrak{P}_{m+2}^n(x_1)(x^2-1)(x_1^2-1)$

$+(m+4)\dfrac{m(m+1)}{1.2}\dfrac{(n-m)\ldots(n-m-3)}{(n+m+1)\ldots(n+m+4)} \mathfrak{P}_{m+4}^n(x) \mathfrak{P}_{m+4}^n(x_1)(x^2-1)^2(x_1^2-1)^2 + \cdots$

Diese Gleichung gestattet auch eine Umkehrung, d. h. sie giebt auch einen Ausdruck des Productes $\mathfrak{P}_m^n(x) \mathfrak{P}_m^n(x_1)$ durch die Functionen $\mathfrak{P}_m^n(xx_1)$, $\mathfrak{P}_{m+2}^n(xx_1)$, etc. Es mag genügen, wenn hier nur das Resultat der Elimination angegeben wird, welches sich wohl am einfachsten in folgende Form fassen lässt:

(b) $\ldots 2^m \dfrac{\Pi(n-m)}{\Pi(n+m)} \dfrac{d^m P^n(x)}{dx^m} \dfrac{d^m P^n(x_1)}{dx_1^m} =$

$\dfrac{d^m P^n(xx_1)}{d(xx_1)^m} + \dfrac{(x^2-1)(x_1^2-1)}{2(2m+2)} \dfrac{d^{m+2} P^n(xx_1)}{d(xx_1)^{m+2}}$

$+ \dfrac{(x^2-1)^2(x_1^2-1)^2}{2.4(2m+2)(2m+4)} \dfrac{d^{m+4} P^n(xx_1)}{d(xx_1)^{m+4}} + \text{etc.}$

§. 70. Im §. 68 wurde von anderen Formen gehandelt, welche die Function $P(z)$ annimmt, d. h. von solchen Reihen die nicht mehr nach Cosinus der Vielfachen von φ fortschreiten: es giebt aber auch noch andere Methoden, die ursprüngliche Reihe von Laplace abzuleiten. Hansen*) theilt, um diese zu finden, das Argument z in zwei Theile, nämlich in

$$a = xx_1, \quad h = -\sqrt{x^2-1}\sqrt{x_1^2-1}\cos\varphi,$$

entwickelt mit Hülfe des Taylor'schen Lehrsatzes $P^n(a+h)$ nach Potenzen von h, setzt die Potenzen von $\cos\varphi$ in Cosinus der Vielfachen von φ um, und sammelt dann sämmtliche Glieder welche in Cosinus des gleichen Vielfachen von φ multiplicirt sind. Dadurch findet er als Factor von $\cos m\varphi$ eine Reihe derselben Form wie die rechte Seite von (b) im vorigen Paragraphen, welche er durch die linke Seite summirt, und so unmittelbar die Form von Laplace, die Gleichung (49, a) erhält. Die Hülfsgleichung (b), ebenso auch (a) des §. 69 entwickelt Hansen, bei dem dieselben zuerst vorkommen, nicht auf dem Wege, auf welchen man im vorigen Paragraphen zu ihnen gelangte, (es wurde dort die Kenntniss der allgemeinen Formel (49, a) vorausgesetzt) sondern auf eine seinen Zwecken entsprechende Art, welche man an dem angeführten Orte im §. 2 findet, und die nur den Ausdruck von P^n durch einen n^{ten} Differentialquotienten voraussetzt.

Noch früher**), in einer schon mehrfach erwähnten Abhandlung, hat Jacobi die Laplace'sche Formel durch ganz verschiedene Prinzipien abgeleitet, die sowohl wegen ihrer Einfachheit als auch wegen der Wichtigkeit für das Folgende hier vollständig mitgetheilt werden sollen. Die Methode beruht auf einer zweckmässigen Benutzung der Gleichung (4, a) im §. 6, welche ergab dass

$$\frac{2\pi}{\sqrt{A^2-B^2-C^2}} = \int_0^{2\pi} \frac{d\eta}{A + B\cos\eta + C\sin\eta},$$

wenn, um nur den Theil des Satzes zu erwähnen, welcher hier in Frage kommt, A positiv und ebenso wie B und C reell, ferner

---

*) Abhandlungen der Sächsischen Gesellschaft der W., I. Bd. 1852, S. 128—130: Ueber die Entwickelung der Grösse $(1-2\alpha H+\alpha^2)^{-\frac{1}{2}}$ nach den Potenzen von α.

**) Crelle, Journ. f. Math. Bd. XXVI.

$A^2-B^2-C^2$ positiv ist. Der Satz wurde später (im §. 47) noch verallgemeinert und auch auf andere Werthe von A, B, C übertragen; es scheint aber angemessen, die erste Formel zu Grunde zu legen, welche mit geringeren Mitteln abgeleitet wurde. Beweist man durch dieselbe (49, a), so erlangt man diese Formel allerdings zunächst nur für den Fall, dass x und x_1 reell und grösser als 1 sind; da aber die zu beweisende Gleichung auf beiden Seiten nur ganze Functionen von x, x_1, $\sqrt{x^2-1}$ und $\sqrt{x_1^2-1}$ enthält, so folgt unmittelbar, dass wenn sie für die erwähnten Fälle gilt, sie auch für alle x und x_1 richtig bleibt, wenn nur die Zeichen der Quadratwurzeln auf beiden Seiten gleich genommen werden.

Denkt man sich x als den grösseren der beiden Werthe x und x_1, ferner x positiv, und zerlegt $1-2\alpha z+\alpha^2$ in

$$(x-\alpha x_1)^2-(\sqrt{x^2-1}\cos\psi-\alpha\sqrt{x_1^2-1}\cos\psi_1)^2-(\sqrt{x^2-1}\sin\psi-\alpha\sqrt{x_1^2-1}\sin\psi_1)^2,$$

so hat der vorstehende Ausdruck die Form $A^2-B^2-C^2$, wo

$$A = (x-\alpha x_1)$$

gesetzt, also bei hinreichend kleinem α positiv wird. Durch die Hülfsformel entsteht dann

$$\frac{1}{\sqrt{1-2\alpha z+\alpha^2}} = \frac{1}{2\pi}\int_0^{2\pi}\frac{d\eta}{(x+\cos(\psi-\eta)\sqrt{x^2-1})-\alpha(x_1+\cos(\psi_1-\eta)\sqrt{x_1^2-1})};$$

entwickelt man auf beiden Seiten nach aufsteigenden Potenzen von α, so ist mit α^n auf der linken Seite $P^n(z)$ multiplicirt, also

$$(50)\ldots\quad P^n(z) = \frac{1}{2\pi}\int_0^{2\pi}\frac{(x_1+\cos(\psi_1-\eta)\sqrt{x_1^2-1})^n}{(x+\cos(\psi-\eta)\sqrt{x^2-1})^{n+1}}d\eta.$$

Es bleibt noch die weitere Transformation der rechten Seite dieser Gleichung, deren Zähler sich in eine nach Cosinus der Vielfachen von $(\psi_1-\eta)$ fortschreitende Reihe der Form

$$(a)\ldots\quad c_0 + 2c_1\cos(\psi_1-\eta) + 2c_2\cos 2(\psi_1-\eta) + \text{etc.}$$

entwickeln lässt, während die Reciproke des Nenners eine Reihe

$$(b)\ldots\quad k_0 + 2k_1\cos(\psi-\eta) + 2k_2\cos 2(\psi-\eta) + \text{etc.}$$

giebt, wo nur für c und k ihre Werthe nach (33, a) und (36) zu setzen sind, d. h.

$$c_m = \frac{1.3\ldots(2n-1)\Pi(n)}{\Pi(n+m)\Pi(n-m)}P_m^n(x_1),\quad m\leq n$$

und $c_m = 0$ wenn $m > n$, ferner
$$k_m = (-1)^m \cdot \frac{1.3\ldots(2n-1)}{1.2\ldots n} P_m^n(x).$$

Berücksichtigt man, dass das Integral zwischen 0 und 2π aus dem Producte der Reihen (a) und (b) sich bedeutend zusammenzieht, indem
$$\frac{1}{2\pi}\int_0^{2\pi}(a).(b)\,d\eta = c_0k_0 + 2c_1k_1\cos(\psi-\psi_1) + 2c_2k_2\cos 2(\psi-\psi_1) + \cdots$$

was auch die Constanten c und k vorstellen, und dass in unserem Falle $2c_m k_m$ sich in
$$2(-1)^m \cdot \frac{(1.3\ldots(2n-1))^2}{\Pi(n+m)\Pi(n-m)} P_m^n(x) P_m^n(x_1) \cos m\varphi,$$

oder 0 verwandelt, je nachdem $m \leq n$ oder $m > n$, so hat man den durch (49, a) ausgedrückten Werth von $P^n(z)$.

§. 71. Es sind nicht sowohl die Zugeordneten $P_m^n(x)$ und $Q_m^n(x)$ welche in den Formeln erscheinen, sondern es treten diese Functionen in der Regel multiplicirt mit einem Cosinus oder Sinus wie $\cos m\psi$ oder $\sin m\psi$ auf. Diese Verbindungen, also

$$P_m^n(x)\cos m\psi, \quad P_m^n(x)\sin m\psi, \quad Q_m^n(x)\cos m\psi, \quad Q_m^n(x)\sin m\psi,$$

und zwar die beiden ersten von diesen vier so lange $m \leq n$, sollen **Kugelfunctionen mit zwei Veränderlichen** heissen. Das Bedürfniss einer abkürzenden Bezeichnung hat sich bis jetzt nur für die welche P enthalten herausgestellt, für welche dann die Buchstaben C und S, je nachdem der Cosinus oder Sinus von $m\psi$ in ihnen vorkommt, gewählt werden mögen. Meistentheils ist es bequem für x eine Grösse $\cos\theta$ zu setzen, wo θ reell oder imaginär sein kann; deshalb wird bestimmt, dass

$$(51)\ldots \begin{cases} P_m^n(\cos\theta)\cos m\psi = C_m^n(\theta,\psi), \\ P_m^n(\cos\theta)\sin m\psi = S_m^n(\theta,\psi), \end{cases} (m \leq n)$$

sein soll. Indices m, n und Argumente θ, ψ dürfen überall, wo es ohne Zweideutigkeit geschehen kann, fortgelassen werden.

Die C^n und S^n sind ganze Functionen vom n^{ten} Grade der drei Grössen $\cos\theta$, $\sin\theta\cos\psi$, $\sin\theta\sin\psi$, indem

$$C_m^n \pm iS_m^n = i^m \sin^m\theta(\cos m\psi \pm i\sin m\psi)\mathfrak{P}_m^n(\cos\theta)$$

wird; aber
$$\sin^m\theta(\cos m\psi \pm i\sin m\psi) = (\sin\theta\cos\psi \pm i\sin\theta\sin\psi)^m,$$
wodurch die Behauptung erwiesen ist, wenn man erwägt, dass $\mathfrak{P}_m^n$ nach $\cos\theta$ den $(n-m)^{\text{ten}}$ Grad hat.

Setzt man in (38, b) $t = 0$ so findet man für C und S mit Hülfe von (35) je einen Integralausdruck; beide Formeln ziehe man in eine zusammen, indem man einen willkürlichen Buchstaben a zu Hülfe nimmt, nämlich in

$$C_m^n \cos ma \pm S_m^n \sin ma = 2^{n-1} \frac{\Pi(n+m)\Pi(n-m)}{\pi \cdot \Pi(2n)} \times$$
$$\int_0^{2\pi} \left(\cos\theta + i\sin\theta\cos(\eta-\psi)\right)^n \cos m(\eta \mp a) d\eta,$$

indem $i\sin\theta$ schlechtweg für $\sqrt{\cos^2\theta - 1}$ steht, wo die Wurzel nach den früheren Bestimmungen zu nehmen ist. Auch dieser Ausdruck beweist die oben angegebene Zusammensetzung von C und S aus $\cos\theta$, etc.: man hat nur $\sin\theta\cos(\eta-\psi)$ in $(\sin\theta\cos\psi)\cos\eta + (\sin\theta\sin\psi)\sin\eta$ aufzulösen, um zu erkennen, dass C und S ganze Functionen n^{ten} Grades von $\cos\theta$, etc. werden.

Die $(2n+1)$ Functionen C^n und S^n unterscheiden sich wesentlich von den Producten $P^n \cdot \cos m\psi$ und $P^n \cdot \sin m\psi$, für die $m > n$. Sollten diese noch ganze Functionen von $\cos\theta$, etc. sein, so wären sie jedenfalls vom höheren als dem n^{ten} Grade, da $\cos m\psi$ und $\sin m\psi$ nicht aus Potenzen von $\cos\psi$ und $\sin\psi$ von geringerem als dem n^{ten} Grade allein entstehen. Ausserdem sind sie aber auch nicht einmal ganze Functionen: sie blieben sonst ganze Functionen für $\psi = 0$, so dass P_m^n eine ganze Function von $\cos\theta$ und $\sin\theta$ wäre. Man weiss aber aus §. 45 dass $P_m^n(x)$ wenn $m > n$ für einen gewissen Werth von x nämlich $x = -1$ unendlich wird, so dass es keine ganze Function von x und $\sqrt{x^2-1}$ sein kann.

Die C^n und S^n sind ferner Integrale der partiellen Differentialgleichung (48), d. h. genügen ihr für f gesetzt. In der That, macht man z. B. $f = C_m^n = P_m^n(\cos\theta) \cdot \cos m\psi$ so wird die linke Seite von (48)

$$\cos m\psi \left(\frac{\partial^2 P_m^n}{\partial\theta^2} + \cotang\theta \frac{\partial P_m^n}{\partial\theta} + \left(n(n+1) - \frac{m^2}{\sin^2\theta}\right) P_m^n\right)$$

und nach (39, a) gleich 0. Es sind also, in der Ausdrucksweise des §. 66, die C^n und S^n im ganzen $(2n+1)$ Integrale von (48) welche zur Klasse der P^n in Bezug auf θ und ψ gehören. Jede Function die zur Klasse der P^n gehört, ist aus ihnen linear durch die Formel

$$\sum_{m=0}^{m=n}(c_m C_m^n + k_m S_m^n)$$

mit $(2n+1)$ willkürlichen Constanten c und k zusammengesetzt. [Ist nämlich $f(\theta, \psi)$ eine solche Function, so muss sie, nach Cosinus und Sinus von $m\psi$ entwickelt, die Form

$$\sum(u_m \cos m\psi + v_m \sin m\psi)$$

haben (m. vergl. §. 66), wo u_m und v_m der Differentialgleichung der P_m^n und Q_m^n genügen. Es darf Q_m^n nicht in der Function vorkommen, ebenso wenig ein m welches grösser als n ist. etc. etc.]

§. 72. Fasst man Entwickelungen gegebener Functionen nach C und S in's Auge, so ist analog dem in §. 14 untersuchten Integrale

$$\int_{-1}^{1} P^m(x) P^n(x) dx,$$

hier als Hülfsmittel

$$A = \int_0^\pi \sin\theta\, d\theta \int_0^{2\pi} C_m^n C_\mu^\nu\, d\psi$$

$$B = \int_0^\pi \sin\theta\, d\theta \int_0^{2\pi} C_m^n S_\mu^\nu\, d\psi$$

$$D = \int_0^\pi \sin\theta\, d\theta \int_0^{2\pi} S_m^n S_\mu^\nu\, d\psi$$

zu betrachten; es zeigt sich, dass B immer verschwindet, und dass auch A und C Null sind, wenn nicht zugleich

$$n = \nu, \quad m = \mu.$$

Diese Sätze, welche Laplace in den Memoiren von 1782 S. 163 durch ein Verfahren bewiesen hat, von welchem §. 14 und §. 52 bereits Proben gegeben wurden, lassen sich leicht nachweisen, wenn man die Zusammensetzung von C_m und S_m aus P_m und $\cos m\psi$ resp. $\sin m\psi$ beachtet. Aus derselben folgt, dass $C_m^n S_\mu^\nu$ die Grösse ψ nur in der Verbindung $\cos m\psi \sin \mu\psi$ enthält, dass also in B das innere Integral, das nach ψ zu nehmende, verschwindet, folglich B immer 0 ist. In A und D verschwinden gleichfalls die inneren Integrale, wenn nicht $m = \mu$; ist aber $m = \mu$ so wird für $m = \mu = 0$, D gleich 0, sonst

$$A = D = \pi \int_0^\pi P_m^\mu(\cos\theta) P_m^\nu(\cos\theta) \sin\theta\, d\theta,$$

also nach §. 52 Null wenn nicht $n = \nu$, in diesem Falle aber

$$(-1)^m \frac{2\pi}{2n+1} \frac{\Pi(n+m)\Pi(n-m)}{(1.3\ldots(2n-1))^2}$$

für $m = 0$ aber A das Doppelte. Dieser Werth verwandelt sich endlich nach (49) in

$$(-1)^m \frac{4\pi}{2n+1} \cdot \frac{1}{a_m^n}.$$

Man hat also das Resultat: **Es ist immer $B = 0$; ferner $D = 0$ wenn m oder μ gleich Null sind; A und D verschwinden ausserdem wenn nicht zugleich $m = \mu$, $n = \nu$. In allen übrigen Fällen ist aber**

$$\frac{2n+1}{4\pi} A = \frac{(-1)^m}{a_m^n}; \quad \frac{2n+1}{4\pi} D = \frac{(-1)^m}{a_m^n}.$$

Wegen einer späteren Untersuchung im dritten Kapitel soll hier gleich erwähnt werden, dass die Sätze für A und D noch gelten, wenn die Grenzen nach ψ und θ nur 0 und $\frac{1}{2}\pi$ sind, doch ist dann der Werth des Integrals der achte Theil des früheren. Man darf ferner in diesem Falle ν nur gleichartig mit n, und μ mit m wählen, d. h. so dass $n-\nu$ und $m-\mu$ gerade Zahlen oder 0 werden. Der Beweis ist ganz ähnlich dem eben geführten; es wird nämlich

$$\int_0^{\frac{1}{2}\pi} \cos m\psi \cos\mu\psi\, d\psi$$

wieder 0 wenn m und μ verschieden (aber gleichartig) sind, während

$$\int_0^{\frac{1}{2}\pi} P_m^\mu P_m^\nu \sin\theta\, d\theta$$

die Hälfte desselben Integrales von 0 bis π ist. Zertheilt man das letztere nämlich in eines von 0 bis $\frac{1}{2}\pi$ und eines von $\frac{1}{2}\pi$ bis π, so geht dieses durch die Substitution $\theta = \pi - \eta$ in $(-1)^{n+\nu}$ mal dem von 0 bis $\frac{1}{2}\pi$ genommenen über.

Ob jede Function von θ und ψ sich nach den C und S entwickeln lässt wird im fünften Kapitel untersucht werden;

nach der Methode des §. 15 zeigt man aber sogleich, dass eine solche Entwickelung nur auf eine Art geschehen kann, d. h. dass, wenn es möglich ist, eine Function $f(\theta, \psi)$ durch die Doppelreihe

$$(a) \ldots f(\theta, \psi) = \Sigma(c_m^n C_m^n + k_m^n S_m^n)$$

für alle θ von 0 bis π und alle ψ von 0 bis 2π darzustellen, (wo die Summe auf der rechten Seite von $m = 0$ bis $m = n$, von $n = 0$ bis $n = \infty$ zu nehmen ist) jede andere derartige Entwickelung mit der vorliegenden übereinstimmen muss. [Denn wäre $\Sigma(\gamma_m^n C_m^n + \varkappa_m^n S_m^n)$ eine zweite Entwickelung, so würde die Multiplication mit $C_m^n \sin\theta d\theta d\psi$ und Integration geben:

$$(-1)^m \frac{4\pi}{2n+1} \frac{c_m^n}{a_m^n} = (-1)^m \frac{4\pi}{2n+1} \frac{\gamma_m^n}{a_m^n}; \quad \text{etc. etc.}]$$

Der Werth der Coefficienten c und k drückt sich dann durch f in folgender Art aus

$$(-1)^m c_m^n = \frac{2n+1}{4\pi} a_m^n \int_0^\pi \sin\theta \, d\theta \int_0^{2\pi} f(\theta, \psi) C_m^n d\psi,$$

$$(-1)^m k_m^n = \frac{2n+1}{4\pi} a_m^n \int_0^\pi \sin\theta \, d\theta \int_0^{2\pi} f(\theta, \psi) S_m^n d\psi.$$

War aber (a) nur für alle θ und ψ von 0 bis $\tfrac{1}{2}\pi$ gegeben, so gelten die Sätze nicht mehr in diesem Umfange, und müssen auf folgende Art specialisirt werden: Ist $f(\theta, \psi)$ entweder in eine Reihe $\Sigma c_m^n C_m^n$ oder in $\Sigma k_m^n S_m^n$ entwickelbar, die Summe nur über gleichartige m und gleichartige n ausgedehnt, so sind die c oder k bestimmt, und durch den achtfachen Werth der vorhergehenden Integrale ausgedrückt, wenn diese nach θ und ψ von 0 nicht mehr bis π resp. 2π, sondern nur bis $\tfrac{1}{2}\pi$ genommen werden. Den Beweis hinzuzufügen wird überflüssig sein, da oben bereits über den Fall gehandelt wurde, dass man statt der A Integrale untersucht, deren Grenzen 0 und $\tfrac{1}{2}\pi$ sind.

Dass jede ganze Function f von $\cos\theta$, $\sin\theta\cos\psi$, $\sin\theta\sin\psi$ sich nach den C und S entwickeln lässt, kann an dieser Stelle leicht bewiesen werden. Eine solche Function besteht nämlich aus Gliedern der Form

$$(b) \ldots \cos^m\theta \sin^{\mu+\nu}\theta \cos^\mu\psi \sin^\nu\psi;$$

$\cos^n\psi$ nach Cosinus der Vielfachen von ψ entwickelt, giebt Glieder von der Form $\cos(n-2p)\psi$; $\sin^\nu\psi$ in ähnlicher Art behandelt, Glieder $\cos(\nu-2\mu)\psi$ oder $\sin(\nu-2\mu)\psi$ je nachdem ν gerade oder ungerade ist. Es kommen also in $\cos^n\psi\sin^\nu\psi$ für ein gerades ν nur Glieder $\cos(n+\nu-2p)\psi$, für ein ungerades $\sin(n+\nu-2p)\psi$ vor, wo p von 0 an nur solche ganzen Werthe erhält, die $n+\nu-2p$ positiv lassen. In (b) ist jeder solcher Cosinus oder Sinus mit der $(n+\nu)^{\text{ten}}$ Potenz von $\sin\theta$ multiplicirt, also enthält allgemein $\cos m\psi$ oder $\sin m\psi$ als Factor eine Potenz von $\sin\theta$ deren Exponent gleich m ist oder um eine gerade Zahl höher. Daher hat f die Form

$$f = F_0 + F_1 \sin\theta \cos\psi + F_2 \sin^2\theta \cos 2\psi + \text{etc.}$$
$$+ G_1 \sin\theta \sin\psi + G_2 \sin^2\theta \sin 2\psi + \text{etc.},$$

wo die F und G ganze Functionen von $\cos\theta$ vorstellen, und die rechte Seite eine endliche Reihe bildet. F_m lässt sich in die Summe zweier Theile u_m und v_m zerfällen, wo u_m eine gerade, v_m eine ungerade Function von $\cos\theta$ bezeichnet; für G_m gilt das Gleiche. Man behandele nun z. B. u_m weiter nach der Methode, durch welche man im §. 16 zeigte, dass x^n sich nach Kugelfunctionen entwickeln lässt. Es sei

$$u_m = b\cos^{2n}\theta + c\cos^{2n-2}\theta + \text{etc.},$$

so wird die Differenz $u_m - b\mathfrak{P}_m^{2n+m}(\cos\theta)$ eine Function wie u_m, nur von einem um zwei Einheiten niedrigeren Grade sein; durch weitere Subtractionen von Functionen $\mathfrak{P}$ muss es also auf den 0ten Grad, auf $\mathfrak{P}_m^m$ reducirt werden. Daher lässt sich u_m durch

$$u_m = \alpha\mathfrak{P}_m^m + \beta\mathfrak{P}_m^{m+2} + \gamma\mathfrak{P}_m^{m+4} + \text{etc.},$$

und ebenso v_m durch

$$v_m = a\mathfrak{P}_m^{m+1} + b\mathfrak{P}_m^{m+3} + \text{etc.},$$

also F_m und G_m mal $\sin^m\theta$ durch eine Summe von Gliedern $g^\nu P_m^\nu$ darstellen, wenn die g Constante bezeichnen und nach ν von $\nu=m$ an bis zu einem endlichen Werthe summirt wird. Multiplicirt man noch mit $\cos m\psi$ oder $\sin m\psi$, so verwandelt sich endlich die Summe resp. in $\Sigma g^\nu C_m^\nu$ oder $\Sigma g^\nu S_m^\nu$, was nachgewiesen werden sollte.

Da C_m^n und S_m^n nach $\cos\theta$, etc. genau vom n^{ten} Grade sind, so wird f kein C^n oder S^n enthalten können, wenn es von niedrigerem Grade als dem n^{ten} war, sondern nur solche C und S, deren oberer

Index unter n bleibt. Der Satz über die Bestimmung der Coefficienten giebt dann als Werth der in C_m^n und S_m^n multiplicirten Constanten resp.

$$\int_0^\pi d\theta \sin\theta \int_0^{2\pi} f(\theta, \psi) C_m^n d\psi = 0,$$

$$\int_0^\pi d\theta \sin\theta \int_0^{2\pi} f(\theta, \psi) S_m^n d\psi = 0.$$

Will man diese Integrale nach θ und ψ nur bis $\tfrac{1}{2}\pi$ nehmen, so bleibt ihr Werth jedenfalls noch 0 wenn $f(\theta, \psi)$ bei der Entwickelung nach C oder S nur Glieder enthält, welche C_m^n oder resp. S_m^n gleichartig sind, wenn also f auch keine C und S zugleich enthält. Dies wird geschehen, wenn in f nur Potenzen von $\cos\theta$ auftreten, welche n gleichartig sind, von $\sin\theta$ die mit m gleichartig sind, nur gerade Potenzen oder nur ungerade Potenzen von $\sin\psi$, je nachdem man das erste oder zweite Integral benutzen will. Diese Sätze entsprechen einem Fundamentalsatze von Legendre*) über $P^n(x)$. Man vergl. §. 16.

Zweites Kapitel.
Entwickelung der Kugelfunction zweiter Art.

§. 73. Durch die Methode des §. 67 erhält man für die Kugelfunction zweiter Art Q mit dem zusammengesetzten Argumente s, das von x, x_1, ψ und ψ_1 abhängt, eine Entwickelung welche der von Laplace für $P(s)$ gefundenen ganz ähnlich ist. Es muss nämlich $Q^n(s)$ wie $P^n(s)$ ein Integral der Differentialgleichung (48) im §. 66 werden, da $Q(x)$ derselben Gleichung (9) wie $P(x)$ genügt.

Wir greifen einen für diese Methode besonders bequemen Fall heraus, der uns die Form der Entwickelung auch für die übrigen Fälle andeutet; eine andere nicht gerade eben so einfache Methode, die auf Betrachtung bestimmter Integrale beruht, wird in den folgenden Paragraphen das Resultat für alle Fälle liefern. Wir den-

---

*) Memoiren von 1784 S. 372: $\int_{-1}^{1} P^n(x)(\alpha + \beta x + \cdots + \delta x^{n-1})dx = 0.$

ken uns x_1 positiv reell und ≤ 1, x positiv reell und hinlänglich gross, um
$$z = xx_1 - \sqrt{x^2-1}\sqrt{x_1^2-1}\cos\varphi$$
nie reell und kleiner oder gleich 1 werden zu lassen, welchen reellen Winkel auch φ vorstellt. Nimmt man deshalb zunächst $x > 1$, so kann z reell für $\cos\varphi = 0$ werden; wählt man nun x so gross dass $xx_1 > 1$, so ist die Bedingung für z erfüllt. Dann bleibt $Q^n(z)$ für alle φ von 0 bis 2π continuirlich und endlich, lässt sich also nach Cosinus der Vielfachen von φ (m. vergl. hier §. 67) in eine Reihe von der Form
$$Q^n(z) = \Sigma u_m \cos m\varphi$$
entwickeln. Es muss demnach u_m wiederum
$$= g_m P_m^n(x) + h_m Q_m^n(x)$$
sein; aber es sind hier alle g gleich Null zu setzen, da Q für $x = \infty$ nicht unendlich werden kann. Um zu bestimmen, wie x_1 in h eingeht, darf man nicht auf die Symmetrie von z in Bezug auf x und x_1 zurückgehen, da diese Buchstaben verschiedenen Bedingungen unterworfen sind; man geht vielmehr mit der gewonnenen Form
$$Q^n(z) = \sum_{m=0}^{m=\infty} h_m Q_m^n(x)\cos m\psi \cos m\psi_1 + \sum_{m=0}^{m=\infty} h_m Q_m^n(x)\sin m\psi \sin m\psi_1$$
in (48, a) ein, nachdem man in derselben x mit x_1 vertauscht hat. Die Bemerkung im §. 66 über die Freiheit, diese Buchstaben zu vertauschen, wird offenbar durch die vorerwähnte verschiedene Bedeutung der Buchstaben x und x_1 nicht aufgehoben; an der erwähnten Stelle hätte die Rechnung, durch welche die partielle Differentialgleichung für f aufgefunden wurde, ebenso gut mit x_1 und ψ wie mit x und ψ angestellt werden können.

Nach dem Einsetzen findet man für h_m die Differentialgleichung
$$\frac{d}{dx_1}\left((1-x_1^2)\frac{dh}{dx_1}\right) + \left(n(n+1) - \frac{m^2}{1-x_1^2}\right)h = 0,$$
welche durch
$$h_m = b_m P_m^n(x_1) + c_m Q_m^n(x_1)$$
mit den beiden willkürlichen Constanten b und c integrirt wird, die weder φ, φ_1, x noch x_1 enthalten können, also nur numerische Werthe sind: aber c muss 0 sein, indem $Q^n(z)$ für $x_1 = 1$ endlich

bleibt, während $Q_m^n(x_i)$ in's Unendliche wächst, so dass für $Q^n(z)$ die unendliche Reihe

$$Q^n(z) = \sum_{m=0}^{m=\infty} b_m P_m^n(x_i) Q_m^n(x) \cos m\varphi$$

erhalten wird. Es bleibt nur noch übrig, die Constanten b zu bestimmen, die man findet, wenn man die vorstehende Gleichung mit x^{n+1} multiplicirt, und dann $x = \infty$ setzt. Dadurch geht

$$x^{n+1} Q^n(z) = \frac{1.2.3\ldots n}{1.3\ldots(2n+1)} x^{n+1} \left(\frac{1}{z^{n+1}} + \text{etc.}\right)$$

in das erste Glied, d. h. in

$$\frac{1.2.3\ldots n}{1.3\ldots(2n+1)} \frac{1}{(x_i - \cos\varphi \sqrt{x_i^2-1})^{n+1}}$$

über, oder nach (36) in

$$\frac{2}{2n+1} \sum_{m=0}^{m=\infty} P_m^n(x_i) \cos m\varphi,$$

wenn in der Summe von dem $m = 0$ entsprechenden Gliede nur die Hälfte genommen wird. Die rechte Seite der Gleichung verwandelt sich dagegen in

$$\sum_{m=0}^{m=\infty} b_m P_m^n(x_i) \cos m\varphi,$$

so dass man durch Vergleichung beider Seiten

$$b_0 = \frac{1}{2n+1}, \quad b_m = \frac{2}{2n+1}$$

findet, also endlich die Formel erhält

(52) ... $(2n+1) Q^n(z) = P_0^n(x_i) Q_0^n(x) + 2 \sum_{m=1}^{m=\infty} P_m^n(x_i) Q_m^n(x) \cos m\varphi$,

welche allerdings zunächst nur für reelle positive x und x_i gilt, die so beschaffen sind, dass $x_i \leq 1$, $xx_i > 1$.

§. 74. Dieselbe Formel lässt sich durch eine Methode ableiten und von Beschränkungen befreien, welche für die Entwickelung der P im §. 70 angegeben und als die Methode von Jacobi bezeichnet wurde. Dieselbe bedarf nur geringer Modificationen, welche vorzugsweise darin bestehen, dass die Gleichung (50) nicht mehr durch Zurückgehen auf die erzeugenden Functionen abgeleitet, sondern durch eine Substitution bewiesen wird, durch die man zeigt, dass

$$(a) \ldots \int_0^{2\pi} \frac{(x_1 + \cos(\psi_1 - \eta)\sqrt{x_1^2-1})^n}{(x + \cos(\psi - \eta)\sqrt{x^2-1})^{n+1}} d\eta$$

in

$$(b) \ldots \int_0^{2\pi} (z - \cos\eta \sqrt{z^2-1})^n d\eta$$

übergeht. Ist dies nachgewiesen, so bleiben die folgenden Betrachtungen ungeändert; (b) dessen Werth $2\pi P^n(z)$ man kennt, wird durch die dortige Behandelung von (a) in die Laplace'sche Reihe entwickelt.

Die Gleichheit $(a) = (b)$ kann nicht bestehen wenn der Nenner in (a) verschwindet, was nur für rein imaginäre x möglich ist. Diesen Fall schliessen wir deshalb aus, denken uns auch x mit positivem reellen Theile versehen; war sein reeller Theil negativ, so lässt sich das Resultat aus dem welches wir gewinnen werden sogleich ablesen.

Man schaffe nun, um die Gleichheit zu beweisen, aus dem Nenner von (a) die Grösse ψ in den Zähler, indem man $\eta = \psi + \chi$ setzt, und für die neue Veränderliche χ Grenzen $-\psi$ und $2\pi - \psi$ erhält, die sich mit 0 und 2π vertauschen lassen. Diese Vertauschung ist für jedes Integral $\int_0^{2\pi} f(\eta) d\eta$ erlaubt, wenn f die Eigenschaften hat, welche nöthig sind, um seine Darstellung durch eine trigonometrische Reihe

$$f = \tfrac{1}{2}b_0 + b_1 \cos\eta + b_2 \cos 2\eta + \text{etc.}$$
$$+ a_1 \sin\eta + a_2 \sin 2\eta + \text{etc.}$$

zu gestatten (§. 10), indem dann $\int_0^{2\pi} f(\eta) d\eta = 2\pi b_0$, offenbar aber auch

$$\int_0^{2\pi} f(\psi + \chi) d\chi = 2\pi b_0$$

wird. Macht man wieder $\psi_1 - \psi = \varphi$, so entsteht dadurch aus (a)

$$\int_0^{2\pi} \frac{(x_1 + \cos(\varphi - \chi)\sqrt{x_1^2-1})^n}{(x + \cos\chi \sqrt{x^2-1})^{n+1}} d\chi,$$

welches man auf die Grenzen 0 und π bringt, indem man es in zwei Theile zerlegt, einen zwischen 0 und π und einen zweiten von π bis 2π, der durch die Substitution $\chi = 2\pi - \chi_1$ die Grenzen 0

§. 74, 52. II. Theil. Zweites Kapitel.

und π annimmt. So findet man statt (a) die Summe zweier Integrale, die durch die Formel

$$\int_0^\pi \frac{(x_i + \cos(\varphi \pm \chi)\sqrt{x_i^2-1})^n}{(x+\cos\chi\sqrt{x^2-1})^{n+1}} d\chi$$

ausgedrückt werden; das eine ist das Integral mit dem oberen, das andere mit dem unteren Zeichen. Hier nehme man die Substitution des §. 8 vor, indem man in den dortigen Formeln χ statt φ setzt. Löst man dann nach χ, statt wie es dort geschah nach η auf, so ist die Substitution

$$\cos\chi = \frac{x\cos\eta - \sqrt{x^2-1}}{x - \cos\eta\sqrt{x^2-1}},$$

$$x + \cos\chi\sqrt{x^2-1} = \frac{1}{x - \cos\eta\sqrt{x^2-1}},$$

$$\sin\chi = \frac{\sin\eta}{x - \cos\eta\sqrt{x^2-1}},$$

$$d\chi = \frac{d\eta}{x - \cos\eta\sqrt{x^2-1}},$$

und unser Integral verwandelt sich durch dieselbe in

$$(c) \ldots \int_0^\pi (A - B\cos\eta \mp C\sin\eta)^n d\eta,$$

wo

$$A = xx_i - \cos\varphi\sqrt{x^2-1}\sqrt{x_i^2-1} = z,$$
$$B = x_i\sqrt{x^2-1} - x\sqrt{x_i^2-1}\cos\varphi$$
$$C = \sin\varphi\sqrt{x_i^2-1}$$

wird. Man sieht, dass A, B, C den durch die Gleichung

$$A^2 - B^2 - C^2 = 1$$

ausgedrückten Zusammenhang haben, oder wenn man für A seinen Werth z setzt, dass $B^2 + C^2 = z^2 - 1$ wird, so dass man

$$B = \sqrt{z^2-1}\cos\alpha, \quad C = \sqrt{z^2-1}\sin\alpha$$

setzen darf, wo α einen reellen oder imaginären Winkel vorstellt. Es zieht sich dadurch (c) in

$$\int_0^\pi (z - \cos(\eta \mp \alpha)\sqrt{z^2-1})^n d\eta$$

zusammen; es war (a) die Summe der beiden Integrale, welche man aus dem vorstehenden erhält wenn man einmal das obere, dann das untere Zeichen nimmt; diese Summe lässt sich in das eine

$$(d) \ldots \int_0^{2\pi} (z - \cos(\eta - \alpha)\sqrt{z^2-1})^n \, d\eta$$

zusammenziehen, welches nach §. 42 oder nach demselben Prinzipe, welches oben gestattete, ψ aus dem Nenner in den Zähler zu versetzen

$$\int_0^{2\pi} (z - \cos\eta \sqrt{z^2-1})^n \, d\eta$$

d. h. (b) liefert.

Diesen directen Beweis von der Uebereinstimmung der beiden Ausdrücke (a) und (b) hat der Verfasser im Crelle'schen Journale*) mitgetheilt.

Anmerk. Dieselbe Methode bleibt noch auf die Transformation eines Integrales (a) in die Form (b) anwendbar, wenn die Grenzen des ersten beliebig und nicht mehr 0 und 2π sind; sie ist noch brauchbar wenn auch n eine negative ganze Zahl bedeutet (man nehme dann den reellen Theil von x_1 positiv an) oder gebrochen wird: für $n = -\frac{1}{2}$ erhält man dann bekannte Formeln über die Reduction eines elliptischen Integrals. Es kommen hierbei Umstände in Betracht, die, so lange Alles völlig allgemein bleibt, noch nicht hinlänglich erforscht sind, und auf welche aufmerksam gemacht werden soll, obgleich eine Untersuchung dieser Fälle für unsere Zwecke überflüssig ist:

Zunächst erhielt man oben $(a) = (d)$; es ist zweifelhaft ob hier diese Gleichung für alle x etc. besteht, indem zwar die angewandte Substitution immer brauchbar bleibt, aber für die Integration nach η ein imaginärer Weg von 0 bis 2π einzuschlagen ist, der zwar für ganze positive n mit dem directen reellen vertauscht werden darf, für andere n aber nur wenn die Grösse

$$z - \cos(\eta - \alpha)\sqrt{z^2-1}$$

in einem gewissen begrenzten Flächenstücke (man vergl. die ähnliche aber einfachere Betrachtung des §.8) für kein η verschwindet.

Die Gleichung $(d) = (b)$ ferner besteht sicher wenn α einen reellen Winkel vorstellt; in den anderen Fällen bedarf die Ver-

---

*) Bd. L: Directer Beweis der Gleichheit zweier bestimmten Integrale, S. 332.

gleichung von (d) mit (b) einer besonderen Betrachtung, die man nach Analogie des §. 44 anstellen kann oder nach dem Muster, welches die imaginäre Substitution bei den Q darbot. Um diese Andeutungen etwas weiter zu verfolgen betrachte man

$$(\alpha) \ldots \int_0^{2\pi} (z - \cos(\varphi + ti) \sqrt{z^2 - 1})^n \, d\varphi,$$

oder was dasselbe ist

$$(\beta) \ldots \int (z - \cos\theta \sqrt{z^2 - 1})^n \, d\theta,$$

von $\theta = ti$ bis $\theta = 2\pi + ti$ auf einer zur Achse des Reellen parallelen Geraden integrirt. Bezeichnet τ den reellen positiven Werth von t, für welchen

$$z - \cos(\varphi + ti) \sqrt{z^2 - 1}$$

verschwinden kann, so sind zwei Fälle zu unterscheiden:

1) Ist $t < \tau$, so wird (β), nach θ geradlinig von 0 bis 2π integrirt, gleich der Summe der drei auf geraden Linien zu nehmenden Integrale, erstens von 0 bis ti, zweitens von ti bis $2\pi + ti$, welches (s. o.) gleich α wird, und drittens von $2\pi + ti$ bis 2π, welches gleich und entgegengesetzt dem ersten ist und sich daher gegen dasselbe hebt. Es folgt hieraus, die (α) sich nicht von (β) unterscheidet wenn dieses auf reellem Wege von 0 bis 2π genommen wird.

2) War aber $t > \tau$ und bezeichnet v einen beliebigen Werth der t übertrifft, so ist (β) von ti bis $2\pi + ti$ geradlinig integrirt, d. h. (α) gleich der Summe der drei geradlinig genommenen Integrale (β), erstens von ti bis vi, zweitens von vi bis $2\pi + vi$, drittens von $2\pi + vi$ bis $2\pi + ti$, die sich wieder auf das zweite reducirt; es bleibt also (α) für beliebig wachsende t unverändert.

* §. 75. Wir gehen nach diesen Vorbereitungen zur Behandelung von $Q^n(z)$ über, wo z die frühere Bedeutung hat und für keinen Werth von φ unendlich werden soll, um eine Entwickelung nach Cosinus der Vielfachen von φ zuzulassen. Diese Bedingung kommt darauf hinaus, dass z für kein φ gleich ± 1 werden darf; bleiben x und x_1 in ihrer Form nicht weiter beschränkt als sie bisher waren, so scheint sich die Bedingung, dass

$$z = x x_1 - \cos\varphi \sqrt{x^2 - 1} \sqrt{x_1^2 - 1}$$

nicht gleich ± 1 werden darf, nicht wesentlich einfacher darstellen

zu lassen. Jedenfalls ist durch sie der Fall ausgeschlossen dass x und x_1 zugleich rein imaginär werden; denn setzt man $x = iy$, $x_1 = iy_1$ so verwandelt sich $-z$ in
$$yy_1 - \cos\varphi \sqrt{y^2+1}\sqrt{y_1^2+1},$$
erreicht also für $\varphi = \pi$ einen Werth der grösser als 1 ist, für einen durch
$$\cos\varphi = \frac{yy_1}{\sqrt{y^2+1}\sqrt{y_1^2+1}}$$
bestimmten reellen Winkel φ aber 0, so dass es einmal durch 1 gegangen ist.

Wir setzen nun fest:

1) Der reelle Theil von x und x_1 sei der Bequemlichkeit des Ausdrucks halber nicht negativ; ist eines rein imaginär so soll es x sein, und dies wird dann, wie wir uns ausdrücken, positiv genommen.

2) Es soll
$$M\left(\frac{x+1}{x-1}\right) < M\left(\frac{x_1+1}{x_1-1}\right)$$
sein; war x rein imaginär, so ist diese Bedingung überflüssig. Man weiss aus früheren Untersuchungen oder sieht leicht ein, dass beide Moduln nicht unter 1 liegen können, dass höchstens der erste 1 sein kann, und nur in dem Falle eines rein imaginären x wirklich 1 ist.

Unter diesen Voraussetzungen betrachte man die beiden Integrale, welche in dem Ausdrucke mit doppeltem Zeichen

$$(a) \ldots \int_0^{\log\sqrt{\frac{x+1}{x-1}}} \frac{(x - \cos iu \sqrt{x^2-1})^s\, du}{(x_1 - \cos(\varphi \pm iu)\sqrt{x_1^2-1})^{s+1}}$$

enthalten sind; der Logarithmus ist so zu verstehen, wie es p. 70 angegeben wurde, d. h. mit positivem reellen Theile zu nehmen: nur wenn x rein imaginär war verschwindet sein reeller Theil. Es soll nicht untersucht werden, ob (a) verschiedene Werthe annimmt, wenn nach u auf verschiedenen Wegen integrirt wird; der Weg ist hier gemeint, über welchen im §. 26 zunächst zu integriren war, als u von der reellen Grösse t durch die dort angegebenen, unten wiederholten Gleichungen abhängig gemacht wurde. (Dort konnte man später den Weg mit anderen vertauschen.) Dieser Weg war so beschaffen, dass, $u = p+qi$ gesetzt, p von 0 fortwährend zunahm während u von der unteren zur oberen Grenze fortschritt, im besonderen Falle für ein rein imaginäres x, welchen wir im Augenblick übergehen, constant 0 blieb. Es ist klar, dass (a) einen bestimmten endlichen Werth erhält: der Nenner kann nämlich nach §. 44 nur für ein solches u verschwinden, für welches

$$M(e^u) = M\left(\sqrt{\frac{x_1+1}{x_1-1}}\right) \text{ oder } = M\left(\sqrt{\frac{x_1-1}{x_1+1}}\right)$$

wird. Letzteres tritt nicht ein, weil x_1 nicht rein imaginär ist, also $M\left(\sqrt{\frac{x_1-1}{x_1+1}}\right)$ kleiner als 1 wird, während $M(e^u) = e^p$ grösser, wenigstens, nämlich für $p = 0$ gleich 1 sein muss. Ersteres kann ebenso wenig eintreten; setzt man nämlich

$$\log\sqrt{\frac{x+1}{x-1}} = \alpha + \beta i,$$

so ergiebt sich

$$M\left(\sqrt{\frac{x+1}{x-1}}\right) = e^\alpha$$

und da p nur bis α wächst, so kann $M(e^u)$ nie e^α überschreiten, also nach der Feststellung ad 2 nie $M\left(\sqrt{\frac{x_1+1}{x_1-1}}\right)$ erreichen.

War x rein imaginär also iu reell, so könnte der Nenner in (a) nur verschwinden, wenn $\dfrac{x_1}{\sqrt{x_1^2-1}}$ reell und kleiner als 1 ist, was nur für ein rein imaginäres also hier ausgeschlossenes x_1 möglich sein würde.

Es wird nun die halbe Summe der beiden in (a) enthaltenen Integrale, die s heisse, auf doppelte Art behandelt: zuerst entwickelt man s in eine Reihe, die mit dem $(2n+1)^{\text{ten}}$ Theile der rechten Seite von (52) übereinstimmt; zweitens transformirt man das Integral durch Einführung einer neuen Variabelen t für u in ein anderes, das im wesentlichen $Q^n(z)$ ist.

Um das Erste auszuführen, benutzt man die Formel des §.45, nach welcher

$$(x_1 - \cos(\varphi \pm iu)\sqrt{x_1^2-1})^{-n-1} = \frac{1.3\ldots(2n-1)}{1.2\ldots n}\Big(P_0^n(x_1)$$
$$+ 2\sum_{m=1}^{m=\infty} P_m^n(x_1)(\cos m\varphi \cos miu \mp \sin m\varphi \sin miu)\Big)$$

eine bei den angegebenen Grenzen von u immer convergente Reihe wird, so dass dieselbe Summe der beiden in dieser Gleichung enthaltenen Ausdrücke sich auf die Cosinusreihe allein reducirt. Nimmt man endlich noch die Gleichung (45) zu Hülfe, aus der man für

$$\frac{1.3\ldots(2n-1)}{1.2\ldots n}\int_0^{\log\sqrt{\frac{x+1}{x-1}}} (x - \cos iu\sqrt{x^2-1})^n \cos miu\, du$$

den Werth $\frac{1}{(2n+1)}Q_m^n(x)$ zieht, so ergiebt sich für die halbe Summe s der in (a) enthaltenen Integrale die Reihe (52), genauer

$$(b) \ldots (2n+1)s = P_0^n(x_1)Q_0^n(x) + 2\sum_{m=1}^{m=\infty} P_m^n(x_1)Q_m^n(x)\cos m\varphi.$$

Um den zweiten Schritt zu thun mache man die oben erwähnte Substitution des zweiten Falles im §. 25, d. h. man setze in (a)

$$\cos iu = \frac{x\cos it + \sqrt{x^2-1}}{x + \cos it\sqrt{x^2-1}},$$

$$\sin iu = \frac{\sin it}{x + \cos it\sqrt{x^2-1}}, \text{ etc.}$$

wodurch es sich in

$$\int_0^\infty \frac{dt}{(A + B\cos it \pm C\sin it)^{n+1}}$$

verwandelt, wenn zur Abkürzung

$$A = xx_1 - \cos\varphi\sqrt{x^2-1}\sqrt{x_1^2-1} = z,$$
$$B = x_1\sqrt{x^2-1} - x\sqrt{x_1^2-1}\cos\varphi$$
$$C = \sin\varphi\sqrt{x_1^2-1}$$

gemacht wird; daher geht s selbst in

$$2s = \int_{-\infty}^\infty \frac{dt}{(A + B\cos it + C\sin it)^{n+1}}$$

über. Zwischen A, B, C besteht offenbar die Gleichung

$$A^2 - B^2 - C^2 = 1,$$

§. 75, 52.   II. Theil. Zweites Kapitel.

so dass man setzen darf ($A = z$ ist nach der Voraussetzung nicht ± 1)

$$B = \sqrt{z^2 - 1} \cos \alpha,$$
$$C = \sqrt{z^2 - 1} \sin \alpha,$$

es mag α einen reellen oder imaginären Winkel bezeichnen; die Quadratwurzel wird wie überall mit dem Zeichen von z genommen. Es verwandelt sich also s in

$$(c) \ldots \quad 2s = \int_{-\infty}^{\infty} \frac{dt}{(z + \cos(it - \alpha)\sqrt{z^2 - 1})^{n+1}}.$$

Dies Integral ist im §. 42 vollständig untersucht worden; sein Werth hängt wie man dort sieht, von dem reellen Theile von α ab, oder von β wenn man

$$\alpha = \beta + \gamma i$$

setzt, und β in dem gehörigen Quadranten nimmt. Bestimmt man den dort ψ_0 genannten kritischen Winkel nach den ebendaselbst für specielle Fälle ad 1—3, für den allgemeinen ad 4, gegebenen Regeln, so wird das Integral unendlich, wenn β genau $\pm \psi_0$ ist; liegt β zwischen $-\psi_0$ und ψ_0, so wird es

$$\int_{-\infty}^{\infty} \frac{dt}{(z + \cos it \sqrt{z^2 - 1})^{n+1}} = 2Q^n(z),$$

liegt es endlich zwischen ψ_0 und $2\pi - \psi_0$, so verwandelt es sich in

$$\int_{-\infty}^{\infty} \frac{dt}{(z - \cos it \sqrt{z^2 - 1})^{n+1}},$$

oder $2Q^n(z) + 2i\pi P^n(z)$, wenigstens für ein, in unserer Ausdrucksweise, positives z. Es wird überflüssig sein, die Werthe der Integrale durch P und Q ausgedrückt auch für negative z hier aufzuführen, da sie sich durch die einfachsten Rechnungen, wie Multiplication mit $(-1)^{n+1}$ ergeben. Der Fall dass β genau ψ_0 wird kann hier nicht eintreten da

$$A + B \cos it + C \sin it$$

nicht verschwindet, wie man einsieht wenn man bedenkt dass dieser Nenner durch Multiplication der beiden nicht verschwindenden Grössen

$$x_1 - \cos(\varphi \pm iu)\sqrt{x_1^2 - 1}; \quad x + \cos it \sqrt{x^2 - 1},$$

mit einander entstand. Unsere Untersuchung über den Werth der

Reihe (b) giebt also das Resultat dass für positive z je nachdem der eine oder der andere der oben erwähnten Fälle in Bezug auf ψ_0 eintritt, s gleich dem ersten oder dem zweiten der Werthe
$$s = Q^n(z); \quad s = Q^n(z) + i\pi P^n(z)$$
wird. So lange x und x_1 allgemein bleiben, war es nicht möglich, das Criterium, ob der eine oder andere Werth für s gesetzt werden muss, wie sich also β zu ψ_0 verhält, einfacher als es oben geschah auszudrücken; in den folgenden wichtigeren besonderen Fällen kann diese Untersuchung auf die dort anzugebenden Arten noch weiter geführt werden.

1) Wir behandeln zunächst den Fall des §. 73, in welchem sich also die Gleichung (52) als Resultat ergeben muss. Es sei wie dort x und x_1 reell und positiv, ferner $x_1 \leq 1$, $xx_1 > 1$; dann wird z nie ± 1, und auch die zweite Bedingung dieses Paragraphen, welche sich auf die Moduln bezieht, ist erfüllt. Setzt man nämlich $x_1 = \cos\theta$, so soll nach derselben (p. 194)
$$\frac{x+1}{x-1} < \cotg^2\frac{\theta}{2}$$
oder $x\cos\theta > 1$ werden. Die Grösse $A = z$ hat nun die Form $p \mp qi$, wenn p, q positive Werthe bezeichnen, und das Zeichen $\pm$ mit dem von $\cos\varphi$ der Art übereinstimmt, dass $\pm\cos\varphi$ positiv ist. Auch B hat die Form $r \mp si$; $\sqrt{z^2-1}$ die Form $p \mp qi$, also $\dfrac{1}{\sqrt{z^2-1}}$ die Form $p \pm qi$. Hieraus folgt für $\cos\alpha$ oder $\dfrac{B}{\sqrt{z^2-1}}$
$$\cos\alpha = (r \mp si)(p \pm qi),$$
es hat also $\cos\alpha$ den reellen Theil $pr + qs$, welcher daher positiv ist, und wenn man α in $\beta + \gamma i$ auflöst, so wird
$$\cos\beta \cos\gamma i = pr + qs$$
d. h. $\cos\beta$ positiv. Folglich bleibt β unter ψ_0 und s wird genau $Q^n(z)$.

2) Ist x rein imaginär, $x_1 < 1$ und reell, so braucht die Bedingung über die Moduln p. 194 nicht ausdrücklich untersucht zu werden. Es ist z von der Form $p + qi$, p und q mögen positive oder negative Grössen sein, B hat die Form $r + si$, wenn p und r, ebenso q und s gleiche Zeichen haben; die Form von $\sqrt{z^2-1}$

§. 75, 52. II. Theil. Zweites Kapitel.

ist $p+qi$, von $\frac{1}{\sqrt{z^2-1}}$ gleich $p-qi$. Hieraus folgt $\cos\alpha$ gleich

$$\frac{B}{\sqrt{z^2-1}} = (r+si)(p-qi),$$

so dass der reelle Theil $pr+qs$ von $\cos\alpha$ positiv ist. Man schliesst weiter wie im vorigen Falle, dass s genau $Q''(s)$ wird.

3) Es sei wiederum x und x_i reell positiv, aber $x_i > 1$, und wegen der Bedingung ad 2 (über gewisse Moduln) $x > x_i$. Die Grösse

$$s = xx_i - \cos\varphi \sqrt{x^2-1}\sqrt{x_i^2-1}$$

erreicht dann ihren kleinsten Werth für $\varphi = 0$, der aber noch positiv und >1 ist; $xx_i - \sqrt{x^2-1}\sqrt{x_i^2-1}$ nach x differentiirt giebt nämlich den Zähler

$$x_i\sqrt{x^2-1} - x\sqrt{x_i^2-1}$$

der positiv wird, da er in

$$\frac{x^2-x_i^2}{x_i\sqrt{x^2-1}+x\sqrt{x_i^2-1}}$$

umgeformt werden kann, und $x > x_i$ angenommen wurde. Es wächst also die differentiirte Grösse mit x und wird am kleinsten bei $x = x_i$, für welchen Fall sie sich in 1 verwandelt.

In diesem Falle, wo s reell und >1 ist, ist der kritische Winkel wie man aus §. 42 ad 1 weiss, $\psi_0 = \pi$ (Was hier s genannt ist, heisst dort x). Es müsste, wenn genau $\beta = \pi$ wäre, $\sin\alpha = -\sin\gamma i$ also imaginär oder zugleich mit γ Null sein; C ist jedoch reell und nur für $\sin\varphi = 0$ selbst Null. Sollte daher $\beta = \pi$ werden, so hätte man $\alpha = \pi$, und $\varphi = 0$ oder $= \pi$, das heisst es müssten die Gleichungen

$$xx_i \pm \sqrt{x^2-1}\sqrt{x_i^2-1} = s$$
$$x_i\sqrt{x^2-1} \mp x\sqrt{x_i^2-1} = -\sqrt{s^2-1}$$

stattfinden. Bei unterem Zeichen ist dieses offenbar unmöglich; dass es bei oberem gleichfalls nicht stattfinden kann, zeigt die Transformation von $x_i\sqrt{x^2-1} - x\sqrt{x_i^2-1}$ in die positive Grösse

$$\frac{x^2-x_i^2}{x_i\sqrt{x^2-1}+x\sqrt{x_i^2-1}}.$$

Es bleibt also β unter $\psi_0 = \pi$, und auch in diesem Falle wird $s = Q''(s)$.

4) Man untersuche den Werth des Integrals, wenn x rein imaginär $= iy$ und x_1 reell und >1 gesetzt wird; x_1 und y sollen positiv sein. Dann wird
$$z = i(yx_1 - \cos\varphi \sqrt{y^2+1} \sqrt{x_1^2-1})$$
$$\sqrt{z^2-1} \cos\alpha = i(x_1 \sqrt{y^2+1} - \cos\varphi\, y \sqrt{x_1^2-1})$$
$$\sqrt{z^2-1} \sin\alpha = \sin\varphi \sqrt{x_1^2-1}$$
und nach §. 42, ad 2, da z rein imaginär ist, liegt ψ_0 zwischen $\tfrac{1}{2}\pi$ und π. Hier kann z für gewisse φ zuerst 0 und dann negativ werden. Betrachten wir

a) z so lange es positiv bleibt. Der Factor von i in der zweiten Gleichung ist selbst für $\varphi = 0$ positiv, da er dann
$$\frac{x_1^2+y^2}{x_1\sqrt{y^2+1}+y\sqrt{x_1^2-1}}$$
wird; also muss $\cos\alpha$ etwas positiv reelles, $\sin\alpha$ aber etwas imaginäres vorstellen. Führt man, wie Seite 197, β und γ für α ein, so folgt daraus dass z also auch $\sqrt{z^2-1}$ positiv imaginär ist, dass $\cos\beta\cos\gamma i$ positiv, $\sin\beta\sin\gamma i$ Null, $\sin\beta\cos\gamma i$ Null wird, also $\sin\beta=0$, $\cos\beta$ positiv, endlich $\beta = 0$. Das Integral reducirt sich also auf $Q^n(z)$.

b) Es mögen nun die Fälle untersucht werden, in welchen φ die Grösse z negativ macht; man setze $z = -u$. Nach den Festsetzungen ist dann $\sqrt{z^2-1} = -\sqrt{u^2-1}$, wo $\sqrt{u^2-1}$ positiv imaginär wird; folglich hat man ein α mit negativ reellem Cosinus und rein imaginärem Sinus zu bezeichnen: dieses hat einen reellen Theil $\beta = \pi$. Unser z ist demnach zunächst

dann
$$\tfrac{1}{2}\int_{-\infty}^{\infty} \frac{(-1)^{n+1} dt}{(u + \cos(it - iy - \pi))\sqrt{u^2-1}^{n+1}},$$

oder
$$\frac{(-1)^{n+1}}{2} \int_{-\infty}^{\infty} \frac{dt}{(u - \cos it \sqrt{u^2-1})^{n+1}},$$

$$(-1)^{n+1}(Q^n(u) + i\pi P^n(u)).$$
Durch Einführung von z für u folgt daraus: Es ist
$$z = Q^n(z) - i\pi P^n(z).$$
Fasst man das unter (*a*) und (*b*) Gesagte zusammen, so tritt

hier der Fall zum ersten Male auf, dass z nicht überall durch $Q''(z)$ dargestellt wird, sondern nur für positive z; für negative durch $Q''(z) - i\pi P''(z)$. Dies giebt beim Uebergange, also für $z = 0$ keinen Sprung, sondern im Gegentheil würde ein solcher stattfinden, wenn z überall $Q''(z)$ wäre; um dies zu zeigen erwäge man, dass nach p. 60 für $Q''(o)$ bei geradem n zwei Werthe gefunden werden: heisst derjenige, welcher die Grenzen von $Q(z)$ für positiv imaginäre z bildet $Q''(oi)$, so ist

$$Q''(-oi) = (-1)^{n+1} Q''(oi).$$

Also nur für ungerade n, für welche auch $P''(o)$ verschwindet, giebt $Q(\pm oi)$ denselben Werth, so dass für diesen Fall kein Sprung von $Q(oi)$ zu $Q(-oi) - i\pi P(o)$ vorhanden ist. Für gerade n dagegen findet man (s. ebendaselbst)

$$Q(-oi) = -Q(oi) = (-1)^{\frac{n}{2}} i 2^{n-1} \cdot \frac{\left(\Pi \frac{n-1}{2}\right)^2}{\Pi(n)},$$

welches nach §. 9 gleich $\dfrac{i\pi}{2} P''(o)$ ist, so dass

$$Q(oi) = -\frac{i\pi}{2} P, \quad Q(-oi) = \frac{i\pi}{2} P,$$

also endlich $Q(-oi) - i\pi P$ genau gleich $Q(oi)$ wird, und auch hier kein Sprung stattfindet.

5) Zuletzt seien x und x_1 beide positiv und < 1; man setze dann $x = \cos\theta$, $x_1 = \cos\theta_1$ und nehme wegen der Bedingung, welche die Moduln betrifft θ absolut grösser als θ_1, beide aber $< \dfrac{\pi}{2}$, so dass nie

$$z = \cos\theta\cos\theta_1 + \sin\theta\sin\theta_1 \cos\varphi$$

gleich 1 werden kann. Zur grösseren Bequemlichkeit denken wir uns θ und θ_1 beide positiv, wodurch nichts wesentliches geändert wird, indem die willkürliche Grösse von φ diese Festsetzung unbeschadet der Allgemeinheit gestattet. Es wird nun der Fall dass z positiv ist von dem eines negativen z unterschieden; im ersten denke man sich $z = \cos\gamma$, im zweiten $= -\cos\gamma$, und γ zwischen θ und $+\dfrac{\pi}{2}$. Der kritische Winkel ψ_0 erhält nach p. 111 genau den Werth $\dfrac{\pi}{2}$.

a) War $z = \cos\gamma$, so wird
$$\sin\gamma\cos\alpha = \sin\theta\cos\theta_1 - \cos\theta\sin\theta_1\cos\psi$$
$$\sin\gamma\sin\alpha = \sin\theta_1\sin\varphi;$$
weil $\theta > \theta_1$, also $\sin\theta > \sin\theta_1$, $\cos\theta_1 > \cos\theta$, ist ferner $\sin\gamma\cos\alpha$ positiv und sicher nicht 0. Es kann folglich α nicht $\pm\frac{\pi}{2}$ sein, sondern stellt einen Winkel mit positivem Cosinus, also einen solchen vor, welcher zwischen $-\frac{\pi}{2}$ und $\frac{\pi}{2}$ liegt, so dass z genau $Q^n(z)$ wird.

b) Im Falle $z = -\cos\gamma$ setze man
$$-\sin\gamma\cos\alpha = \sin\theta\cos\theta_1 - \cos\theta\sin\theta_1\cos\varphi$$
$$-\sin\gamma\sin\alpha = \sin\theta_1\sin\varphi,$$
wo nun α zwischen $\frac{\pi}{2}$ und $\frac{3\pi}{2}$ liegt. Es verwandelt sich dann z in

$$\frac{(-1)^{n+1}}{2}\int_{-\pi}^{\pi}\frac{dt}{(\cos\gamma - i\sin\gamma\cos it)^{n+1}},$$

d. h. wieder in $Q^n(z)$, indem nach den Festsetzungen des §. 23, wenn $z = \cos\alpha$ und $0 < \alpha < \pi$, immer $Q^n(z)$ durch

$$\int_0^\infty \frac{dt}{(\cos\alpha + i\sin\alpha\cos it)^{n+1}}$$

erklärt wird.

Die Entwickelung von $Q^n(z)$ nach Cosinus der Vielfachen von φ wurde im 42sten Bande des Crelle'schen Journals bereits angedeutet, ist aber hier zum ersten Male vollständig mitgetheilt.

Drittes Kapitel.
Einführung und Eigenschaften der Lamé'schen Functionen.

§. 76. Die Gegenstände, welche in diesem Kapitel behandelt werden, sind zum grössten Theile in den Arbeiten von Lamé enthalten, und zwar sind vorzugsweise zwei Meisterwerke benutzt, von denen sich das erste im zweiten Bande *) des Liouville'schen Journals, (nach der dortigen Angabe dem 5ten Bande der Savans

---

*) Mémoire sur les surfaces isothermes dans les corps solides homogènes en équilibre de température, p. 147—188.

étrangers entnommen), das zweite im 4ten Bande *) desselben Journals findet. Es sind übrigens in den ersten vier Bänden des Liouville'schen und im 23sten Cahier des Pariser Polytechnischen Journals nach mehrere andere Arbeiten desselben Verfassers über diesen Gegenstand enthalten, so wie auch eine spätere Bearbeitung von Lamé in zwei eigenen Werken **) existirt. Ausserdem kann man im 5ten und den folgenden Bänden des Liouville'schen Journals Abhandlungen von Lamé vergleichen, die auf die hier zu behandelnden Functionen Bezug haben.

Man erfuhr bereits in der Einleitung, dass die Kugelfunctionen mit Auflösungen der Gleichung

$$\frac{\partial^2 V}{\partial x^2} + \frac{\partial^2 V}{\partial y^2} + \frac{\partial^2 V}{\partial z^2} = 0$$

in Beziehung stehen, oder, wie man sich kürzer ausdrückt, mit der Auflösung von $\varDelta^2 V = 0$, indem man ziemlich allgemein einen solchen Ausdruck

$$\frac{\partial^2 f}{\partial x^2} + \frac{\partial^2 f}{\partial y^2} + \frac{\partial^2 f}{\partial z^2} = \varDelta^2 f$$

setzt. Dieselbe Grösse $\varDelta^2 V$ kommt in den Untersuchungen über die Wärme vor, und drückt bei den in der mathematischen Theorie üblichen Annahmen, bis auf einen constanten Factor die Wärmemenge aus welche das Element x, y, z eines Körpers in einer sehr kleinen Zeit erhält, dividirt durch die Masse des Elements und die sehr kleine Zeit, wenn V die Temperatur des Punktes bezeichnet. Das Nähere hierüber findet man in Fourier's†) oder Poisson's ††) Wärmetheorie. Hat man einen homogenen Körper, dessen Begrenzungen in irgend welchen, aber von der Zeit unabhängigen Temperaturen erhalten werden, so muss in diesem endlich ein von der Zeit unabhängiger Zustand eintreten, bei welchem die Temperatur eines jeden Punktes sich also nicht mehr ändert, oder da die Wärme-

---

*) Sur l'équilibre des températures dans un ellipsoïde à trois axes inégaux, p. 126—163.

**) Leçons sur les fonctions inverses des transcendantes et les surfaces isothermes. Paris, 1857. Und: Leçons sur les coordonnées curvilignes et leurs diverses applications. Paris, 1859.

†) Théorie analytique de la chaleur. Paris, 1822.

††) Théorie mathématique de la chaleur. Paris, 1835.

bewegung nicht aufhört, bei welchem jeder Punkt so viel Wärme abgiebt wie er empfängt: seine Wärmezunahme oder $\varDelta^1 V$ ist demnach 0. Der Wärmezustand eines solchen Körpers wird daher bestimmt, indem man $\varDelta^1 V = 0$ so integrirt, dass V sich für die Grenzflächen in die gegebenen Functionen verwandelt, welche die Temperaturen an den Grenzflächen ausdrücken.

Wir beschränken uns jetzt auf einen homogenen, von zwei geschlossenen Flächen begrenzten Körper, wie eine Kugel oder ein Ellipsoid aus dem ein Stück des Inneren herausgeschnitten ist, und denken uns die äussere Fläche in einer constanten Temperatur c oder 1, die innere in der Temperatur 0 erhalten. Es ist klar, dass die Temperatur der einzelnen Punkte im Innern zwischen 0 und 1 liegen wird, und dass alle Punkte von derselben Temperatur als geometrische Orte gewisse Oberflächen haben werden. Diese nennt man die Isothermen; hat man eine hohle Kugel, die aus der vollen durch einen concentrischen Schnitt entstanden ist, und die an der äusseren und inneren Fläche in den Temperaturen 1 und 0 erhalten wird, so sind die Isothermen offenbar Flächen von Kugeln, welche der ersten concentrisch sind.

Lamé stellte sich die Frage: sind die Körper durch zwei Flächen zweiten Grades mit gleichem Mittelpunkte und gleich gerichteten Achsen begrenzt, haben also ihre Gleichungen die Form

$$mx^2 + ny^2 + pz^2 = 1,$$

wie müssen m, n, p von einem Parameter λ abhängen, damit die Isothermen durch Gleichungen derselben Form ausgedrückt werden, in denen nur λ andere Werthe annimmt? Es zeigt sich dass drei Systeme solcher Flächen existiren, ein Ellipsoid, ein Hyperboloid mit einem Mantel und eines mit zwei Mänteln; man findet also drei Gleichungen, in denen b und c reelle Constanten vorstellen, und $b < c$ ist:

$$\frac{x^2}{\varrho^2} + \frac{y^2}{\varrho^2 - b^2} + \frac{z^2}{\varrho^2 - c^2} = 1$$

$$\frac{x^2}{\mu^2} + \frac{y^2}{\mu^2 - b^2} - \frac{z^2}{c^2 - \mu^2} = 1$$

$$\frac{x^2}{\nu^2} - \frac{y^2}{b^2 - \nu^2} - \frac{z^2}{c^2 - \nu^2} = 1..$$

Um die Bedeutung dieser Gleichungen zu erläutern, denke man sich ϱ von ϱ_0 bis ϱ_1 wachsen, wo $\varrho_0 > c$ ist; erhält man ferner die Ellipsoide mit den halben grossen Achsen ϱ_0 und ϱ_1, welche offenbar confocal sind, in den Temperaturen 0 und 1, so ist die Oberfläche eines jeden, welches man für ein zwischen ϱ_0 und ϱ_1 liegendes ϱ erhält, eine isotherme Fläche. Ebenso verhält es sich mit den beiden anderen Flächen, wenn nur

$$c > \mu > b$$
$$c > b > \nu$$

genommen wird. Die merkwürdigen Eigenschaften der drei so entstehenden Gruppen von Flächen, die sich übrigens unter rechten Winkeln schneiden, sind vielfach untersucht worden; Lamé benutzt sie bei den Wärmeaufgaben für Ellipsoide zur Einführung neuer Coordinaten statt der rechtwinkligen x, y, z, indem er diese durch die Achsen ϱ, μ, ν der drei Flächen ausdrückt, welche sich im Punkte x, y, z schneiden, also für x, y, z die einfachen Ausdrücke setzt, die man (s. u.) durch Auflösung der drei Flächengleichungen nach diesen Grössen erhält.

Durch die üblichen Polarcoordinaten für das Ellipsoid ϱ, θ, ψ werden die rechtwinkligen x, y, z bekanntlich in folgender Art ausgedrückt:

$$(53) \ldots \begin{cases} x = \varrho \cos\theta \\ y = \sqrt{\varrho^2 - b^2} \sin\theta \cos\psi \\ z = \sqrt{\varrho^2 - c^2} \sin\theta \sin\psi; \end{cases} \quad \begin{array}{l}(0 < \theta < \pi) \\ (0 < \psi < 2\pi)\end{array}$$

man findet die Lamé'schen Ausdrücke, wie sie sich durch Auflösung der drei Flächengleichungen ergeben, wenn man in (53) setzt:

$$(53, a) \ldots \begin{cases} \cos\theta = \dfrac{\mu \nu}{bc} \\ \sin\theta \cos\psi = \dfrac{\sqrt{\mu^2 - b^2}\sqrt{b^2 - \nu^2}}{b\sqrt{c^2 - b^2}} \\ \sin\theta \sin\psi = \dfrac{\sqrt{c^2 - \mu^2}\sqrt{c^2 - \nu^2}}{c\sqrt{c^2 - b^2}}. \end{cases} \quad \begin{array}{l}(c > \mu > b) \\ (c > b > \nu)\end{array}$$

Alle Zeichencombinationen erhält man, wenn μ alle positiven Werthe von b bis c und zurück durchläuft, während $\sqrt{\mu^2 - b^2}$ positiv bleibt und $\sqrt{c^2 - \mu^2}$ von der positiven $\sqrt{c^2 - b^2}$ durchs Negative continuirlich zu $-\sqrt{c^2-b^2}$ zurückläuft. Unterdessen geht ν von $-b$ zu b während $\sqrt{b^2-\nu^2}$ und $\sqrt{c^2-\nu^2}$ positiv sind; dann ändert $\sqrt{b^2-\nu^2}$ sein Zeichen während ν von b zu $-b$ zurückkehrt. Die eingeführten Coordinaten heissen die elliptischen Coordinaten.

§. 77. Nachdem auf den Gedanken hingewiesen wurde welcher der Einführung neuer Coordinaten zu Grunde lag, gehen wir auf synthetische Art zu Werke, und verbinden θ und ψ mit zwei Buchstaben μ und ν durch die Gleichungen (53, a). Diese Substitution ist gestattet, da die Summe der Quadrate der rechten Seiten von (53, a) wie die der linken 1 giebt; sind θ und ψ reell gegeben so findet man ein bestimmtes μ und ν wenn man diejenigen Festsetzungen über die Zeichen macht welche man am Schlusse des vorigen Paragraphen findet, so dass also Winkeln θ und ψ, welche zwischen 0 und $\tfrac{1}{2}\pi$ liegen, positive Werthe von μ, ν und sämmtlichen Wurzelgrössen entsprechen. Umgekehrt entsprechen gegebenen Werthen von μ und ν in den Grenzen b und c resp. 0 und b, reelle θ und ψ.

Es scheint zweckmässig, an dieser Stelle einige im Folgenden häufiger wiederkehrende Formeln und Festsetzungen zusammen zu stellen.

a) Grössen die von μ_1 und ν_1 abhängen wie θ und ψ von μ und ν, heissen θ_1 und ψ_1.

b) Man bezeichnet durch ϵ und ζ folgende elliptische Integrale, deren obere Grenzen μ und ν positiv reell sind:

$$\epsilon = \int_b^\mu \frac{d\mu}{\sqrt{\mu^2-b^2}\sqrt{c^2-\mu^2}}; \quad \zeta = \int_0^\nu \frac{d\nu}{\sqrt{b^2-\nu^2}\sqrt{c^2-\nu^2}};$$

für $\mu = c$ resp. $\nu = b$ werden ϵ und ζ, die dann nur b und c enthalten, ω und ϖ genannt.

c) Die Functionen $P_m^n(\cos\theta)\cos m\psi$, $P_m^n(\cos\theta)\sin m\psi$, die mit C_m^n und S_m^n bezeichnet wurden, sind (p. 181) ganze Functionen von $\cos\theta$, $\sin\theta\cos\psi$, $\sin\theta\sin\psi$, lassen sich also mit Hülfe von (53, a) in ganze Functionen von $\mu\nu$, $\sqrt{\mu^2-b^2}\sqrt{b^2-\nu^2}$, $\sqrt{c^2-\mu^2}\sqrt{c^2-\nu^2}$ transformiren. Diese so transformirten Functionen, welche vermittelst (53, a) identisch mit den ursprünglichen sind, heissen noch immer

§. 78, 55.   II. Theil. Drittes Kapitel.   207

C und S, und es werden ihnen die zur Deutlichkeit erforderlichen Indices oder Argumente beigefügt, so dass z. B. $C[\mu, \nu]$ die Function ist, welche nach der ursprünglichen Bezeichnung in $C(\theta, \psi)$ übergeht, wenn man für μ und ν die Grössen θ und ψ einführt. Dieselben Functionen von θ_1 und ψ_1 oder μ_1 und ν_1 kann man zur Abkürzung, wenn das Verständniss durch Fortlassen des oberen Index n nicht erschwert wird, einfach durch C' und S' ausdrücken; man lässt dann die Argumente fort. Die Formen welche C und S nach diesen Substitutionen annehmen, findet man im folgenden Paragraphen weiter erörtert.

d) Die partielle Differentialgleichung, welcher P_n genügt, von der particuläre Lösungen auch durch die C^n und S^n ausgedrückt wurden, nämlich (48) nimmt durch Einführung der neuen Coordinaten die Form an

$$(54) \quad \frac{\partial^2 f}{\partial \varepsilon^2} + \frac{\partial^2 f}{\partial \zeta^2} + n(n+1)(\mu^2 - \nu^2) f = 0.$$

§. 78. Mit Hülfe des §. 71 ist es möglich, C und S auf doppelte Art durch μ und ν auszudrücken, nämlich zuerst als endliche Reihe, dann als Integral. Da θ einen Winkel mit positivem Sinus vorstellt, so wird als erster Ausdruck von C und S erhalten, wenn man die Formeln dadurch in eine zusammenzieht, dass man die Gleichung für $C_m + i S_m$ und $C_m - i S_m$ giebt:

$$(55) \quad C_m^n[\mu, \nu] \pm i S_m^n[\mu, \nu] =$$

$$i^m \mathfrak{P}_m^n\left(\frac{\mu \nu}{bc}\right) \left(\frac{\sqrt{\mu^2 - b^2}\sqrt{b^2 - \nu^2}}{b\sqrt{c^2 - b^2}} \pm i \frac{\sqrt{c^2 - \mu^2}\sqrt{c^2 - \nu^2}}{c\sqrt{c^2 - b^2}} \right)^m;$$

$\mathfrak{P}_m^n\left(\frac{\mu \nu}{bc}\right)$ ist hier dieselbe Function, welche früher durch dies Zeichen ausgedrückt wurde, nämlich

$$\mathfrak{P}_m^n\left(\frac{\mu \nu}{bc}\right) = \left(\frac{\mu \nu}{bc}\right)^{n-m} - \frac{(n-m)(n-m-1)}{2(2n-1)} \left(\frac{\mu \nu}{bc}\right)^{n-m-2} + \text{etc.}$$

Der Werth von C und der von S, mit einer willkürlichen Grösse α so zusammengesetzt wie es §. 71 geschah, wird zweitens

$$(55, a) \quad \frac{\pi \Pi(2n)}{2^{n-1} \Pi(n+m) \Pi(n-m)} (C_m^n[\mu, \nu] \cos m\alpha + S_m^n[\mu, \nu] \sin m\alpha)$$

$$= \int_0^{2\pi} \left(\frac{\mu \nu}{bc} + i \frac{\sqrt{\mu^2 - b^2}\sqrt{b^2 - \nu^2}}{b\sqrt{c^2 - b^2}} \cos \eta + i \frac{\sqrt{c^2 - \mu^2}\sqrt{c^2 - \nu^2}}{c\sqrt{c^2 - b^2}} \sin \eta \right)^n \cos m(\eta - \alpha) d\eta.$$

Man mag die Formel (55) oder (55, a) benutzen, so ist klar, dass die C und ebenso die S in vier Klassen zerfallen. Die C zunächst werden ganze Functionen von μ und ν für ein gerades m, aber gleich $\sqrt{\mu^2-b^2}\sqrt{b^2-\nu^2}$ mal einer ganzen Function von μ und ν wenn m ungerade ist. Berücksichtigt man, dass $\mathfrak{P}_m^n$ nur solche Potenzen von μ und ν enthält welche $n-m$ gleichartig sind, und dass dieser Ausdruck um C zu geben nur mit geraden oder nur mit ungeraden Potenzen von $\sqrt{\mu^2-b^2}\sqrt{b^2-\nu^2}$, nur mit geraden von $\sqrt{c^2-\mu^2}\sqrt{b^2-\nu^2}$ zu multipliciren ist, so erhält man folgende verschiedene Formen von C, wenn $G(p)$ eine ganze Function von μ und ν vorstellt, in der alle Exponenten von μ und ν mit p gleichartig sind, nämlich:

$$C_{2m}^n = G(n-2m); \quad C_{2m+1}^n = \sqrt{\mu^2-b^2}\sqrt{b^2-\nu^2}\,G(n-2m-1).$$

In jeder von diesen sind zwei Gattungen zu unterscheiden, je nachdem n gerade oder ungerade ist. In ähnlicher Art hat man zunächst $S_0^n = 0$, allgemein

$$S_{2m}^n = \sqrt{\mu^2-b^2}\sqrt{b^2-\nu^2}\sqrt{c^2-\mu^2}\sqrt{\nu^2-c^2}\,G(n-2m),$$
$$S_{2m+1}^n = \sqrt{c^2-\mu^2}\sqrt{\nu^2-c^2}\,G(n-2m-1).$$

Gehen wir zu besonderen Werthen von C und S über, und setzen zuerst $\mu = b$, ferner auch $\sqrt{\mu^2-c^2}$, $\sqrt{\nu^2-c^2}$, $\sqrt{\nu^2-b^2}$ für $i\sqrt{c^2-\mu^2}$, $i\sqrt{c^2-\nu^2}$, und $i\sqrt{b^2-\nu^2}$, so wird für $\mu=b$

$$C_m^n \pm i S_m^n = (\pm i)^m \left(\frac{\sqrt{\nu^2-c^2}}{c}\right)^m \mathfrak{P}_m^n\left(\frac{\nu}{c}\right) = (\pm i)^m P_m^n\left(\frac{\nu}{c}\right);$$

vergleicht man hiermit die obigen Formen, und bemerkt dass nun $C_{2m+1} = S_{2m} = 0$ wird, so findet man

$$C_{2m}^n[b,\nu] = (-1)^m P_{2m}^n\left(\frac{\nu}{c}\right), \quad S_{2m+1}^n[b,\nu] = (-1)^m P_{2m+1}^n\left(\frac{\nu}{c}\right).$$

Für $\mu = c$ wird

$$C \pm i S = P\left(\frac{\nu}{b}\right),$$

daher

$$S_m^n[c,\nu] = 0; \quad C_m^n[c,\nu] = P_m^n\left(\frac{\nu}{b}\right).$$

Unter den bisher aufgeführten besonderen Werthen war keiner befindlich, auf den sich S_{2m} reducirt, und der von 0 verschie-

§. 78, 55. II. Theil. Drittes Kapitel.

den wäre; wegen der späteren Anwendungen untersuche man $\dfrac{S_{2m}}{\sqrt{\mu^2-b^2}}$ für $\mu = b$, welches, wie man aus der Aufstellung der Formen für die C und S ersieht, endlich sein muss. Stellt f jene zweitheilige, in (55) zur m^{ten} Potenz zu erhebende Grösse bei oberem, f_1 bei unterem Zeichen vor, so wird für $\mu = b$

$$\frac{2iS_m}{\sqrt{\mu^2-b^2}} = i^m \mathfrak{P}_m\left(\frac{\nu}{c}\right)\frac{f^m - f_1^m}{\sqrt{\mu^2-b^2}}.$$

Den Werth von $\frac{f}{f}$ auf der rechten Seite findet man durch Differentiiren nach μ, für ein gerades m

$$= \frac{2m\sqrt{b^2-\nu^2}}{b\sqrt{c^2-b^2}}\left(\frac{\sqrt{\nu^2-c^2}}{c}\right)^{m-1},$$

so dass für $\mu = b$ zu setzen ist

$$\frac{S_{2m}^n[\mu,\nu]}{\sqrt{\mu^2-b^2}} = i^{2m-1}\cdot\frac{2mc}{b\sqrt{c^2-b^2}}\sqrt{\frac{b^2-\nu^2}{\nu^2-c^2}}P_{2m}^n\left(\frac{\nu}{c}\right),$$

natürlich mit Ausnahme des Falles $m = 0$, für welchen auf der rechten wie auf der linken Seite 0 erhalten wird.

Macht man in den Ausdrücken für C und S die Grösse ν gleich unendlich, so erhält man andere einfache Werthe auf welche sich diese reduciren. Nach Division von (55) durch ν^n entsteht für $\nu = \infty$

$$(C \pm iS)\nu^{-n} = \left(\frac{\mu}{bc}\right)^n(\cos m\chi \pm i\sin m\chi),$$

wenn man wie oben $\sqrt{\nu^2-b^2}$ und $\sqrt{\nu^2-c^2}$ gleich $i\sqrt{b^2-\nu^2}$ und $i\sqrt{c^2-\nu^2}$ setzt, und für μ einen Hülfswinkel χ durch die Formeln

$$\cos\chi = \frac{c\sqrt{\mu^2-b^2}}{\mu\sqrt{c^2-b^2}}, \quad \sin\chi = \frac{b\sqrt{c^2-\mu^2}}{\mu\sqrt{c^2-b^2}}$$

einführt. Man hat also die beiden Gleichungen für $\nu = \infty$

$$\nu^{-n}\left(C_m^n\left[\frac{bc}{\sqrt{b^2\cos^2\chi+c^2\sin^2\chi}},\nu\right] \pm iS_m^n\left[\frac{bc}{\sqrt{b^2\cos^2\chi+c^2\sin^2\chi}},\nu\right]\right)$$
$$= \frac{\cos m\chi \pm i\sin m\chi}{(\sqrt{b^2\cos^2\chi+c^2\sin^2\chi})^n}.$$

Anmerk. Zur Darstellung von C und S durch das Integral (55, a) wurde die Formel für P benutzt, welche die n^{te} Potenz im Zähler enthält; es wird nur der Bemerkung und nicht eines weite-

Heine, Handbuch d. Kugelfunctionen.

ren Beweises bedürfen, dass ein ähnlicher Ausdruck sich durch Vertauschung von n im Exponenten mit $-(n+1)$ ergeben hätte.

§. 79. Im §. 71 wurde hervorgehoben, dass die allgemeinste Form eines Integrals der partiellen Differentialgleichung (48), welches eine ganze Function von $\cos\theta$, etc. ist, durch den Ausdruck

$$(a) \ldots \sum_{m=0}^{m=n}(c_m C_m^n + k_m S_m^n),$$

welcher also $2n+1$ willkürliche Constanten c und k enthält, dargestellt sei; es wird daher die allgemeinste Form eines Integrals von (54), welches eine ganze Function der drei Producte $\mu\nu$, $\sqrt{\mu^2-b^2}\sqrt{b^2-\nu^2}$, $\sqrt{c^2-\mu^2}\sqrt{c^2-\nu^2}$ sein soll, gleichfalls durch (a) gegeben. Der Kern der Lamé'schen Untersuchungen liegt nun darin, dass er zeigt, es lasse sich (54) auch durch $(2n+1)$ Producte von der Form $E(\mu)E(\nu)$ integriren, d. h. durch Producte von zwei Functionen, von denen die eine nur μ, die andere nur ν enthält, und zwar hängt die eine $E(\mu)$ auf dieselbe Art von μ wie die andere $E(\nu)$ von ν ab; die Function $E(\mu)$ ist ganz in Bezug auf μ, $\sqrt{\mu^2-b^2}$, $\sqrt{\mu^2-c^2}$, wodurch die ähnliche Eigenschaft von $E(\nu)$ in Bezug auf ν, etc. von selbst mitgetheilt ist. Wir bezeichnen die Ausdrücke E als Lamé'sche Functionen. Multiplicirt man jedes dieser Producte mit einer willkürlichen Constanten und addirt, so hat man eine ganze Function von μ, $\sqrt{\mu^2-b^2}$, $\sqrt{c^2-\mu^2}$, ν, $\sqrt{b^2-\nu^2}$, $\sqrt{c^2-\nu^2}$, mit $2n+1$ Constanten, die gleichbedeutend mit der ursprünglichen Lösung sein wird.

Man hat also nachzuweisen, dass solche Producte in der erforderlichen Anzahl existiren, ausserdem aber:

α) Dass die Producte $E(\mu)E(\nu)$ sämmtlich verschiedene Lösungen geben, d. h. solche, zwischen denen keine lineare Beziehung der Art besteht, dass die Summe der Glieder $aE(\mu)E(\nu)$, (wo die a irgend welche Constante bezeichnen, die nicht alle 0 sind, und wenn über alle E summirt wird) nicht identisch verschwinden kann. Dies ist erforderlich, damit man wirklich eine Function mit $2n+1$ willkürlichen Constanten zusammensetzen kann.

β) Dass die allgemeinste Form einer Function, welche der Differentialgleichung (54) genügt, und ganz in Bezug auf die drei Producte $\mu\nu$, etc. ist, mit der allgemeinsten Form einer solchen übereinstimmt welche der Differentialgleichung genügt, und ganz in Bezug auf die sechs Grössen μ, ν, $\sqrt{\mu^2-b^2}$, etc. ist. Dieses lässt sich schon an der gegenwärtigen Stelle zeigen: geht man nämlich auf (48) zurück, so enthält das allgemeinste Integral, welches eine endliche Function darstellt ausser den mit C und S bezeichneten Grössen noch lineare Verbindungen

$$\sum_{m=n+1}^{m=\infty}(c_m\cos m\psi + k_m\sin m\psi)P_m^n(\cos\theta)$$

und ähnliche, in denen Q statt P auftritt. Sollen diese, in μ und ν umgesetzt, bei gehöriger Wahl der c und k, ganze Functionen von den sechs Grössen μ, ν, etc. liefern, so müssen sie auch für einen besondern Werth von μ, z. B. $\mu=c$, ganze Functionen von ν, $\sqrt{b^2-\nu^2}$, $\sqrt{c^2-\nu^2}$ werden. Dieser besondere Werth entspricht aber (p. 205) den Ausdrücken $\cos\theta = \frac{\nu}{b}$, $\psi = 0$, so dass

$$\sum_{n+1}^{\infty}c_m P_m^n\left(\frac{\nu}{b}\right) + \sum_{0}^{\infty}k_m Q_m^n\left(\frac{\nu}{b}\right),$$

bei gehörig gewählten c und k, ganz nach ν, $\sqrt{b^2-\nu^2}$, $\sqrt{c^2-\nu^2}$ wäre. Nun wird aber jede lineare Combination der $Q\left(\frac{\nu}{b}\right)$ für $\nu = b$ unendlich, da $Q_m^n(x)$ für $x = 1$ in's Unendliche wächst, und zwar Q_0 etwa wie ein Logarithmus, Q_m wie $(x^2-1)^{-\frac{m}{2}}$, was man sogleich aus den Reihen $\mathfrak{Q}_m^n$ erkennt. Da die Q_m auf verschiedene Art in's Unendliche wachsen, und die P für $x=1$ verschwinden, so müssen alle k Null sein. Aber auch die P deren unterer Index m grösser als der obere n ist müssen fehlen, da wenn $m > n$, die P für ein gewisses Argument, und zwar gleichfalls wie verschiedene Potenzen derselben Wurzelgrösse (cf. p. 126 die Bemerkung zu Gleichung (36, b)) unendlich werden. Es kann daher eine ganze Function der sechs Grössen μ, ν, etc., die unserer Differentialgleichung genügt, nur linear aus den ganzen Functionen C und S der drei Producte $\mu\nu$, etc. zusammengesetzt sein.

Die Einführung der oben erwähnten Producte $E(\mu)E(\nu)$ verdankt man Lamé; die andere Form der Lösung unserer Differentialgleichung (54) vermittelst der $(2n+1)$ durch (55) oder (55, a) gegebenen Functionen C und S hat der Verf. zuerst mitgetheilt*) und mit Hülfe derselben die Aufgabe aus der Wärmetheorie, welche Lamé im vierten Bande des Liouville'schen Journals löste, aufs neue behandelt. Der Verf. zeigte am obigen Orte ohne Benutzung der transformirten Differentialgleichung (54), auf die hier angegebene Art, dass das Integral (55, *a*) eine particuläre Lösung dieser Differentialgleichung sein müsse. Jacobi**) hat später mit Hülfe der Additionsformel für die elliptischen Functionen durch directes Einsetzen des Ausdrucks (55, *a*) in die Gleichung die genannte Eigenschaft des Integrals einfach verificirt, während der Verf. die nachträgliche Verification nur durch eine äusserst lästige und daher zur Veröffentlichung nicht geeignete Rechnung auszuführen im Stande war.

In den nächst folgenden Paragraphen werden zunächst die erwähnten Functionen E aufzusuchen, ferner Hülfsmittel, um den Punkt (α) zu erledigen, anzugeben sein, und endlich wird auch der Beweis der Behauptung in (α) geführt.

§. 80. Soll (54) eine particuläre Lösung f von der Form $E(\mu)E(\nu)$ besitzen, so muss man offenbar die Gleichung haben

$$E(\nu)\Big(\frac{\partial^2 E(\mu)}{\partial \varepsilon^2} + n(n+1)\mu^2 E(\mu)\Big) = -E(\mu)\Big(\frac{\partial^2 E(\nu)}{\partial \zeta^2} - n(n+1)\nu^2 E(\nu)\Big).$$

Da auf der linken Seite $E(\nu)$ mit einer Function von μ allein — sie sei $F(\mu)$ — multiplicirt ist, so hat man die Gleichung

$$E(\nu)F(\mu) = E(\mu)\Phi(\nu),$$

worin die Bedeutung von $\Phi(\nu)$ ohne weiteres klar ist; es kann also $F(\mu):E(\mu)$ kein μ enthalten, oder es ist eine Constante, dieselbe wie $\Phi(\nu):E(\nu)$. Nennt man diese $(b^2+c^2)B$, indem es wegen des Folgenden besser ist, sie nicht durch einen einfachen Buchstaben B zu bezeichnen, so müssen die Functionen E so beschaffen sein, dass sie die gewöhnlichen Differentialgleichungen

$$(56) \ldots \begin{cases} \dfrac{\partial^2 E(\mu)}{\partial \varepsilon^2} + [n(n+1)\mu^2 - (b^2+c^2)B]E(\mu) = 0, \\ \dfrac{\partial^2 E(\nu)}{\partial \zeta^2} - [n(n+1)\nu^2 - (b^2+c^2)B]E(\nu) = 0 \end{cases}$$

---

*) Crelle, Journal f. Math. Bd. XXIX: Beitrag zur Theorie der Anziehung und der Wärme.

**) Crelle, Journal f. Math. Bd. XLII: Auszug eines Schreibens des Prof. C. G. J. Jacobi an den Verfasser.

erfüllen. Setzt man für ε und ζ ihre Werthe ein, so verwandelt sich die erste in

$$(56, a) \ldots (\mu^2-b^2)(\mu^2-c^2)\frac{\partial^2 E(\mu)}{\partial \mu^2} + \mu(2\mu^2-b^2-c^2)\frac{\partial E(\mu)}{\partial \mu}$$
$$+ [(b^2+c^2)B - n(n+1)\mu^2] E(\mu) = 0,$$

während die Differentialgleichung für $E(\nu)$ aus der vorstehenden durch blosse Vertauschung von μ mit ν entsteht.

Dass E der Differentialgleichung (56, a) oder (56) genügt, war erforderlich, damit $f = E(\mu)E(\nu)$ die Gleichung (54) erfüllt; es ist aber auch hinreichend. Multiplicirt man nämlich die erste Gleichung in (56) mit $E(\nu)$ die zweite mit $E(\mu)$, macht $E(\mu)E(\nu) = f$ und addirt, so entsteht genau (54).

Da (56, a) für jede Annahme von B Werthe für E giebt, so kann man unendlich viele Zerlegungen von f in solche Producte $E(\mu)E(\nu)$ vornehmen; die Zahl der Zerlegungen wird aber endlich, und genau gleich $(2n+1)$, indem genau für $2n+1$ verschiedene Werthe von B eine Lösung von (56) (eine Differentialgleichung zweiter Ordnung hat zwei verschiedene particuläre Lösungen) eine ganze Function, von μ, $\sqrt{\mu^2-b^2}$, $\sqrt{\mu^2-c^2}$, resp. von ν, etc. giebt, und wir nur solche Zerlegungen suchen.

§. 81. Wenn wirklich Functionen E der Art wie es §. 79 angegeben war, existiren, so sind sie offenbar so beschaffen, dass jedes Product sich linear aus den C und S zusammensetzen lässt und umgekehrt, dass C und S sich linear aus ihnen zusammensetzen lassen. Man kann, von diesen Betrachtungen ausgehend, untersuchen, ob auch die E in verschiedene Klassen zerfallen, die der Klasseneintheilung auf p. 208 entsprechen, so dass eine Klasse die nach μ ganzen C, eine zweite die $\sqrt{\mu^2-b^2}$ als Factor enthaltenden C, eine dritte und vierte die verschiedenen S hervorbringt. Es wird sich später, im §. 83, sehr leicht ergeben, dass der Grad von $E(\mu)$ in Bezug auf μ, $\sqrt{\mu^2-b^2}$, $\sqrt{c^2-\mu^2}$, gleich n sein muss, so wie auch dass jedes nur gerade oder nur ungerade Potenzen von μ enthält; um sogleich eine für spätere Betrachtungen geeignete Bezeichnung einzuführen, versuche man $(2n+1)$ Functionen E zu bestimmen, die in Klassen K, L, M, N zerfallen, welche die Form haben:

$$(57)\ldots\begin{cases} K(\mu) = g_0\mu^n + g_1\mu^{n-2} + g_2\mu^{n-4} + \text{etc.}; & (\sigma+1); \\ L(\mu) = \sqrt{\mu^2 - b^2}\,(g_0\mu^{n-1} + g_1\mu^{n-3} + \text{etc.}); & (n-\sigma); \\ M(\mu) = \sqrt{\mu^2 - c^2}\,(g_0\mu^{n-1} + g_1\mu^{n-3} + \text{etc.}); & (n-\sigma); \\ N(\mu) = \sqrt{\mu^2 - b^2}\sqrt{\mu^2 - c^2}\,(g_0\mu^{n-2} + g_2\mu^{n-4} + \text{etc.}); & (\sigma); \end{cases}$$

$$\left(\sigma = \frac{n}{2},\ \frac{n-1}{2}\right).$$

Lassen sich wirklich dieselben in gehöriger Anzahl bestimmen, so erhält man auf angegebene Art, nämlich durch eine Summe von $2n+1$ Producten $aE(\mu)E(\nu)$, in welcher die a Constante bezeichnen, eine Lösung, welche ebenso allgemein ist, wie (a) im §. 79. Die Grössen B, welche diese Lösungen verschaffen, werden wir, je nachdem sie ein K oder L etc. hervorbringen durch $\mathfrak{K}$, $\mathfrak{L}$, $\mathfrak{M}$ und $\mathfrak{N}$ unterscheiden.

Es sind den Formeln für K, etc., in welchen die g offenbar numerische Constante bezeichnen sollen, in Parenthese Zeichen $\sigma+1$, etc. beigefügt; die Bedeutung dieser Zeichen zu erklären, machen wir darauf aufmerksam, dass offenbar die K, L, etc. resp. nur die C_{2m} C_{2m+1}, S_{2m+1}, S_{2m} erzeugen können, indem z. B. C_{2m} eine ganze Function von μ und ν ist, also sicher keine Producte $L(\mu)L(\nu)$, etc. in linearen Verbindungen enthalten kann. Es ist nun jedesmal angegeben, bei den K wie viele C_{2m}, bei den L wie viele C_{2m+1}, etc. existiren, wie viele Functionen resp. K oder L, etc. man also zu erwarten hat, und nachher wirklich findet. Zur Abkürzung wurde

$\sigma = \dfrac{n}{2}$ oder $= \dfrac{n-1}{2}$ gesetzt, je nachdem n gerade oder ungerade ist.

§. 82. Die Gleichung $(56, a)$, die zu betrachten ist, gehört nicht zu der einfachen Art, welche bisher durch Reihen integrirt wurde, sondern zu der Klasse, welche Euler am Schlusse des VIII. Kapitels im zweiten Bande der Integral-Rechnung Sectio I, no. 992 einführt, in denen jedes Glied der für das Integral gesuchten Reihe durch zwei vorhergehende bestimmt wird. In solchen Fällen gewinnt man in der Regel nicht leicht ein übersichtliches Gesetz, nach dem die Reihe zu ordnen ist, und Euler hat deshalb im IX. Kapitel Mittel zur Transformation solcher Differentialgleichungen gegeben, die in ziemlich allgemeinen Fällen ausreichen, um sie in eine andere zu verwandeln, die durch einfachere Reihen integrabel ist. Alle diese Mittel führen bei der vorliegenden Gleichung, so lange b und c allgemein bleiben, nicht zum Ziele; ist $b = 0$, so verwandelt sie sich in

$$\mu^2(\mu^2-c^2)\frac{d^2E}{d\mu^2}+\mu(2\mu^2-c^2)\frac{dE}{d\mu}+[c^2B-n(n+1)\mu^2]E=0.$$

Würde man hier $B=0$, 1^2, 2^2, ... n^2 machen, und $\mu = c\varrho$ setzen, so würde sie in (39, b) übergehen, also durch die $(n+1)$ Functionen $P_m^n\left(\frac{\sqrt{c^2-\mu^2}}{c}\right)$ integrirt werden, d. h. für ein gerades n durch $\sigma+1$ Functionen P_0, P_2, P_4, etc. mit dem angegebenen Argument, die sämmtlich von der Form K sind, und durch $n-\sigma$ Functionen P_1, P_3, etc. von der Form M. Ist n ungerade, so sind die $\sigma+1$ Ausdrücke P_1, P_3, etc. von der Form K, die $n-\sigma$ übrigen P_0, P_2, etc. aber M. Macht man $b = c$, und $\mu = cx$, so heisst die Gleichung

$$(x^2-1)^2\frac{d^2E}{dx^2}+2x(x^2-1)\frac{dE}{dx}+[2B-n(n+1)x^2]E=0$$

stimmt also für

$$2B = n(n+1), \quad n(n+1)-1^2, \quad n(n+1)-2^2, \quad \text{etc.}$$

mit (39) überein, wird daher $n+1$ Integrale $P_m^n\left(\frac{\mu}{c}\right)$ oder was dasselbe ist $P_m^n\left(\frac{\mu}{b}\right)$ enthalten, die für $m = 0, 2$, etc. von der Klasse K oder N (denn $\sqrt{\mu^2-b^2}\sqrt{\mu^2-c^2}$ wird μ^2-b^2), an der Zahl $\sigma+1$, für $m = 1, 3$, etc. genau $n-\sigma$ von der Klasse L oder M sind.

§. 83. Gehen wir auf den allgemeinen Fall zurück, geben also b und c nicht besondere Werthe, so sind zunächst nach Lamé's Art die ganzen Functionen von μ aufzusuchen, welche bei passend gewähltem B, welches dann $\Re$ heisst, (56, a) integriren. Würde man

$$E = a\mu^\alpha + a_1\mu^{\alpha-1} + a_2\mu^{\alpha-2} + \text{etc.}$$

setzen, wo α eine ganze Zahl bezeichnen muss, und die Reihe nur nicht negative Potenzen von μ enthält, so würde nach der Substitution von E in die linke Seite von (56, α) das Glied, welches die höchste Potenz von μ enthält

$$a(\alpha(\alpha+1)-n(n+1))\mu^{\alpha+2}$$

sein; damit es verschwinde ist $\alpha = n$ zu machen, so dass wirklich, wie §. 81, S. 213 behauptet wurde, E eine Function vom n^{ten} Grade wird. Ferner übersieht man sogleich dass eine lineare Gleichung zwischen a und a_2, dann zwischen a, a_3, a_4; zwischen a_2, a_4, a_6, etc. entsteht, dass man also ein Integral erhält, wenn man auch $a_1 = a_3 = a_5$ etc. $= 0$ macht. Wir setzen daher um Weitläufigkeiten zu vermeiden, sogleich für E eine Reihe der Form K aus (57), also für $E(\mu)$

$$K(\mu) = g_0 \mu^n + g_1 \mu^{n-2} + \cdots + g_\sigma \mu^{n-2\sigma}$$

ein*), die mit μ^0 oder μ^1 schliesst, je nachdem n gerade oder ungerade ist; ausserdem machen wir zur Abkürzung

$$b^2 + c^2 = p, \quad b^2 c^2 = q.$$

Würde man nur μ^r für E in die Differentialgleichung substituiren, so würde man

$$(r-n)(r+n+1)\mu^{r+2} + p(\Re - r^2)\mu^r + qr(r-1)\mu^{r-2}$$

erhalten; multiplicirt man diesen Ausdruck mit dem Factor $g_{\frac{n-r}{2}}$ von μ^r in K, und summirt über alle r, setzt darauf alles was in dieselbe Potenz von μ multiplicirt ist gleich Null, so entsteht dadurch dass der Factor von μ^{n+2-2m} verschwinden muss

$$2m(2n+1-2m)g_m =$$
$$p(\Re - (n+2-2m)^2)g_{m-1} + q(n+3-2m)(n+4-2m)g_{m-2}.$$

Macht man der Reihe nach $m = 1, 2$, etc., $\sigma + 1$, und bemerkt, dass $g_{-1}, g_{\sigma+1}, g_{\sigma+2}$, etc. nicht existiren also $= 0$ zu setzen sind, so entstehen die Gleichungen

$$2(2n-1)g_1 = p(\Re - n^2)g_0$$
$$4(2n-3)g_2 = p(\Re - (n-2)^2)g_1 + qn(n-1)g_0$$
$$6(2n-5)g_3 = p(\Re - (n-4)^2)g_2 + q(n-2)(n-3)g_1$$
$$8(2n-7)g_4 = p(\Re - (n-6)^2)g_3 + q(n-4)(n-5)g_2$$
$$\text{etc.} \qquad \text{etc.} \qquad \text{etc.}$$
$$2\sigma(2n+1-2\sigma)g_\sigma = p(\Re - (n+2-2\sigma)^2)g_{\sigma-1}$$
$$+ q(n+3-2\sigma)(n+4-2\sigma)g_{\sigma-2}$$
$$0 = p(\Re - (n-2\sigma)^2)g_\sigma + q(n+1-2\sigma)(n+2-2\sigma)g_{\sigma-1}.$$

---

*) Die Integrationen der Differentialgleichungen in diesem und den nächsten zwei Paragraphen sind in Lamé's Leçons sur les fonctions inverses etc. §. 195—197 vollständiger als an der Stelle, an welcher sie zuerst auftreten (Liouville J. d. M. Bd. IV) ausgeführt.

§. 83, 57.   II. Theil. Drittes Kapitel.   217

Aus der Grösse g_0, die der Natur der Sache nach willkürlich bleibt, und $\Re$ bestimmt man g_1 vermittelst der ersten Gleichung, aus der zweiten g_2, etc., aus der σ^{ten} endlich g_σ; es wird g_1 eine ganze Function ersten Grades von $\Re$, also g_2 vom zweiten, etc., g_σ vom σ^{ten} Grade. Die Bedingung für die $\Re$, dass die Reihe für K nicht negative Potenzen von μ enthalte, wird durch die $\sigma+1^{\text{te}}$ Gleichung zwischen g_σ und $g_{\sigma-1}$ ausgedrückt; berücksichtigt man den Grad von g_σ und $g_{\sigma-1}$ nach $\Re$, so ist dieselbe offenbar vom $\sigma+1^{\text{ten}}$ Grade. Man hat also diese Gleichung zunächst auf dem angegebenen Wege zu bilden; man wird später sehen, dass sie genau so viele verschiedene Wurzeln $\Re^0, \Re^1, \Re^2, \ldots \Re^\sigma$ hat, als ihr Grad $\sigma+1$ anzeigt. Indem man in die gefundenen Ausdrücke für die g die verschiedenen $\Re$ substituirt, erhält man $\sigma+1$ Functionen K, die man durch Indices unterscheiden kann, und zwar mag für $\Re = \Re^{(s)}$, g_m vollständig $g_m^{(s)}$ und K vollständig $K^{(s)}$ genannt werden *), so dass

$$K^{(s)}(\mu) = g_0^{(s)} \mu^s + g_1^{(s)} \mu^{s-2} + \text{etc.}$$

wird; der Symmetrie halber erhält auch die willkürliche Constante g_0 den oberen Index s. Es haben sich also Functionen K in der erforderlichen Anzahl ergeben, vorausgesetzt dass die Wurzeln $\Re$ sämmtlich verschieden sind. (Der Punkt (a) des §. 79 ist dann allerdings noch nicht erledigt; es handelt sich hier nur um die Anzahl der erhaltenen K ohne Rücksicht darauf, ob es noch möglich ist, sie durch lineare Gleichungen zu verbinden.) Um diesen Nachweis zu führen bemerke man, dass die Gleichung für $\Re$ von der Form

$$\Re^{\sigma+1} + \alpha \Re^\sigma + \beta \Re^{\sigma-1} + \text{etc.} = 0$$

ist, wo die α, β, etc. ganze Functionen von q bezeichnen, rationale nach p; die Art, wie diese Gleichung gebildet wurde, zeigt dies sogleich. Stellt man sich die Aufgabe, sämmtliche ganze Functionen welche (56, a) integriren, wenn $b = c$, aufzusuchen, so kann dies vermittelst der bequemeren Methoden des ersten Theiles ge-

---

*) Es ist vorläufig überflüssig, den Buchstaben n als Index anzuhängen, da immer von Functionen mit demselben n die Rede ist. Wechselt n, so wird n als unterer Index beigefügt.

scheben; wir wissen durch diese, dass die sämmtlichen Functionen $P_{2m}\left(\frac{\mu}{b}\right)$ sind. Man muss also dasselbe Resultat durch die Integrations-Methode dieses Paragraphen erhalten. Dadurch entsteht aber genau dasselbe System von Gleichungen wie oben, nur dass p und q die besonderen Werthe $2b^2$, b^4 erhalten. Man findet also zur Bestimmung der $\Re$ genau dieselbe Gleichung die wir so eben erhielten; nur muss in α, β etc. für p und q der besondere Werth gesetzt werden. Jedes $\Re$, welches der Gleichung genügt, leistet das Erforderliche. Setzt man $b = c$ so können dadurch verschiedene Wurzeln zwar gleich, aber nicht gleiche verschieden werden; in diesem Falle sind aber (§. 82) die Wurzeln $\frac{n(n+1)}{2}$, $\frac{n(n+1)-2^2}{2}$, $\frac{n(n+1)-4^2}{2}$, etc., verschieden und $\sigma+1$ an der Zahl.

Hiermit ist allerdings der Beweis von der Verschiedenheit der Wurzeln noch nicht vollständig geführt, sondern nur gezeigt, dass nicht zwei von ihnen gleich sein können, so lange b und c allgemein bleiben, und dies mag vorläufig genügen. Für gewisse Werthe von b und c werden wirklich Wurzeln gleich, (m. vergl. auch die Beispiele am Schlusse des Paragraphen) aber diese Werthe von b und c sind imaginär und kommen bei uns deshalb nicht vor. Im folgenden Kapitel wird sich eine andere Form der Gleichung für die $\Re$ ergeben, aus der man durch algebraische Mittel ohne Hinzuziehung der Integral-Rechnung beweist dass die Wurzeln für alle reellen b und c sämmtlich verschieden und reell sind. Letzteres, die Realität der Werthe, ist schon von Lamé nachgewiesen, und zwar durch das Verfahren, welches im §. 86 mitgetheilt wird, während die Verschiedenheit der Wurzeln sich erst bei Liouville [*] erwähnt findet, der Folgendes darüber sagt: M. Lamé a prouvé que ces racines sont toutes réelles; il s'est servi pour cela d'intégrales définies: ajoutons qu'en employant convenablement le théorème ou plutôt la méthode de M. Sturm, on

---

[*] Liouville, Journal de Math. T. XI: Lettres sur diverses questions d'analyse et de physique mathématique concernant l'ellipsoïde, adressées à M. P. H. Blanchet. Première lettre, p. 221.

aurait pu démontrer d'une manière plus simple encore que les racines de chaque équation en B sont réelles et inégales entre elles. An dieser Stelle zogen wir vor, nicht auf dem hier angedeuteten sondern auf obigem Wege die Verschiedenheit der Wurzeln nachzuweisen; später (§.86) wird nach Lamé ihre Realität gezeigt. Auf die eben erwähnte zweite Form der Gleichung für die $\mathfrak{R}$, in der p und q nicht selbst vorkommen, soll im §.95 die Sturm'sche Methode zum einfachen Beweise der genannten Eigenschaften angewandt werden.

Dass ferner die K selbst verschieden, und dass nicht zwei von ihnen identisch werden, die zu verschiedenen $\mathfrak{R}$ gehören, erkennt man schon an g_1; man hat nämlich

$$\frac{g_1}{g_0} = p\frac{(\mathfrak{R}-n^2)}{2(2n-1)},$$

einen Ausdruck also, der bei jeder Aenderung von $\mathfrak{R}$ seinen Werth selbst ändert.

Im folgenden Kapitel wird die Gleichung der $\mathfrak{R}$ mit den bei orthogonalen Substitutionen entstehenden Gleichungen in Verbindung gebracht.

Beispiele: Für $n=0$ wird es nur ein K geben, und zwar $K = g_0$, gleich einer Constanten; für $n=1$ wird $K = g_0\mu$. Für $n=2$ also $\sigma = 1$ muss K von der Form sein:

$$K = g_0\mu^2 + g_1,$$

und unsere Gleichungen gehen in die beiden

$$2.3 g_1 = p(\mathfrak{R}-4)g_0,$$
$$0 = p\mathfrak{R}g_1 + 1.2 q g_0.$$

über. Dies giebt für $\mathfrak{R}$

$$p^2\mathfrak{R}(\mathfrak{R}-4) + 12q = 0,$$

also zwei Werthe

$$\mathfrak{R}^0 = 2\left(1 + \sqrt{1 - \frac{3q}{p^2}}\right),$$
$$\mathfrak{R}^1 = 2\left(1 - \sqrt{1 - \frac{3q}{p^2}}\right),$$

$$K^0 = g_0\left(\mu^2 + \frac{p(\Re^0-4)}{6}\right),$$

$$K^1 = g_0\left(\mu^2 + \frac{p(\Re^1-4)}{6}\right).$$

Für $n=3$ wird $\sigma=1$, ferner

$$K = g_0\mu^3 + g_1\mu$$
$$10g_1 = p(\Re-9)g_0$$
$$0 = p(\Re-1)g_1 + 6qg_0,$$

daher

$$K = g_0\mu\left(\mu^2 + p\frac{\Re-9}{10}\right),$$
$$0 = p^2(\Re-1)(\Re-9) + 60q.$$

Für $n=4$ oder $\sigma=2$ ist

$$K = g_0\mu^4 + g_1\mu^2 + g_2,$$
$$14g_1 = p(\Re-16)g_0,$$
$$20g_2 = p(\Re-4)g_1 + 12qg_0,$$
$$0 = p\Re g_2 + 2qg_1,$$

folglich

$$g_1 = pg_0\frac{\Re-16}{14},$$

$$g_2 = \frac{p^2(\Re-4)(\Re-16) + 168q}{280},$$

$$p^2\Re(\Re-4)(\Re-16) + 168q\Re + 40q(\Re-16) = 0.$$

Für $b=c$ d. h. $p=2b^2$, $q=b^4$ verwandelt sich die letzte Formel in $\Re^3-20\Re^2+116\Re-160=0$, hat demnach die Wurzeln 10, 8, 2, wie es nach den obigen Bemerkungen sein muss.

Wird z. B. im Falle $n=2$ für b und c ein solcher besonderer Werth gesetzt, dass $3q=p^2$, so hat die Gleichung zwei gleiche Wurzeln $\Re^0=\Re^1=2$. Die Bedingung sagt, dass dann $b^4+c^4-b^2c^2=0$, d. h. $\frac{b^6+c^6}{b^2+c^2}=0$ sein muss, so dass b und c in diesem Falle nicht beide reell sind. M. vergl. p. 218.

§. 84. Nachdem über die K gehandelt worden ist besteht nun die zweite Aufgabe in dem Aufsuchen von $(n-\sigma)$ Functionen L; mit Rücksicht auf die Form derselben in (57) mache man $L = z\sqrt{\mu^2-b^2}$, wo z eine ganze Function $(n-1)^{\text{ten}}$ Grades von μ

§. 84, 57. II. Theil. Drittes Kapitel.

werden muss, und stelle durch Einsetzen in (56, a) die Gleichung für z her. Diese wird

$$(\mu^2-b^2)(\mu^2-c^2)\frac{d^2z}{d\mu^2}+\mu(4\mu^2-p-2c^2)\frac{dz}{d\mu}$$
$$+(p\mathfrak{L}-c^2-(n-1)(n+2)\mu^2)z=0;$$

wie im vorigen Paragraphen behandelt giebt sie

$$2m(2n-2m+1)g_m = (p(\mathfrak{L}-(n+1-2m)^2)-c^2(2n+3-4m))g_{m-1}$$
$$+q(n+2-2m)(n+3-2m)g_{m-2},$$

also

$$2(2n-1)g_1 = (p(\mathfrak{L}-(n-1)^2)-(2n-1)c^2)g_0,$$
$$4(2n-3)g_2 = (p(\mathfrak{L}-(n-3)^2)-(2n-3)c^2)g_1+q(n-1)(n-2)g_0,$$
$$\text{etc.} \qquad \text{etc.}$$
$$2(n-\sigma-1)(2\sigma+3)g_{n-\sigma-1} = (p(\mathfrak{L}-(2\sigma+3-n)^2)-(4\sigma+7-2n)c^2)g_{n-\sigma-2}$$
$$+q(2\sigma+4-n)(2\sigma+5-n)g_{n-\sigma-3},$$
$$0 = (p(\mathfrak{L}-(2\sigma+1-n)^2)-(4\sigma+3-2n)c^2)g_{n-\sigma-1}$$
$$+q(2\sigma+2-n)(2\sigma+3-n)g_{n-\sigma-2}.$$

Benutzt man diese Gleichungen wie die entsprechenden des vorigen Paragraphen, so findet man alle $n-\sigma$ Grössen g durch $\mathfrak{L}$, und schliesslich $\mathfrak{L}$ durch eine Gleichung vom Grade $n-\sigma$. Dass diese verschiedene Wurzeln, welche mit $\mathfrak{L}^1, \mathfrak{L}^2$, etc. $\mathfrak{L}^{n-\sigma}$ bezeichnet werden, haben muss, dass also $n-\sigma$ verschiedene $\mathfrak{L}$ entstehen, sieht man ein, indem man wieder auf den besonderen Fall $b=c$ zurückgeht; da in diesem die Differentialgleichung der E in die der $P_n^m\left(\frac{\mu}{b}\right)$ übergeht, so stimmt die so eben integrirte der z mit der überein, welcher die Grössen

$$\frac{1}{\sqrt{\mu^2-b^2}} \cdot P_n^m\left(\frac{\mu}{b}\right)$$

genügen. Würde man diese Differentialgleichung, welche nur und immer für die $n-\sigma$ ungeraden Werthe $m=1, 3$, etc. ganze Functionen von μ liefert, nach der allgemeinen Methode behandelt haben, so hätte der entsprechende specielle Fall der Gleichung für die $\mathfrak{L}$ entstehen müssen; diese giebt als doppelte Werthe der Wurzeln $\mathfrak{L}$

$$2\mathfrak{L} = n(n+1)-1, \quad n(n+1)-3^2, \quad n(n+1)-5^2, \text{ etc.}$$

Man wird ohne weiteres die eben angestellten Betrachtungen

auf die M übertragen, wenn man überall b mit c, $\mathfrak{L}$ und L mit $\mathfrak{M}$ und M vertauscht.

Beispiele: Für $n = 0$ existirt weder L noch M.
Für $n = 1$ ist $L = g_0 \sqrt{\mu^2 - b^2}$, $M = g_0 \sqrt{\mu^2 - c^2}$.
Für $n = 2$ ist $L = g_0 \mu \sqrt{\mu^2 - b^2}$, $M = g_0 \mu \sqrt{\mu^2 - c^2}$.
Für $n = 3$, also $\sigma = 1$ wird
$$L = \sqrt{\mu^2 - b^2}(g_0 \mu^2 + g_1),$$
$$M = \sqrt{\mu^2 - c^2}(g_0 \mu^2 + g_1),$$

wenn g_0 und g_1 in der oberen Reihe andere Constante als in der unteren bezeichnen. Um die oberen zu bestimmen, benutzt man unser System von Gleichungen und findet
$$10 g_1 = (p(\mathfrak{L} - 4) - 5c^2) g_0,$$
$$(p\mathfrak{L} - c^2)(p(\mathfrak{L} - 4) - 5c^2) + 20q = 0;$$
für die g der unteren Gleichung und die $\mathfrak{M}$ daher
$$10 g_1 = (p(\mathfrak{M} - 4) - 5b^2) g_0,$$
$$(p\mathfrak{M} - b^2)(p(\mathfrak{M} - 4) - 5b^2) + 20q = 0.$$
Für $n = 4$ oder $\sigma = 2$ wird
$$L = \sqrt{\mu^2 - b^2}(g_0 \mu^3 + g_1 \mu^2),$$
$$14 g_1 = (p(\mathfrak{L} - 9) - 7c^2) g_0,$$
$$(p(\mathfrak{L} - 1) - 3c^2)(p(\mathfrak{L} - 9) - 7c^2) + 84q = 0.$$
Für $b = c$ geht diese Gleichung in
$$\mathfrak{L}^2 - 15\mathfrak{L} + \tfrac{209}{4} = 0$$
über, hat also, wie es sein muss, die Wurzeln $\tfrac{11}{2}$ und $\tfrac{19}{2}$.

§. 85. Es bleibt noch der vierte Fall zu behandeln, d. h. man muss die N aufsuchen, welche in (56, a) enthalten sind; zu diesem Zwecke setze man in die Gleichung für E oder N
$$z \cdot \sqrt{\mu^2 - b^2}\sqrt{\mu^2 - c^2},$$
und hat dann die ganze Function z aufzusuchen, welche
$$(\mu^2 - b^2)(\mu^2 - c^2)\frac{d^2 z}{d\mu^2} + \mu(6\mu^2 - 3p)\frac{dz}{d\mu} + (p(\mathfrak{N} - 1) - (n-2)(n+3)\mu^2)z = 0$$
integrirt. Wenn später wieder $b = c$ gesetzt wird, so gehen alle Integrale der Gleichung für E, welche Functionen von dem Charakter N liefern, in ganze Functionen von μ also in Ausdrücke $P_m^n\left(\frac{\mu}{b}\right)$ mit geradem m über; indem man diese $= (\mu^2 - b^2)z$ setzt,

§. 85, 57. II. Theil. Drittes Kapitel.

und alle ganzen Functionen z von μ sucht, welche der dann entstehenden Differentialgleichung genügen, wird man die z nicht erhalten, wenn man diese P_m sämmtlich durch μ^2-b^2 theilt, indem P_0 durch diese Grösse getheilt, keine ganze Function giebt: man wird alle Integrale der vorstehenden Gleichung, unter der Voraussetzung $b=c$, für z finden, die nach μ ganz sind, wenn man alle

$$\frac{P_m^n}{\mu^2-b^2}$$

für $m=2, 4$, etc. nimmt. Die Wurzeln $\mathfrak{R}$ werden sich also für $b=c$ in

$$2\mathfrak{R} = n(n+1)-2^2, \quad n(n+1)-4^2, \text{ etc.}$$

verwandeln müssen.

Die Integration der Gleichung wenn b und c allgemein bleiben, giebt

$$2m(2n+1-2m)g_m = p(\mathfrak{R}-1-(n-2m)(n-2m+2))g_{m-1}$$
$$+q(n+1-2m)(n+2-2m)g_{m-2},$$

also das System

$$2(2n-1)g_1 = p(\mathfrak{R}-1-n(n-2))g_0,$$
$$4(2n-3)g_2 = p(\mathfrak{R}-1-(n-2)(n-4))g_1+q(n-2)(n-3)g_0,$$
$$6(2n-5)g_3 = p(\mathfrak{R}-1-(n-4)(n-6))g_2+q(n-4)(n-5)g_1,$$
$$\text{etc.} \qquad \text{etc.} \qquad \text{etc.}$$
$$(2\sigma-2)(2n+3-2\sigma)g_{\sigma-1} = p(\mathfrak{R}-1-(n-2\sigma+2)(n-2\sigma+4))g_{\sigma-2}$$
$$+q(n+4-2\sigma)(n+3-2\sigma)g_{\sigma-3},$$
$$0 = p(\mathfrak{R}-1-(n-2\sigma)(n-2\sigma+2))g_{\sigma-1}$$
$$+q((n+2-2\sigma)(n+1-2\sigma)g_{\sigma-2}.$$

Diesen Gleichungen ist nach den früheren Erörterungen nichts weiter hinzuzufügen, als die

Beispiele. Für $n=0$ und $n=1$ existirt kein N.
Für $n=2$ ist
$$N = g_0\sqrt{\mu^2-b^2}\sqrt{\mu^2-c^2}.$$
Für $n=3$ wird
$$N = g_0\mu\sqrt{\mu^2-b^2}\sqrt{\mu^2-c^2}.$$
Für $n=4$ endlich hat man $\sigma=2$, also
$$N = \sqrt{\mu^2-b^2}\sqrt{\mu^2-c^2}(g_0\mu^2+g_1),$$
$$14g_1 = p(\mathfrak{R}-9)g_0,$$
$$p^2(\mathfrak{R}-1)(\mathfrak{R}-9)+28q = 0.$$

Für $b = c$ entsteht
$$\mathfrak{N}^2 - 10\mathfrak{N} + 16 = 0$$
und giebt die Wurzeln 2, 8.

§. 86. Es ist jetzt bewiesen, dass die $(2n+1)$ Functionen E, so eingetheilt wie (57) es angiebt, wirklich existiren, und §. 83—85 enthalten die Methoden durch welche man dieselben nach Auflösung einer Gleichung wirklich auffindet. Man sah, dass die E im gewöhnlichen Sinne verschieden sind, dass nämlich zwei weder identisch sein noch sich nur durch einen constanten Factor unterscheiden können. Sollen dieselben aber zu den im §. 79 angegebenen Zwecken dienen, so darf auch (cf. daselbst a) keine lineare Verbindung von Producten $\Sigma a E(\mu) E(\nu)$ für alle μ und ν verschwinden, wenn sich die Summation auf die verschiedenen E und willkürlich gegebene Constante a, die von einem Producte zum andern wechseln können bezieht. Man bemerke, dass nur $2n+1$ Producte in der Summe vorkommen; es war nämlich jedes Product $E(\mu) E(\nu)$ so zu verstehen, dass $E(\nu)$ genau dieselbe Function ist, wie $E(\mu)$, dass also nur Glieder wie

$$a K^s(\mu) K^s(\nu), \quad a L^s(\mu) L^s(\nu), \quad \text{etc.}$$

nicht aber

$$a K^s(\mu) K^\upsilon(\nu), \quad a K^s(\mu) L^s(\nu), \quad a K^s(\mu) L^\upsilon(\nu), \quad \text{etc.}$$

vorkommen, in welchen s sich von υ unterscheidet.

Soll eine Summe wie $\Sigma a E(\mu) E(\nu)$ verschwinden, so dividire man durch ν^s und setze $\nu = \infty$; da $\nu^{-s} E(\nu)$ sich dadurch in g_0 verwandelt, also die Summe die Form $\Sigma a g_0 E(\mu)$ oder $\Sigma a E(\mu)$ erhält, so muss $\Sigma a E(\mu)$ für alle μ gleichfalls verschwinden. Dieser Ausdruck zerfällt zunächst in die Summe zweier Theile $U + V\sqrt{\mu^2 - c^2}$, wo U und V ganze Functionen von μ und $\sqrt{\mu^2 - b^2}$ sind; er kann nicht verschwinden, wenn nicht U und V für sich verschwinden, weil sonst $\sqrt{\mu^2 - c^2}$ eine rationale Function von μ und $\sqrt{\mu^2 - b^2}$ wäre. U und V haben wiederum die Form $G + H\sqrt{\mu^2 - b^2}$, wenn G und H ganze Functionen von μ bezeichnen; sie können folglich nur dann verschwinden, wenn $G = H = 0$. **Fasst man dies zusammen, so folgt, dass die vier Theile aus denen $\Sigma a E(\mu)$ besteht, und welche die Form haben**

§. 86, 57.   II. Theil. Drittes Kapitel.   225

$$\sum_{s=0}^{s=\sigma} a^s K^s(\mu), \quad \sum_{s=1}^{s=\sigma-0} a^s L^s(\mu), \quad \sum_{s=1}^{s=\sigma-0} a^s M^s(\mu), \quad \sum_{s=1}^{s=\sigma} a^s N^s(\mu),$$

für sich verschwinden müssen, wenn $\Sigma a E(\mu) = 0$ sein soll. Es wird nun nach Lamé durch eine Methode, welche der Art entspricht, auf welche bei früheren Gelegenheiten die Coefficienten in gewissen Entwickelungen bestimmt wurden, gezeigt, dass diese Ausdrücke nicht verschwinden können, ohne dass alle a gleich 0 sind. Um alle vier Fälle gemeinsam zu behandeln, beziehen wir die Untersuchungen auf den Buchstaben E und werden an dieser Stelle unter E^s und E^v gleichartige E verstehen, d. h. solche, die beide zugleich zu den K, oder zugleich zu den L, etc. gehören.

Man multiplicire die erste Gleichung (56) p. 112, die man auf E^s beziehe, mit E^v, ferner mit

$$\frac{d\mu}{\sqrt{\mu^2 - b^2}\sqrt{c^2 - \mu^2}} = d\varepsilon$$

und integrire nach μ von b bis c, oder was dasselbe ist nach ε von 0 bis ω (cf. p. 206, b). Dann wird

$$(a) \ldots (b^2 + c^2) B^s \int_0^\omega E^s E^v d\varepsilon - n(n+1) \int_0^\omega \mu^2 E^s E^v d\varepsilon$$
$$= \int_0^\omega E^v \frac{d^2 E^s}{d\varepsilon^2} d\varepsilon;$$

nach zweimaliger Integration durch Theile verwandelt sich die rechte Seite in die Summe des Integrals

$$\int_0^\omega E^s \frac{d^2 E^v}{d\varepsilon^2} d\varepsilon$$

und von

$$\left[E^v \frac{dE^s}{d\varepsilon} - E^s \frac{dE^v}{d\varepsilon} \right]_0^\omega.$$

Das letzte Glied ist aber $= 0$, wie man einsieht, wenn man anstatt nach ε nach μ differentiirt und dafür mit $\sqrt{\mu^2 - b^2}\sqrt{c^2 - \mu^2}$ multiplicirt; denn

$$E^v \frac{dE^s}{d\mu} - E^s \frac{dE^v}{d\mu}$$

wird gleich $G(\mu)$, wo $G(\mu)$ eine ganze Function von μ bezeichnet, zunächst wenn die E zur Klasse K gehören; es wird aber noch dieselbe Form behalten, wenn $E = L$, etc. war. Denn, drückt man

Heine, Handbuch d. Kugelfunctionen.   15

immer durch G ganze, wenn auch verschiedene Functionen aus, so ist

$$L^v = \sqrt{\mu^2-b^2}\,G, \qquad \frac{dL^v}{d\mu} = \frac{G}{\sqrt{\mu^2-b^2}}$$

$$M^v = \sqrt{\mu^2-c^2}\,G, \qquad \frac{dM^v}{d\mu} = \frac{G}{\sqrt{\mu^2-c^2}}$$

$$N^v = \sqrt{\mu^2-b^2}\sqrt{\mu^2-c^2}\,G, \qquad \frac{dN^v}{d\mu} = \frac{G}{\sqrt{\mu^2-b^2}\sqrt{\mu^2-c^2}};$$

es verschwindet daher die nach ε differentiirte, in den eckigen Parenthesen eingeschlossene Grösse und die linke Seite von (a) wird nur gleich

$$\int_0^\omega E^s \frac{d^2 E^v}{d\mu^2}\, d\mu,$$

ändert sich also nicht durch Vertauschung von s mit v. Es folgt hieraus dass

$$(B^s - B^v)\int_0^\omega E^s E^v\, d\varepsilon = 0,$$

dass also das Integral selbst verschwindet, wenn s und v verschieden sind. War s und v verschieden, so verschwindet daher das Integral; es verschwindet nicht, wie man sogleich sehen wird, wenn $s = v$. War E^s reell oder rein imaginär, so ist das Integral des Quadrates, einer Grösse die ihr Zeichen nicht wechselt,

$$\int_0^\omega E^s E^s\, d\varepsilon$$

sicher nicht 0; wir zeigen also nur noch, dass E nicht complex sein kann. Hierzu wird nachgewiesen dass die B sämmtlich reell sind; aus der Art, wie die Coefficienten g der E gebildet wurden, folgt dann, dass auch diese reell oder rein imaginär sein müssen.

Sollte nämlich B^s imaginär sein, so nehme man für B^v die conjugirte Wurzel; war $E^s = p + qi$ so wird $E^v = p - qi$, es müsste also

$$\int_0^\omega E^s E^v\, d\varepsilon = \int_0^\omega (p^2 + q^2)\, d\varepsilon$$

gleich 0 sein, was unmöglich ist. Man hat daher folgende Punkte bewiesen:

1) Sämmtliche B sind reell.

2) $\int_0^\omega E^s E^{s'} d\varepsilon$, wenn E^s und $E^{s'}$ gleichartige E bezeichnen, verschwindet sobald s nicht gleich v genommen war.

3) Das Integral verschwindet nicht für $s = v$.

Hieraus folgt nach der Methode des §. 15 unmittelbar **der Satz**: **Ist eine Function $f(\mu)$ in eine Reihe von gleichartigen E (mit denselben n) entwickelbar**

$$f(\mu) = \Sigma a^s E^s(\mu),$$

so kann die Entwickelung nur auf eine Art geschehen, und die a sind bestimmt durch die Gleichung

$$a^s \int_0^\omega E^s(\mu) E^s(\mu) d\varepsilon = \int_0^\omega f(\mu) E^s(\mu) d\varepsilon,$$

aus der sich jedes a finden lässt, da das Integral auf der Linken nicht verschwindet. Man zieht endlich hieraus den **Zusatz**, auf dessen Beweis es in diesem Paragraphen eben ankam: **War $f(\mu)$ gleich Null, so müssen alle a Null sein.**

Als Erweiterung des Satzes kann man hinzufügen, dass auch die Entwickelung von $f(\mu)$ bestimmt ist, wenn f nur überhaupt nach E (mit gleichen n) geordnet werden darf. Zerlegt man nämlich, wie am Anfange dieses Paragraphen $f(\mu)$ in vier Theile, so ist der eine Theil nach den K entwickelbar etc. etc.

§. 87. Aus den bisher gefundenen Eigenschaften der E lassen sich einige einfache Folgerungen ziehen, die im folgenden Kapitel wieder aufgenommen werden sollen. Es ist jetzt vollständig bewiesen, dass jede lineare Verbindung der C oder S sich linear durch die Producte $E(\mu)E(\nu)$ darstellen lässt und umgekehrt; hieraus ist klar dass im besonderen Falle auch jedes C oder jedes S selbst eine lineare Verbindung von Producten $E(\mu)E(\nu)$, oder, bei der Umkehrung, dass jedes Product $E(\mu)E(\nu)$ eine lineare Verbindung von C und S giebt. Bezeichnet man durch g gerade Zahlen inclusive 0, durch u ungerade Zahlen, zwischen 0 und n, so lässt sich diese Entwickelung noch näher bestimmen; erinnert man sich der Eintheilung aller demselben n angehörigen C und S in vier Classen (§. 78), so sieht man, dass z. B. C_g eine ganze Function von μ und ν ist, während

C_u noch $\sqrt{\mu^2-b^2}\sqrt{\nu^2-b^2}$ als Factor enthält, so dass in C_g nur E von der Klasse der K, in C_u von der Klasse der L auftreten können. Man erinnere sich ferner, dass genau so viel C_g, C_u, S_u, S_g existiren als resp. K, L, M, N. Bezeichnen die β unbekannte Constante (in den verschiedenen Gleichungen verschiedene), d. h. von μ und ν unabhängige Grössen, so hat man folgendes System von Gleichungen:

$$C_g = \sum_{\varkappa=1}^{\varkappa=\sigma} \beta_g^\varkappa K^\varkappa(\mu) K^\varkappa(\nu); \quad (\sigma+1);$$

$$C_u = \sum_{s=1}^{s=n-\sigma} \beta_u^s L^s(\mu) L^s(\nu); \quad (n-\sigma);$$

$$S_u = \sum_{s=1}^{s=n-\sigma} \beta_u^s M^s(\mu) M^s(\nu); \quad (n-\sigma);$$

$$S_g = \sum_{\varkappa=1}^{\varkappa=\sigma} \beta_g^\varkappa N^\varkappa(\mu) N^\varkappa(\nu); \quad (\sigma),$$

in welchem die Ausdrücke in Parenthese $(\sigma+1)$, etc. anzeigen, wieviel Gleichungen man aus der hingeschriebenen erhält, wenn g und u alle möglichen Werthe ertheilt werden. Man muss aber auch umgekehrt erhalten:

$$K^\varkappa(\mu) K^\varkappa(\nu) = \sum_g k_g^\varkappa C_g; \quad (\sigma+1);$$

$$L^s(\mu) L^s(\nu) = \sum_u k_u^s C_u; \quad (n-\sigma);$$

$$M^s(\mu) M^s(\nu) = \sum_u k_u^s S_u; \quad (n-\sigma);$$

$$N^\varkappa(\mu) N^\varkappa(\nu) = \sum_g k_g^\varkappa S_g; \quad (\sigma).$$

Die Grössen $(\sigma+1)$, etc. drücken hier dasselbe aus wie oben; zu gleicher Zeit sagen sie, über wie viele Werthe g oder u zu summiren ist, wenn man in der letzten Gleichung, bei der Summation nach g, den Werth $g=0$ ausschliesst, für den $S_g = S_0$ von selbst verschwindet.

Der Zusammenhang der Constanten k und β, so wie diese Grössen selbst, sind im folgenden Kapitel näher bestimmt. M. vergl. über diese Systeme des Verfassers Arbeiten[*]).

---

[*]) Borchardt, Journal f. Math. Bd. LVI: Auszug eines Schreibens über die Lamé'schen Functionen, und: Einige Eigenschaften der Lamé'schen Functionen.

§. 87, 57.   II. Theil. Drittes Kapitel.

Mit Hülfe des zweiten Systemes kann man die E selbst, im Gegensatze zu den Producten $E(\mu)E(\nu)$, nach den P_m^n entwickeln; hierzu zeigt man zunächst dass

$$K;\quad \frac{L}{\sqrt{\mu^2-b^2}};\quad \frac{M}{\sqrt{\mu^2-c^2}};\quad \frac{N}{\sqrt{\mu^2-c^2}\sqrt{\mu^2-b^2}};$$

weder für $\mu = b$ noch für $\mu = c$ verschwinden. Um dies zuerst für die K zu beweisen benutzt man die Gleichung (56, a), aus der hervorgeht, dass wenn K für diese Werthe verschwindet, auch $\frac{dK}{d\mu}$ verschwinden muss, indem für $\mu = b$ und $\mu = c$

$$(\mu^2-b^2)(\mu^2-c^2)\frac{d^2K}{d\mu^2}$$

gleich 0 wird. Eine Differentiation der Differentialgleichung nach μ, dann eine zweite, u. s. f. bis zur $(n-1)^{\text{ten}}$ zeigt dasselbe für den zweiten, dritten bis n^{ten} Differentialquotienten von K, der eine Constante ist also nicht verschwinden kann. Vertauscht man die Gleichung (56, a) für K mit denen für $(\mu^2-b^2)^{-\frac{1}{2}}L = z$, etc. welche im §. 84 und §. 85 vorkommen, so findet man für die anderen drei Gattungen von Functionen, nämlich für $(\mu^2-b^2)^{-\frac{1}{2}}L$, etc. dieselbe Unmöglichkeit des Verschwindens wenn $\mu = b, c$ ist, wie für K.

Aus vorstehendem System folgt nun mit Hülfe des §. 78

$$K^s(c)K^n(\nu) = \sum_g k_g^s P_g^n\left(\frac{\nu}{b}\right),$$

$$L^s(c)L^n(\nu) = \sum_u k_u^s P_u^n\left(\frac{\nu}{b}\right),$$

$$M^s(b)M^n(\nu) = \sum_u (-1)^{\frac{u-1}{2}} k_u P_u^n\left(\frac{\nu}{c}\right),$$

während für N eine Gleichung

$$AN^s(\nu) = \sqrt{\frac{b^2-\nu^2}{\nu^2-c^2}} \sum_g k_g \cdot \frac{i^{g-1}}{g} \cdot P_g^n\left(\frac{\nu}{c}\right)$$

erhalten wird, wenn A die Constante

$$\frac{b\sqrt{c^2-b^2}}{c} \cdot \frac{N^s(\mu)}{\sqrt{\mu^2-b^2}}$$

für $\mu = b$ vorstellt. Da die linken Seiten der vier Gleichungen (s. o.) nicht verschwinden, so hat man hier Ausdrücke von den Functionen $K(\nu)$, $L(\nu)$ etc. selbst, nicht mehr von den Producten zweier E durch die Kugelfunctionen P_m^n. Hätte man dasselbe System mit v^{-n} multiplicirt, und $v = \infty$ gesetzt, so lehrt die angeführte Stelle, wie sich die E in Reihen verwandeln, die nach den Cosinus und Sinus eines gewissen Winkels χ fortschreiten.

§. 88. Bisher wurden solche E verglichen, die sich auf dasselbe n bezogen; im §. 86 war gezeigt worden, wie sich eine Function einer Veränderlichen in Bezug auf ihre Entwickelung nach solchen Grössen verhält. Die weiteren Betrachtungen führen auf die Zusammenstellung solcher E, die zu verschiedenen n gehören nur werden dann nicht die Functionen allein, sondern wieder die Producte $E(\mu)E(\nu)$ auftreten.

Es bezeichne $f(\theta, \psi)$ einen nach Kugelfunctionen zweier Veränderlichen entwickelten Ausdruck: z. B. kann f eine ganze Function von $\cos\theta$, $\sin\theta\cos\psi$, $\sin\theta\sin\psi$ sein, deren Entwickelbarkeit im §. 72 bewiesen ist. Fasst man alle Glieder der Reihe zusammen, welche aus solchen $C(\theta, \psi)$ und $S(\theta, \psi)$ bestehen, die von der Klasse der P^n sind, d. h. die dasselbe n besitzen, und nennt ihre Summe $X^{(n)}$ oder X^n, so wird (§. 72, a)

$$f(\theta, \psi) = \sum_{n=0}^{n=\infty} X^n,$$

$$X^n = \sum_{m=0}^{m=n} c_m^n C_m^n(\theta, \psi) + k_m^n S_m^n(\theta, \psi),$$

und X^n genügt der partiellen Differentialgleichung (48). Wie man die einzelnen Glieder, welche X^n angehören, aus gegebenen $f(\theta, \psi)$ finden kann, zeigt §. 72 für ganze Functionen von $\cos\theta$, etc.; sammelt man sie, so hat man ohne Weiteres X^n: im fünften Kapitel wird man sehen, wie sich X^n aus f durch eine doppelte Integration mit einem Schlage finden lässt.

Man setze jetzt die θ und ψ in μ und ν um, so wird $f(\theta, \psi)$ sich in einen Ausdruck $F(\mu, \nu)$ verwandeln, der sich durch

$$F(\mu, \nu) = \sum_{n=0}^{n=\infty} X^n$$

darstellen lässt, wenn X^n der Differentialgleichung (54) genügt und die Form hat

$$X^n = \sum_{m=0}^{m=n} c_m^n C_m^n[\mu, \nu] + k_m^n S_m^n[\mu, \nu].$$

Werden alle C und S linear durch die oft erwähnten Producte ausgedrückt, so verwandelt sich X^n in (die h sind Constante),
$$X^n = \Sigma h_n^s E_n^s(\mu) E_n^s(\nu),$$
die Summation auf $2n+1$ Werthe von s ausgedehnt. Hat man X^n als Function von θ und ψ (s. o.) gefunden, so kann man es in μ und ν umsetzen, und um die Constanten h zu bestimmen reicht dann der Satz am Schlusse des §. 86 vollkommen aus, indem man X^n wie eine Function von μ allein ansieht, und nach den dort gegebenen Regeln die Coefficienten in der Entwickelung nach $E_n(\mu)$, die $h_n E_n(\nu)$ werden bestimmt. Ohne aber durch X^n hindurchzugehen, indem man nämlich Operationen unmittelbar mit $F(\mu,\nu)$ vornimmt, lassen sich die h bestimmen; bei der folgenden Auseinandersetzung möge man die ähnlichen Betrachtungen des §. 72 im Auge behalten:

Für jedes n zerfällt X^n in vier Theile, nämlich in einen solchen, der nur die K, einen zweiten welcher nur L, etc. enthält. Es muss daher die entwickelbare Function F selbst in vier Theile zerfallen, F_0, F_1, F_2, F_3 so dass jeder für sich durch eine Reihe dargestellt werden kann, die nur K, oder nur L, oder etc. enthält. Beispielshalber wird F_0 die Doppelreihe
$$F_0 = \Sigma h_n^s K_n^s(\mu) K_n^s(\nu),$$
wo die Summation sich über eine gewisse endliche oder unendliche Anzahl von n und s erstreckt. Jeder Theil F_0, F_1, etc. zerfällt nun weiter in zwei Theile; denn sämmtliche K und N die zu einem n gehören enthalten nur gleichartige, und zwar mit n gleichartige Potenzen von μ und ν, d. h. solche, deren Exponenten um eine gerade Zahl von n sich unterscheiden; L und M enthalten mit $n-1$ gleichartige Potenzen von μ und ν. Man wird also sogleich F in acht Theile zerlegen können, von denen jeder für sich entwickelbar sein muss; jeder derselben wird nur E von einer Klasse enthalten, und nur solche die sämmtlich ein gerades n, oder die sämmtlich ein ungerades n enthalten. Es soll nun gezeigt werden, wie man in jedem von diesen Theilen für sich die Coefficienten h bestimmt.

Es sei $G(\mu,\nu)$ einer dieser Theile, und wir setzen
$$(a) \ldots \quad G(\mu,\nu) = \Sigma h_n^s E_n^s(\mu) E_n^s(\nu),$$

wo also auf der rechten Seite, um alle acht Fälle zugleich zu behandeln, alle E entweder ausschliesslich K, oder ausschliesslich L oder etc. vorstellen, und die Summe sich nur auf gerade n oder nur auf ungerade n bezieht, ferner auf die s resp. von 0 bis $\sigma+1$, von 1 bis $n-\sigma$, etc.

Der definitiven Bestimmung der Coefficienten geht, nach Analogie ähnlicher Betrachtungen, die Untersuchung des Integrals

$$J = \int_0^\omega d\zeta \int_0^\omega (\mu^2 - \nu^2) E_n^s(\mu) E_n^s(\nu) E_p^v(\mu) E_p^v(\nu) d\varepsilon$$

voraus, wo p dem n gleichartig ist, und E^v zu derselben Klasse wie E^s gehört. Um dieses zu finden benutze man die zwei Gleichungen (56); setzt man in die obere für E zunächst E_n^s, dann E_p^v, multiplicirt die erste so entstehende mit E_p^v, die zweite mit E_n^s und subtrahirt, so erhält man:

(b) ... $E_p^v(\mu) \dfrac{d^2 E_n^s(\mu)}{d\varepsilon^2} - E_n^s(\mu) \dfrac{d^2 E_p^v(\mu)}{d\varepsilon^2}$
$= [(b^2+c^2)(B_n^s - B_p^v) - (n(n+1) - p(p+1))\mu^2] E_n^s(\mu) E_p^v(\mu).$

Eine Integration nach ε von 0 bis ω macht die linke Seite zu 0, also

(c) ... $(b^2+c^2)(B_n^s - B_p^v) \int_0^\omega E_n^s(\mu) E_p^v(\mu) d\varepsilon$
$= (n-p)(n+p+1) \int_0^\omega \mu^2 E_n(\mu) E_p^v(\nu) d\varepsilon.$

Hätte man auf gleiche Art die zweite Gleichung in (56) behandelt, so würde man statt (b) eine ähnliche Beziehung erhalten haben, die aus ihr hervorgeht, wenn μ mit ν, ε mit ζ, und das Vorzeichen der rechten Seite mit dem umgekehrten vertauscht wird. Das Integral der linken Seite nach $d\zeta$ von 0 bis ϖ bleibt noch immer 0; es ist nämlich an den Grenzen in

$$E_p^v(\nu) \frac{dE_p^s(\nu)}{d\zeta} - E_n^s(\nu) \frac{dE_p^v(\nu)}{d\zeta}$$

für ν zuerst b und dann 0 zu setzen. Es verschwindet der Ausdruck für $\nu = b$ aus denselben Gründen wie der vorige, für $\nu = 0$ weil E_p und E_n zugleich nur gerade oder nur ungerade Potenzen von ν, abgesehen von den etwaigen Irrationalitäten $\sqrt{\nu^2-b^2}$, etc.

enthalten. Es wird also entsprechend der Gleichung (c), wenn man die Seiten umdreht, erhalten

$$(d) \ldots (n-p)(n+p+1)\int_0^{'\varpi} \nu^2 E_n^x(\nu) E_p''(\nu) d\zeta$$
$$= (b^2+c^2)(B_n^x - B_p'')\int_0^{'\varpi} E_n^x(\nu) E_p''(\nu) d\zeta.$$

War sowohl n von p als B_n^x von B_p'' verschieden, so giebt die Multiplication von (c) und (d) nach Fortlassung des beiden Seiten gemeinsamen constanten Factors, wenn man endlich die rechte und linke Seite auf einer vereinigt, genau $J = 0$. War aber $n = p$ und B_n^x von B_n'' verschieden, so giebt (c) und (d)

$$\int_0^{'\varpi} E_n^x(\mu) E_n^\nu(\mu) d\varepsilon = 0 = \int_0^{'\varpi} E_n^x(\nu) E_n''(\nu) d\zeta;$$

löst man J in seine beiden Theile auf, durch deren Differenz es gebildet wird, und deren erster

$$\int_0^{'\varpi} d\varepsilon \, \mu^2 E_n^x(\mu) E_n''(\mu) \int_0^{'\varpi} E_n^x(\nu) E_n''(\nu) d\zeta$$

ist, so wird deshalb jeder Theil für sich Null, also sicher $J = 0$. War endlich n und p verschieden, aber $B_n^x = B_p''$, so wird nach (c) und (d)

$$\int_0^{'\varpi} \mu^2 E_n^x(\mu) E_p^\nu(\mu) d\varepsilon = 0 = \int_0^{'\varpi} \nu^2 E_n^x(\nu) E_p''(\nu) d\zeta,$$

also wird wieder jeder Theil von J, dessen erster

$$\int_0^{'\varpi} d\zeta \, E_n^x(\nu) E_p''(\nu) \int_0^{'\varpi} \mu^2 E_n^x(\mu) E_p''(\mu) d\varepsilon$$

ist, für sich Null.

Berücksichtigt man noch, dass $\mu^2 - \nu^2$ positiv bleibt, dass also für $n = p$ und $\varrho = s$ sich J in das Integral eines Ausdrucks verwandelt, der sein Zeichen nicht wechselt, so kann J dann nicht verschwinden, und man findet:

Es ist $J = 0$, wenn nicht zugleich $r = s$, $p = n$; sind aber beide Gleichungen erfüllt, so ist J sicher von 0 verschieden.

Die Functionen E waren bis auf eine willkürliche Constante g_0, die sie multiplicirte vollständig definirt; es ist besonders bequem diese durch die Festsetzung zu bestimmen, was von dieser Stelle an immer geschehen soll, dass

$$(e) \ldots 8\int_0^{\omega} d\zeta \int_0^{\omega} (\mu^2 - \nu^2)(E_n^\alpha(\mu) E_n^\alpha(\nu))^2 d\varepsilon = \pm 1$$

sei, nämlich 1, wenn E zu den K oder N gehört, sonst -1.

Geht man nun zu (a) zurück, so erkennt man sogleich, dass h durch die Gleichung bestimmt ist:

$$h_n^\alpha = \pm 8 \int_0^{\omega} d\zeta \int_0^{\omega} (\mu^2 - \nu^2) G(\mu, \nu) E_n^\alpha(\mu) E_n^\alpha(\nu) d\varepsilon,$$

wenn das obere Zeichen für $E = K, N$, das untere für $E = L, M$ gilt.

Um dieses Resultat mit den früheren des §. 72, in Bezug auf die Bestimmung von gewissen Coefficienten, in Verbindung zu setzen, bemerke man, dass eine einfache Rechnung ergiebt

$$(\mu^2 - \nu^2) d\zeta d\varepsilon = \sin\theta\, d\theta\, d\psi;$$

wächst ψ und θ von 0 bis $\frac{1}{2}\pi$, so gelangt ε und ζ von 0 resp. zu ω und ϖ (§. 77). Das Element auf der linken Seite spielt bei den Lamé'schen Ausdrücken dieselbe Rolle, wie das auf der rechten bei denen von Laplace.

§. 89. Im Vorstehenden sind die vorzüglichsten Untersuchungen von Lamé über die von ihm im 4ten Bande des Liouville'schen Journals eingeführten Functionen mitgetheilt. Die Resultate, welche andere Autoren später gefunden haben, sollen hier noch einen Platz finden.

Liouville beweist[*]), dass die Wurzeln der Gleichung $E(\mu) = 0$, oder um alle Klassen der E einzuschliessen, von

$$\frac{E(\mu)}{\sqrt{\mu^2 - c^2}} = 0,$$

in sofern sie reell sind, kleiner als c sein müssen; er entwickelt dazu die Auflösung v der Differentialgleichung

$$\frac{d^2 v}{dt^2} = pv,$$

wenn p eine Function von t bezeichnet, in eine nach vielfachen

---

[*]) Liouville, Journ. de Math. T. XI: Lettres sur diverses questions d'analyse et de physique mathématique concernant l'ellipsoïde, adressées à M. P. H. Blanchet, Deuxième lettre, p. 261.

Integralen fortschreitende Reihe. Der genannte Satz lässt sich auch auf folgende Art beweisen und in Beziehung auf einige Punkte vervollständigen:

Aus §. 87 weiss man bereits, dass
$$\frac{E(\mu)}{\sqrt{\mu^2-b^2}\sqrt{\mu^2-c^2}}$$
für $\mu = b$ oder $\mu = c$ nicht verschwindet. Ferner lässt sich auf ähnliche Art, wie der Beweis des obigen Resultats geführt wurde, zeigen, dass gleiche Wurzeln nicht vorkommen können. Es ist allerdings nicht nothwendig, diesen Satz, der sich von selbst ergiebt, wenn unten die Realität der Wurzeln nachgewiesen wird, gesondert zu behandeln; er wird desshalb abgetrennt, weil er nur einen sehr einfachen Beweis erfordert. Der Bequemlichkeit halber sollen nur die K betrachtet werden, indem die anderen Classen von E sich durch Anwendung der Differentialgleichungen in §. 84 und 85 behandeln lassen, wie die K vermittelst (56, a), p. 213.

Hätte K gleiche Wurzeln, und zwar genau p die gleich α sind, während α sicher nicht b oder c wird, indem für diese Werthe nicht einmal eine einfache Wurzel existirt, so setze man
$$K = (\mu - \alpha)^p z; \quad p > 1,$$
und findet dass auch $\frac{dK}{d\mu}$ für $\mu = \alpha$ verschwindet; aus (56, a) folgt dann dass $\frac{d^2K}{d\mu^2}$, und wenn man die Differentialgleichung wiederholt differentiirt, dass jeder Differentialquotient von K nach μ für $\mu = \alpha$ Null sein muss. Der p^{te} Differentialquotient muss demnach sich gleichfalls in 0 verwandeln; dieser beginnt mit $z \Pi(p)$ und hat dann nur noch Glieder, welche Potenzen von $(\mu - \alpha)$ als Factoren enthalten. Da er für $\mu = \alpha$ verschwindet, so muss z gleichfalls verschwinden, daher durch $\mu - \alpha$ theilbar sein, woraus endlich folgt, dass K gegen die Voraussetzung $p+1$ Wurzeln α enthält.

Alle Wurzeln der Gleichung $\frac{E(\mu)}{\sqrt{\mu^2-c^2}}$ sind reell und kleiner als c. Der Beweis dieses Satzes wird nach einer Methode geführt, die Legendre anwendet, um zu zeigen, dass die Gleichung $P'(x) = 0$ nur reelle Wurzeln besitzt (M. vergl. §. 9); am Schlusse des ersten Kapitels im §. 72 wurde bereits auf die zu diesem Zwecke erforderliche Verallgemeinerung des Hülfssatzes von Legendre hingedeutet. Es stellte sich dort heraus, dass eine ganze Function $f(\theta, \psi)$ von den drei Grössen $\cos\theta$, $\sin\theta\cos\psi$, $\sin\theta\sin\psi$ von geringerem als dem p^{ten} Grade, nach den C und S entwickelbar sei, aber nur solche C^n und S^n enthalte, für welche $n < p$. Was dort schliesslich über das Verschwinden der durch Coefficientenbestimmung gewonnenen Integrale gesagt wurde, benutzen wir hier auf folgende Art: Bedeutet F eine ganze Function von $\cos\theta$ etc., also wenn wir die neuen Coordinaten einführen von $\mu\nu$, $\sqrt{\mu^2-b^2}\sqrt{b^2-\nu^2}$, $\sqrt{c^2-\mu^2}\sqrt{c^2-\nu^2}$ (man achte darauf, dass F diese Verbindungen von μ und ν enthalten muss) von niedrigerem Grade nach diesen Grössen als dem p^{ten}, so wird sich F nach den C^n und S^n von μ und ν entwickeln lassen, aber nur solche enthalten in denen $n < p$; setzt man diese Grössen in die Producte von E wie im §. 88 um, so erhält man nur solche E_n deren Index $n < p$. Man zerlege nun F in die acht, dort erklärten Theile; einer der Theile sei G, der also nur solche E enthält, welche denselben Character wie G selbst besitzen: es wird für einen solchen die Gleichung (a) des §. 88 noch gelten, wenn die Summation nach n sich nur auf solche n bezieht, die kleiner als p sind. Bedient man sich der Regeln für die Coefficientenbestimmung, so erhält man sogleich den

Hülfsatz. Bezeichnet G eine ganze Function von $\mu\nu$, $\sqrt{\mu^2-b^2}\sqrt{b^2-\nu^2}$, $\sqrt{c^2-\mu^2}\sqrt{c^2-\nu^2}$ vom p^{ten} Grade nach diesen Grössen, die entweder keine Irrationalität enthält, oder durch $\sqrt{\mu^2-b^2}\sqrt{b^2-\nu^2}$ getheilt, oder durch $\sqrt{c^2-\mu^2}\sqrt{c^2-\nu^2}$ getheilt, oder durch $\sqrt{\mu^2-b^2}\sqrt{b^2-\nu^2}\sqrt{c^2-\mu^2}\sqrt{c^2-\nu^2}$ getheilt rational wird, und die durch Vertauschung von μ mit $-\mu$ höchstens ihr Zeichen aber nicht ihren Werth ändert, so wird

$$\int_0^\omega d\zeta \int_0^\omega (\mu^2-\nu^2) G \cdot E_p^s(\mu) E_p^s(\nu) d\varepsilon = 0,$$

§. 89, 57.   II. Theil. Drittes Kapitel.   237

wenn E je nach dem Eintreten von einem der vier auf die Irrationalitäten bezüglichen Fälle resp. K, L, M oder N vorstellt.

Um den Beweis unseres Satzes über die Wurzeln von E möglichst einfach darstellen zu können, betrachten wir einen bestimmten von den acht Fällen für sich: es sei p gerade, $=g$ und die E mögen zur Klasse der K gehören; man darf den Hülfssatz dann natürlich nur auf solche G anwenden, welche ganze rationale und gerade Functionen in Bezug auf μ und ν vorstellen. Setzt man zuerst $G = 1$, so entsteht

$$\int_0^\omega \int_0^\omega (\mu^2 - \nu^2) K_g^s(\mu) K_g^s(\nu) d\varepsilon\, d\zeta = 0,$$

woraus folgt, dass $K_g^s(\mu) K_g^s(\nu)$ wenigstens einmal in den Grenzen, also zwischen $\mu = b$ und $\mu = c$; $\nu = 0$ und $\nu = b$ sein Zeichen ändert, oder durch 0 geht: dies mag für $\mu = \alpha$ geschehen, wo α nothwendig eine reelle Grösse bezeichnet. (Würde dies für $\nu = \alpha$ eintreten, so ändert sich nichts Wesentliches.) Es wird dann auch $\mu = -\alpha$ eine Wurzel also $K(\mu)$ durch $\mu^2 - \alpha^2$ theilbar sein, woraus folgt, dass $K(\nu)$ durch $\nu^2 - \alpha^2$ getheilt werden kann, also $K(\mu) K(\nu)$ durch $(\mu^2 - \alpha^2)(\nu^2 - \alpha^2)$. Dies Product

$$= \mu^2 \nu^2 - \alpha^2 (\mu^2 + \nu^2) + \alpha^4$$

ist wiederum eine Function der drei Grössen $\mu\nu$, etc. und gleichartig den K_g, denn $\mu^2 \nu^2$ ist die zweite Potenz von $\mu\nu$ selbst, und

$$(\mu^2 - b^2)(\nu^2 - b^2) - \mu^2 \nu^2 - b^4 = b^2(\mu^2 + \nu^2),$$

also $\mu^2 + \nu^2$ eine Function zweiten Grades von $\sqrt{\mu^2 - b^2}\sqrt{b^2 - \nu^2}$ und $\mu\nu$. Man darf daher jetzt

$$G = (\mu^2 - \alpha^2)(\nu^2 - \alpha^2)$$

machen, und findet nach dem Hülfssatze

$$\int\int (\mu^2 - \nu^2) K_g^s(\mu) K_g^s(\nu) G\, d\varepsilon\, d\zeta = 0.$$

$GK(\mu)K(\nu)$ ändert sein Zeichen nicht bei $\mu = \alpha$, da $(\mu^2 - \alpha^2) K(\mu)$ es nicht ändert und ν nicht α erreicht, indem μ, also auch α, zwischen b und c liegt, ν zwischen 0 und b. (Hätte man angenommen, dass $K(\nu)$ für $\nu = \alpha$ verschwindet, so verhielte es sich umgekehrt.) Es muss also $K_g(\mu) K_g(\nu)$ sein Zeichen bei $\mu = \beta$, oder $\nu = \beta$ ändern, wenn β wieder eine reelle Grösse vorstellt, und dies

Product daher auch noch durch $(\mu^2-\beta^2)(\nu^2-\beta^2)$ theilbar sein. Setzt man dann
$$G = (\mu^2 - \alpha^2)(\mu^2 - \beta^2)(\nu^2 - \alpha^2)(\nu^2 - \beta^2)$$
und fährt so $\frac{1}{2}g$ Mal fort, so findet man dass $K_g^J(\mu) K_g^J(\nu)$ in ein Product wie das Vorstehende mit g Factoren, zerlegbar ist, also dass $K(\mu)$ selbst die Form annimmt
$$K_g^J(\mu) = c(\mu^2 - \alpha^2)(\mu^2 - \beta^2)(\mu^2 - \gamma^2) \ldots,$$
wenn c eine Constante bezeichnet. Es hat demnach $K(\mu) = 0$ nur reelle Wurzeln $\pm\alpha$, $\pm\beta$, $\pm\gamma$, etc., die zwischen 0 und c liegen.

Wäre p eine ungerade Zahl u gewesen, so ist $K_u(\mu)$ durch μ theilbar, und man hätte im Anfange G nicht $= 1$, sondern $= \mu\nu$ gesetzt; bei Betrachtung der L hätte man, je nachdem $p = g$ oder $p = u$ ist, am Anfange resp.
$$G = \sqrt{\mu^2 - b^2} \sqrt{b^2 - \nu^2}$$
$$G = \mu\nu \sqrt{\mu^2 - b^2} \sqrt{b^2 - \nu^2}$$
gemacht, und ähnlich verfährt man in den übrigen Fällen; eine weitere Verfolgung derselben würde einer Wiederholung gleich zu achten sein.

Es ist daher bewiesen, dass die Wurzeln der Gleichung
$$\frac{E(\mu)}{\sqrt{\mu^2 - b^2}\sqrt{c^2 - \mu^2}} = 0$$
sämmtlich verschieden, reell, kleiner als c und weder c noch b selbst sind.

§. 90. Die Aufgaben der Wärmetheorie, mit denen Lamé sich beschäftigte, gaben ihm nicht Veranlassung ein zweites Integral der Differentialgleichung (56) für die E zu betrachten, während man nothwendig auf ein solches geführt wird, wenn man Lamé's Untersuchungen auf die Theorie der Anziehung überträgt. Liouville und der Verf. haben gleichzeitig[*] Arbeiten veröffentlicht, in denen diese Lamé'sche Function zweiter Art eingeführt

---

[*] Liouville's Arbeit findet sich in den Comptes rendus T. XX, und ist abgedruckt im Liouville'schen Journal T. X, p. 222—228: Sur diverses questions d'analyse et de physique mathématique. Sie wurde den 12. Mai und 2. Juni 1845 gelesen. Des Verf. Arbeit über Anziehung und Wärmetheorie ist im Crelle'schen Journale Bd. XXIX (Berlin 1845) veröffentlicht, trägt übrigens in der Unterschrift das Datum April 1844.

ist: sie verhält sich zu den E wie Q zu den Kugelfunctionen erster Art.

Die Lamé'schen Functionen der zweiten Art findet man aus denen der ersten nach der Methode des §. 31; da sie sich im Folgenden auf ein Argument ϱ beziehen, das zwischen c und ∞ liegt, so sollen sie sogleich in Bezug auf ein solches eingeführt werden, und deshalb

$$d\xi = \frac{d\varrho}{\sqrt{\varrho^2-b^2}\sqrt{\varrho^2-c^2}}$$

und $\xi = 0$ für $\varrho = c$ gesetzt werden. Dann wird die Differentialgleichung für $E(\varrho)$ nach (56)

$$\frac{d^2E}{d\xi^2} - [n(n+1)\varrho^2 - (b^2+c^2)B]E = 0,$$

so dass jedes zweite Integral F derselben Gleichung mit E durch die Formel

$$F(\varrho)\frac{dE(\varrho)}{d\xi} - E(\varrho)\frac{dF(\varrho)}{d\xi} = a$$

verbunden ist. Wählt man die Constante a gleich 1, und F so, dass es für $\varrho = \infty$ verschwindet, so ist die Function zweiter Art F durch die Gleichung

$$(58) \ldots F(\varrho) = E(\varrho)\int_\varrho^\infty \frac{d\varrho}{(E(\varrho))^2\sqrt{\varrho^2-b^2}\sqrt{\varrho^2-c^2}}$$

bestimmt. Diese Function verschwindet offenbar für $\varrho = \infty$, bleibt aber mit ϱ^{n+1} multiplicirt für $\varrho = \infty$ endlich; in der That, bezeichnet g_0 dieselbe Constante wie p. 214, so fängt die zu integrirende Function bei der Entwickelung nach absteigenden ϱ mit $\left(\frac{1}{g_0}\right)^2 \cdot \varrho^{-2n-2}$ an, also das Integral in seinen Grenzen mit $\left(\frac{1}{g_0}\right)^2 \cdot \frac{\varrho^{-2n-1}}{(2n+1)}$. Daher wird für $\varrho = \infty$

$$(58, a) \ldots \varrho^{n+1} F(\varrho) = \frac{1}{(2n+1)g_0}.$$

Verfolgt man das im §. 31 Gesagte weiter, so findet man dort, dass Q nur eine Transcendente, nur einen Logarithmus enthält, der für alle Q mit derselben Veränderlichen der gleiche ist; dieselbe Untersuchung lehrt hier, dass in F nur elliptische Integrale der beiden ersten Gattungen vorkommen. Der Beweis soll hier nur für die Gattung K der E geführt werden, da er sich sogleich auf die anderen übertragen lässt.

Da die Grenze ∞ des Integrals hierbei einige Unbequemlichkeit bereitet, so ersetze man sie vorläufig durch u, und zerlege das Integral in die Differenz zweier gleichgebildeten $\psi(u)$ und $\psi(\varrho)$, wo zur Abkürzung

$$\psi(x) = \int_c^x \frac{dx}{\sqrt{x^2-b^2}\sqrt{x^2-c^2}(K(x))^2}$$

gemacht ist. Heissen die sämmtlich verschiedenen Wurzeln von $K(x)$ der Reihe nach α, β, etc., so giebt die Zerlegung in Partialbrüche

$$(a) \ldots \frac{1}{(K(x))^2} = S\frac{A}{(x-\alpha)^2} + S\frac{B}{x-\alpha},$$

wo sich das Summenzeichen auf alle Wurzeln α, β, etc. bezieht. Hieraus folgt, wenn man nur die der bestimmten Wurzel α angehörigen A und B betrachtet,

$$A = \left(\frac{1}{K'(\alpha)}\right)^2; \quad B = \frac{d}{dx}\left[\left(\frac{x-\alpha}{K(x)}\right)^2\right], \text{ für } x=\alpha,$$

wo sich der obere Index $'$ welcher dem K angehängt ist nach üblicher Art auf eine Differentiation bezieht. Macht man

$$\left(\frac{x-\alpha}{K(x)}\right)^2 = \varphi(x),$$

so stimmt B mit $\varphi'(\alpha)$ überein, und es folgt nach logarithmischer Differentiation

$$\frac{\varphi'}{2\varphi} = \frac{1}{x-\alpha} - \frac{K'}{K} = \frac{K-(x-\alpha)K'}{(x-\alpha)K};$$

auf bekannte Art ermittelt man für den Fall $x=\alpha$ den Werth von $\frac{\varphi'}{2\varphi}$, und findet

$$\frac{\varphi'(\alpha)}{2\varphi(\alpha)} = -\frac{(x-\alpha)K''}{(x-\alpha)K'(x)+K(x)} = -\frac{K''(\alpha)}{2K'(\alpha)},$$

$$\varphi'(\alpha) = -\frac{K''(\alpha)}{(K'(\alpha))^3} = B.$$

Nun benutze man die Differentialgleichung (56, a) für $K(\varrho)$, nach der für $\varrho = \alpha$

$$-\frac{K''(\alpha)}{K'(\alpha)} = \frac{\alpha(2\alpha^2-b^2-c^2)}{(\alpha^2-b^2)(\alpha^2-c^2)}$$

§. 90, 58.   II. Theil. Drittes Kapitel.

wird, und findet für (a) die folgende Formel, in der die Summe sich wieder auf alle Wurzeln α, β. etc. bezieht:

$$\left(\frac{1}{K'(x)}\right)^2 = S\left(\frac{1}{K'(\alpha)}\right)^2\left(\frac{1}{(x-\alpha)^2} + \frac{\alpha(2\alpha^2 - b^2 - c^2)}{(x-\alpha)(\alpha^2 - b^2)(\alpha^2 - c^2)}\right).$$

Es zerfällt demnach $\psi(x)$ in eine Summe von Integralen, deren jedes noch mit $\left(\frac{1}{K'(\alpha)}\right)^2$ zu multipliciren ist; dasjenige welches sich auf α bezieht, wird

$$\int_c^{\prime x} \frac{dx}{(x-\alpha)^2 \sqrt{x^2-b^2}\sqrt{x^2-c^2}} + \frac{\alpha(2\alpha^2 - b^2 - c^2)}{(\alpha^2 - b^2)(\alpha^2 - c^2)} \int_c^{\prime x} \frac{dx}{(x-\alpha)\sqrt{x^2-b^2}\sqrt{x^2-c^2}}.$$

Bekannte Reductionsformeln *), die man sofort durch Differentiation verificiren kann, zeigen dass der vorstehende Ausdruck sich in

$$(b) \ldots -\frac{\sqrt{x^2-b^2}\sqrt{x^2-c^2}}{(x-\alpha)(\alpha^2-b^2)(\alpha^2-c^2)} - \frac{\alpha^2}{(\alpha^2-b^2)(\alpha^2-c^2)} \int_c^{\prime x} \frac{dx}{\sqrt{x^2-b^2}\sqrt{x^2-c^2}}$$
$$+ \frac{1}{(\alpha^2-b^2)(\alpha^2-c^2)} \int_c^{\prime x} \frac{x^2 dx}{\sqrt{x^2-b^2}\sqrt{x^2-c^2}}$$

verwandelt, also nur, wie behauptet wurde, elliptische Integrale der beiden ersten Gattungen enthält. Somit ist $\psi(\varrho)$ gefunden; da aber $\psi(u)$ für $u = \infty$ nicht in übersichtlicher Form erscheint, indem zwar der zweite Theil des obigen Ausdrucks endlich bleibt, aber der erste und dritte unendlich wird und erst eine endliche Summe giebt, so verwandele man den auf elliptische Integrale zweiter Art führenden dritten Theil für diesen Zweck durch die Substitution $x = \frac{1}{z}$, indem man $x = u$, $u = \frac{1}{v}$ macht, in

$$\int_v^{\frac{1}{c}} \frac{dz}{z^2 \sqrt{1-b^2 z^2}\sqrt{1-c^2 z^2}}.$$

welches bekanntlich, oder mit Hülfe der eben gebrauchten Reductionsformel

$$\frac{\sqrt{1-b^2 v^2}\sqrt{1-c^2 v^2}}{v} + b^2 c^2 \int_v^{\frac{1}{c}} \frac{z^2 dz}{\sqrt{1-b^2 z^2}\sqrt{1-c^2 z^2}}$$

liefert. Dieser Ausdruck kann mit dem ersten Theile von (b) für $x = u$ zusammengesetzt werden, und giebt dann, indem

$$\sqrt{u^2-b^2}\sqrt{u^2-c^2}\left(\frac{1}{u} - \frac{1}{u-\alpha}\right)$$

---

*) Z. B. Abel, Oeuvres complètes T. II, Chap. I, p. 104, no. 15.

Heine, Handbuch d. Kugelfunctionen.   16

für $u = \infty$ sich in $-a$ verwandelt, als Beitrag zu $\psi(\infty)$

$$(c)\cdots\frac{-1}{(a^2-b^2)(a^2-c^2)}\left[a^2\int_a^\infty\frac{dx}{\sqrt{x^2-b^2}\sqrt{x^2-c^2}}-b^2c^2\int_0^{\frac{1}{c}}\frac{x^2dx}{\sqrt{1-b^2x^2}\sqrt{1-c^2x^2}}+a\right].$$

Multiplicirt man (c) mit $\left(\frac{1}{K'(a)}\right)^2$, und summirt über alle Wurzeln a, β, γ etc., so entsteht $\psi(\infty)$ selbst.

✱ Viertes Kapitel.

Entwickelung der Kugelfunctionen nach Lamé'schen Functionen.

§. 91. Im vorigen Kapitel wurden die Functionen E vollständig definirt; es zeigte sich, dass jedes einem bestimmten n angehörige Product $E(\mu)E(\nu)$ nach C oder S, welche sich auf das gleiche n beziehen, entwickelt werden kann. Man erinnere sich, dass in Bezug auf die Constante g_0 eine wenn auch willkürliche Festsetzung durch p. 234, e existirt.

Es sei nun die Aufgabe gestellt $P^n(z)$ nach den Lamé'schen Functionen zu entwickeln, wenn z wie früher von den Grössen x, x_1, ψ, ψ_1, nämlich durch (47, a)

$$z = xx_1 - \sqrt{x^2-1}\sqrt{x_1^2-1}\cos\varphi; \quad (\varphi = \psi - \psi_1)$$

abhängt. Setzt man $x = \cos\theta$, etc., so verwandelt sich z in die Grösse $\cos\gamma$ der Gleichung (47). Es werden für θ, θ_1, etc. oder x, x_1, etc. die elliptischen Coordinaten μ, ν, μ_1, ν_1 durch die Gleichungen (53, a)

$$x = \frac{\mu\nu}{bc}, \quad \sqrt{x^2-1}\cos\psi = \frac{\sqrt{\mu^2-b^2}\sqrt{\nu^2-b^2}}{b\sqrt{c^2-b^2}}, \text{ etc.}$$

$$x_1 = \frac{\mu_1\nu_1}{bc}, \quad \sqrt{x_1^2-1}\cos\psi_1 = \text{etc. etc.}$$

eingeführt, wodurch (49, a) auf p. 175 sich in

$$P^n(z) = \sum_{m=0}^{m=n}(-1)^m a_m^n \left\{C_m^n[\mu,\nu]C_m^n[\mu_1,\nu_1] + S_m^n[\mu,\nu]S_m^n[\mu_1,\nu_1]\right\}$$

verwandelt; nach den Gleichungen des §. 87 kann man jedes C oder S durch Lamé'sche Producte ausdrücken, die sämmtlich zu demselben n gehören. Lässt man diesen Index als selbstverständ-

lich fort, so wird also $P(z)$ als Function von μ und ν die Form
$$\sum_{\lambda=0}^{\lambda=2s} h^{\lambda} E^{\lambda}(\mu) E^{\lambda}(\nu)$$
annehmen, wenn h von μ und ν unabhängig ist, und nur μ_1 und ν_1 enthält. Wegen der Symmetrie des Ausdrucks $P(z)$ nach μ und μ_1 resp. nach ν und ν_1 muss aber dieselbe Grösse gleich
$$\Sigma k^{\lambda} E^{\lambda}(\mu_1) E^{\lambda}(\nu) = \Sigma c^{\lambda} E^{\lambda}(\mu) E^{\lambda}(\nu_1)$$
werden, wenn k resp. c nur μ und ν_1 oder μ_1 und ν enthalten. Die beiden ersten nach $E(\nu)$ geordneten Ausdrücke, so wie der erste und dritte, welche gemeinsam nach $E(\mu)$ geordnet sind müssen, weil gleich, auch in Folge des erweiterten Satzes im §. 86 identisch sein, also
$$h^{\lambda} E^{\lambda}(\mu) = k^{\lambda} E^{\lambda}(\mu_1); \quad h^{\lambda} E^{\lambda}(\nu) = c^{\lambda} E^{\lambda}(\nu_1).$$
Aus der ersten von diesen Gleichungen folgt
$$h = \alpha E(\mu_1) \qquad k = \alpha E(\mu)$$
wenn α weder μ noch ν noch μ_1 also nur ν_1 enthält. Daher ist
$$\alpha E(\nu) E(\mu_1) = c E(\nu_1),$$
folglich $\alpha = b E(\nu_1)$ wenn b eine numerische Constante vorstellt. Die Form der Entwickelung von $P(z)$ ist daher
$$P(z) = \Sigma b^{\lambda} E^{\lambda}(\mu) E^{\lambda}(\mu_1) E^{\lambda}(\nu) E^{\lambda}(\nu_1),$$
und es bleibt nur der Werth von b zu bestimmen. Zu diesem Zwecke zerfälle man beide Seiten in die früher oft erwähnten vier Theile, und betrachte beliebig einen, z. B. den die L enthaltenden, der mit Berücksichtigung der Feststellung über das Zeichen $C' = C[\mu_1, \nu_1]$ in §. 77, c, die Relation verschafft

$(a) \ldots \Sigma(-1)^n a_n C_n C'_n = \sum_{\lambda=1}^{\lambda=n-\sigma} b^{\lambda} L^{\lambda}(\mu) L^{\lambda}(\mu_1) L^{\lambda}(\nu) L^{\lambda}(\nu_1),$

die Summe links über alle ungeraden n von 1 bis n genommen. Man wendet nun ein Verfahren an, welches man noch an verschiedenen Stellen finden wird; man füge nämlich noch eine Gleichung (b) zu (a), die aus (a) entsteht, wenn μ_1 und ν_1 mit μ_2 und ν_2 vertauscht werden. Das Product $(a)(b)$ multiplicire man dann rechts mit $(\mu^2 - \nu^2) d\eta d\zeta$, links mit dem gleichen Ausdrucke $\sin\theta \, d\theta \, d\psi$ und integrire rechts von 0 bis ω resp. ϖ, links von 0 bis $\frac{\pi}{2}$. Berücksichtigt man den Satz p. 233: Es ist $J = 0$ etc., so wird rechts erhalten

$$(c) \ldots \quad -\tfrac{1}{4}\sum_{s=1}^{s=n-\sigma}(b^s)^2 L^s(\mu_1) L^s(\mu_2) L^s(\nu_1) L^s(\nu_2),$$

und links

$$\Sigma (a_u)^s C'_u C''_u \int_0^{\frac{\pi}{2}} \int_0^{\frac{\pi}{2}} C_u C_u \sin\theta \, d\theta \, d\psi,$$

oder nach p. 184, wenn für das Integral sein Werth gesetzt wird

$$(d) \ldots \quad \frac{\pi}{2(2n+1)} \Sigma (-1)^u a_u C'_u C''_u.$$

Die Gleichung $(c) = (d)$, wenn man μ_2 und ν_2 wieder in μ und ν verwandelt, d. h.

$$\Sigma(-1)^u a_u C_u C'_u = -\frac{2n+1}{4\pi} \Sigma_s (b^s)^2 L^s(\mu) L^s(\mu_1) L^s(\nu) L^s(\nu_1),$$

mit (a) verglichen, zeigt dass

$$(b^s)^2 = -\frac{4\pi}{2n+1} b^s$$

oder dass b^s von s unabhängig und $= -\dfrac{4\pi}{2n+1}$ ist.

Hätte man statt der L eine andere Klasse der E betrachtet, so würde sich ein ähnliches Resultat für b gefunden haben, so dass sich endlich ergiebt

$$(59) \ldots \quad P^n(z) = \frac{4\pi}{2n+1} \sum_{s=0}^{s=2n} \pm E_n^s(\mu) E_n^s(\nu) E_n^s(\mu_1) E_n^s(\nu_1),$$

die Summe rechts auf alle $2n+1$ Functionen E bezogen, die zu n gehören; das obere oder untere Zeichen ist zu nehmen, je nachdem das betreffende E zur ersten und vierten, oder zur zweiten und dritten Klasse gehört.

§. 92. Es sollen jetzt die C und S, also die Functionen selbst aus denen $P(z)$ besteht, durch die Lamé'schen Producte dargestellt werden, und umgekehrt diese Producte durch die C oder S; die allgemeine Form der Resultate ist bereits im §. 87 enthalten, und es bleiben nur die Grössen β und k daselbst näher zu bestimmen.

Bezeichnet f irgend eine Function von ν, so soll, in diesem Kapitel allein, Δf die Grösse, welche durch

$$(b^2 + c^2) \Delta f = \frac{d^2 f}{d\zeta^2} - n(n+1)\nu^2 f$$

§. 92, 59.   II. Theil. Viertes Kapitel.   245

definirt ist vorstellen, so dass also $\varDelta E(\nu)$ nach p. 212 gleich $-BE(\nu)$ wird. Sind f_1, f_2 mehrere Functionen von ν so besteht offenbar die Gleichung
$$\varDelta(f+f_1+f_2+\text{etc.}) = \varDelta f + \varDelta f_1 + \varDelta f_2 + \text{etc.},$$
und da (§. 87)
$$C_y = \sum_{s=0}^{s=\sigma} \beta_{ij}^s K^s(\mu) K^s(\nu)$$
so wird
$$\varDelta C_y = -\sum_{s=0}^{s=\sigma} \beta_{ij}^s \mathfrak{R}^s K^s(\mu) K^s(\nu);$$

ähnliche Ausdrücke für $\varDelta C_u$, $\varDelta S_u$, $\varDelta S_y$ kann man leicht hinzufügen. Die Producte der rechten Seite $K^s(\mu) K^s(\nu)$ lassen sich, wie man aus dem schon mehrfach erwähnten §. 87 weiss, wieder in lineare Verbindungen von Functionen C_m mit geradem Index m verwandeln, so dass $\varDelta C_y$ eine lineare Verbindung von C_0, C_2, C_4 etc. sein muss. Die Betrachtung von $\varDelta C_u$ lehrt Entsprechendes über das Verhalten dieser Grösse zu C_1, C_3, etc., so dass sich sowohl für einen geraden als für einen ungeraden Index m das Resultat ergiebt: Es hat $\varDelta C$ die Form

(α) ... $-\varDelta C_m = h_0 C_m + h_1 C_{m+2} + h' C_{m-2} + h_2 C_{m+4} + $ etc.

wenn die h constante, d. h. von μ und ν unabhängige Grössen bezeichnen. Die Aufgabe dieses Paragraphen besteht darin, die h in obiger Formel, welche das Fundament für das folgende bildet, wirklich zu bestimmen, und einen entsprechenden Ausdruck für $\varDelta S$ aufzustellen.

Die h kann man unter Voraussetzung eines speciellen Werthes von μ, nämlich für $\mu = c$ bestimmen; nach §. 78 geht nämlich für diesen Fall C_m in $P_m\left(\dfrac{\nu}{b}\right)$ über, und schreibt man x zur Abkürzung für $\dfrac{\nu}{b}$, so muss daher die Gleichung
$$-\varDelta P_m(x) = h_0 P_m(x) + h_1 P_{m+2} + h' P_{m-2} + \text{etc.}$$
bestehen, wenn die h dieselben Constanten sind wie oben. Es ist also die linke Seite ein Ausdruck der sich nach P_m mit demselben oberen Index n entwickeln lässt; eine solche Entwickelung kann aber (§. 52) nur auf eine Art geschehen, und daher sind die h die Coefficienten bei der Entwickelung von $-\varDelta P_m$ nach

den P_m. Um die Grösse ΔP zu bilden, setzt man nach der Erklärung, (wenn P ohne Index immer $P_m(x)$ ist)

$$(b^2+c^2)\Delta P = (\nu^2-b^2)(\nu^2-c^2)\frac{d^2P}{d\nu^2} + \nu(2\nu^2-b^2-c^2)\frac{dP}{d\nu} - n(n+1)\nu^2 P$$

und verwandelt die Glieder der rechten Seite, indem man bx für ν substituirt und dieselben zertheilt resp. in

$$b^2(x^2-1)^2 \frac{d^2P}{dx^2} + (b^2-c^2)(x^2-1)\frac{d^2P}{dx^2}$$

$$2b^2 x(x^2-1)\frac{dP}{dx} + (b^2-c^2)x\frac{dP}{dx}$$

$$-n(n+1)b^2 x^2 P.$$

Die Summe der untereinanderstehenden mit b^2 multiplicirten Glieder vereinfacht sich durch die Differentialgleichung (39) der P in

$$(\beta) \ldots b^2(m^2-n(n+1))P,$$

während der, b^2-c^2 enthaltende Theil durch die Anwendung derselben Gleichung den Werth

$$(\gamma) \ldots -(b^2-c^2)\left[x\frac{dP}{dx} - m^2 \frac{x^2}{x^2-1}P - (n(n+1)-m^2)P\right]$$

annimmt. Es ist also

$$-(b^2+c^2)\Delta P = (\beta)+(\gamma),$$

hat daher noch nicht die verlangte Form, weil $x\dfrac{dP}{dx}$ und ausserdem ein x im Coefficienten enthaltendes Glied in (γ) erscheint.

Zur weiteren Reduction bedient man sich zweier Formeln, von denen die erste durch directe Differentiation von

$$P_m = (x^2-1)^{\pm\frac{m}{2}} \mathfrak{P}_{\pm m}$$

erhalten wird; dadurch entsteht

$$x\frac{dP_m}{dx} = (n-m)\frac{x}{\sqrt{x^2-1}}P_{m+1} + m\frac{x^2}{x^2-1}P_m,$$

$$x\frac{dP_m}{dx} = (n+m)\frac{x}{\sqrt{x^2-1}}P_{m-1} - m\frac{x^2}{x^2-1}P_m,$$

und durch Addition die erste Formel

$$2x\frac{dP}{dx} = (n-m)\frac{x}{\sqrt{x^2-1}}P_{m+1} + (n+m)\frac{x}{\sqrt{x^2-1}}P_{m-1}.$$

Die zweite Formel ist (42), nach welcher

§. 92, 60.   II. Theil. Viertes Kapitel.   247

$$2(m+1)\frac{x}{\sqrt{x^2-1}}P_{m+1} = (n+m+1)P_m - (n-m-1)P_{m+2}$$

wird, und mit Anwendung dieser gelingt die Reduction. Es ist nämlich

$$4x\frac{dP}{dx} = -\frac{2n(n+1)}{m^2-1}P_m - \frac{(n-m)(n-m-1)}{m+1}P_{m+2}$$
$$+ \frac{(n+m)(n+m-1)}{(m-1)}P_{m-2};$$

$$4m^2\frac{x^2}{x^2-1}P = \frac{2m^2(m^2-1-n^2-n)}{m^2-1}P_m + \frac{(n-m)(n-m-1)m}{(m+1)}P_{m+2}$$
$$+ \frac{(n+m)(n+m-1)m}{(m-1)}P_{m-2};$$

hierdurch geht (γ) in folgende Form über:

$$(\gamma) = -\frac{c^2-b^2}{4}[(2n(n+1)-m^2)P_m$$
$$+ (n-m)(n-m-1)P_{m+2} + (n+m)(n-m+1)P_{m-2}].$$

Dies ist noch um (β) zu vermehren und durch b^2+c^2 zu dividiren, wenn $-\varDelta P$ entstehen soll; setzt man zur Abkürzung

$$\frac{c^2-b^2}{c^2+b^2} = \lambda = \sqrt{\varkappa},$$

indem zwar vorläufig λ in den Formeln erscheint, später aber nur λ^2, also $\varkappa$, so entsteht

(δ) ... $-\varDelta P_m(x) = \tfrac{3}{4}(n(n+1)-m^2)P_m(x)$
$$+ \frac{(n-m)(n-m-1)}{4}\lambda P_{m+2} + \frac{(n+m)(n+m-1)}{4}\lambda P_{m-2}$$

und hieraus schliesslich

(60) ... $-\varDelta C_m = \tfrac{3}{4}(n(n+1)-m^2)C_m$
$$+ \frac{(n-m)(n-m-1)}{4}\lambda C_{m+2} + \frac{(n+m)(n+m-1)}{4}\lambda C_{m-2},$$

so dass die Operation $\varDelta$ an den C angebracht nur eine lineare Verbindung von drei verschiedenen C erzeugt: nur h_0, h_1 und h' besitzen einen einfachen, von Null verschiedenen Werth.

Die Gleichung (60) besteht noch, wenn man alle C mit S vertauscht, während die Ableitung des auf diese Art entstehenden Ausdruckes eine Modification erfordert. Man findet durch dieselben Mittel wie oben, (α) entsprechend

(ϵ) ... $-\varDelta S_m = h_0 S_m + h_1 S_{m+2} + h' S_{m-2} + \text{etc.};$

die Bestimmung der h erfolgt wieder, indem man für μ einen besonderen Werth setzt, wobei zwei Fälle zu unterscheiden sind. Ist zuerst m ungerade $= u$, so wird für $\mu = b$ nach §. 78

$$S_u(b, \nu) = (-1)^{\frac{u-1}{2}} P_u\left(\frac{\nu}{c}\right),$$

also

$$-\Delta P_u\left(\frac{\nu}{c}\right) = h_0 P_u\left(\frac{\nu}{c}\right) - h_1 P_{u+2} - h' P_{u-2} + \text{etc.}$$

Durch Vertauschung von b und c in der vorigen Rechnung entsteht offenbar die Formel (δ), wenn x in derselben $\frac{\nu}{c}$ bedeutet und $c^2 - b^2$ mit $b^2 - c^2$ d. h. λ mit $-\lambda$ vertauscht wird; es folgen also dieselben Werthe für h_1 und h' wie in (60).

War aber zweitens m gerade, $= g$, so verschwindet S_g für $\mu = b$, und man findet erst wenn man nach Division durch $\sqrt{\mu^2 - b^2}$ den besonderen Werth $\mu = b$ setzt für $S_g(\mu^2 - b^2)^{-\frac{1}{2}}$ einen Werth, welcher nach Fortlassung von Constanten die kein g enthalten

$$(-1)^{\frac{g}{2}} g \sqrt{\frac{\nu^2 - b^2}{\nu^2 - c^2}} P_g\left(\frac{\nu}{c}\right)$$

wird. Man wird daher (ε) durch $\sqrt{\mu^2 - b^2}$ dividiren, und da Δ nur eine Differentiation nach ν involvirt, also die Gleichung besteht

$$\frac{1}{\sqrt{\mu^2 - b^2}} \Delta S = \Delta \frac{S}{\sqrt{\mu^2 - b^2}},$$

so muss man die h so bestimmen, dass

$$(\zeta) \ldots g\Delta\left[\sqrt{\frac{\nu^2 - b^2}{\nu^2 - c^2}} P_g\left(\frac{\nu}{c}\right)\right]$$
$$= \sqrt{\frac{\nu^2 - b^2}{\nu^2 - c^2}}\left[gh_0 P_g\left(\frac{\nu}{c}\right) - (g+2)h_1 P_{g+2} - (g-2)h' P_{g-2} + \text{etc.}\right]$$

wird. Macht man $\frac{\nu}{c} = z$, $\sqrt{\frac{\nu^2 - b^2}{\nu^2 - c^2}} = r$, so giebt die Festsetzung für das Zeichen Δ

$$\Delta(r P_g(z)) = r \Delta P_g(z) + \frac{1}{b^2 + c^2} \times$$
$$\left[P_g(z)\left((\nu^2 - b^2)(\nu^2 - c^2)\frac{d^2 r}{d\nu^2} + \nu(2\nu^2 - b^2 - c^2)\frac{dr}{d\nu}\right) + 2(\nu^2 - b^2)(\nu^2 - c^2)\frac{dr}{d\nu}\frac{dP_g(z)}{d\nu}\right];$$

der erste Theil der rechten Seite ist schon durch (60) bekannt und

gleich
$$v\left[-\tfrac{1}{3}(n(n+1)-g^2)P_g(z)+\lambda\frac{(n-g)(n-g-1)}{4}P_{g+2}+\lambda\frac{(n+g)(n+g-1)}{4}P_{g-2}\right],$$
so dass nur noch der zweite zu untersuchen bleibt, welcher b^2+c^2 im Nenner enthält. Dieser verwandelt sich in
$$c\lambda\left[\frac{z^2+1}{z^2-1}P_g-z\frac{dP_g}{dz}\right];$$
zu seiner weiteren Transformation sind die Formeln schon fertig entwickelt: durch dieselben wird der Ausdruck in der eckigen Parenthese der Reihe nach die Formen annehmen:
$$-P_g+2\frac{z^2}{z^2-1}P_g-2z\frac{dP_g}{dz};$$
$$\frac{(n-g)(n-g-1)}{2g}P_{g+2}-\frac{(n+g)(n+g-1)}{2g}P_{g-2}.$$
Vereinigt man die gefundenen Werthe, so wird die linke Seite von (ζ) getheilt durch v einerseits
$$gh_0 P_g-(g+2)h_1 P_{g+2}-(g-2)h'P_{g-2}+\text{etc.},$$
andrerseits aber
$$-\tfrac{1}{3}g(n(n+1)-g^2)P_g+\frac{(g+2)}{4}(n-g)(n-g-1)\lambda P_{g+2}$$
$$+\frac{g-2}{4}(n+g)(n+g-1)\lambda P_{g-2},$$
so dass die Vergleichung beider Formeln dieselben Werthe der h verschafft, die sie in (60) hatten, und dadurch bewiesen ist, dass in der Formel (60), es mag m gerade oder ungerade sein, alle C zugleich durch S ersetzt werden können.

Die hier mitgetheilte Ableitung der Formel macht zwar noch immer einige Rechnungen nöthig, ist aber weit einfacher als die ursprüngliche im 56sten Bande des math. Journ. welche auf Entwickelungen beruht, die unser Werk beschliessen werden.

§. 93. Um nun zu dem zurückzukehren, was am Anfange des §. 92 als der Zweck der vorhergehenden Rechnungen angegeben war, betrachten wir jede Klasse der E gesondert, und behandeln eine willkürlich ausgewählte, die der K, ausführlich. Aus dem §. 87 wird die Gleichung

$$(a) \ldots \quad C_y = \sum_{s=0}^{s=\sigma} \beta_y^s K^s(\mu) K^s(\nu)$$

zu Hülfe genommen, welche $\sigma+1$, den verschiedenen $g = 0, 2, 4$, etc. angehörende repräsentirt. Nimmt man eine zweite, welche sich auf den Werth $g = p$ bezieht, der also gleichfalls gerade ist, nämlich

$$C_p = \Sigma \beta_p^s K^s(\mu) K^s(\nu)$$

hinzu, und bildet

$$\int_0^{\frac{\pi}{2}} \int_0^{\frac{\pi}{2}} C_p C_y \sin\theta \, d\theta \, d\psi,$$

welches Null ist, so lange p und g verschieden sind, dagegen $\dfrac{\pi}{2(2n+1)a_g}$ für $p = g$, berücksichtigt auch den Werth von J im §. 88, so wie die Festsetzung (e) ebendaselbst, so folgt dass

$$\sum_{s=0}^{s=\sigma} \beta_y^s \beta_p^s$$

verschwindet, so oft p von g verschieden ist, aber gleich wird

$$\frac{4\pi}{(2n+1)a_y}$$

sobald $p = g$. In der Folge ist es bequemer, statt der Buchstaben β andere, einfach mit ihnen zusammenhängende α einzuführen: es **wird definitiv gesetzt**

$$(61) \ldots \quad C_y \sqrt{\frac{(2n+1)a_y}{4\pi}} = \sum_{s=0}^{s=\sigma} \alpha_y^s K^s(\mu) K^s(\nu),$$

wenn a_m wie bisher die numerische Constante (49) vorstellt. Das so eben von den β gefundene Resultat auf die α übertragen lautet dann: Es ist

$$(61, a) \ldots \quad \sum_{s=0}^{s=\sigma} \alpha_y^s \alpha_p^s = 0; \quad \sum_{s=0}^{s=\sigma} (\alpha_y^s)^2 = 1.$$

Grössen α welche (61, a) erfüllen heissen **Coefficienten einer orthogonalen Substitution**: hängen willkürliche Veränderliche $x_0, x_1, \ldots x_\sigma$ mit ebenso vielen Grössen $y^0, y^1, \ldots y^\sigma$ durch lineare Gleichungen an der Zahl $\sigma+1$ zusammen, die aus

$$y^s = \alpha_0^s x_0 + \alpha_1^s x_1 + \cdots + \alpha_{2\sigma}^s x_\sigma$$

entstehen, wenn man s alle Werthe $0, 1, 2, \ldots \sigma$ der Reihe nach ertheilt, so drückt (61, a) die nothwendige und hinreichende Bedingung

aus, damit
$$\sum_{s=0}^{s=\sigma}(y^s)^2 = \sum_{s=0}^{s=\sigma}(x_s)^2$$
sei. Da die Gleichungen zwischen den x und y nach x aufgelöst geben
$$x_m = \sum_{s=0}^{s=\sigma} \alpha^s_{2m} y^s,$$
so werden ausser (61, a) noch von selbst die beiden Systeme
$$\sum_{y=0}^{y=2\sigma} \alpha^s_y \alpha^t_y = 0, \quad \sum_{y=0}^{y=2\sigma} (\alpha^s_y)^2 = 1$$
bestehen, wenn t eine von s verschiedene Grösse bezeichnet. Dies lehrt, dass jedes Product $K(\mu)K(\nu)$ sich durch die Summe, welche über die geraden Zahlen g ausgedehnt wird

(61, b) ... $$K^s(\mu)K^s(\nu) = \sqrt{\frac{2n+1}{4\pi}} \sum_{y=0}^{y=2\sigma} \alpha^s_g \sqrt{a_y}\, C_y$$

darstellen lässt, wenn die α dieselben Grössen sind wie in (61).

Dadurch dass man weiss, die α seien Coefficienten einer orthogonalen Substitution sind sie noch nicht bestimmt, und erst im nächsten Paragraphen sollen die schliesslich bestimmenden Eigenschaften derselben entwickelt werden: vorläufig kann, als Ergänzung des §. 87, erwähnt werden, dass für $\mu = c$ folgende Entwickelung von einem E nach den P_m erhalten wird:

$$K^s(c)K^s(\nu) = \sqrt{\frac{2n+1}{4\pi}} \sum_{m=0}^{m=\sigma} \alpha^s_{2m} \sqrt{a_{2m}}\, P_m\left(\frac{\nu}{b}\right).$$

Der Formel (61, b) sind noch drei andere hinzuzufügen, welche wohl, ohne Wiederholung der vorstehenden Betrachtungen, einfach mitgetheilt werden können. Der Buchstabe β ist nicht mit dem am Anfange dieses Paragraphen benutzten, der nicht weiter erwähnt wird zu verwechseln, sondern wird, so wie γ und δ entsprechend dem α gebraucht. Bedeuten auch β, γ, δ Coefficienten gewisser orthogonaler Substitutionen, die so beschaffen sind, dass man hat:

$$\sum_{s=1}^{s=n=\sigma} \beta^s_u \beta^s_v = \sum_{s=1}^{s=n=\sigma} \gamma^s_u \gamma^s_v = \sum_{s=1}^{s=\sigma} \delta^s_y \delta^s_p = 0$$
$$\sum_{s=1}^{s=n=\sigma} (\beta^s_u)^2 = \sum_{s=1}^{s=n=\sigma} (\gamma^s_u)^2 = \sum_{s=1}^{s=\sigma} (\delta^s_y)^2 = 1,$$

wo u und v verschiedene ungerade, g und p verschiedene gerade Zahlen von 1 bis n bezeichnen, so wird

$$C_u \sqrt{\frac{(2n+1)a_u}{4\pi}} = \sum_{s=1}^{s=n-0} \beta_u^s L^s(\mu) L^s(\nu)$$

$$S_u \sqrt{\frac{(2n+1)a_u}{4\pi}} = \sum_{s=1}^{s=n-0} \gamma_u^s M^s(\mu) M^s(\nu)$$

$$S_g \sqrt{\frac{(2n+1)a_g}{4\pi}} = \sum_{s=1}^{s=0} \delta_g^s N^s(\mu) N^s(\nu); \quad (g > 0).$$

Dass die Producte zweier Laméschen Functionen sich durch Umkehrung dieser Gleichung nach Art von (61, b) darstellen lassen, folgt von selbst.

§. 94. Mit beiden Seiten von (61) nehme man nun die Operation $-\varDelta$ vor, und berücksichtige (p. 245), dass

$$-\varDelta K^s(\nu) = \mathfrak{K}^s K^s(\nu)$$

ist, dass andrerseits $-\varDelta C_m$ durch (60) gegeben wird. Dann entsteht für ein gerades p

$$(\alpha)\ldots \frac{2}{4}(n(n+1)-p^2)C_p + (n-p)(n-p-1)\frac{\lambda}{4}C_{p+2} + (n+p)(n+p-1)\frac{\lambda}{4}C_{p-2}$$

$$= \sqrt{\frac{4\pi}{(2n+1)a_p}} \sum_{s=0}^{s=0} a_p^s \mathfrak{K}^s K^s(\mu) K^s(\nu).$$

Man findet nun die noch fehlenden Beziehungen zwischen den α, wenn man diese Gleichung mit (61) des vorigen Paragraphen

$$(\beta) \ldots C_g \sqrt{\frac{2n+1}{4\pi} a_g} = \Sigma a_g^s K^s(\mu) K^s(\nu),$$

und auch noch mit $\sin\theta\, d\theta\, d\psi$ multiplicirt und zwischen 0 und $\frac{\pi}{2}$ integrirt, also durch eine Behandlung der beiden jetzt vorliegenden Gleichungen, welche der Methode des vorigen Paragraphen ganz entspricht. Nach der Integration wird die linke Seite im allgemeinen Null sein; sie verschwindet nicht, wenn g mit p oder $p\pm 2$ übereinstimmt, d. h. wenn die Grösse p entweder $=g$, oder $g+2$, oder $g-2$ gesetzt war, so dass man erhält, erstens für $p=g$

$$\Sigma(a_g^s)^2 \mathfrak{K}^s = \tfrac{2}{4}(n(n+1)-g^2),$$

zweitens für $p=g+2$, für welchen Fall C_{p-2} in (α) gleich C_g wird

$$\Sigma a_g^s a_{g+2}^s \mathfrak{K}^s = \frac{(n+g+1)(n+g+2)}{4}\lambda \sqrt{\frac{a_{g+2}}{a_g}},$$

und wenn man für die a ihre Werthe benutzt

$$= \frac{\lambda}{4}\sqrt{(n-g)(n+g+1)(n-g-1)(n+g+2)}.$$

Würde man drittens $p = g-2$ setzen, so entsteht nichts Neues.
Ist viertens p weder g noch $g\pm 2$, so erhält man

$$\Sigma \alpha_y^s \alpha_p^s \Re^s = 0.$$

Im zweiten oder dritten Falle muss auf eine Ausnahme aufmerksam gemacht werden, die sich im zweiten Falle für $g = 0$ ergiebt, in welchem a_0 nur die Hälfte des Werthes hat, den wir dafür setzten; im dritten Falle würde dieselbe bei $g = 2$ und $p = 0$ stattfinden. Dann reducirt sich die linke Seite von (α), indem $C_2 = C_{-2}$, auf zwei Glieder, und mit C_2 ist $\lambda \dfrac{n(n-1)}{2}$ multiplicirt, also

$$\Sigma \alpha_0^s \alpha_2^s \Re^s = \frac{n(n-1)}{2} \lambda \sqrt{\frac{a_0}{a_2}}$$

$$= \tfrac{1}{4}\sqrt{2n(n+1)(n-1)(n+2)}.$$

Um diese Resultate möglichst einfach auszudrücken, führe man für gewisse numerische Coefficienten eigene Buchstaben c_m ein, deren Quadrate, die in späteren Formeln auftreten, der Raumersparniss halber, gleichfalls eigene Zeichen ε bekommen. Damit man alle Festsetzungen, die hier von Interesse sind beisammen habe, so wird folgendes Schema gegeben, in dem man die Eccentricität c, die also b entspricht, nicht mit dem neuen Buchstaben c_m verwechseln mag. Die obigen Resultate sind zugleich in den neuen Buchstaben ausgedrückt:

$$\frac{c^2 - b^2}{c^2 + b^2} = \lambda = \sqrt{\varkappa};$$

$$4c_m^2 = 4\varepsilon_m = (n-m)(n+m+1); \quad (m > 0);$$

$$4c_0^2 = 4\varepsilon_0 = 2n(n+1);$$

$$\varepsilon_m + \varepsilon_{m-1} = c_m^2 + c_{m-1}^2 = \tfrac{1}{2}(n(n+1) - m^2); \quad (m > 0);$$

$$\varepsilon_0 = c_0^2 = \tfrac{1}{2}n(n+1).$$

$$\sum_{s=0}^{s=\sigma} \alpha_y^s \alpha_p^s \Re^s = 0 \quad \text{(Im Allgemeinen; ausgenommen:)}$$

$$\sum_{s=0}^{s=\sigma} \alpha_y^s \alpha_{y+2}^s \Re^s = \lambda c_y c_{y+1}; \quad \text{(incl. } g = 0\text{);}$$

$$\sum_{s=0}^{s=\sigma} (\alpha_y^s)^2 \Re^s = \varepsilon_{y-1} + \varepsilon_y; \quad (g > 0);$$

$$= \varepsilon_0; \quad (g = 0).$$

Dies Schema, welches nur die bereits abgeleiteten also sich auf die K beziehenden Formeln enthält, kann man noch fortsetzen, indem man für die L, M, N die ähnlichen, durch gleiche Mittel aufzufindenden Resultate hinzufügt. Bedeuten wieder u und v ungerade Zahlen, so findet man die Werthe der Summen, welche sich auf jene Klassen beziehen, durch Buchstaben-Vertauschung nach dem folgenden Schema, zu dem nur noch die zwei Ausnahmefälle hinzuzufügen sind, welche sich ebenso auf $u = 1$ beziehen, wie oben ein besonderes Resultat für $g = 0$ vorkam. Man hat

$$\sum_{s=1}^{s=n-\sigma} (\beta_1^s)^2 \mathfrak{L}^s = \varepsilon_1 + \tfrac{1}{2}\varepsilon_0 + \frac{\lambda}{2}\varepsilon_0,$$

$$\sum_{s=1}^{s=n-\sigma} (\gamma_1^s)^2 \mathfrak{M}^s = \varepsilon_1 + \tfrac{1}{2}\varepsilon_0 - \frac{\lambda}{2}\varepsilon_0,$$

und das Schema zur Vertauschung der Buchstaben:

K	L	M	N
$\mathfrak{K}$	$\mathfrak{L}$	$\mathfrak{M}$	$\mathfrak{N}$
α	β	γ	δ
g, p	u, v	u, v	g, p
$s = 0, \ldots \sigma$	$s = 1, \ldots n-\sigma$	$s = 1, \ldots n-\sigma$	$s = 1, \ldots \sigma$
$g, p = 0, \ldots n$	$u, v = 1, \ldots n$	$u, v = 1, \ldots n$	$g, p = 2, \ldots n$.

Durch unser System von Gleichungen werden die α vollständig bestimmt; würde man nämlich die orthogonale Substitution des §. 93 machen, so würde durch dieselbe $\Sigma \mathfrak{K}^s y^s y^s$ in folgenden Ausdruck übergehen müssen:

$$(62) \ldots \sum_{s=0}^{s=\sigma} \mathfrak{K}^s y^s y^s$$

$$= c_0^2 x_0^2 + 2\lambda c_0 c_1 x_0 x_1 + (c_1^2 + c_2^2) x_1^2 + 2\lambda c_2 c_3 x_1 x_2 + \cdots$$
$$+ 2\lambda c_{2m-2} c_{2m-1} x_{m-1} x_m + (c_{2m-1}^2 + c_{2m}^2) x_m^2 + 2\lambda c_{2m} c_{2m+1} x_m x_{m+1} + \cdots$$
$$+ (c_{2\sigma-1}^2 + c_{2\sigma}^2) x_\sigma^2,$$

wo für ein gerades n offenbar $c_{2\sigma}$ verschwindet. (In obiger Gleichung tritt ein und derselbe Buchstabe x_m wie man sieht nur in drei Gliedern auf.) Es bleibt also die Aufgabe zu lösen: **Wie ist die orthogonale Substitution beschaffen, durch welche die rechte Seite von (62) die Form der linken annimmt?** Für uns ist es überflüssig, die $\mathfrak{K}$ selbst zu kennen, indem wir nur die Coefficienten α gebrauchen; doch findet man die $\mathfrak{K}$ bei Lösung der Aufgabe gelegentlich.

Die hier vorkommende Aufgabe ist ein specieller Fall der allgemeineren, vielfach behandelten, eine homogene Function zweiten Grades von $x_0, x_1, \ldots x_\sigma$ durch eine orthogonale Substitution in die Form der linken Seite von (62) zu transformiren. Es wird die Theorie der Transformation als bekannt vorausgesetzt; man findet sie mit Angabe der Quellen in dem verbreiteten Werke von Baltzer[*]) und neuere Untersuchungen von Weierstrass[**]) in den Monatsberichten der Berliner Akademie.

Wendet man die allgemeine Theorie auf den hier vorliegenden speciellen Fall an, so ergiebt sich dass man folgende Determinante, die $f(z)$ heissen mag zu bilden hat:

$$\begin{vmatrix} \varepsilon_0-z & \lambda c_0 c_1 & 0 & \ldots & 0 & 0 & 0 \\ \lambda c_0 c_1 & \varepsilon_1+\varepsilon_2-z & \lambda c_2 c_3 & \ldots & 0 & 0 & 0 \\ 0 & \lambda c_2 c_3 & \varepsilon_3+\varepsilon_4-z & \ldots & 0 & 0 & 0 \\ \cdot & \cdot & \cdot & \cdot & \cdot & \cdot & \cdot \\ 0 & 0 & 0 & \ldots & \varepsilon_{2\sigma-5}+\varepsilon_{2\sigma-4}-z & \lambda c_{2\sigma-4} c_{2\sigma-3} & 0 \\ 0 & 0 & 0 & \ldots & \lambda c_{2\sigma-4} c_{2\sigma-3} & \varepsilon_{2\sigma-3}+\varepsilon_{2\sigma-2}-z & \lambda c_{2\sigma-2} c_{2\sigma-1} \\ 0 & 0 & 0 & \ldots & 0 & \lambda c_{2\sigma-2} c_{2\sigma-1} & \varepsilon_{2\sigma-1}+\varepsilon_{2\sigma}-z \end{vmatrix}$$

Die Grössen, aus welchen die Determinante gebildet werden soll, sind also so beschaffen, dass jede Verticalreihe nur drei Glieder hat die nicht verschwinden, nämlich ausser dem in der Diagonale befindlichen Gliede ein darüber- und ein darunterstehendes. So wird z. B. die $(m+1)^{te}$ Verticalreihe ausser dem Gliede in der Diagonale

$$\varepsilon_{2m-1}+\varepsilon_{2m}-z$$

noch als unmittelbar darüber und darunterstehende, resp.

$$\lambda \varepsilon_{2m-1} \varepsilon_{2m-2}; \quad \lambda \varepsilon_{2m} \varepsilon_{2m+1},$$

enthalten; im übrigen nur Glieder 0; dieselben zwei Grössen umgeben das erwähnte Glied der Diagonale in der $(m+1)^{ten}$ Horizontalreihe, die gleichfalls im übrigen nur Glieder 0 enthält. Die erste und letzte Horizontalreihe und Verticalreihe sind von diesem Gesetze ausgenommen, indem sie wie man oben sieht nur zwei von 0 verschiedene Glieder enthalten.

---

[*]) Theorie und Anwendung der Determinanten. Leipzig, 1857, §. 15.
[**]) 4. März 1858. Berlin 1859, S. 207.

Die Wurzeln der Gleichung $f(z) = 0$ sind dann gerade die $\mathfrak{K}$.

§. 95. Ehe wir mittheilen, was aus der allgemeinen Theorie für die Coefficienten α der Substitution folgt, deren Ermittelung Endzweck unserer Untersuchungen seit dem Anfange des §. 92 war, wollen wir die Gleichung $f(z) = 0$ näher betrachten, und zwar um zu zeigen dass sie ungleiche reelle Wurzeln hat, und ferner, um die Herstellung von $f(z)$ zu erleichtern.

Nennt man die Determinante $f(z)$ hier $D_{\sigma+1}$ und bezeichnet mit D_σ die nächst niedrigere von der Ordnung σ, in der die letzten Glieder fehlen, ebenso mit $D_{\sigma-1}$ die von der Ordnung $\sigma-1$, etc. so hat man folgendes System von Gleichungen

$$D_{\sigma+1} = (\varepsilon_{2\sigma} + \varepsilon_{2\sigma-1} - z) D_\sigma - \varkappa \varepsilon_{2\sigma-1} \varepsilon_{2\sigma-2} D_{\sigma-1}$$
$$D_\sigma = (\varepsilon_{2\sigma-2} + \varepsilon_{2\sigma-3} - z) D_{\sigma-1} - \varkappa \varepsilon_{2\sigma-3} \varepsilon_{2\sigma-4} D_{\sigma-2}$$
$$\cdots\cdots\cdots\cdots\cdots\cdots\cdots\cdots\cdots\cdots$$
$$D_3 = (\varepsilon_4 + \varepsilon_3 - z) D_2 - \varkappa \varepsilon_3 \varepsilon_2 D_1$$
$$D_2 = (\varepsilon_2 + \varepsilon_1 - z) D_1 - \varkappa \varepsilon_1 \varepsilon_0 D_0$$
$$D_1 = (\varepsilon_0 - z) D_0$$
$$D_0 = 1.$$

Man setze x für $-z$, und denke sich die Zeichenreihen der Functionen von x, D_0, D_1, D_2, ... $D_{\sigma+1}$ gebildet, wie solches bei Sturm zu geschehen pflegt. D_0 ist immer positiv; alle D enthalten als Factor der höchsten Potenz von x genau 1, so dass sie für $x = \infty$ das positive Zeichen besitzen, dagegen abwechselnde Zeichen, also $\sigma+1$ Zeichenwechsel, für $x = -\infty$. Während x von $-\infty$ bis ∞ wächst, gehen daher $\sigma+1$ Zeichenwechsel verloren.

Da $\varkappa$ positiv ist, so wird eine mittlere Function D_m nur verschwinden, wenn ihre Nachbarn D_{m-1} und D_{m+1} entgegengesetzte Zeichen haben; zwei benachbarte Functionen können nicht verschwinden, weil sonst alle D verschwinden würden, was offenbar unmöglich ist. Man sieht ein, dass wenn die mittlere Function D_m durch 0 geht, kein Zeichenwechsel verloren oder gewonnen werden kann, indem, welches Zeichen auch zwischen die beiden, D_{m-1} und D_{m+1} beim Verschwinden von D_m angehörenden, die resp. $\pm$ und $\mp$ sind, gesetzt wird, immer von D_{m+1} bis D_{m-1} ein Zeichen-

§. 95, 62.

wechsel stattfindet. Es können also nur Zeichenwechsel verschwinden oder gewonnen werden wenn $D_{\sigma+1}$ selbst durch Null geht; da $\sigma+1$ Wechsel verschwinden, so geht $D_{\sigma+1}$ wenigstens $\sigma+1$ mal durch 0, kann aber nicht öfter verschwinden, da sein Grad $\sigma+1$ beträgt, verschwindet daher genau für $\sigma+1$ verschiedene reelle Werthe.

Hierdurch ist der Beweis des Satzes geführt, von dem schon §. 83 gehandelt wurde. Es war klar, dass im Allgemeinen die Wurzeln der dort behandelten Gleichung verschieden sind; wenn sie verschieden sind gelten alle Betrachtungen bis zu diesem Paragraphen: die Gleichung $D_{\sigma+1} = 0$ hat dann, also in unendlich vielen Fällen von x dieselben Wurzeln wie die frühere, stimmt folglich mit ihr überein, da die linken Seiten beider Gleichungen rationale Functionen von b und c sind. Da ferner $D_{\sigma+1}$ nur verschiedene reelle Wurzeln besitzt so lange x positiv, z. B. wenn b und c reell ist, so hat auch die ursprüngliche Gleichung reelle und verschiedene Wurzeln, und kann nur gleiche bekommen, bekommt auch wirklich solche wie man sah, wenn b und c gewisse imaginäre Werthe erhalten, ein Fall, welcher bei uns nicht eintritt.

Dass die Wurzeln unserer Gleichung reell sind, hätte man schon als Folgerung den allgemeinen Sätzen über solche orthogonale Substitutionen entnehmen können. Auch über die Grösse der Wurzeln kann man einige Schlüsse ziehen, z. B. dass von allen D gerade $D_{\sigma+1}$ die grösste Wurzel x enthält, und dann zunächst D_σ etc.

Nach den obigen Andeutungen wird man sehen, dass $F(z)$, die Function welche, gleich Null gesetzt, die $\Re$ zu Wurzeln hat, als eine Determinante wie die frühere $f(x)$ aber vom σ^{ten} Grade auftritt, und zwar entsteht sie aus der vorigen, wenn man im Schema p. 255 die erste Horizontal- und die erste Vertikal-Reihe fortlässt. Es wird also $F(z) = \varDelta_{\sigma+1}$ sein, wenn man Grössen $\varDelta$ successive durch die Gleichungen bildet:

$$\varDelta_1 = 1,$$
$$\varDelta_2 = (\varepsilon_1 + \varepsilon_2 - z)\varDelta_1,$$
$$\varDelta_3 = (\varepsilon_3 + \varepsilon_4 - z)\varDelta_2 - \varkappa \varepsilon_2 \varepsilon_3 \varDelta_1,$$
$$\varDelta_4 = (\varepsilon_5 + \varepsilon_6 - z)\varDelta_3 - \varkappa \varepsilon_4 \varepsilon_5 \varDelta_2,$$
. . . .

so dass $\Delta_{\sigma+1} : D_{\sigma+1}$ den folgenden Kettenbruch giebt, welcher von selbst an der gehörigen Stelle abbricht:

$$(63) \ldots \frac{F(z)}{f(z)} = \cfrac{1}{\epsilon_0 - z - \cfrac{\varkappa \epsilon_0 \epsilon_1}{\epsilon_1 + \epsilon_2 - z - \cfrac{\varkappa \epsilon_2 \epsilon_3}{\epsilon_3 + \epsilon_4 - z - \text{etc.}}}}$$

Hierdurch ist die Herstellung der Gleichungen $F(z) = 0$ und $f(z) = 0$, welche die $\mathfrak{K}$ und $\mathfrak{R}$ zu Wurzeln haben, etwas leichter praktisch auszuführen als im §. 83—85; sie nehmen an der gegenwärtigen Stelle, an welcher b und c nur in der einen Verbindung $\varkappa$ vorkommen, eine andere Form an als in den früheren Paragraphen, wo b und c in p und q auftreten. Dass auch $F(z) = 0$ verschiedene und reelle Wurzeln hat zu beweisen, wird überflüssig sein, da die für $f(z)$ angewandte Methode sich fast wörtlich auf F übertragen lässt.

Die Determinanten, welche die $\mathfrak{L}$ und $\mathfrak{M}$ als Wurzeln besitzen, mögen resp. $\varphi(z)$ und $\Phi(z)$ sein, zu denen resp. C und Γ dieselbe Beziehung haben sollen wie D und Δ zu f und F. Es sind dann φ und Φ die Determinanten, deren Anfang hier folgt; das obere Vorzeichen bezieht sich auf φ, das untere auf Φ:

$$\begin{vmatrix} \epsilon_1 + \tfrac{1}{2}\epsilon_0 \pm \tfrac{\lambda}{2}\epsilon_0 - z & \lambda c_1 c_2 & 0 & \ldots \\ \lambda c_1 c_2 & \epsilon_2 + \epsilon_3 - z & \lambda c_3 c_4 & \ldots \\ 0 & \lambda c_3 c_4 & \epsilon_4 + \epsilon_5 - z & \ldots \\ \ldots & \ldots & \ldots & \end{vmatrix},$$

und zwar wenn man setzt

$$C_1 = \epsilon_1 + \tfrac{1}{2}\epsilon_0 + \tfrac{\lambda}{2}\epsilon_0 - z, \qquad \Gamma_1 = \epsilon_1 + \tfrac{1}{2}\epsilon_0 - \tfrac{\lambda}{2}\epsilon_0 - z,$$
$$C_2 = (\epsilon_2 + \epsilon_3 - z)C_1 - \varkappa \epsilon_1 \epsilon_2, \qquad \Gamma_2 = (\epsilon_2 + \epsilon_3 - z)\Gamma_1 - \varkappa \epsilon_1 \epsilon_2,$$

so ist $\varphi = C_{n-\sigma}$, $\Phi = \Gamma_{n-\sigma}$. Daher ergiebt sich folgender Kettenbruch, der gleichfalls an der gehörigen Stelle von selbst abbricht:

$$(63,a) \ldots \frac{\varphi(z)}{\Phi(z)} = \cfrac{1}{1 - \cfrac{\epsilon_0 \lambda}{\epsilon_1 + \tfrac{1}{2}\epsilon_0 + \tfrac{\lambda}{2}\epsilon_0 - z - \cfrac{\varkappa \epsilon_1 \epsilon_2}{\epsilon_2 + \epsilon_3 - z - \cfrac{\varkappa \epsilon_3 \epsilon_4}{\epsilon_4 + \epsilon_5 - z - \text{etc.}}}}}$$

§. 96, 63. II. Theil. Viertes Kapitel.

Wendet man (63) und (63, a) auf den besonderen Fall $b = 0$ an, für den $\varkappa$ sich in 1 verwandelt, so kennt man bereits die $\mathfrak{K}$, $\mathfrak{L}$, etc. kann also f, φ, etc. von vorn herein bilden und hat auf diese Art die beiden Kettenbrüche (63) für $\lambda = \varkappa = 1$ summirt. So findet man als Summe von (63) nach §. 82 für ein gerades n den ersten, für ein ungerades n den zweiten der beiden Ausdrücke

$$-\frac{(z-1^2)(z-3^2)\ldots(z-(n-1)^2)}{z(z-2^2)(z-4^2)\ldots(z-n^2)},$$

$$-\frac{(z-2^2)(z-4^2)\ldots(z-(n-1)^2)}{(z-1^2)(z-3^2)\ldots(z-n^2)};$$

für (63, a) ergiebt sich bei geradem resp. ungeradem n

$$\frac{(z-2^2)(z-4^2)\ldots(z-n^2)}{(z-1^2)(z-3^2)\ldots(z-(n-1)^2)},$$

$$\frac{(z-1^2)(z-3^2)\ldots(z-n^2)}{z(z-2^2)(z-4^2)\ldots(z-(n-1)^2)}.$$

§. 96. Es bleibt noch übrig die Werthe der α, β, etc. aufzustellen; die vollständige Angabe der sich auf die K beziehenden Grössen, also der α allein, genügt, da die Uebertragung auf die übrigen Klassen der E einer Wiederholung dessen gleich kommt, was über die K bemerkt werden wird. Um das Resultat, wie es aus der mehrfach benutzten allgemeinen Theorie folgt, hier anzugeben bezeichne man, wie es Weierstrass thut, eine Unter-Determinante von $f(z)$ von der Ordnung σ, welche aus $f(z)$ durch Fortlassen der α^{ten} Horizontalreihe und der β^{ten} Verticalreihe entsteht mit $\overset{\alpha\,\beta}{f}(z)$, so dass $\overset{\alpha\,\beta}{f}(z) = \overset{\beta\,\alpha}{f}(z)$, durch $f'(z)$ den Differentialquotienten von $f(z)$. Dann ist

$$\overset{1\,1}{f}(z) + \overset{2\,2}{f}(z) + \cdots + \overset{\sigma\,\sigma}{f}(z) = -f'(z),$$

also (cf. Baltzer Det. §. 15, 10, S. 94)

$$(\alpha_1^{\iota})^2 = -\frac{\overset{1\,1}{f}(\mathfrak{K}^{\iota})}{f'(\mathfrak{K}^{\iota})}, \quad (\alpha_2^{\iota})^2 = -\frac{\overset{2\,2}{f}(\mathfrak{K}^{\iota})}{f'(\mathfrak{K}^{\iota})}, \text{ etc.}$$

allgemein

$$(\alpha_{2m}^{\iota})^2 = -\frac{\overset{m\,m}{f}(\mathfrak{K}^{\iota})}{f'(\mathfrak{K}^{\iota})}$$

bis $m = \sigma$, so dass sich schliesslich (61) in die Gleichung

$$C_{2m-2}\sqrt{\frac{(2n+1)a_{2m-2}}{4\pi}} = \sum_{\lambda=0}^{\lambda=\sigma} K^{\kappa}(\mu)K^{\kappa}(\nu)\sqrt{\frac{-\overset{m\ m}{f}(\mathfrak{K}^{\kappa})}{f'(\mathfrak{K}^{\kappa})}}$$

verwandelt, (wenn man nämlich $2m-2$ statt g einführt um der Formel einfachere Indices zu geben), und dass umgekehrt nach (61,b) gefunden wird

$$\sqrt{\frac{4\pi}{2n+1}}K^{\kappa}(\mu)K^{\kappa}(\nu) = \sum_{m=1}^{m=\sigma} C_{2m}\sqrt{\frac{-a_{2m}\overset{m+1\ m+1}{f}(\mathfrak{K}^{\kappa})}{f'(\mathfrak{K}^{\kappa})}}.$$

Es ist endlich noch zu erwähnen, dass die $(\sigma+1)^2$ Quadratwurzeln, welche in den so entstehenden $\sigma+1$ Formeln auftreten, sich auf $\sigma+1$, (für jedes $\mathfrak{K}^{\kappa}$ eine einzige) reduciren, da nach einem einfachen Satze über Partialdeterminanten

$$\overset{\alpha\ \alpha}{f}(\mathfrak{K}).\overset{\beta\ \beta}{f}(\mathfrak{K}) = (\overset{\alpha\ \beta}{f}(\mathfrak{K}))^2$$

gesetzt werden kann.

§. 97. Die Theorie, welche in diesem Kapitel auseinandergesetzt wurde, mag durch einige numerische Rechnungen erläutert werden, welche sich auf die ersten Werthe von n beziehen; der Fall $n=0$, der nur ein constantes K, so wie $n=1$, der nur ein K, L, M liefert, wird fortgelassen und wir beginnen mit $n=2$. Man vergl. hier die numerischen Beispiele in §. 83—85.

1) $n=2$; $\varepsilon_0 = 3$, $\varepsilon_1 = 1$,
2) $n=3$; $\varepsilon_0 = 6$, $\varepsilon_1 = \frac{5}{2}$, $\varepsilon_2 = \frac{3}{2}$,
3) $n=4$; $\varepsilon_0 = 10$, $\varepsilon_1 = \frac{9}{2}$, $\varepsilon_2 = \frac{7}{2}$, $\varepsilon_3 = 2$,
4) $n=5$; $\varepsilon_0 = 15$, $\varepsilon_1 = 7$, $\varepsilon_2 = 6$, $\varepsilon_3 = \frac{9}{2}$, $\varepsilon_4 = \frac{5}{2}$,
5) $n=6$; $\varepsilon_0 = 21$, $\varepsilon_1 = 10$, $\varepsilon_2 = 9$, $\varepsilon_3 = \frac{15}{2}$, $\varepsilon_4 = \frac{11}{2}$, $\varepsilon_5 = 3$.

[Für ein festes n geben $\frac{1}{2}\varepsilon_0$, ε_1, ε_2, etc. die Differenzreihe $\frac{1}{2}, \frac{3}{2}, \frac{1}{2}$, etc.]

Es sind nun die Kettenbrüche des §. 95:

1) $n=2$

$$\frac{F(z)}{f(z)} = \cfrac{1}{3-z-\cfrac{3z}{1-z}},$$

$$\frac{\varphi(z)}{\Phi(z)} = \cfrac{1}{1-\cfrac{3\lambda}{\frac{5}{2}+\frac{1}{2}\lambda-z}};$$

§. 97, 63.   II. Theil.   Viertes Kapitel.

2) $n = 3$

$$\frac{F(z)}{f(z)} = \cfrac{1}{6 - z - \cfrac{15\varkappa}{4 - z}},$$

$$\frac{\varphi(z)}{\Phi(z)} = \cfrac{1}{1 - \cfrac{6\lambda}{\frac{11}{2} + 3\lambda - z - \cfrac{\frac{15}{4}\varkappa}{\frac{3}{2} - z}}};$$

3) $n = 4$

$$\frac{F(z)}{f(z)} = \cfrac{1}{10 - z - \cfrac{45\varkappa}{8 - z - \cfrac{7\varkappa}{2 - z}}},$$

$$\frac{\varphi(z)}{\Phi(z)} = \cfrac{1}{1 - \cfrac{10\lambda}{\frac{19}{2} + 5\lambda - z - \cfrac{\frac{63}{4}\varkappa}{\frac{11}{2} - z}}};$$

4) $n = 5$

$$\frac{F(z)}{f(z)} = \cfrac{1}{15 - z - \cfrac{105\varkappa}{13 - z - \cfrac{27\varkappa}{7 - z}}},$$

$$\frac{\varphi(z)}{\Psi(z)} = \cfrac{1}{1 - \cfrac{15\lambda}{\frac{29}{2} + \frac{15}{2}\lambda - z - \cfrac{42\varkappa}{\frac{21}{2} - z - \cfrac{\frac{63}{4}\varkappa}{\frac{3}{2} - z}}}};$$

5) $n = 6$

$$\frac{F(z)}{f(z)} = \cfrac{1}{21 - z - \cfrac{210\varkappa}{19 - z - \cfrac{\frac{135}{2}\varkappa}{13 - z - \cfrac{\frac{33}{2}\varkappa}{3 - z}}}},$$

$$\frac{\varphi(z)}{\Phi(z)} = \cfrac{1}{1 - \cfrac{21\lambda}{\frac{41}{2} + \frac{21}{2}\lambda - z - \cfrac{90\varkappa}{\frac{33}{2} - z - \cfrac{\frac{165}{4}\varkappa}{\frac{17}{2} - z}}}}.$$

Aus diesen Kettenbrüchen ergeben sich die Grössen F, f, φ und Φ wie folgt:

1) $n = 2$

$$F = 1 - z$$
$$f = 3 - 4z + z^2 - 3k$$
$$\varphi = \frac{5 + 3\lambda}{2} - z$$
$$\Psi = \frac{5 - 3\lambda}{2} - z$$

2) $n = 3$

$$F = 4 - z$$
$$f = 24 - 15\varkappa - 10z + z^2$$
$$\varphi = \frac{33 - 15\varkappa}{4} + \frac{9\lambda}{2} - (7 + 3\lambda)z + z^2$$
$$\Psi = \frac{33 - 15\varkappa}{4} - \frac{9\lambda}{2} - (7 - 3\lambda)z + z^2$$

3) $n = 4$

$$F = 16 - 7\varkappa - 10z + z^2$$
$$f = 160 - 160\varkappa - 116z + 52\varkappa z + 20z^2 - z^3$$
$$\varphi = \frac{209 + 110\lambda - 63\varkappa}{4} - (15 + 5\lambda)z + z^2; \text{ etc.}$$

Für $\lambda = \varkappa = 1$ entsteht wenn z. B. $n = 5$ oder 6 genommen wird:

$$n = 5; \quad \frac{F}{f} = -\frac{(z-4)(z-16)}{(z-1)(z-9)(z-25)}$$

$$\frac{\varphi}{\Psi} = \frac{(z-1)(z-9)(z-25)}{z(z-4)(z-16)}$$

$$n = 6; \quad \frac{F}{f} = -\frac{(z-1)(z-9)(z-25)}{z(z-4)(z-16)(z-36)}$$

$$\frac{\varphi}{\Psi} = \frac{(z-4)(z-16)(z-36)}{(z-1)(z-9)(z-25)}.$$

Um die Formeln für f, φ, F in unserer Gestalt mit denen von Lamé zu vergleichen, mögen die von Lamé für dieselben Functionen aus §. 83—85 hinzugefügt werden; Ψ folgt aus φ durch Vertauschung von λ mit $-\lambda$. Nach Lamé's Methode wurde z. B. für $n = 4$ gefunden

$$0 = p^2 z(z-4)(z-16) + 168qz + 409(z-16)$$
$$0 = (p(z-1) - 3c^2)(p(z-9) - 7c^2) + 84q$$
$$0 = p^2(z-1)(z-9) + 28q,$$

§. 98, 63.　　II. Theil. Fünftes Kapitel.

Gleichungen, welche sich in der That resp. in $f=0$, $\varphi=0$, $F=0$ verwandeln, wenn man für p und q die Werthe b^2+c^2, b^2c^2 setzt.

Die in diesem Kapitel mitgetheilten Untersuchungen rühren vom Verf. her, und sind zum grösseren Theil im 56ten Bande des Borchardt'schen Journals mitgetheilt worden, erscheinen aber hier vereinfacht und vervollständigt; verschiedene Vorzeichen an den beiden Stellen sind durch verschiedene Festsetzungen über die C, etc. zu erklären.

Fünftes Kapitel.

Dirichlet's Beweis dass Functionen zweier Veränderlichen nach Kugelfunctionen entwickelt werden können.

§. 98. Es sei $f(\theta, \psi)$ eine von $\theta=0$ bis $\theta=\pi$ und von $\psi=0$ bis $\psi=2\pi$ willkürlich gegebene immer endliche Function; lässt dieselbe sich nach Kugelfunctionen entwickeln, also sich durch eine Doppelsumme

$$f(\theta, \psi) = \sum_{n=0}^{n=\infty} \sum_{m=0}^{m=n} P_m^n(\cos\theta)(c_m^n \cos m\psi + k_m^n \sin m\psi)$$

darstellen, so ist die Entwickelung, wie man bereits aus §. 72 weiss, nur auf eine Art möglich.

Um den Beweis hier noch einmal auf eine von der früheren etwas verschiedene Art zu führen, sammele man alle Kugelfunctionen, die dasselbe n haben, und nenne ihre Summe X^n, dann wird X^n eine Function, die in Bezug auf θ und ψ nach dem Ausdrucke des §. 66 zur Gattung P^n gehört, d. h. die ganz und vom n^{ten} Grade nach $\cos\theta$, $\sin\theta\cos\psi$, $\sin\theta\sin\psi$ ist, und der partiellen Differentialgleichung

$$(a) \ldots \frac{1}{\sin\theta} \frac{\partial\left(\sin\theta \frac{\partial X^n}{\partial \theta}\right)}{\partial \theta} + \frac{1}{\sin^2\theta} \frac{\partial^2 X^n}{\partial \psi^2} + n(n+1)X_n = 0$$

genügt; man kennt auch die allgemeine Form einer Function die zur Gattung der P^n gehört, nämlich

$$(b) \ldots \sum_{m=0}^{m=n} P_m^n(c_m^n \cos m\psi + k_m^n \sin m\psi).$$

Es ist daher zu zeigen, dass eine Function $f(\theta, \psi)$ sich auf eine Art allein in eine Reihe

$$(c)\ \ldots\ f(\theta,\psi) = X^0 + X^1 + X^2 + \text{etc.}$$

entwickeln lässt, deren n^{tes} Glied X^n zur Klasse der P^n gehört.

Ist dies bewiesen, ist also bei gegebenem f die Function X^n für jedes ganze nicht negative n bestimmt, so folgt nämlich unmittelbar, dass auch die Coefficienten von $\cos m\psi$ und $\sin m\psi$ in der Entwickelung von X^n nach Sinus und Cosinus der Vielfachen, daher auch die c und k in der Formel (b) bestimmt sind.

Um den Beweis zu führen zeigt man zuerst mit Laplace*) dass

$$\int_0^\pi d\theta \int_0^{2\pi} X^n Y^m \sin\theta\, d\psi$$

immer verschwindet, wenn m von n verschieden ist und Y^m irgend eine zur Classe der P^m nach θ und ψ gehörige Function bezeichnet. Multiplicirt man dazu (a) mit $Y^m \sin\theta\, d\theta\, d\psi$ und integrirt in den Grenzen, so wird das $-n(n+1)$fache des Integrales gleich einer Summe zweier Glieder, nämlich von

$$\int_0^\pi \frac{\partial \theta}{\sin\theta} \int_0^{2\pi} Y^m \frac{\partial^2 X^n}{\partial \psi^2}\, \partial\psi, \quad \int_0^{2\pi} \partial\psi \int_0^\pi Y^m \frac{\partial\left(\sin\theta \frac{\partial X^n}{\partial \theta}\right)}{\partial \theta}\, \partial\theta,$$

in denen nach zweimaliger Integration durch Theile, wie sie schon öfter in ähnlichen Fällen vorgenommen wurde, sich nur die Indices n und m gegenseitig umtauschen, so dass die Summe der beiden neuen Integrale das $-m(m+1)$fache des gesuchten giebt. Das $n(n+1)$fache einer Grösse kann aber nur gleich dem $m(m+1)$fachen derselben werden, wenn die Grösse Null ist.

Wir verstehen unter γ wie früher eine aus $\theta, \theta_1, \psi - \psi_1 = \varphi$ durch die Gleichung

$$\cos\gamma = \cos\theta \cos\theta_1 + \sin\theta \sin\theta_1 \cos\varphi$$

zusammengesetzte Grösse; indem $P^m(\cos\gamma)$ selbst zur Classe der P^m gehört, schliessen wir weiter mit Laplace: Es ist

$$J = \int_0^\pi d\theta \sin\theta \int_0^{2\pi} X^n P^m(\cos\gamma)\, d\psi = 0,$$

so lange die ganzen Zahlen m und n nicht gleich werden.

---

*) Memoiren von 1782. S. 163.

Zweitens suchen wir mit Legendre *) den Werth von J auf, wenn $m = n$. Multiplicirt man dazu (b) mit

$$P^n(\cos\gamma) = \sum_{m=0}^{m=n}(-1)^m a_m^n P_m^n(\cos\theta) P_m^n(\cos\theta_1)\cos m(\psi - \psi_1)$$

und mit $\sin\theta\, d\theta\, d\psi$, so wird nach Integration in den Grenzen, mit Hülfe von §. 72, p. 184, der Werth von J für $m = n$

$$= \frac{4\pi}{2n+1} \sum_{m=0}^{m=n} P_m^n(\cos\theta_1)(c_m^n \cos m\psi_1 + k_m^n \sin m\psi_1)$$

d. h. $\frac{4\pi}{2n+1}$ mal dem Werthe von X^n wenn θ und ψ darin mit θ_1 und ψ_1 vertauscht werden. Bezeichnet man diese Function, welche also von θ_1 und ψ_1 abhängt wie X^n von θ und ψ mit $\overline{X}^n$, so lehrt eine einfache Vertauschung der Buchstaben θ und ψ mit θ_1 und ψ_1 dass

$$\frac{2n+1}{4\pi}\int_0^\pi d\theta_1 \sin\theta_1 \int_0^{2\pi} \overline{X}^n P^n(\cos\gamma)\, d\psi_1 = X^n.$$

Dieser Satz, verbunden mit dem vorigen über das verschwindende Integral, reicht wie man bereits aus ähnlichen Untersuchungen weiss hin, um die Einheit der Entwickelung von f nach Kugelfunctionen zu beweisen; er giebt auch die Entwickelung selbst wenn sie überhaupt möglich ist. Vertauscht man nämlich in (c) die Grössen θ und ψ mit anderen θ_1 und ψ_1, so entsteht

$$f(\theta_1, \psi_1) = \overline{X}^0 + \overline{X}^1 + \cdots + \overline{X}^n + \text{etc.},$$

also mit Hülfe unserer Formel

(d) ... $X^n = \dfrac{2n+1}{4\pi}\displaystyle\int_0^\pi d\theta_1 \sin\theta_1 \int_0^{2\pi} f(\theta_1, \psi_1) P^n(\cos\gamma)\, d\psi_1,$

wodurch der Satz gewonnen wird: **Eine Function $f(\theta, \psi)$ kann nur auf eine Art nach Kugelfunctionen entwickelt werden. Nur und immer wenn**

(64) ... $\displaystyle\sum_{n=0}^{n=\infty} \frac{2n+1}{4\pi}\int_0^\pi d\theta_1 \sin\theta_1 \int_0^{2\pi} f(\theta_1, \psi_1) P^n(\cos\gamma)\, d\psi_1 = f(\theta, \psi),$

ist die Entwickelung möglich.

Soll untersucht werden ob eine Function $f(\theta, \psi)$ nach Kugelfunctionen entwickelbar ist, so hat man also die linke Seite von (64)

---

*) Memoiren von 1789 S. 435.

zu betrachten; stellt diese Summe eine convergente Reihe vor, und ist die Summe der convergenten Reihe genau $f(\theta, \psi)$, so wird f in eine nach Kugelfunctionen fortschreitende Reihe entwickelbar sein. Es zeigt sich unten, dass im Allgemeinen die Summe genau $f(\theta, \psi)$ giebt und nur in besonderen Fällen sich davon unterscheiden kann.

Dirichlet hat in der mehrfach erwähnten Arbeit*) den merkwürdigen Beweis für die Möglichkeit der Entwickelung oder für die Gleichung (64) gegeben, welcher hier wiederholt werden soll. Müsste nicht in unserem Werke nothwendig eine wesentliche Lücke bleiben, wenn wir es unterliessen, dieses Fundament für die Anwendungen auf physikalische Probleme vollständig festzulegen, so würden wir den Beweis von Dirichlet fortgelassen und nur auf ihn verwiesen haben; wer Dirichlet's Arbeiten kennt, weiss dass sie Muster auch der Darstellung mathematischer Stoffe sind, und selbst durch eine nicht wörtliche Mittheilung nur verlieren können. Der Verfasser wird daher wohl gerechtfertigt sein, wenn er den Theil der Arbeit von Dirichlet, welcher nicht schon im Vorhergehenden verwendet war, möglichst genau nach dem Werke des Meisters mittheilt.

Einen anderen Beweis desselben Satzes hat Bonnet**) im 17ten Bande des Liouville'schen Journals veröffentlicht.

§. 99. Zunächst betrachte man einen besonderen Fall auf den der allgemeine sich in §. 101 ohne Rechnung wird zurückbringen lassen, indem man $\theta = 0$ setzt. Dadurch wird γ von ψ unabhängig und $\cos\gamma = \cos\theta_1$; es tritt ferner $P^n(\cos\gamma)$ vor das innere Integral in (64) als constanter Factor, und es verwandelt sich in $\int f(\theta_1, \psi_1) d\psi_1$. Wir machen zur Abkürzung

$$\frac{1}{2\pi}\int_0^{2\pi} f(\theta_1, \psi_1) d\psi_1 = F(\theta_1),$$

und dann geht die linke Seite von (64), wenn man den Integrationsbuchstaben θ_1 mit η vertauscht, in eine Summe der Glieder

---

*) Crelle, Journ. f. Math. Bd. XVII, Sur les séries dont le terme général dépend de deux angles.

**) Thèse de Mécanique. Sur le développement des fonctions en séries ordonnées suivant les fonctions X_n et Y_n, S. 265—300.

$$\frac{2n+1}{2}\int_0^\pi F(\eta)P^n(\cos\eta)\sin\eta\,d\eta$$

von $n=0$ bis $n=\infty$ über. Man bildet nun die Summe der ersten n Glieder dieser Reihe, die so lange n endlich bleibt natürlich immer existirt; es wird sich zeigen dass diese Summe mit wachsendem n einer Grenze zustrebt, d. i. dass die unendliche Reihe eine Summe hat, und dann dass diese Grenze, d. i. die Summe der unendlichen Reihe $F(0)$ wird. Alles dies zu beweisen ist die Aufgabe des gegenwärtigen und folgenden Paragraphen.

Die Summe der ersten n Glieder, genauer von $n=0$ bis $n=n$, bezeichne man mit S_n, und zerlege sie in $S_n = T_n + U_n$, wo, wenn das Argument $\cos\eta$ bei den P fortgelassen wird,

$$T_n = \tfrac{1}{2}\int_0^\pi F(\eta)(P^0 + P^1 + \text{etc.} + P^n)\sin\eta\,d\eta$$

$$U_n = \int_0^\pi F(\eta)(P^1 + 2P^2 + \text{etc.} + nP^n)\sin\eta\,d\eta$$

gesetzt ist. Man transformirt nun T und U weiter, indem man für die P die im §. 10 abgeleiteten Integrale einsetzt, und zwar in T das Integral (7) welches noch für $n=0$ gilt, in U dagegen (8). Beschränkt man sich zunächst auf die Betrachtung von T so ist klar, dass nach der Substitution unter dem Integrale eine trigonometrische Reihe

$$1 + 2\cos\varphi + 2\cos 2\varphi + \text{etc.} + 2\cos n\varphi$$

auftreten wird, deren Summe bekanntlich

$$\frac{\sin\frac{2n+1}{2}\varphi}{\sin\frac{\varphi}{2}}$$

ist. Man hat daher

$$2\pi T_n = \int_0^\pi d\eta\sin\eta F(\eta)\left[\int_0^\eta \frac{\cos\frac{\varphi}{2}}{\sqrt{2(\cos\varphi-\cos\eta)}}\frac{\sin\frac{2n+1}{2}\varphi}{\sin\frac{\varphi}{2}}d\varphi\right.$$

$$\left.+\int_\eta^\pi \frac{\sin\frac{\varphi}{2}}{\sqrt{2(\cos\eta-\cos\varphi)}}\frac{\sin\frac{2n+1}{2}\varphi}{\sin\frac{\varphi}{2}}d\varphi\right];$$

hier lässt sich aber die Ordnung der Integration umkehren. Denkt man sich zur Ableitung der bekannten bei der Umkehrung anzuwendenden Hülfsformel unter x und y gewöhnliche rechtwinklige Coordinaten, unter $\Theta(x, y)$ eine beliebige continuirliche Function von x und y, so kann man den Werth von

$$\int \Theta(x, y) dx dy,$$

wo über alle x und y integrirt werden soll, die in dem rechtwinkligen und gleichschenkligen Dreieck liegen, dessen drei Eckpunkte $x = 0$, $y = 0$; $x = a$, $y = 0$; $x = a$, $y = a$ sind, sowohl durch die erste als durch die zweite der beiden Formeln

$$\int_0^a dx \int_0^x \Theta(x, y) dy, \quad \int_0^a dy \int_y^a \Theta(x, y) dx$$

ausdrücken. Indem man statt der linken Seite der so gewonnenen Gleichung die rechte setzt, transformirt man den ersten Theil von $2\pi T_n$, durch das umgekehrte Verfahren den zweiten Theil dieser Grösse; macht man dann zur Abkürzung

$$\Pi(\varphi) = \cos\frac{\varphi}{2} \int_\varphi^\pi \frac{F(\eta) \sin \eta \, d\eta}{\sqrt{2(\cos\varphi - \cos\eta)}} + \sin\frac{\varphi}{2} \int_0^\varphi \frac{F(\eta) \sin \eta \, d\eta}{\sqrt{2(\cos\eta - \cos\varphi)}},$$

so erhält man die Gleichung

$$(a) \ldots \quad T_n = \frac{1}{2\pi} \int_0^\pi \Pi(\varphi) \frac{\sin\frac{2n+1}{2}\varphi}{\sin\frac{\varphi}{2}} d\varphi.$$

Die Function $\Pi(\varphi)$ wird nicht unendlich, so dass sich leicht die Grenze bestimmen lässt, der T_n mit wachsendem n zustrebt. Aus dem Satze über die Entwickelbarkeit einer Function $\Pi(\varphi)$ von $\varphi = 0$ bis $\varphi = \pi$ nach Cosinus der Vielfachen von φ folgt nämlich (m. vergl. die Bemerkungen über trigonometrische Reihen im §. 10), dass $\Pi(\varphi)$ gleich

$$\tfrac{1}{2} b_0 + b_1 \cos\varphi + b_2 \cos 2\varphi + \text{etc.}$$

gesetzt werden kann, wo

$$b_n = \frac{2}{\pi} \int_0^\pi \Pi(\varphi) \cos n\varphi \, d\varphi$$

wird, dass also, wenn man für die b diesen Werth einsetzt,

$$\tfrac{1}{2} b_0 + b_1 \cos\varphi + \text{etc.} + b_n \cos n\varphi$$

mit wachsendem n der Grenze $\Pi(\varphi)$, im speciellen Falle für $\varphi = 0$, dass
$$\tfrac{1}{2}b_0 + b_1 + b_2 + \text{etc.} + b_n$$
mit wachsendem n der Grenze $\Pi(0)$ zustrebt. Durch Substitution der Werthe für die b folgt hieraus endlich, mit Hülfe der oben angewandten Formel für die Summe
$$1 + 2\cos\varphi + 2\cos 2\varphi + \text{etc.} + 2\cos n\varphi,$$
dass
$$(b) \ldots \frac{1}{\pi}\int_0^\pi \Pi(\varphi) \frac{\sin\dfrac{2n+1}{2}\varphi}{\sin\dfrac{\varphi}{2}}\,d\varphi$$
als Grenze für $n = \infty$ den Werth $\Pi(0)$ besitzt.

Durch diesen Satz ist man im Stande, T_∞ zu bestimmen; es wird nämlich gleich $\tfrac{1}{2}\Pi(0)$, d. h.
$$T_\infty = \tfrac{1}{2}\int_0^\pi F(\eta)\cos\frac{\eta}{2}\,d\eta.$$

Anmerk. Das obige Verfahren kann man streng genommen nicht als Beweis dafür gelten lassen, dass (b) dem Werthe $\Pi(0)$ zustrebt, indem gerade aus dem letzten Satze in der Regel bewiesen wird, dass eine Function von φ in eine trigonometrische Reihe entwickelt werden kann: man mag es also nur so auffassen, dass es dazu dienen soll, auf den Zusammenhang des bekannten Satzes über die Möglichkeit der Entwickelung in trigonometrische Reihen mit der Werthbestimmung des hier anzuwendenden Integrals (b) hinzuweisen. Selbstverständlich hat (b) für $n = \infty$ auch noch den Werth $\Pi(0)$, wenn $\Pi(\varphi)$ nicht unsere Function, sondern irgend eine andere endlich bleibende bezeichnet. Wegen der späteren Untersuchungen wird noch hinzugefügt, dass der Satz richtig bleibt, wenn Π an irgend welchen Stellen zwischen 0 und π zwar unendlich wird, aber so dass $\int_0^\varphi \Pi(\varphi)\,d\varphi$ endlich und continuirlich bleibt, so lange $\varphi \leq \pi$. In der That, es sei $\varphi = \psi$ eine solche kritische Stelle; sind ferner ε und ζ sehr kleine positive Grössen, so zerlege man das Integral (b) in drei Theile, den ersten von 0 bis $\psi - \varepsilon$, den zweiten von $\psi-\varepsilon$ bis $\psi+\zeta$, den dritten von $\psi+\zeta$ bis π. Der erste ist (s. u.) genau $\Pi(0)$ für $n=\infty$, der dritte genau 0, der zweite wird, wegen unserer Annahme mit ε und ζ zu Null convergiren.

Was über den ersten und dritten Theil gesagt ist, beweist man auf folgende Art: Setzt man eine Function $f(\varphi)$ statt $\Pi(\varphi)$ in (b), so entsteht $f(0)$; nun sei $f(\varphi)$ von $\varphi=0$ bis $\varphi=\psi-\varepsilon$ gleich $\Pi(\varphi)$, von da an 0, so wird

$$\frac{1}{\pi}\int_0^{\psi-\varepsilon}\Pi(\varphi)\frac{\sin\frac{2n+1}{2}\varphi}{\sin\frac{\varphi}{2}}d\varphi=\Pi(0),\quad(n=\infty).$$

Würde man aber $f(\varphi)$ von $\varphi=0$ bis $\varphi=\psi+\zeta$ gleich 0, von da an bis π gleich $\Pi(\varphi)$ setzen, so entsteht

$$\frac{1}{\pi}\int_{\psi+\zeta}^{\pi}\Pi(\varphi)\frac{\sin\frac{2n+1}{2}\varphi}{\sin\frac{\varphi}{2}}d\varphi=f(0)=0,\quad(n=\infty).$$

§. 100. Es bleibt noch U_∞ aufzusuchen. Wie oben angegeben wurde benutzt man für P^n jetzt die Formel (8), und erhält dann durch Umkehrung der Ordnung im Integriren

$$U_n=\frac{2}{\pi}\int_0^{\pi}\Theta(\varphi)(\sin\varphi+2\sin 2\varphi+\text{etc.}+n\sin n\varphi)d\varphi,$$

$$\Theta(\varphi)=-\sin\frac{\varphi}{2}\int_{\varphi}^{\pi}\frac{F(\eta)\sin\eta\,d\eta}{\sqrt{2(\cos\varphi-\cos\eta)}}+\cos\frac{\varphi}{2}\int_0^{\varphi}\frac{F(\eta)\sin\eta\,d\eta}{\sqrt{2(\cos\eta-\cos\varphi)}}.$$

Es ist $\Theta(\varphi)$ eine endliche Function von φ, da es offenbar endlich bleibt, so lange $F(\eta)$, also so lange $f(\theta,\psi)$ nicht unendlich wird: aber im Anfang des §. 98 wurde sogleich angenommen, dass f eine endliche Function sei. Ferner ist Θ auch continuirlich nach φ: für die früher betrachtete Function $\Pi(\varphi)$ brauchte das Entsprechende nicht nachgewiesen zu werden, während hier der Differentialquotient $\Theta'(\varphi)$ statt Π in einem Integrale wie (b) des vorigen Paragraphen erscheinen wird, und deshalb der Nachweis erforderlich ist. Man vergl. die obige Anmerkung.

$\Theta(\varphi)$ bleibt continuirlich, wenn jeder der beiden Theile, welche diese Function ausmachen, also gewiss wenn jedes der beiden darin vorkommenden Integrale dieselbe Eigenschaft besitzt. Für eines derselben soll hier der Beweis geführt werden; wir wählen dazu das letztere, und haben also zu zeigen, dass mit abnehmenden ε

$$\int_0^{\varphi+\varepsilon} \frac{F(\eta)\sin\eta\, d\eta}{\sqrt{2(\cos\eta-\cos(\varphi+\varepsilon))}} - \int_0^\varphi \frac{F(\eta)\sin\eta\, d\eta}{\sqrt{2(\cos\eta-\cos\varphi)}}$$

zu Null convergirt. Das erste Integral zerlege man in eines von 0 bis φ, welches sich mit dem zu subtrahirenden in eines von 0 bis φ vereinigt, und in

$$\int_\varphi^{\varphi+\varepsilon} \frac{F(\eta)\sin\eta\, d\eta}{\sqrt{2(\cos\eta-\cos(\varphi+\varepsilon))}};$$

bezeichnet G den grössten Werth von $F(\eta)$ innerhalb der Integrationsgrenzen, so ist das letztere Integral

$$< G\cdot\left[\sqrt{2(\cos\eta-\cos(\varphi+\varepsilon))}\right]_{\varphi+\varepsilon}^\varphi$$
$$< 2G\sqrt{\sin\frac{\varepsilon}{2}\sin\left(\varphi+\frac{\varepsilon}{2}\right)},$$

verschwindet also für $\varepsilon=0$. Es bleibt noch das von 0 bis φ zu nehmende Integral, welches mit negativem Vorzeichen

$$\int_0^\varphi F(\eta)\left(\frac{\sin\eta}{\sqrt{2(\cos\eta-\cos\varphi)}} - \frac{\sin\eta}{\sqrt{2(\cos\eta-\cos(\varphi+\varepsilon))}}\right)d\eta$$

ist. Wiederum sei G der grösste Werth von $F(\eta)$ in den Grenzen der Integration; der Factor von $F(\eta)$ unter dem Integrale bleibt immer positiv, da $\cos\eta-\cos\varphi < \cos\eta-\cos(\varphi+\varepsilon)$, so dass das Integral kleiner wird als der Zahlwerth von

$$G\cdot\left[\sqrt{2(\cos\eta-\cos\varphi)}-\sqrt{2(\cos\eta-\cos(\varphi+\varepsilon))}\right]_\varphi^0,$$

oder was dasselbe ist, kleiner als der Zahlwerth von

$$2G\left[\sin\frac{\varphi}{2}-\sin\frac{\varphi+\varepsilon}{2}+\sqrt{\sin\frac{\varepsilon}{2}\sin\left(\varphi+\frac{\varepsilon}{2}\right)}\right].$$

Das Integral verschwindet daher mit ε.

Auf ähnliche Art beweist man die Continuität des zweiten Integrales in Θ, also die von Θ selbst.

Ehe man die weitere Untersuchung von U selbst beginnt, ist es zweckmässig, um spätere Unterbrechungen zu vermeiden, die drei Werthe

$$\Theta(0),\ \Theta(\pi),\ \Theta'(0)$$

aufzusuchen; die beiden ersten Ausdrücke verschwinden, wie man sogleich sieht. Bezeichnet man für den Augenblick die beiden in

Θ vorkommenden Integrale mit r und s so wird

$$\Theta'(\varphi) = -\frac{r}{2}\cos\frac{\varphi}{2} - \frac{s}{2}\sin\frac{\varphi}{2} - \sin\frac{\varphi}{2}\frac{dr}{d\varphi} + \cos\frac{\varphi}{2}\frac{ds}{d\varphi},$$

also da s für $\varphi = 0$ verschwindet, $\Theta'(0)$ gleich

$$-\frac{r}{2} + \frac{ds}{d\varphi}, \quad (\varphi = 0),$$

wenn $\dfrac{dr}{d\varphi}$ für $\varphi = 0$ endlich bleibt. Es ist nun $\dfrac{ds}{d\varphi}$ für $\varphi = 0$ gleich

$$\frac{1}{\varphi}\int_0^\varphi \frac{F(\eta)\sin\eta\, d\eta}{\sqrt{2(\cos\eta - \cos\varphi)}}, \quad (\varphi = 0);$$

bezeichnet M einen Mittelwerth von $F(\eta)$ zwischen $\eta = 0$ bis $\eta = \varphi$, so ist dieser Ausdruck

$$= \frac{M}{\varphi}[\sqrt{2(\cos\eta - \cos\varphi)}]_\varphi^0 = 2M\frac{\sin\dfrac{\varphi}{2}}{\varphi}, \quad (\varphi = 0)$$

also gleich $F(+0)$. Auf ähnliche Art ergiebt sich dass $\dfrac{dr}{d\varphi}$ für $\varphi = 0$ endlich bleibt; sein genauer Werth ist nicht erforderlich. Man erhält also

$$\Theta'(0) = F(+0) - \tfrac{1}{2}\int_0^\pi F(\eta)\cos\frac{\eta}{2}\, d\eta.$$

Wir gehen jetzt auf den Werth U_n zurück, der sich nach Integration durch Theile, welche vermöge der Continuität von $\Theta(\varphi)$ gestattet ist, in

$$U_n = -\frac{1}{\pi}\int_0^\pi \Theta(\varphi)\frac{d}{d\varphi}\left(\frac{\sin\dfrac{2n+1}{2}\varphi}{\sin\dfrac{\varphi}{2}}\right) d\varphi$$

$$= \frac{1}{\pi}\int_0^\pi \Theta'(\varphi)\frac{\sin\dfrac{2n+1}{2}\varphi}{\sin\dfrac{\varphi}{2}}\, d\varphi$$

verwandelt, so dass

$$U_\infty = \Theta'(0)$$

oder $S_\infty = T_\infty + U_\infty$ gleich $F(+0)$ wird. Es ist hierdurch das am Anfange des §. 99 angegebene Resultat bewiesen, dass nämlich die Reihe welche durch die linke Seite von (64) dargestellt wird, für

§. 101, 64.   II. Theil. Fünftes Kapitel.

$\theta = 0$ wenigstens, convergirt und

$$\frac{1}{2\pi}\int_0^{2\pi} f(0,\psi)\,d\psi$$

als Summe giebt. Sie liefert also für $\theta = 0$ im Allgemeinen nicht den Werth der rechten Seite von (64), der $f(0,\psi)$ sein würde, sondern den sogenannten mittleren Werth von $f(\theta,\psi)$, der mit $f(0,\psi)$ übereinstimmt, wenn $f(0,\psi)$ von ψ unabhängig ist. Unter mittlerem Werthe irgend einer Function $\chi(\psi)$, $(0 < \psi < 2\pi)$, versteht man nämlich das von ψ unabhängige Glied bei der Entwickelung von $\chi(\psi)$ in eine Reihe, welche nach Sinus und Cosinus der Vielfachen von ψ fortschreitet, oder was dasselbe ist $\frac{1}{2\pi}\int_0^{2\pi}\chi(\psi)d\psi$, oder endlich das arithmetische Mittel der Ordinaten $\chi(0)$, $\chi\left(\frac{2\pi}{n}\right)$, $\left(\frac{4\pi}{n}\right)$, etc. $\chi(2\pi)$ für $n = \infty$.

§. 101. Ohne weitere Rechnung gelangt man mit Hülfe einer **geometrischen Construction zum Resultate im allgemeinen Falle.** Man denke sich auf einer festen Kugelfläche mit dem Radius 1 einen festen Punkt A, und durch diesen einen gleichfalls festen aber nur nach einer Richtung von A aus verlängerten Bogen eines Hauptkreises AB gelegt. Dieses Coordinaten-System bestimmt jeden Punkt S der Kugelfläche durch den Bogen AS eines Hauptkreises $(\leq \pi)$, den man gleich θ_1 setze, und den Winkel $BAS = \psi_1$, der zwischen 0 und 2π gezählt wird. Man weiss, dass das Element der Kugelfläche $\sin\theta\,d\theta\,d\psi$ ist, während

$$(a) \ldots \frac{1}{2\pi}\int_0^{2\pi} f(\theta_1,\psi_1)\,d\psi_1$$

der mittlere Werth der Function $f(\theta_1,\psi_1)$ aus allen ihren Werthen wird, die sie auf einem Parallelkreise mit dem sphärischen Radius θ_1, von A aus gerechnet, annimmt. Wird f für $\theta_1 = 0$ von ψ_1 unabhängig, so würde

$$(b) \ldots \frac{1}{2\pi}\int_0^{2\pi} f(0,\psi_1)\,d\psi_1$$

der Werth von $f(\theta_1,\psi_1)$ im Punkte A selbst sein, während (b) im

Allgemeinen das arithmetische Mittel aus allen Werthen von $f(\varepsilon, \psi_1)$ für einen unendlich kleinen sphärischen Radius ε vorstellt.

Man vergleiche nun die Function X in §. 98 im allgemeinen Falle und im besonderen $\theta = 0$. Beide Ausdrücke sind Integrale oder Summen von Gliedern; jeder von ihnen enthält das Element $\sin\theta_1 \, d\theta_1 \, d\psi_1$ aller Punkte S der Oberfläche, ausserdem den Factor $f(\theta_1, \psi_1)$ den man sich als Dichtigkeit im Punkte θ_1, ψ_1 oder S vorstellen kann: es kommt nun noch ein Ausdruck hinzu, der im zweiten Falle Function der sphärischen Entfernung SA des Punktes S vom Anfangspunkte ist, im ersten Falle dieselbe Function der sphärischen Entfernung SC von einem Punkte C, dessen Coordinaten θ, ψ sind. Ferner beachte man, dass bei der Integration die Gestalt der Elemente vollkommen gleichgültig ist, in welche man die Kugel theilt; heisst also das einem Punkte S angehörige Element $d\omega$, so sagt unser in den beiden vorigen Paragraphen bewiesener Satz: Die Reihe, deren n^{tes} Glied gleich ist $\dfrac{2n+1}{4\pi}$ mal einem gewissen Integrale über die ganze Oberfläche der Kugel, dessen Element besteht aus 1) dem Elemente der Kugel $d\omega$ im Punkte S multiplicirt mit dem Werthe einer gegebenen Function, einer Dichtigkeit, im Punkte S; 2) einer Function P^n der sphärischen Entfernung des Punktes S von einem festen Punkte A; — diese Reihe ist convergent, und hat als Summe die mittlere Dichtigkeit im Punkte A, das Mittel für alle Punkte genommen, welche auf einem mit dem unendlich kleinen sphärischen Radius ε von A aus beschriebenen Kreise liegen. Da bei dieser Art, das bewiesene Resultat auszusprechen, die ursprüngliche Eigenschaft des Punktes A, dass er Anfangspunkt des Systems ist, nicht mehr zum Vorschein kommt, so kann man den Punkt A durch C ersetzen, und findet so, dass die linke Seite von (64) auch im allgemeinen Falle eine convergente Reihe bildet, und dass ihre Summe der mittlere Werth der Dichtigkeit in C, oder der Function $f(\theta_1, \psi_1)$ für $\theta = \theta_1, \psi = \psi_1$ wird, wenn nämlich das Mittel aus allen Werthen genommen wird, die diese Function für die Punkte eines mit dem unendlich kleinen sphärischen Radius ε um θ, ψ beschriebenen Kreises erhält.

Bleibt $f(\theta, \psi)$ für alle unendlich kleinen Veränderungen von θ und ψ continuirlich, so wird die Summe auf der linken Seite von (64) daher genau $f(\theta, \psi)$.

§. 102. Die Methode, welche die Verallgemeinerung im §. 101 verschaffte, ist von hoher Wichtigkeit bei der Betrachtung von Reihen, in denen die Function $P^n(\cos \gamma)$ auftritt. Dirichlet hat sie später wieder aufgenommen, um die verschiedenen Fälle zu untersuchen, welche vorkommen können, wenn aus dem für die Oberfläche der Kugel gegebenen Potentiale nach den Prinzipien von Gauss und Green eine entsprechende Vertheilung von Masse auf der Kugelfläche aufgesucht werden soll*).

Wir verlassen den Gegenstand mit einer Anwendung auf den Fall, in dem $f(\theta, \psi)$ von ψ unabhängig ist, sich also auf eine Function $f(\theta)$ von θ allein reducirt. In diesem Falle wird

$$\frac{1}{2\pi}\int_0^{2\pi} f(\theta_1, \psi_1) P^n(\cos \gamma) d\psi_1 = \frac{f(\theta_1)}{2\pi}\int_0^{2\pi} P^n(\cos \gamma) d\psi_1$$
$$= f(\theta_1) P^n(\cos \theta) P^n(\cos \theta_1);$$

also giebt dann (64) das für Functionen einer Veränderlichen $f(\theta)$ geltende Resultat

$$f(\theta) = \sum_{n=0}^{n=\infty} \frac{2n+1}{2} P^n(\cos \theta) \int_0^\pi f(\theta) P^n(\cos \theta) d\theta,$$

auf welches bereits im §. 13 hingewiesen wurde. Setzt man nämlich

$$A_n = \frac{2n+1}{2}\int_0^\pi f(\theta) P^n(\cos \theta) d\theta,$$

wo nun A_n eine von θ unabhängige Constante bezeichnet, so sagt die vorstehende Formel, dass die zwischen $\theta = 0$ und $\theta = \pi$ endlich bleibende Function $f(\theta)$ in eine Reihe

$$\sum_{n=0}^{n=\infty} A_n P^n(\cos \theta)$$

entwickelt werden kann, die nach Kugelfunctionen der einen Veränderlichen θ fortscheitet, und giebt zugleich den Ausdruck der bei der Entwickelung vorkommenden Constanten, wie er §. 15 gefunden worden war.

---

*) Ueber einen neuen Ausdruck zur Bestimmung der Dichtigkeit einer unendlich dünnen Kugelschale, wenn der Werth des Potentials derselben in jedem Punkte ihrer Oberfläche gegeben ist. Geles. in der Akad. d. Wiss. am 29. Nov. 1850.

Zugleich lehrt aber die soeben vollendete Untersuchung, welchen Werth die Reihe

$$\sum_{n=0}^{n=\infty} A_n P^n(\cos\theta)$$

vorstellt, wenn an irgend einer Stelle $f(\theta)$ einen endlichen Sprung macht: sie ist dann das arithmetische Mittel von $f(\theta+0)$ und $f(\theta-0)$, wenn, wie früher, diese Zeichen auch hier die beiden zu dem betreffenden θ gehörenden Werthe der Function $f(\theta)$ vorstellen.

Im allgemeinen Falle, wenn die entwickelte Function $f(\theta,\psi)$ beide Argumente θ und ψ enthält, hat man den Ausdruck

$$f(\theta,\psi) = \sum_{n=0}^{n=\infty} X^n,$$

wo X^n durch p. 265, d gegeben ist. Man sieht leicht ein, dass dieser Ausdruck (d) in der That die Form von p. 263, b hat. Setzt man nämlich in (d) für $P^n(\cos\gamma)$ seinen Werth $(49,a)$ auf p. 175, d. h.

$$\sum_{m=0}^{m=n}(-1)^m a_m^n P_m^n(\cos\theta) P_m^n(\cos\theta_1)\cos m(\psi-\psi_1),$$

so entsteht auf der Stelle

$$(65)\ldots\quad X^n = \sum_{m=0}^{m=n} P_m^n(\cos\theta)[c_m^n\cos m\psi + k_m^n\sin m\psi],$$

wenn die Constanten c und k durch die Formeln gegeben werden:

$$(-1)^m c_m^n = \frac{2n+1}{4\pi} a_m^n \int_0^\pi d\theta_1 \sin\theta_1 P_m^n(\cos\theta_1)\int_0^{2\pi} f(\theta_1,\psi_1)\cos m\psi_1\, d\psi_1,$$

$$(-1)^m k_m^n = \frac{2n+1}{4\pi} a_m^n \int_0^\pi d\theta_1 \sin\theta_1 P_m^n(\cos\theta_1)\int_0^{2\pi} f(\theta_1,\psi_1)\sin m\psi_1\, d\psi_1.$$

Sind die einzelnen Grössen X^n für alle θ und ψ gegeben, so kennt man die entwickelte Function $f(\theta,\psi)$; es ist leicht einzusehen, dass man die X^n, und daher $f(\theta,\psi)$, für alle θ und ψ finden kann, wenn sie für einen Werth von θ und alle ψ, oder für alle θ und zwei Werthe von ψ gegeben sind.

B. Anwendung der Kugelfunctionen.

I. Mechanische Quadratur.

§. 1. Bezeichnet $f(x)$ eine zwischen $x=-1$ und $x=+1$ beliebig gegebene einwerthige und continuirliche Function von x, so lässt sich nach Lagrange's Formel eine ganze Function $\varphi(x)$ immer so bilden, dass sie für n Werthe von x, welche ganz willkürlich gewählt und durch α_1, α_2, etc. α_n bezeichnet werden, mit $f(x)$ übereinstimmt. Setzt man

(1) ... $\psi(x) = (x-\alpha_1)(x-\alpha_2)\text{etc.}(x-\alpha_n),$

(1, a) ... $\varphi(x) =$
$$\psi(x)\left(\frac{f(\alpha_1)}{(x-\alpha_1)\psi'(\alpha_1)} + \frac{f(\alpha_2)}{(x-\alpha_2)\psi'(\alpha_2)} + \text{etc.} + \frac{f(\alpha_n)}{(x-\alpha_n)\psi'(\alpha_n)}\right),$$

so ist nämlich $\varphi(x)$ eine solche Function. Denn die durch (1, a) gegebene Function ist offenbar ganz und vom $(n-1)^{\text{ten}}$ oder einem niedrigeren Grade; sie verwandelt sich ferner für $x=\alpha_1$, α_2, etc. α_n in $f(\alpha_1)$, $f(\alpha_2)$ etc. $f(\alpha_n)$. Es soll nun gezeigt werden, dass keine andere ganze Function $\Phi(x)$ existirt, welche für dieselben n Werthe $x=\alpha_1$, α_2, etc. α_n mit $f(x)$ übereinstimmt, und zugleich von nicht höherem als dem $(n-1)^{\text{ten}}$ Grade ist, so dass wenn überhaupt eine Function diese Bedingungen erfüllt — und $\varphi(x)$, wie es durch (1, a) bestimmt wird, erfüllt sie — diese die einzige ist. Wäre nämlich auch $\Phi(\alpha_1)$, $\Phi(\alpha_2)$ etc. gleich $f(\alpha_1)$, $f(\alpha_2)$ etc., so müsste $\Phi(x) - \varphi(x)$ durch $x-\alpha_1$, $x-\alpha_2$ etc., also durch $\psi(x)$

theilbar sein, was nur geschehen kann wenn $\Phi(x) = \varphi(x)$, weil der Grad von ψ genau n, der von Φ und φ höchstens $n-1$ ist*).

Der Ausdruck $\varphi(x)$ kann ein Näherungswerth von $f(x)$ genannt werden, was so zu verstehen ist, dass bei hinreichend grossem n, (wenn nur die α nach solchem Gesetze gewählt werden, dass sie sich überall auf der Abscissenachse in dem Intervalle von -1 bis $+1$ häufen, und kein Raum von beliebig kleiner Ausdehnung ε bei hinlänglich grossem n bleibt, in welchen kein α fiele) $f(x) - \varphi(x)$ von $x = -1$ bis $x = +1$ beliebig klein bleibt. Es folgt dies aus ganz bekannten Prinzipien, indem $f(x)$ nach der Annahme, $\varphi(x)$ als ganze Function continuirlich bleibt. Stellt man f und φ auf gewöhnliche Art geometrisch als Curven dar, so muss auch die Fläche des zwischen f und φ liegenden Stückes mit wachsendem n beliebig klein werden, so dass, wenn man

$$\int_{-1}^{1} f(x)\,dx - \int_{-1}^{1} \varphi(x)\,dx = D$$

setzt, D mit hinlänglich wachsendem n beliebig wenig sich von Null

---

*) Im 58ten Bande des Borchardt'schen Journals theilt Thebychev S. 286 eine, nach der Angabe im Journal, am $\frac{20.\text{ October}}{1.\text{ November}}$ 1854 in der Petersburger Akademie gelesene Note mit, welche eine höchst interessante, übrigens aus einfachen Sätzen über Kettenbrüche leicht zu verificirende, noch von Niemandem früher bemerkte Transformation einer solchen Function φ enthält. Denkt man sich nämlich $\frac{\psi'(x)}{\psi(x)}$ in einen Kettenbruch $\cfrac{1}{q_1 + \cfrac{1}{q_2 + \text{etc.}}}$ entwickelt, bezeichnet ferner durch N_1, N_2, etc. die Nenner der Näherungsbrüche dieses Kettenbruchs, durch A_1, A_2, etc. die Coefficienten von x in q_1, q_2, etc., so wird

$$\varphi(x) = A_1 \sum_{m=1}^{m=n} f(\alpha_m) - A_2 N_1(x) \sum_{m=1}^{m=n} N_1(\alpha_m) f(\alpha_m) + A_3 N_2(x) \sum_{m=1}^{m=n} N_2(\alpha_m) f(\alpha_m) - \text{etc.}$$

Folgen die α — führt Thebychev fort — sich in unendlich kleinen Zwischenräumen, so wird der Kettenbruch bis auf unwesentliche Unterschiede $\log \frac{x+1}{x-1}$ geben, während die N sich in die P verwandeln; $\varphi(x)$ stimmt dann von $x = -1$ bis $x = +1$ mit $f(x)$ überein, und man erhält die Entwickelung von $f(x)$ nach Kugelfunctionen. Seitdem wurde im Liouville'schen Journale, Deuxième Série, T. III, pag. 289 eine grössere Arbeit von demselben Verfasser über diesen Gegenstand: Sur les fractions continues par M. Tchebichef, traduit du Russe par M. I. J. Bienaymé, présenté le 12. Janvier 1855 à l'Académie impériale des sciences de Saint-Pétersbourg veröffentlicht, dem endlich auch Rouché eine eigene Abhandlung im Cah. 37 des Polytechnischen Journals gewidmet hat.

unterscheidet, oder $\int_{-1}^{+1}\varphi(x)dx$ ein Näherungswerth des gesuchten Integrales $\int_{-1}^{+1}f(x)dx$ ist.

Drei Dinge fassen wir in's Auge, von denen die Grösse D oder die Annäherung abhängt, die man erreicht, wenn man statt des gesuchten Integrales, welches f enthält, dasjenige nimmt, in welchem f durch φ ersetzt wird. Es wird der Grad der Annäherung durch Wahl von n bedingt, d. h durch die Anzahl der Abscissen $x=a$, für welche man Ordinaten $f(x)$ berechnet, um $\varphi(x)$ zu bilden: wir sagen kürzer, man interpolirt aus n Werthen. Zweitens hängt er von f selbst ab: ist z. B. f eine Function vom höchstens $(n-1)^{\text{ten}}$ Grade, so wird f genau gleich φ wenn man aus n Werthen interpolirt und D ist genau Null, so dass durch Interpolation aus mehr als n Werthen eine grössere Näherung nicht erreicht wird. Ein dritter Umstand, der aber erst in den späteren Paragraphen sorgfältiger betrachtet werden soll, von welchem der Werth D abhängt, ist die Wahl der Abscissen a. Man übersieht, dass je nachdem eine Curve $(n-1)^{\text{ten}}$ Grades φ durch diese oder jene n Punkte von f gelegt wird, ganz verschiedene Werthe von D entstehen können; die zweckmässigste Wahl der Abscissen wird also von der Natur von f abhängen. Ob man f genau kennen muss, um zu bestimmen, welche Abscissen am zweckmässigsten gewählt werden, oder ob es z. B. schon genügt zu wissen, dass f in eine schnell convergirende Potenzreihe entwickelbar ist, wird sich später zeigen; das Prinzip ist aber festzuhalten, dass nur solche Methoden brauchbar sind, bei welchen die Wahl der a nicht von der besonderen Natur von f abhängt. Bestimmt man nämlich ein für alle Mal welche a man für jedes n wählen will, so kann man eine Reihe numerischer Werthe im Voraus berechnen und in Tafeln bringen und dadurch, wie sich sogleich zeigen wird, die Rechnung wesentlich abkürzen.

Bildet man mit Hülfe von $(1, a)$ den Näherungswerth für das gesuchte Integral, und setzt

$$\frac{1}{\psi'(\alpha_m)}\int_{-1}^{1}\frac{\psi(x)}{(x-\alpha_m)}dx = A_m,$$

so wird derselbe

(2) ... $\int_{-1}^{1}\varphi(x)dx = A_1 f(\alpha_1) + A_2 f(\alpha_2) + \text{etc.} + A_n f(\alpha_n).$

Setzt man fest, welche Abscissen α für jedes n gewählt werden sollen, so ist für jedes n auch $\psi(x)$ und ebenso $\frac{\psi(x)}{x-\alpha_m}$ von vorn herein bestimmt; als ganze Function von x kann dieser Ausdruck zwischen beliebigen Grenzen, z. B. -1 und $+1$ genau integrirt, also A_m im Voraus berechnet werden. Ist dieses geschehen, so wird die Interpolation des Integrals $\int_{-1}^{1}f(x)dx$ aus n Abscissen nach (2) nur n Multiplicationen bekannter Werthe A mit zu berechnenden $f(\alpha)$ und ebenso viele Additionen erfordern.

Dies ist die Methode, durch welche, nach Angabe von Gauss *) Cotesius in der „Harmonia mensurarum", mit Benutzung der Vorarbeiten von Newton, die bestimmten Integrale angenähert findet. Cotesius wählt die Abscissen so, dass für ein jedes n die Grössen $\alpha_1, \alpha_2,$ etc. α_n in arithmetischer Reihe fortschreiten, und giebt in einer Tafel, die in der vorerwähnten Arbeit von Gauss über mechanische Quadraturen abgedruckt ist, die Werthe der A von $n = 2$ bis $n = 11$. In dem letzten Falle z. B. sind die Abscissen α gleich

$-1, 0; -0,8; -0,6;$ etc. $+0,6; +0,8; +1,0.$

Man kann übrigens leicht zeigen, dass bei solcher Wahl der α für ein gerades n die A paarweise gleich sind, für ein ungerades mit Ausnahme von $A_{\frac{n+1}{2}}$, dem mittleren Gliede. In der That zeigt sich leicht dass $A_1 = A_n$, etc. allgemein dass $A_m = A_{n+1-m}$ ist. Berücksichtigt man nämlich, dass $\alpha_1 = -1$, $\alpha_2 = -1 + \frac{2}{n-1}$, etc., dass allgemein

$$\alpha_m = -1 + 2\frac{m-1}{n-1}, \quad \alpha_{n+1-m} = -\alpha_m,$$

$$\psi(x) = (x-\alpha_1)(x-\alpha_2)(x-\alpha_3)(x-\alpha_{n-1}) \text{ etc.},$$

---

*) Methodus nova integralium valores per approximationem inveniendi.

so wird gefunden
$$\psi(x) = (x-\alpha_1)(x+\alpha_1)(x-\alpha_2)(x+\alpha_2) \text{ etc.},$$
wo das Product für ein ungerades n mit dem Factor x schliesst, der keinen zugehörigen besitzt. Dadurch entsteht
$$\psi(x) = (-1)^n \psi(-x),$$
also wenn man nach x differentiirt und dann $x = \alpha_m$ setzt
$$\psi'(\alpha_m) = (-1)^{n+1} \psi'(\alpha_{n+1-m}),$$
$$A_{n+1-m} = \frac{(-1)^{n+1}}{\psi'(\alpha_m)} \int_{-1}^{1} \frac{\psi(x)}{x+\alpha_m} dx.$$

Wird $-x$ statt x als Veränderliche eingeführt, so verwandelt sich die rechte Seite in A_m.

Anmerk. Was oben über die Tafel von Cotesius gesagt wurde ist nicht ganz genau, indem dieser Autor sie für den Fall gegeben hat, dass man Integrale zwischen den Grenzen 0 und 1 berechnet, also die α in arithmetischer Reihe von 0 bis 1 zunehmen lässt. Es bedarf zur Reduction der gegebenen Tafel auf die für unsere Darstellung anzuwendende nur einer unbedeutenden Rechnung. Um im Folgenden die in der Theorie entwickelten Formeln unmittelbar gebrauchen zu können haben wir uns die erwähnte Veränderung erlaubt.

§. 2. Der Grad der Näherung bei dieser Methode, wenn man die α wieder allgemein nimmt, lässt sich berechnen, so oft man $\int_{-1}^{1} f(x) dx$ genau angeben kann: interpolirt man aus n Werthen, so wird er offenbar durch

$$(3) \ldots D = \int_{-1}^{1} f(x) dx - \sum_{m=1}^{m=n} A_m f(\alpha_m)$$

ausgedrückt. War $f(x)$ vom höchstens $(n-1)^{\text{ten}}$ Grade, so ist wie man schon weiss, der Fehler $D = 0$, und zwar bei willkürlich gewählten α, weil dann $\varphi(x) = f(x)$; der Fortschritt, welchen man Gauss in der oben erwähnten Arbeit verdankt, besteht darin, dass er gezeigt hat, wie durch angemessene Wahl der α unabhängig von der besonderen Natur von $f(x)$, noch der Fehler verschwindet, wenn $f(x)$ auf den $(2n-1)^{\text{ten}}$ Grad steigt. Geometrisch betrachtet hat also Gauss nachgewiesen: Bestimmt man n Abscissen a von -1 bis $+1$ auf gewisse Art, und wählt beliebige n Punkte mit diesen Abscissen, legt dann eine beliebige Curve höchstens vom $(2n-1)^{\text{ten}}$ Grade $f(x)$ durch diese n festen Punkte, so bleibt für jedes andere $f(x)$ der Flächenraum derselbe, welcher durch die Curve, die Abscissenachse, und die beiden Ordinaten in den Punkten deren x gleich -1 und gleich 1 ist, begrenzt wird.

Der Bequemlichkeit halber bezeichne man den Fehler, welchen man bei einem bestimmten n und festgehaltenen a begeht, wenn $f(x)$ die Function ist, deren Integral man berechnen will, also das D der Formel (3), vollständiger durch $Df(x)$, so dass wenn $F(x)$ eine andere Function, c eine Constante bezeichnet

$$D(f(x)+F(x)) = D(fx)+DF(x)$$
$$D(cf(x)) = cDf(x)$$

wird. Stellt $f(x)$ eine ganze Function oder eine Reihe vor, so wird sich $Df(x)$ aus Grössen Dx^n zusammensetzen lassen. In der That, ist $f(x)$ in eine von $x=-1$ bis $x=+1$ convergente Reihe entwickelt

so wird
$$f(x) = b_0 + b_1 x + b_2 x^2 + \text{etc.},$$
$$Df(x) = b_0 D1 + b_1 Dx + b_2 Dx^2 + \text{etc.},$$

und verwandelt sich, da Dx^p bei den gewöhnlichen Methoden verschwindet wenn $p < n$, bei der Gaussischen noch wenn $p < 2n$, bei den gewöhnlichen Methoden in

$$Df(x) = b_n Dx^n + b_{n+1} Dx^{n+1} + \text{etc.}$$

bei der Gaussischen in

(4) $\quad Df(x) = b_{2n} Dx^{2n} + b_{2n+1} Dx^{2n+1} + \text{etc.},$

hängt also in (4) nur von entfernteren b als in der vorhergehenden Gleichung, nämlich von b_{2n}, b_{2n+1}, etc. ab. Da die Reihe convergirte, so werden die b um so kleiner, je weiter man sich vom Anfange der Reihe entfernt, und bei hinlänglich grossem n wird b_{2n}, b_{2n+1}, etc. beliebig klein. Im Allgemeinen, kann man also sagen, muss bei der Gaussischen Methode der Fehler geringer sein als bei anderen, in welchen die Abscissen a beliebig gewählt wurden, er also schon von b_n, b_{n+1}, etc. abhängt. Man darf aber nicht ausser Acht lassen, dass die Grössen D in der unteren Gleichung (4) andere sind als in der oberen, weil sie sich auf andere a

beziehen, dass also oben Dx^p kleiner sein kann als dasselbe Glied unten: es wäre möglich, dass oben die Art, auf welche die α gewählt wurden, solche D schafft, welche gerade eine besondere Beziehung zu den b haben, und dass sie die Summe der Reihe besonders klein macht. Wir wollen uns deshalb über die Näherung, welche durch die Gaussische Methode erreicht wird bestimmter ausdrücken, indem wir sagen: Durch Interpolation aus n Werthen wird $\int_{-1}^{1} f(x)dx$ genau vermittelst (3) ausgedrückt, wenn $f(x)$ vom höchstens $(2n-1)^{\text{ten}}$ Grade ist; ist $f(x)$ in eine convergente Reihe entwickelt, so gehen in den Fehler nur b_{2n}, b_{2n+1}, etc. ein. Welchen Einfluss diese einzelnen (abnehmenden) Grössen haben, wird unten gezeigt werden. Bei der Methode von Cotesius wird das Resultat bei einer Interpolation aus n Werthen ein solches sein, welches man aus dem eben angegebenen abliest, wenn man überall $2n$ mit n vertauscht.

§. 3. Die erste Aufgabe, welche zu lösen ist, besteht in der gehörigen Bestimmung der α, die nach §. 2 so auszuwählen sind, dass $Df(x)$ verschwindet, welche Function $(2n-1)^{\text{ten}}$ Grades auch $f(x)$ sei.

So lange $f(x)$ nicht den n^{ten} Grad erreicht, wird offenbar $\varphi(x)$ nach (1, a) berechnet gleich $f(x)$. Diese, schon §. 2 angewandte Gleichheit, folgt unmittelbar daraus, dass sonst $f(x)$ und $\varphi(x)$ zwei verschiedene Functionen vom höchstens $(n-1)^{\text{ten}}$ Grade wären, die für n Werthe von x übereinstimmen, was (§. 1) unmöglich ist. Ist aber $f(x)$ von höherem als dem $(n-1)^{\text{ten}}$ Grade, so muss $f(x) - \varphi(x)$, da es für $x = \alpha_1, \alpha_2$, etc. verschwindet, immer vorausgesetzt dass die α verschieden sind, durch $\psi(x)$ theilbar sein: der Quotient

$$\frac{f(x) - \varphi(x)}{\psi(x)}$$

ist eine ganze Function vom höchstens $(n-1)^{\text{ten}}$ Grade, wenn $f(x)$ den $(2n-1)^{\text{ten}}$ nicht überschreitet. Jede solche Function $f(x)$ hat also die Form

$$f(x) = \varphi(x) + \psi(x)(a_0 + a_1 x + \text{etc.} + a_{n-1} x^{n-1});$$

giebt man den Constanten a alle möglichen Werthe, so hat man alle möglichen $f(x)$ vom höchstens $(2n-1)^{\text{ten}}$ Grade, die sich für $x = a_1, a_2$, etc. in feste Grössen $f(a_1), f(a_2)$ etc. verwandeln. Es wird also

$$Df(x) = \int_{-1}^{1} \psi(x)(a_0 + a_1 x + \text{etc.} + a_{n-1} x^{n-1}) dx,$$

und soll dieser Ausdruck für alle möglichen f, also für alle a_0, a_1, etc. verschwinden, so muss $\psi(x)$ so beschaffen sein, dass

$$\int_{-1}^{1} x^m \psi(x) dx = 0$$

von $m = 0$, bis $m = n-1$; und umgekehrt. Ein solches $\psi(x)$ war bereits im §. 63, p. 163—166 gefunden, nämlich

$$\psi(x) = P_0^n(x);$$

$P^n(x) = 0$ hat auch n verschiedene reelle Wurzeln α zwischen -1 und $+1$, so dass man folgendes Resultat erhält:

Sind α_1, α_2, etc. α_n die Wurzeln der Gleichung $P^n(x)=0$, und setzt man

$$\psi(x) = P_0^n(x),$$
$$A_m = \frac{1}{\psi'(\alpha_m)} \int_{-1}^{1} \frac{\psi(x)}{(x - \alpha_m)} dx$$

so wird

$$Df(x) = \int_{-1}^{1} f(x) dx - \sum_{m=1}^{m=n} A_m f(\alpha_m)$$

verschwinden, so oft $f(x)$ den $2n^{\text{ten}}$ Grad nicht erreicht.

Hiermit ist die Aufgabe dieses Paragraphen gelöst; man kann noch hinzufügen, dass die A hier dieselbe Eigenschaft wie bei der Methode von Cotesius haben, dass nämlich $A_1 = A_n$, $A_2 = A_{n-2}$, etc. wenn die Wurzeln α der Grösse nach von -1 bis $+1$ geordnet sind. Der Beweis hierfür stimmt mit dem früheren im §. 1 überein; es ist nämlich $\alpha_1 = -\alpha_n$, $\alpha_2 = -\alpha_{n-1}$, etc., so dass bei geradem n die Wurzeln paarweise gleich und entgegengesetzt sind, während bei ungeradem n eine Wurzel 0 allein steht. Es wird also

$$A_{n+1-m} = \frac{1}{\psi'(-\alpha_m)} \int_{-1}^{1} \frac{\psi(x) dx}{x + \alpha_m},$$

aber $\psi(x) = (-1)^n \psi(-x)$, folglich $A_m = A_{n+1-m}$.

§. 4. Wir gehen jetzt zur zweiten Aufgabe, der Berechnung des Fehlers über, den man begeht, wenn man bei dieser Wahl von $\psi(x)$, während $f(x)$ nicht mehr vom höchstens $(2n-1)^{\text{ten}}$ Grade, sondern eine durch die Reihe

$$f(x) = b_0 + b_1 x + b_2 x^2 + \text{etc.}$$

gegebene Function ist,

$$\int_{-1}^{1} f(x)\,dx$$

gleich setzt

$$\sum_{m=1}^{m=n} A_m f(a_m).$$

Die a und A bezeichnen hier dasselbe, was sie im §. 3 vorstellen. Indem man hierzu (4) benutzt, hat man Dx^p zu untersuchen, wenn $p > 2n-1$; ist $p < 2n$ so wird $Dx^p = 0$.

Macht man in (3) $f(x) = x^p$, so ist genau

$$\int_{-1}^{1} f(x)\,dx = \frac{2}{p+1},$$

wenn p eine gerade Zahl, gleich 0 wenn p eine ungerade Zahl bezeichnet. Der Fehler entsteht, indem statt dieser Werthe

$$\sum_{m=1}^{m=n} A_m a_m^p$$

gesetzt wird; für ein ungerades p ist aber diese Grösse Null, weil die Glieder bis auf ein für ungerade n vorhandenes mittleres, welches aber mit 0^p oder 0 multiplicirt ist und deshalb fortfällt, gleich und entgegengesetzt sind. Man hat also

(5) ... $D(x^{2p+1}) = 0,$

(5, a) ... $Dx^{2p} = \dfrac{2}{2p+1} - \sum\limits_{m=1}^{m=n} A_m a_m^{2p},$

(5, b) ... $Df(x) = b_{2n} Dx^{2n} + b_{2n+2} Dx^{2n+2} + b_{2n+4} Dx^{2n+4} + \text{etc.}$

Den Ausdruck für die Fehler Dx^{2p} kann man in einer eleganten Formel vereinigen, indem man (5, a) mit z^{-2p-1} multiplicirt, wenn z eine hinlänglich grosse aber sonst willkürliche Grösse bedeutet, und von 0 bis ∞ nach p summirt. Dadurch entsteht

$$\sum_{p=0}^{p=\infty} z^{-2p-1} Dx^{2p} = \log\frac{z+1}{z-1} - \mathfrak{D}(z),$$

wenn
$$\mathfrak{D}(z) = z \sum_{m=1}^{m=n} \frac{A_m}{z^2 - a_m^2}$$

gesetzt wird; die rechte Seite $\log \frac{z+1}{z-1} - \mathfrak{D}(z)$ ist dann, wie man sich auszudrücken pflegt, die erzeugende Function der Fehler, in so fern der Factor von z^{-2p-1} bei ihrer Entwickelung nach absteigenden z genau Dx^{2p} giebt. Diese Function gestattet noch weitere Umformungen, die sie unmittelbar mit den Q in Verbindung bringen. Betrachtet man dazu A wie es p. 286 gegeben ist näher, so lässt sich das darin vorkommende Integral

$$\int_{-1}^{1} \frac{P_0^n(x) \, dx}{x - \alpha}$$

mit $\eta(\alpha)$ vertauschen, wenn man

$$\eta(z) = \int_{-1}^{1} \frac{P_0^n(x) - P_0^n(z)}{x - z} dx$$

setzt; denn für $z = \alpha$ verschwindet $P_0^n(z)$. Es ist aber $\eta(z)$ eine ganze Function $(n-1)^{\text{ten}}$ Grades von z, lässt sich also durch die Lagrange'sche Formel (1, a) folgendermassen darstellen:

$$\eta(z) = P_0^n(z) \sum_{m=1}^{m=n} \frac{\eta(\alpha_m)}{P'(\alpha_m)(z - \alpha_m)}.$$

Hier bezeichnet $P'(\alpha_m)$ den Differentialquotienten von $P_0^n(z)$ nach z für $z = \alpha_m$. Berücksichtigt man das oben über $\eta(\alpha)$ Gesagte, und dass $P'(\alpha_m) = \psi'(\alpha_m)$ ist, so findet man

$$\eta(z) = P_0^n(z) \sum_{m=1}^{m=n} \frac{A_m}{z - \alpha_m}.$$

Da aber die n Grössen $-\alpha_m$ mit den ebenso vielen α_m übereinstimmen, so wird auch

$$\eta(z) = P_0^n(z) \sum_{m=1}^{m=n} \frac{A_m}{z + \alpha_m},$$

also $\eta(z)$ die halbe Summe beider rechten Seiten, d. h.

$$\eta(z) = z P_0^n(z) \sum_{m=1}^{m=n} \frac{A_m}{z^2 - \alpha_m^2}.$$

Auf diese Art ist ein neuer Ausdruck für $\mathfrak{D}(z)$ entstanden, nämlich

$$\mathfrak{D}(z) = \frac{\eta(z)}{P_0^n(z)};$$

§. 4, 7.   Quadratur.   289

aber $\eta(z)$ lässt sich in
$$P_0^n(z)\log\frac{z+1}{z-1} - \int_{-1}^{1}\frac{P_0^n(x)\,dx}{z-x},$$
also nach (24) auf p. 86, $\mathfrak{D}(z)$ in
$$\mathfrak{D}(z) = \log\frac{z+1}{z-1} - 2\frac{1.2\ldots n}{1.3\ldots(2n-1)}\frac{Q^n(z)}{P_0^n(z)}$$
verwandeln. Hierdurch hat man eine neue Gestalt für die erzeugende Function der Fehler, nämlich
$$(6)\ldots\quad 2\frac{1.2\ldots n}{1.3\ldots(2n-1)}\frac{Q^n(z)}{P_0^n(z)} = 2\frac{Q^n(z)}{P^n(z)},$$
die man übrigens noch vermittelst der Gleichung (a) des §. 64 in eine andere verwandeln kann, welche statt Q^n den $\log\frac{z+1}{z-1}$ und Z_n, den dort vorkommenden Zähler eines Kettenbruchs enthält: mit diesen Ausdrücken, welche uns dem Ziele nicht näher führen, beschäftigen wir uns hier jedoch nicht weiter.

Es kommt darauf an, (6) oder wenn man
$$(7)\ldots\quad c = \frac{2}{2n+1}\left(\frac{1.2\ldots n}{1.3\ldots(2n-1)}\right)^2$$
setzt,
$$(6,a)\ldots\quad c\frac{z^{-n-1} + \frac{(n+1)(n+2)}{2(2n+3)}z^{-n-3} + \text{etc.}}{z^n - \frac{n(n-1)}{2(2n-1)}z^{n-2} + \text{etc.}}$$
in eine nach z absteigende Reihe zu entwickeln; der Anfang derselben ist
$$c\left[z^{-2n-1} + \left(\frac{(n+1)(n+2)}{2n+3} + \frac{n(n-1)}{2n-1}\right)\frac{z^{-2n-3}}{2} + \text{etc.}\right].$$
Die Coefficienten der verschiedenen Potenzen z^{-2p-1} dieser erzeugenden Function geben unmittelbar die Fehler Dx^{2p}, so dass
$$Dx^{2n} = c,\quad Dx^{2n+2} = \frac{c}{2}\left(\frac{(n+1)(n+2)}{2n+3} + \frac{n(n-1)}{2n-1}\right),\ \text{etc.}$$
wird, während, wie man auch schon früher wusste, die Fehler von niedrigeren Potenzen der Grösse x fortfallen. Hieraus erkennt man, dass der Coefficient b_{2n} in $f(x)$ bei einigermassen grossem n einen sehr geringen Beitrag zu dem Fehler $Df(x)$ liefert, näm-

lich cb_{2n}; der von b_{2n+2} ist schon relativ grösser, indem er cb_{2n+2} multiplicirt mit einer Grösse ist, die 1 übertrifft nämlich mit $\frac{1}{2}\left(\frac{n^2+3n+2}{2n+3}+\frac{n^2-n}{2n-1}\right)$: absolut genommen kann der Beitrag von b_{2n+2} klein sein, wenn b_{2n+2} selbst klein ist. Die ersten Glieder der Entwickelung von (6, a) wird man zur Correction benutzen können, wenn $f(x)$ in einer Reihe entwickelt vorliegen sollte; Gauss braucht dazu das erste Glied cb_{2n}.

Hiermit ist, bis auf die numerischen Werthe der hier vorkommenden Grössen, Alles mitgetheilt, was zu der wirklichen Berechnung eines Integrales $\int_{-1}^{1} f(x)dx$ erforderlich ist; man sieht ferner leicht ein, dass ein unendlich entfernter Coefficient b_{2p} etwa den Beitrag $\frac{2b_{2p}}{2p+1}$ zum Fehler liefern wird: da nämlich alle α_m kleiner als 1 sind, so wird, wenn A und α das grösste A_m und α_m bezeichnen, nach (5, a) der Fehler Dx^{2p} sich höchstens um

$$nA\alpha^{2p}$$

von $\frac{2}{2p+1}$ unterscheiden.

Um die A noch etwas genauer zu untersuchen, transformire man (6) nach den Regeln des §. 31 in

$$\log\frac{z+1}{z-1} - 2\sum_{m=1}^{m=\infty}\frac{1}{(1-\alpha_m^2)(P'(\alpha_m))^2}\cdot\frac{1}{z-\alpha_m},$$

wenn wie dort

$$P'(\alpha_m) = \frac{dP^n(x)}{dx}, \quad (x = \alpha_m)$$

gesetzt wird. Da $\alpha_m = -\alpha_{n+1-m}$, so geht der vorige Ausdruck in

$$\log\frac{z+1}{z-1} - 2z\sum_{m=1}^{m=n}\frac{1}{(1-\alpha_m^2)(P'(\alpha_m))^2}\cdot\frac{1}{z^2-\alpha_m^2}$$

über, so dass bei der Entwickelung nach absteigenden z als Coefficient von z^{-2p-1} oder als Dx^{2p} erscheint

$$Dx^{2p} = 2\left[\frac{1}{2p+1} - \sum_{m=1}^{m=n}\frac{1}{1-\alpha_m^2}\left(\frac{\alpha_m^p}{P'(\alpha_m)}\right)^2\right].$$

Dieser Ausdruck, mit (5, a) verglichen, giebt eine neue Form für A_m, nämlich

$$A_m = 2 \sum_{m=1}^{m=n} \frac{1}{1-a_m^2} \cdot \left(\frac{1}{P'(a_m)}\right)^2,$$

woraus man sieht, dass A_m positiv ist. Es lautete (5, a) selbst

$$Dx^{2p} = \frac{2}{2p+1} - \sum_{m=1}^{m=n} A_m a_m^{2p};$$

hier bezeichne man zur Abkürzung die von $\frac{2}{2p+1}$ subtrahirte Summe durch S_p. Da jedes Glied in S_p positiv und a kleiner als 1 ist, so muss mit wachsendem p die Summe abnehmen, aber so dass sie positiv bleibt und

$$S_{p+1} < a^2 S_p$$

ist. Für $p=0$ hat man $D1 = 0$, also $A_1 + A_2 + \cdots + A_n = 2$, und daher ist jedes A kleiner als 2, ja sogar für ein gerades n kleiner als 1, indem je zwei von ihnen gleich sind. Auch noch für $p = n-1$ muss Dx^{2p} verschwinden, wodurch man erhält

$$S_{n-1} = \frac{2}{2n-1}.$$

Nimmt man obige, a enthaltende Ungleichheit zu Hülfe, so ergiebt sich endlich

$$S_{n+p-1} < a^{2p} S_{n-1} < \frac{2a^{2p}}{2n-1};$$

also der Fehler $Dx^{2n+2p-2}$ unterscheidet sich von $\frac{2}{2n+2p-1}$ höchstens um $\frac{2a^{2p}}{2n-1}$. Genauer die Grenzen anzugeben war bisher nicht möglich; wir ziehen das hier über die Fehler Gesagte folgendermassen zusammen:

Berechnet man ein Integral nach der Gaussischen Methode aus n Abscissen, so wird der Fehler aus den Coefficienten b der Reihe, in welche sich $f(x)$ entwickeln lässt, durch die rechte Seite von (5, b) zusammengesetzt. Die Coefficienten bis b_{2n-1} geben keinen Beitrag zum Fehler, wohl aber die folgenden, mit geradem Index, indem jedes Glied b_p einen aliquoten Theil von b_p zum Fehler beiträgt, und zwar ist der Beitrag immer b_p mit einem echten Bruche multiplicirt, der sicher nicht $> \frac{2}{2n-1}$ wird; war p sehr gross, so ist dieser Bruch nahe $\frac{2}{2p+1}$. Für $p = 2n$ wird derselbe sehr klein, nämlich c, für $p = 2n+2$ schon beträchtlich grösser, z. B. für $n = 7$ schon das Drei- bis Vierfache. Dieser Umstand, dass die späteren Glieder, in ungünstigen Fällen, d. h. wenn die b langsam abnehmen, einen erheblichen Fehler einzeln und daher in der ganzen Summe geben können, zeigt dass die Methode vorzugsweise mit Vortheil und Sicherheit anzuwenden ist, wenn die zu integrirende Function in eine stark convergirende Reihe entwickelt werden kann; man wird aus n Abscissen zweckmässig interpoliren, wenn die $2n$ ersten und noch einige der folgenden Glieder die Function sehr nahe darstellen. Die Cotesins'sche Methode würde aber dasselbe schon für n Glieder verlangen, was die Gaussische für $2n$.

Diese Methode zur näherungsweisen Berechnung bestimmter Integrale ist hier zum Theil nach der eigenen Arbeit von Gauss, zum Theil nach der Abhandlung von Jacobi im ersten Bande des Crelle'schen Journals dargestellt. Im 55sten Bande hat Christoffel diese Methode gleichfalls bearbeitet, um sie auf den Fall anzuwenden, dass von den n Abscissen aus denen interpolirt wird, m fest gegeben sind, und nur $n-m$ möglichst zweckmässig bestimmt werden sollen. Endlich hat Scheibner in den Berichten der Sächs. Gesellschaft vom 31. Mai 1856 die Resultate des §. 3 auf andere Art abgeleitet, indem er die α durch directe Auflösung der Gleichung (5, a) für alle Werthe $p = 0$ bis $p = n-1$, für welche die linken Seiten verschwinden, bestimmte.

§. 5. Für alle Werthe von $n = 1$ bis $n = 7$ hat Gauss die α_m und A_m in Tafeln gebracht; bei unmittelbarer Benutzung derselben wird jedoch vorausgesetzt, dass nicht wie hier $\int_{-1}^{1} f(x)\,dx$, sondern dass $\int_{0}^{1} \varphi(t)\,dt$ durch Annäherung berechnet werden soll.

Indem Gauss zuerst die Aufgabe stellt

$$(a) \ldots \int_{g}^{h} F(z)\,dz$$

zu bestimmen, und

$$(b) \ldots \varDelta = h - g$$

setzt, wird (a) in $\varDelta \int_{0}^{1} F(g + \varDelta \cdot t)\,dt$ verwandelt. Macht man also

§. 5, 7.   Quadratur.

$$(c) \ldots F(g + \Delta \cdot t) = \varphi(t),$$

so ist das gesuchte Integral

$$(d) \ldots \int_g^h F(z)\,dz = \Delta \cdot \int_0^1 \varphi(t)\,dt.$$

Wir fanden nun als angenähert richtig

$$\int_{-1}^1 f(x)\,dx = \sum_{m=1}^{m=n} A_m f(\alpha_m),$$

wenn die A_m gewisse Werthe bezeichnen, und als erstes Glied der Correction

$$\frac{2b_{2n}}{2n+1} \left(\frac{1 \cdot 2 \ldots n}{1 \cdot 3 \ldots (2n-1)} \right)^2,$$

wenn $f(x) = b_0 + b_1 x + b_2 x^2 + $ etc. gesetzt war. Macht man hier $f(x) = \varphi\left(\frac{x+1}{2}\right)$, so geht $\int_{-1}^1 f(x)\,dx$ nach obiger Formel (d) in

$$2 \int_0^1 f(2x-1)\,dx = 2 \int_0^1 \varphi(t)\,dt$$

über, und es wird, wenn A und α dieselben Grössen wie oben bleiben,

$$\int_0^1 \varphi(t)\,dt = \sum_{m=1}^{m=n} \frac{A_m}{2} \varphi\left(\frac{1+\alpha_m}{2}\right).$$

Nimmt man an, dass $\varphi(t)$ in eine Reihe der Form

$$(e) \ldots \varphi(t) = L_0 + L_1(t - \tfrac{1}{2}) + L_2(t - \tfrac{1}{2})^2 + \text{etc.}$$

entwickelt sei, so ist dies eine Entwickelung von $f(x)$ in

$$f(x) = L_0 + L_1 \frac{x}{2} + L_2 \frac{x^2}{4} + \text{etc.}$$

so dass unser b_{2n} auf die L übertragen $b_{2n} = 2^{-2n} L_{2n}$ giebt. Macht man noch

$$(f) \ldots \frac{A_m}{2} = R_m,$$

$$(g) \ldots \frac{1+\alpha_m}{2} = a_m,$$

wo also $\sum_{m=1}^{m=n} R_m$ genau 1 ist, so findet man als Näherungswerth von dem φ enthaltenden Integrale die Formel von Gauss

$$(h) \ldots \int_0^1 \varphi(t)\,dt = \sum_{m=1}^{m=n} R_m \varphi(a_m),$$

und für das erste Glied der Correction

$$(j) \ldots \frac{L_{2n}}{2^{2n}(2n+1)} \left(\frac{1:2\ldots n}{1.3\ldots(2n-1)} \right)^2.$$

Die Grössen a berechnen sich, wie man aus (g) erkennt, leicht aus den α; man kann sie aber direct durch Auflösung einer Gleichung vom n^{ten} Grade finden. In der That, hat $\psi(x) = 0$ die α zu Wurzeln, so sind die a die Wurzeln t von $\psi(2t-1) = 0$. Es waren aber die α Wurzeln von der gleich Null gesetzten Function

$$\frac{d^n(x^2-1)^n}{dx^n},$$

also sind die a Wurzeln von

$$\frac{d^n}{dt^n}(t^n(1-t)^n) = 0.$$

Sie sind, wie die α, nach (g) reell, ungleich und sind <1. Führt man die Potenzirung aus und differentiirt n mal nach t, lässt darauf einen constanten Factor fort, so werden die a alle Wurzeln der Gleichung $T = 0$, wenn

$$(k) \ldots T = t^n - \frac{(n)^2}{1.(2n)} t^{n-1} + \frac{(n(n-1))^2}{1.2.(2n)(2n-1)} t^{n-2} - \text{etc.}$$

gemacht ist. Man hat jetzt die Formeln, mit deren Hülfe (a) aus den Gaussischen Tafeln berechnet wird. Nachdem man (a) durch (b) bis (d) auf $\int_0^1 \varphi(t) dt$ gebracht hat, berechnet man dieses durch (h), indem man die R und a aus den Tafeln nimmt. Will man die Correction anbringen, so ist noch L_{2n} aus (e) erforderlich: kennt man dieses, so giebt das Glied der nachfolgenden Tafel, welchem Corr. vorgesetzt ist, die Correction. Diese Tafel ist der Arbeit von Gauss entnommen, aus der einige Stücke ausfallen konnten, welche hier keine Wichtigkeit haben. Während Gauss sämmtliche Zahlen auf 16, die Logarithmen auf 10 Decimale berechnet hat, so wurden hier die Angaben, mit Ausnahme des Falles $n = 7$ abgekürzt. Eine Prüfung hat man darin, dass die Summe aller für ein und dasselbe n geltenden R gleich 1 ist, ebenso $1 = a_1 + a_n = a_2 + a_{n-1} = $ etc. Zu gleicher Zeit liefert diese Tafel für die ersten n die im §. 9

§. 5, 7. Quadratur. 295

versprochene numerische Angabe der Wurzeln von $P^n(x)=0$, welche sich aus den a sogleich ergeben, wenn 1 von dem Producte $2a$ abgezogen wird.

$n = 1$

$a_1 = 0{,}5$
$R_1 = 1$
    Corr. $\frac{1}{12}L_2$

$n = 2$

$a_1 = 0{,}21132\ 48654$
$a_2 = 0{,}78867\ 51346$
$R_1 = R_2 = \frac{1}{2}$
    Corr. $\frac{1}{140}L_4$

$n = 3$

$a_1 = 0{,}11270\ 16654$
$a_3 = 0{,}88729\ 83346$
$a_2 = 0{,}5$
$R_1 = R_3 = \frac{5}{18}$; $R_2 = \frac{4}{9}$
    Corr. $\frac{1}{2100}L_6$

$n = 4$

$a_1 = 0{,}06943\ 18442$
$a_4 = 0{,}93056\ 81558$
$a_2 = 0{,}33000\ 94782$
$a_3 = 0{,}66999\ 05218$
$R_1 = R_4 = 0{,}17392\ 74226$
$R_2 = R_3 = 0{,}32607\ 25774$
    $\log R_1 = 9{,}24036\ 80612$
    $\log R_2 = 9{,}51331\ 42764$
    Corr. $\frac{1}{44100}L_8$

$n = 5$

$a_1 = 0{,}04691\ 00770$
$a_5 = 0{,}95308\ 99230$
$a_2 = 0{,}23076\ 53449$
$a_4 = 0{,}76923\ 46551$
$a_3 = 0{,}5$
$R_1 = R_5 = 0{,}11846\ 34425$
$R_2 = R_4 = 0{,}23931\ 43352$
$R_3 = \frac{64}{225} = 0{,}28444\ 44444$
    $\log R_1 = 9{,}07358\ 43490$
    $\log R_2 = 9{,}37896\ 87142$
    $\log R_3 = 9{,}45399\ 74559$
    Corr. $\frac{1}{996144}L_{10}$

$n = 6$

$a_1 = 0{,}03376\ 52429$
$a_6 = 0{,}96623\ 47571$
$a_2 = 0{,}16939\ 53068$
$a_5 = 0{,}83060\ 46932$
$a_3 = 0{,}38069\ 04070$
$a_4 = 0{,}61930\ 95930$
$R_1 = R_6 = 0{,}08566\ 22462$
$R_2 = R_5 = 0{,}18038\ 07865$
$R_3 = R_4 = 0{,}23395\ 69673$
    $\log R_1 = 8{,}93278\ 94580$
    $\log R_2 = 9{,}25619\ 02763$
    $\log R_3 = 9{,}36913\ 59831$
    Corr. $\frac{1}{11932000}L_{12}$

$n = 7$

$a_1 = 0{,}02544\ 60438\ 286202$
$a_7 = 0{,}97455\ 39561\ 713798$
$a_2 = 0{,}12923\ 44072\ 003028$
$a_6 = 0{,}87076\ 55927\ 996972$
$a_3 = 0{,}29707\ 74243\ 113015$
$a_5 = 0{,}70292\ 25756\ 886985$
$a_4 = 0{,}5$
$R_1 = R_7 = 0{,}06474\ 24830\ 844348$
$R_2 = R_6 = 0{,}13985\ 26957\ 446384$
$R_3 = R_5 = 0{,}19091\ 50252\ 525595$
$R_4 = \frac{256}{1225} = 0{,}20897\ 95918\ 367347$
$\log R_1 = 8{,}81118\ 93529$
$\log R_2 = 9{,}14567\ 08421$
$\log R_3 = 9{,}28084\ 01093$
$\log R_4 = 9{,}32010\ 38766$
Corr. $\frac{1}{176679360} L_{14}$.

II. Anziehung und Wärme.

Erstes Kapitel.
Die Kugel.

§. 1. Den Charakter der Aufgaben, welche in den drei Kapiteln behandelt werden, die Anwendungen der vorgetragenen Lehren auf die Theorie der Anziehung und Wärme gewidmet sind wird ein kundiger Leser schon aus dem Inhaltsverzeichnisse erkennen; mit der Auseinandersetzung derselben in diesem Kapitel wird zugleich ihre Lösung für die Kugel verbunden, die nicht so complicirte analytische Rechnungen erfordert, dass durch dieselben das Verständniss erschwert werden könnte.

Wirken Punkte mit Massen μ_1, μ_2, etc. anziehend auf einen Punkt O, dessen Masse der Einheit gleich sein mag, bezeichnet man

§. 1, 1. K u g e l.

ferner die Entfernungen der Punkte μ_1, μ_2, etc. von O mit R_1, R_2, etc., so lässt sich die gesammte Anziehung welche O erleidet wenn das Anziehungsgesetz das Newton'sche ist, wie schon in der Einleitung bemerkt wurde, der Grösse und Richtung nach durch eine einzige Verbindung, auf die Laplace aufmerksam gemacht hat (vergl. d. Einl.) und welche Gauss*) und Green**) das Potential nennen darstellen. Diese ist

$$V = \frac{\mu_1}{R_1} + \frac{\mu_2}{R_2} + \text{etc.}$$

Sind x, y, z die rechtwinkligen Coordinaten von O; x_1, y_1, z_1 von μ_1; etc. so wird

$$\frac{\partial V}{\partial x} = \frac{\mu_1(x_1 - x)}{R_1^3} + \frac{\mu_2(x_2 - x)}{R_2^3} + \text{etc.},$$

also genau die X Componente der Anziehung, welche O von den Massen μ erleidet, wenn man eine X Componente wie üblich positiv nennt, welche das x des angegriffenen Punktes zu vergrössern strebt. Auf ähnliche Art findet man für alle drei Componenten ihre Werthe durch V

$$\frac{\partial V}{\partial x} = X; \qquad \frac{\partial V}{\partial y} = Y; \qquad \frac{\partial V}{\partial z} = Z,$$

so dass in der That die Bestimmung der Anziehung erledigt ist, sobald man die Grösse V kennt.

Bilden die anziehenden Punkte eine zusammenhängende Masse M, und bezeichnet $d\mu$ das Element dieser Masse, so verwandelt sich V in das dreifache Integral

(1) ... $V = \int \frac{d\mu}{R}; \qquad [R = \sqrt{(x-x_1)^2 + (y-y_1)^2 + (z-z_1)^2}],$

die Integration über alle Punkte x_1, y_1, z_1 erstreckt, welche der Masse μ angehören.

---

*) Resultate aus den Beobachtungen des magnetischen Vereins im Jahre 1839. Leipzig, 1840: Allgemeine Lehrsätze in Beziehung auf die im verkehrten Verhältnisse des Quadrats der Entfernung wirkenden Anziehungs- und Abstossungs-Kräfte, no. 3.

**) An Essay on the Application of mathematical Analysis to the theories of Electricity and Magnetism. Diese Arbeit von Green, nach Thomson's Angabe 1828 schon veröffentlicht, ist von Thomson im Bande 39, 44 und 47 des Crelle'schen Journals mitgetheilt. Im 44ten Bande S. 368, no. 4 heisst die Function the potential function.

Das Potential ist eine endliche Grösse; dies ist sogleich klar, wenn O nicht in der Masse M liegt, gilt aber auch noch wenn O der Masse M angehört. Um das Letztere zu beweisen, bezeichne man die überall endlich angenommene Dichtigkeit des Punktes $d\mu$ mit k, wo k also nicht constant zu sein braucht, sondern von Punkt zu Punkt wechseln kann, d. h. irgend eine, aber endlich gedachte Function von x_1, y_1, z_1 vorstellt. Dann ist $d\mu = k dx_1 dy_1 dz_1$, also

$$(1, a) \ldots V = \iiint \frac{k dx_1 dy_1 dz_1}{R},$$

die dreifache Integration wiederum über alle M angehörenden Punkte x_1, y_1, z_1 ausgedehnt. Führt man für x_1, y_1, z_1 neue Coordinaten ein, indem man

$$x_1 = x + R\cos\alpha$$
$$y_1 = y + R\sin\alpha\cos\beta$$
$$z_1 = z + R\sin\alpha\sin\beta$$

setzt, wo x, y, z, R die frühere Bedeutung haben, mithin die drei ersten die drei Coordinaten von O sind, die letzte aber die Entfernung des Punktes x_1, y_1, z_1 von O bezeichnet, und α, β zwei Winkel vorstellen, $0 < \alpha < \pi$, $0 < \beta < 2\pi$: so wird

$$dx_1 dy_1 dz_1 = R^2 \sin\alpha \, d\alpha \, d\beta \, dR,$$

also

$$V = \iiint k R \sin\alpha \, d\alpha \, d\beta \, dR,$$

folglich eine endliche Grösse, indem jetzt kein Element im Integral erscheint, dessen Nenner verschwindet, was in der ursprünglichen Form, für $R = 0$, eintrat.

Liegt O ausserhalb der anziehenden Masse M, so zeigt dasselbe Verfahren, welches sich auf disparate Massen μ bezog, dass die Componenten der Anziehung noch durch dieselben Formeln

$$X = \frac{\partial V}{\partial x}; \quad Y = \frac{\partial V}{\partial y}; \quad Z = \frac{\partial V}{\partial z}$$

ausgedrückt werden, dass also wieder die Kenntniss von V genügt, um die Anziehung in O auszudrücken. Diese Differentialquotienten sind endlich. Es bleiben übrigens die drei Integrale, welche ihnen gleich sind, nämlich

§. 1, 1. K u g e l. 299

$$\iiint \frac{k(x_1-x)}{R^3} dx_1 dy_1 dz_1 \; ; \; \text{etc.}$$

noch endlich wenn auch O zu M gehört, weil die Integrale sich durch Einführung der Polarcoordinaten wie oben in die offenbar endlichen Integrale

$$\iiint k \sin\alpha \cos\alpha \, d\alpha \, d\beta \, dR \; ; \; \text{etc.}$$

verwandeln.

Eine der hauptsächlichsten Aufgaben welche in diesen Anwendungen auftritt, ist die sogenannte Bestimmung dieser Fundamentalgrösse, des Potentials, in Bezug auf besonders einfache Körper, Kugeln oder Ellipsoide, deren Dichtigkeit gegeben ist: man will mit diesem Ausdrucke andeuten, dass für diese besonderen Körper eine Vereinfachung der Formel, durch welche V als dreifaches Integral ausgedrückt wird, gefunden werden soll.

Das Potential eines Punctes O soll im Folgenden nicht immer für eine Masse M bestimmt werden (das Wort im oben erwähnten Sinne genommen) welche von einer zusammenhängenden und geschlossenen Fläche begrenzt wird wie z. B. für eine volle Kugel oder ein volles Ellipsoid, sondern auch für sogenannte Schalen, d. h. für Massen M welche von aussen durch eine geschlossene Fläche K, von innen durch eine andere gleichfalls geschlossene E begrenzt sind. Nimmt man das Wort „bestimmen" in seiner eigentlichen Bedeutung, so hat die Bestimmung allerdings keine Schwierigkeit, indem man das dreifache Integral welches das Potential V darstellt, nur über alle Punkte ausdehnt, welche der Schale angehören. Man hat auch noch einen zweiten Weg, indem man das Potential eines vollen Körpers K bestimmt dem man eine Dichtigkeit giebt, welche zwischen den Flächen E und K mit der gegebenen übereinstimmt, die aber innerhalb des Raumes E verschwindet. Das letzte Verfahren würde jedoch die analytische Schwierigkeit nur auf einen andern Punkt übertragen: denkt man sich nämlich die Dichtigkeit zwischen E und K als Function der Coordinaten gegeben, so hätte man eine discontinuirliche Function zu bilden welche für die Punkte der Schale mit der gegebenen Dichtigkeit übereinkommt, im übrigen Raume, wenigstens innerhalb E verschwindet. Zu einer einfachen analytischen Bestimmung des Potentials wird eine solche Methode in der Regel nicht führen. Indem hier die allgemeinen Gesichtspunkte hervorgehoben werden sollen, wollen wir uns die Dichtigkeit der Schale als Function der Coordinaten so gegeben denken, dass diese Function zwar nur für Punkte der Schale die Dichtigkeit derselben vorstellt, aber für andere Punkte, speciell für alle Punkte innerhalb E noch eine analytische Bedeutung behält.

Der Punkt O kann drei verschiedene Lagen annehmen; er kann sich in dem hohlen Raume befinden, den E einschliesst, und dann heisse er ein innerer*), und Grössen, welche sich auf ihn beziehen werden durch den Index ι bezeichnet, z. B. sein Potential durch V_ι. Er kann der Masse M selbst angehören, dann heisse er ein mittlerer, und der Index μ drücke dies Verhalten aus; endlich kann er ein äusserer sein, was der Index a bezeichne. Um alle Aufgaben zu behandeln, welche sich bei einer Schale herausstellen die wie unsere von Flächen K und E begrenzt wird, gehe man von der Vorstellung aus, dass der Körper K voll und wie oben angedeutet ist mit Masse erfüllt sei, d. h. die Dichtigkeit in der Schale selbst sei durch die gegebene Function dargestellt, die Dichtigkeit in E durch die Fortsetzung dieser Function. Aus K schneide man nun E heraus, und hat dadurch den Ausdruck für das Potential von O in Bezug auf die Schale in die Differenz des Potentials von O in Bezug auf den Körper K und des Potentials von O in Bezug auf den Körper E zerlegt. (Die Buchstaben K und E sind gewählt worden, damit man sogleich ein Beispiel bei der Hand habe; für K setze man eine Kugelfläche, für E eine ellipsoidische.) Die allgemeine Aufgabe, welche sich auf die Schale, also auf zwei Gattungen von Flächen E und K bezieht, ist dadurch in folgende zwei zerlegt, von denen jede sich nur auf je eine Flächenart bezieht:

---

*) Diese Benennung ist für unsere Zwecke bequem, stimmt aber nicht mit der häufig angewandten überein, nach der ein Punkt in Bezug auf eine Masse ein innerer oder äusserer heisst, je nachdem er der Masse angehört oder ihr nicht angehört.

1) Das Potential von O in Beziehung auf den vollen Körper K,

2) Das Potential von O in Beziehung auf den vollen Körper E soll gefunden werden.

Die Aufgabe der Schale ist also auf die des vollen Körpers zurückgeführt. War der Punkt O ein äusserer, so ist nichts weiteres hinzuzufügen; war dagegen O ein mittlerer, das Wort in dem früheren Sinne genommen, nach welchem es einen inmitten der Masse gelegenen Punkt bezeichnet — ein innerer kann bei einem vollen Körper K nicht vorkommen — so zerlege man die Aufgabe weiter, indem man K durch eine beliebige Fläche F theilt, die weiter unten besonders bequem gewählt werden wird, welche durch O geht und ganz in K liegt. Das dreifache Integral von O in Bezug auf den Körper K, welches das gesuchte Potential darstellt, ist dann die Summe des Integrals über den zwischen K und F liegenden Theil der Masse und desjenigen über den von F eingeschlossenen Körper, also die Summe des Potentials V_i eines inneren, nämlich gerade an der Grenzfläche F liegenden Punktes O in Bezug auf die von K und F begrenzte Schale und von dem Potential V_a des äusseren, nämlich gerade an der Grenzfläche F liegenden Punktes O in Bezug auf den vollen Körper F. Wählt man nun F so, dass sich V_a einfach bestimmen lässt und dass V_i gleichfalls einen bequemen analytischen Ausdruck giebt, so ist das gesuchte Potential bestimmt.

Behandelt man die Kugel K, so wird eine concentrische Kugelfläche F, wie man später einsieht, die gewünschte Eigenschaft besitzen; war K ein Ellipsoid, so nimmt man eine Fläche F, welche dem gegebenen Ellipsoide confocal ist. Um alle Potentialaufgaben lösen zu können, welche sich herausstellen wenn O beliebig liegt, wenn man ferner Stücke M betrachtet, die durch zwei Flächen begrenzt werden, welche beliebig gelegene gegebene Kugeln K und K_1 und Ellipsoide E und E_1 sind, also 1) durch K, K_1; 2) durch K, E; 3) durch E, E_1; hat man daher nur die vier Aufgaben zu lösen:

1) Es soll ein Potential V_a in Bezug auf ein Stück M mit be-

liebig gegebener Masse berechnet werden, welches durch zwei concentrische Kugeln mit beliebigen Radien gebildet wird.

2) Für dasselbe Stück soll V_i gefunden werden.

3) Wenn das Stück aus confocalen Ellipsoiden gebildet ist, soll man V_a finden.

4) In demselben Falle soll man V_i bestimmen.

Die Lösungen dieser Aufgaben finden sich im Folgenden. Die Fälle, in denen die inneren Körper sich auf einen Punkt oder eine Ebene reduciren, d. h. die Schalen volle Kugeln oder Ellipsoide werden, sind hier eingeschlossen.

Ein Bedenken könnte bei dem entstehen was über den mittleren Punkt gesagt wurde, ob nämlich die Formeln, welche für das Potential des äusseren oder inneren Punktes gelten, noch auf den Fall anwendbar sind wenn der Punkt auf die Grenzfläche rückt. Diese Frage ist unbedingt zu bejahen wenn es sich um endliche Dichtigkeit handelt; denn es ist V eine continuirliche Function der Coordinaten x, y, z von O, ändert sich also unendlich wenig wenn O von dem äusseren oder inneren Raume an die Grenzfläche rückt.

§. 2. Nach diesen allgemeinen Betrachtungen gehen wir zu der Kugel über und stellen uns die Aufgabe:

Die Dichtigkeit k einer Kugelschale, welche durch zwei concentrische Kugelflächen mit den Radien r und r_0 begrenzt wird ($r_0 < r$) ist gegeben; welche Anziehung erleidet ein beliebiger Punkt O durch die Schale?

Nach dem Vorhergehenden ist die Frage beantwortet, sobald man das Potential des Punktes O kennt; wir haben einen Ausdruck für dasselbe wie für jedes Potential in unserem dreifachen Integrale: es kommt nur darauf an, dasselbe der besonderen Form unserer Masse gemäss möglichst einfach darzustellen. Nach §. 1 sind hierbei zwei Fälle zu unterscheiden; O kann nämlich der Masse angehören oder ihr nicht angehören. Man sah dass das Resultat im ersten Falle sich aus dem im zweiten leicht bilden lässt, so dass wir das Verhalten bei der zweiten Lage von O zunächst zum Gegenstande unserer Untersuchung machen. Hier sind wieder zwei verschiedene Fälle zu betrachten, indem O ein äusserer Punkt oder

§. 2, 1. **Kugel.**

ein innerer sein kann, d. h. es kann O um mehr als $\mathfrak{r}$ oder um weniger als $\mathfrak{r}_0$ vom Mittelpunkte der Kugeln entfernt liegen. Wir beginnen mit der Behandelung des ersten Falles, suchen also das **Potential des äusseren Punktes V_a** für die Kugelschale, die übrigens sich in eine volle Kugel verwandeln würde, wenn $\mathfrak{r}_0$ verschwindet.

Um das dreifache Integral

$$V = \int k \frac{dx_1 \, dy_1 \, dz_1}{R}$$

über alle Punkte x_1, y_1, z_1 der Kugelschale, zu vereinfachen führe man Polarcoordinaten ein; es waren die rechtwinkligen Coordinaten von O mit x, y, z bezeichnet, die eines unbestimmten Punktes der Kugel durch x_1, y_1, z_1. Sind dann r und r_1 die resp. Entfernungen der beiden Punkte vom Mittelpunkte, also

$$\mathfrak{r}_0 < r_1 < \mathfrak{r} < \dot{r},$$

so setze man

$$\begin{aligned} x &= r \cos\theta & x_1 &= r_1 \cos\theta_1 \\ y &= r \sin\theta \cos\psi & y_1 &= r_1 \sin\theta_1 \cos\psi_1 \\ z &= r \sin\theta \sin\psi & z_1 &= r_1 \sin\theta_1 \sin\psi_1 \end{aligned}$$

$$0 < \theta < \pi; \quad 0 < \psi < 2\pi; \quad 0 < \theta_1 < \pi; \quad 0 < \psi_1 < 2\pi,$$

$$k = F(r_1, \theta_1, \psi_1),$$

behalte auch die Abkürzungen des §. 66 bei:

$$\psi - \psi_1 = \varphi$$
$$\cos\gamma = \cos\theta \cos\theta_1 + \sin\theta \sin\theta_1 \cos\varphi.$$

Dann wird

$$R^2 = (x-x_1)^2 + (y-y_1)^2 + (z-z_1)^2$$
$$= r^2 - 2rr_1 \cos\gamma + r_1^2$$
$$dx_1 \, dy_1 \, dz_1 = r_1^2 \sin\theta_1 \, d\theta_1 \, d\psi_1$$

also die gesuchte Grösse V

$$(a) \ldots V = \int_0^\pi \sin\theta_1 \, d\theta_1 \int_0^{2\pi} d\psi_1 \int_{\mathfrak{r}_0}^{\mathfrak{r}} \frac{F(r_1, \theta_1, \psi_1) r_1^2 \, dr_1}{\sqrt{r^2 - 2rr_1 \cos\gamma + r_1^2}}.$$

Dies Resultat tritt noch in Gestalt eines dreifachen Integrales auf; der Ausdruck von V lässt sich aber mit Hülfe der Lehre von den Kugelfunctionen, wie man sogleich sehen wird, wesentlich vereinfachen.

Die entsprechende Aufgabe wird sich bei den complicirteren Körpern, die Gegenstand der folgenden Kapitel sind, bis zu einem Ausdrucke für V welcher dem obigen entspricht auf ganz ähnliche Art wie hier behandeln lassen, auch das Prinzip der Vereinfachung bleibt dort dasselbe wie hier: Man entwickelt nämlich k und R^{-1} nach Kugelfunctionen, wie es hier in Bezug auf θ_1 und ψ_1 mit $F(r_1, \theta_1, \psi_1)$ und mit $R^{-1} = (r^2 - 2rr_1 \cos\gamma + r_1^2)^{-\frac{1}{2}}$ geschicht.

Die Entwickelung erstens von F lässt sich, so lange diese Function allgemein bleibt, natürlich nicht so ausführen dass die Constanten, welche darin auftreten, frei von Integrationen bleiben; dieselbe ist, wie man aus dem 5ten Kapitel des zweiten Theiles weiss, immer möglich. Um sie zu erhalten benutzt man die Formeln des §. 98, setzt also (p. 265)

(2) ... $F(r_1, \theta_1, \psi_1) = \overline{X}^0 + \overline{X}^1 + \overline{X}^2 + $ etc.,

wenn hier, wie an der erwähnten Stelle, $\overline{X}^n$ dieselbe Function von θ_1, ψ_1 bezeichnet, welche X^n von θ und ψ ist, und X^n zur Gattung der P^n in Bezug auf θ, ψ, oder was dasselbe sagt $\overline{X}^n$ in Bezug auf θ_1, ψ_1 gehört. Die Formel (p. 265, d) giebt nach Vertauschung von θ und ψ mit θ_1, ψ_1

(3) ... $\overline{X}^n = \dfrac{2n+1}{4\pi} \int_0^\pi d\theta \sin\theta \int_0^{2\pi} F(r_1, \theta, \psi) P^n(\cos\gamma) d\psi$.

[Deutlicher ausgedrückt: Man nenne die Integrationsbuchstaben in (d) nicht θ_1, ψ_1 sondern θ_2, ψ_2; vertausche dann überall θ, ψ mit θ_1, ψ_1 und setze schliesslich für die Integrationsbuchstaben θ_2, ψ_2 andere nämlich θ, ψ.] Der Ausdruck (3) lässt sich noch weiter reduciren, indem man für P^n die endliche Reihe setzt, durch welche diese Function nach (49, a) dargestellt wird, und die Kugelfunctionen von zwei Veränderlichen $P_m^n(\cos\theta)\cos m\psi$, $P_m^n(\cos\theta_1)\cos m\psi_1$, etc. mit Fortlassung des Index n (§. 71 und 77) durch C_m, C_m', S_m, S_m' bezeichnet; a ist die numerische Constante der Gleichung (49). Dann wird

$$P^n(\cos\gamma) = \sum_{m=0}^{m=n} (-1)^m a_m (C_m C_m' + S_m S_m'),$$

also nach (3)

(4) ... $\overline{X}^n = \dfrac{2n+1}{4\pi} \Sigma (-1)^m a_m (\alpha_m C_m' + \beta_m S_m')$,

wenn man zur Abkürzung

$$(4, a) \ldots \quad \alpha_m^n = \int_0^\pi d\theta \sin\theta \int_0^{2\pi} F(r_1, \theta, \psi) C_m^n d\psi,$$

$$(4, b) \ldots \quad \beta_m^n = \int_0^\pi d\theta \sin\theta \int_0^{2\pi} F(r_1, \theta, \psi) S_m^n d\psi$$

setzt. Die Grössen α_m und β_m sind daher nach θ, ψ, θ_1, ψ_1 constant, aber Functionen von r_1, die so lange F allgemein bleibt, nicht weiter reducirt werden können. Um diese Methode den späteren möglichst bestimmt gegenüber zu stellen, denke man sich, dass der Ausdruck für $P^n(\cos\gamma)$ durch das Verfahren von Jacobi (§. 70), also ohne Hülfe der partiellen Differentialgleichung gefunden sei.

Wir haben zweitens R^{-1} nach Kugelfunctionen zu entwickeln; in unserem Falle ist schon aus §. 3 der Theorie der erforderliche Ausdruck bekannt, während bei den Ellipsoiden die Schwierigkeit der Aufgabe darin besteht, dass eine geeignete Entwickelung erst aufgefunden werden muss. Man weiss, dass hier, wo $r_1 < r$,

$$(5) \ldots \quad \frac{1}{R} = \sum_{n=0}^{n=\infty} \frac{r_1^n}{r^{n+1}} P^n(\cos\gamma)$$

die Entwickelung nach Kugelfunctionen in Bezug auf θ_1, ψ_1 giebt.

Setzt man (4) und (5) in den Integralausdruck für V ein, multiplicirt sie also mit einander und mit $\sin\theta_1 d\theta_1 d\psi_1$, integrirt darauf in den Grenzen, so werden alle Producte $P^n X^p$ fortfallen, in denen nicht $p = n$. Für $p = n$ ermittelt man das Integral, indem man wieder für $P^n(\cos\gamma)$ die Reihe und (§. 72)

$$\frac{2n+1}{4\pi} \int_0^\pi d\theta_1 \sin\theta_1 \int_0^{2\pi} (C_m^n)^2 d\psi_1 = \frac{(-1)^m}{a_m},$$

$$\frac{2n+1}{4\pi} \int_0^\pi d\theta_1 \sin\theta_1 \int_0^{2\pi} (S_m^n)^2 d\psi_1 = \frac{(-1)^m}{a_m}$$

setzt. Dadurch wird das Potential des äusseren Punktes

$$(6) \ldots \quad V_a = Z_a^0 + Z_a^1 + Z_a^2 + \text{etc.},$$

wenn Z_a^n nach θ und ψ zur Klasse der P^n gehört, nämlich durch

$$(6, a) \ldots \quad Z_a^n = \frac{1}{r^{n+1}} \sum_{m=0}^{m=n} (-1)^m a_m \left(C_m^n \int_{r_0}^r r_1^{n+2} \alpha_m^n dr_1 + S_m^n \int_{r_0}^r r_1^{n+2} \beta_m^n dr_1 \right)$$

gegeben ist.

§. 3. War der Punkt O ein innerer, so bleiben die Betrachtungen des vorigen Paragraphen bis zur Entwickelung von R^{-1} durch (5) ungeändert; da aber jetzt $r < r_0$, also gewiss $r < r_1$ ist, so convergirt jene Reihe nicht mehr, und man muss sie durch die nun convergirende

$$(5, a) \ldots \quad \frac{1}{R} = \sum_{n=0}^{n=\infty} \frac{r^n}{r_1^{n+1}} P^n(\cos\gamma)$$

ersetzen. Geht man nun weiter wie im §. 2, so erhält man, entsprechend den Gleichungen (6) und (6, a) daselbst, folgende Lösung:

$$V_i = Z_i^0 + Z_i^1 + Z_i^2 + \text{etc.}$$

$$Z_i^n = r^n \sum_{m=0}^{m=n} (-1)^m a_m \left(C_m^n \int_{r_0}^{r} \frac{\alpha_m dr_1}{r_1^{n-1}} + S_m^n \int_{r_0}^{r} \frac{\beta_m dr_1}{r_1^{n-1}} \right).$$

Will man nach Anleitung des §. 1 den Werth V_μ, welcher sich auf einen der Masse angehörenden Punkt O bezieht, für den also

$$r_0 < r < \mathfrak{r}$$

ist, aus V_a und V_i zusammensetzen, so hat man nur die zwei Ausdrücke zu addiren, welche das Potential von O in Bezug auf die von r_0 und r begrenzte, resp. die von r und $\mathfrak{r}$ begrenzte Schale darstellen. Daraus folgt

$$V_\mu = Z_\mu^0 + Z_\mu^1 + Z_\mu^2 + \text{etc.}$$

$$Z_\mu^n = \sum_{m=0}^{m=n} (-1)^m a_m \left[C_m^n \left(r^{-n-1} \int_{r_0}^{r} r_1^{n+2} \alpha_m dr_1 + r^n \int_{r}^{\mathfrak{r}} \frac{\alpha_m}{r_1^{n-1}} dr_1 \right) \right.$$
$$\left. + S_m^n \left(r^{-n-1} \int_{r_0}^{r} r_1^{n+2} \beta_m dr_1 + r^n \int_{r}^{\mathfrak{r}} \frac{\beta_m}{r_1^{n-1}} dr_1 \right) \right].$$

Beispiel. Ist die Dichtigkeit k oder $F(r_1, \theta_1, \psi_1)$ constant und gleich 1, so reducirt sich ihre Entwickelung nach Kugelfunctionen auf ein einziges Glied $\overline{X}^0 = 1$; allgemein würde sie nur ein einziges Glied enthalten, wenn die Dichtigkeit von r_1 allein abhängt, nicht von θ_1, ψ_1, also auf allen Punkten derselben mit der gegebenen concentrischen Kugelfläche gleich bleibt. Für $n = 0$ wird

$$C_0 = 1, \quad S_0 = 0, \quad a_0 = 4\pi, \quad \beta_0 = 0,$$

wodurch man findet:

§. 4, 6.   K u g e l.   307

$$V_a = \frac{4\pi}{3} \frac{\mathfrak{r}^3 - \mathfrak{r}_0^3}{r},$$

$$V_i = 2\pi(\mathfrak{r}^2 - \mathfrak{r}_0^2),$$

$$V_\mu = 2\pi\mathfrak{r}^2 - \frac{2\pi}{3} r^2 - \frac{4\pi}{3} \frac{\mathfrak{r}_0^3}{r}.$$

§. 4. Um den Uebergang zu den folgenden Aufgaben zu bilden, wird darauf aufmerksam gemacht dass, wenigstens für die Kugel, V_a bestimmt ist sobald man seinen Werth für alle Punkte O kennt, welche der äusseren Grenzfläche mit dem Radius $\mathfrak{r}$ angehören. Ist nämlich V_a für $r = \mathfrak{r}$ bekannt, z. B. gleich $f(\theta, \psi)$, so kennt man auch jedes Glied der Entwickelung von V_a nach Kugelfunctionen, also den Coefficienten von jedem C_m^n oder S_m^n, für $r = \mathfrak{r}$; er wird, wegen der Einheit solcher Entwickelungen, gleich dem Coefficienten von C_m^n oder S_m^n bei der Entwickelung von $f(\theta, \psi)$ nach Kugelfunctionen. Der Coefficient von C_m^n in V_a ist, wie man aus (6, a) sieht

$$(-1)^m \frac{a_m^n}{r^{n+1}} \int_{r_0}^{\mathfrak{r}} r_i^{n+2} \alpha_m^n \, dr_i,$$

ähnlich der von S_m^n; kennt man diese Grössen für $r = \mathfrak{r}$ so kennt man sie auch für jeden Werth von r, indem man den Ausdruck für $r = \mathfrak{r}_0$ mit der für jedes m gleichen Grösse

$$\left(\frac{\mathfrak{r}}{r}\right)^{n+1}$$

multiplicirt. Denkt man sich $f(\theta, \psi)$ nach Functionen der Gattung P^n in eine Reihe

$$f(\theta, \psi) = Y^0 + Y^1 + Y^2 + \text{etc.}$$

entwickelt, so wird daher das n^{te} Glied Z_a^n der Entwickelung von V_a durch die Gleichung

$$Z_a^n = \left(\frac{\mathfrak{r}}{r}\right)^{n+1} Y^n$$

gefunden.

Auf gleiche Art zeigt sich, dass der Werth von V_i für alle Punkte O der inneren Fläche ($r = \mathfrak{r}_0$) zur Kenntniss des allgemeinen Werthes von V_i genügt, und dass man hat

$$Z_i^n = \left(\frac{r}{\mathfrak{r}_0}\right)^n Y^n.$$

Der Ausdruck von Y^n durch f ist, wie man aus p. 265 weiss:

$$Y^n = \frac{2n+1}{4\pi}\int_0^\pi d\theta_1 \sin\theta_1 \int_0^{2\pi} f(\theta_1,\psi_1)P^n(\cos\gamma)d\psi_1.$$

Hierdurch erhält man einen Satz, der wenigstens gilt, wenn die unten zu erwähnende Fläche, für welche man das Potential kennt, eine Kugelfläche ist: Wird eine Masse durch zwei geschlossene Flächen F_a und F_i begrenzt, deren erstere, die äussere, die zweite ganz einschliesst; so genügt die Kenntniss von V_a für alle Punkte O die auf F_a liegen, resp. von V_i für alle O auf F_i zur Bestimmung resp. von V_a oder V_i für jede Lage von O, das eine Mal im äusseren Raume über F_a hinaus, das andere Mal in dem von F_i umschlossenen Raume.

Für die Kugel ist wie gesagt dieser Satz bewiesen, und wir konnten auch diese Potentiale finden, sobald die Aufgabe des §. 2 und 3, V_a und V_i betreffend gelöst war. Ob die Begrenzung, für welche das Potential nicht gegeben ist, eine der ersten concentrische Kugel oder eine andere Fläche war, kommt hier nicht in Betracht: man kann sie sich als einer Kugel angehörend vorstellen, welche zum Theil die Masse Null besitzt, ohne dass die Methode verändert werden müsste. Der Satz gilt aber allgemein, wie ganz scharf aus der allgemeinen Theorie des Potentials folgt; in der für unsere Zwecke hinreichenden Allgemeinheit soll er unten bewiesen werden. Hier kam es darauf an, den Zusammenhang desselben mit der Aufgabe, welche für die Kugel schon gelöst ist zu zeigen, nämlich mit der Aufgabe: V_i und V_a zu finden, wenn man die Masse des Körpers kennt. Man hat also bereits eine Lösung der folgenden Aufgabe (wenigstens für die Kugel), welche nun als selbstständige Aufgabe, d. h. so behandelt werden soll, dass ihre Lösung unabhängig von der des §. 2 und 3 wird:

Das Potential einer wie oben angegeben begrenzten Masse ist für die äussere resp. innere Grenzfläche bekannt: man soll für jede Lage von O entweder V_a oder resp. V_i finden.

Die Auseinandersetzung der allgemeinen Theorie des Potentials, wie sie von Gauss und Green in den oben erwähnten Werken geschaffen worden ist, überschreitet die Grenzen welche wir uns hier gesteckt haben; wir befürchteten nicht, dass durch diese Auslassung in unserer Arbeit eine wesentliche Lücke unausgefüllt bleibe, wenn sie gleich auch als Lehrbuch zu dienen bestimmt ist, weil in nächster Zeit die Veröffentlichung der Vorlesungen von Dirichlet über die nach dem umgekehrten Quadrate der Entfernung wirkenden Kräfte zu erwarten steht, von denen mit Recht gesagt worden ist, dass sie das beste Lehrbuch für jenen Gegenstand bilden würden. Es sollen aus dieser Theorie nur einige Punkte erwähnt werden, die unsere Aufgabe in das rechte Licht setzen:

Bei Untersuchung des Potentials wird auch der Fall betrachtet, in welchem F_i und F_a einander unendlich nahe rücken, oder wie man sich dann ausdrücken kann, wenn man sich eine einzige Fläche F mit Masse von der Dichtigkeit k belegt denkt, so dass also auf das Element $d\omega$ der Oberfläche eine Masse $k\,d\omega$ kommt; diese Vorstellung ist höchst geeignet für die Behandelung der Aufgaben in der Lehre von der Electricität. Es wird dann das Potential eines Punktes O in Bezug auf diese Fläche

$$V = \int \frac{k\,d\omega}{R},$$

das Doppelintegral über alle Punkte der Fläche F ausgedehnt. Unterscheidet man einen äusseren Raum und einen inneren, welche durch F getrennt werden, so lässt sich wie im §. 1 zeigen, dass V_a auch hier noch continuirlich in V_i übergeht, wenn O von dem äusseren in den inneren Raum eintritt und umgekehrt, während die Differentialquotienten

$$\frac{\partial V_a}{\partial x},\ \frac{\partial V_i}{\partial x};\ \frac{\partial V_a}{\partial y},\ \frac{\partial V_i}{\partial y};\ \text{etc.}$$

sich sprungweise ändern können; nimmt man die Achse der X in irgend einem Punkte von F senkrecht auf F, so unterscheidet sich $\frac{\partial V_a}{\partial x}$ von $\frac{\partial V_i}{\partial x}$ in diesem Punkte um $\pm 4\pi$ mal der Dichtigkeit k in demselben. Ist also das Potential in diesem Falle einer fingirten Dichtigkeit für die Punkte O welche F angehören gegeben, gleichgültig ob es die Grenze von V_i oder V_a sei, indem (s. o.) V sich beim Durchgange von O durch F continuirlich ändert, — diese Grössen also dieselbe Grenze besitzen, — und kann man die obige Aufgabe lösen, also für alle O sowohl V_a als V_i finden, so kennt man die Dichtigkeit der Masse (elektrische Vertheilung) k in jedem Punkte von F.

Hiermit verbinde man noch den allgemeinen Satz, den Gauss in der erwähnten Arbeit no. 36 beweist: Anstatt einer beliebigen Massenvertheilung, welche entweder blos auf den inneren, von einer Fläche F vollständig begrenzten Raum, oder nur auf den äusseren Raum beschränkt ist, lässt sich eine Massenvertheilung k auf F selbst substituiren, so dass die Wirkung von k resp. im äusseren oder inneren Raume dieselbe ist wie die der wirklichen Masse, — und hat dann durch Lösung der zu behandelnden Aufgabe ein Mittel, die Grösse k zu finden.

§. 5. Nachdem im vorigen Paragraphen gezeigt wurde, wie die Aufgabe, welche für die Kugelschale p. 302—306 gelöst ist, nämlich das Potential eines Punktes für eine gegebene Masse nach Kugelfunctionen zu entwickeln, mit der andern zusammenhängt, deren Lösung wir aus p. 207 für die Kugel kennen, das Potential einer Masse für alle äusseren oder alle inneren Punkte anzugeben, wenn man es auf der äusseren oder inneren Begrenzung kennt, so soll eine Methode zur directen Lösung der letzteren entwickelt werden, ohne dass es nöthig wäre, die erstere als Verbindungsglied zu benutzen.

Bereits in der Einleitung wurde erwähnt, dass

$$T = \frac{1}{R}$$

der Differentialgleichung $\Delta^2 T = 0$ in der Bezeichnung des §. 76, vollständiger

$$\frac{\partial^2 T}{\partial x^2} + \frac{\partial^2 T}{\partial y^2} + \frac{\partial^2 T}{\partial z^2} = 0$$

genügt; daraus folgt dass V, als Summe oder Integral von Ausdrücken μT, eine Lösung derselben Differentialgleichung

$$(7) \ldots \quad \frac{\partial^2 V}{\partial x^2} + \frac{\partial^2 V}{\partial y^2} + \frac{\partial^2 V}{\partial z^2} = 0$$

wird. Ist nun die äussere oder innere Fläche F gegeben, so wird V_a jedenfalls die Bedingungen erfüllen müssen:

§. 6, 7.   K u g e l.   311

1) $\Delta^2 V_a = 0$.

2) Es bleibt V_a endlich für jede Lage von O, und es wird Null wenn O in unendliche Entfernung rückt. Die Differentialquotienten von V_a ein und zweimal nach x oder nach y oder nach z genommen bleiben für endlich entfernte O sicher endlich.

3) Es ist V_a eine gegebene Grösse wenn O auf F liegt.

V_i muss jedenfalls den Bedingungen genügen:

1) $\Delta^2 V_i = 0$.

2) Es bleibt V_i, $\dfrac{\partial V_i}{\partial x}$, $\dfrac{\partial V_i}{\partial y}$, $\dfrac{\partial V_i}{\partial z}$ im ganzen inneren Raume endlich, ebenso $\dfrac{\partial^2 V_i}{\partial x^2}$, $\dfrac{\partial^2 V_i}{\partial y^2}$, $\dfrac{\partial^2 V_i}{\partial z^2}$.

3) Es ist V_i gegeben wenn O auf F liegt.

Man findet dass, wenigstens bei der besonderen Art von F, die wir im Folgenden annehmen, V_a und V_i durch diese Bedingungen wirklich vollkommen bestimmt sind, und dadurch hat man unsere Aufgabe auf die rein mathematische zurückgeführt, welche entweder durch die ersten oder letzten drei Bedingungen ausgedrückt wird.

Wir sagten in diesem Sinne oben (§. 4), dass der erwähnte Satz für unsere Zwecke mit hinreichender Allgemeinheit bewiesen werden sollte.

Endlich erkennt man auch aus §. 76 dass die Aufgabe V_i zu bestimmen mit folgender übereinstimmt: Es ist der von der Zeit unabhängige Wärmezustand V_i eines homogenen von F begrenzten Körpers zu finden, welcher an der Grenzfläche in einer gegebenen von der Zeit unabhängigen Temperatur erhalten wird.

Wir gehen nun zur Lösung unserer Aufgabe für die Kugel über.

§. 6. Indem wir die Aufgabe, welche zu Anfang des §. 5 hervorgehoben war, für den Fall dass die Begrenzung durch eine Kugelfläche F gebildet wird durch das Verfahren, welches so eben angedeutet wurde, lösen wollen, führen wir wieder Polarcoordinaten ein. Es sei der Radius von F gleich r; nimmt man den Mittelpunkt dieser Fläche zum Anfangspunkte der rechtwinkligen Coordinaten, nennt ferner r die Entfernung eines beliebig gelegenen Punktes O mit den rechtwinkligen Coordinaten x, y, z vom Mittel-

punkte und setzt
$$x = r\cos\theta,$$
$$y = r\sin\theta\cos\psi,$$
$$z = r\sin\theta\sin\psi$$

so verwandelt sich $\Delta^2 V = 0$ in folgende Gleichung

$$(a) \ldots \quad r\frac{\partial^2(rV)}{\partial r^2} + \frac{1}{\sin\theta}\frac{\partial\left(\sin\theta\frac{\partial V}{\partial\theta}\right)}{\partial\theta} + \frac{1}{\sin^2\theta}\frac{\partial^2 V}{\partial\psi^2} = 0.$$

Es mag V das Potential eines äusseren oder inneren Punktes sein, diese Gleichung muss es jedenfalls erfüllen, und ausserdem wenn O in F fällt, d. h. für $r = \mathfrak{r}$ sich in eine gegebene Function von θ und ψ, die $f(\theta, \psi)$ sein soll verwandeln. Man hat also

$$(b) \ldots \quad V = f(\theta, \psi); \quad (r = \mathfrak{r}).$$

Entwickelt man V für alle Werthe von r nach Functionen der Gattung P in Bezug auf θ und ψ, setzt also

$$V = \sum_{n=0}^{n=\infty} Z^n$$

und wie §. 4, p. 307

$$f(\theta, \psi) = \sum_{n=0}^{n=\infty} Y^n,$$

$$Y^n = \frac{2n+1}{4\pi}\int_0^\pi d\theta_1 \sin\theta_1 \int_0^{2\pi} f(\theta_1, \psi_1) P^n(\cos\gamma) d\psi_1$$

so hat man nach (b)

$$Y^n = Z^n; \quad (r = \mathfrak{r}).$$

Da nun Z^n der Gleichung

$$\frac{1}{\sin\theta}\frac{\partial\left(\sin\theta\frac{\partial Z^n}{\partial\theta}\right)}{\partial\theta} + \frac{1}{\sin^2\theta}\frac{\partial^2 Z^n}{\partial\psi^2} + n(n+1)Z^n = 0$$

genügt, so reducirt sich (a) auf

$$\sum_{n=0}^{n=\infty}\left(r\frac{\partial^2(rZ^n)}{\partial r^2} - n(n+1)Z^n\right) = 0.$$

Es gehört aber Z^n, also auch rZ^n und seine Differentialquotienten nach r, diese auch noch multiplicirt mit r, also das n^{te} Glied der ganzen vorstehenden Summe zur Classe der P^n in Bezug auf θ und ψ, so dass die Summe nur verschwindet, wenn das n^{te} Glied selbst verschwindet. Daher wird

$$r\frac{\partial^2(rZ^n)}{\partial r^2} - n(n+1)Z^n = 0,$$

d. h. $Z^n = gr^n + hr^{-n-1}$ wenn g und h Constante nach r vorstellen, die aber noch θ und ψ enthalten können.

Jetzt scheide man die beiden Fälle, die bisher gemeinsam behandelt wurden, und betrachte gesondert V_a und V_i. Da $V_a = 0$ für $r = \infty$, so kann Z_a^n kein g; da V_i für $r = 0$ endlich bleibt, so kann Z_i^n kein h enthalten, so dass

$$Z_a^n = \frac{h}{r^{n+1}}, \quad Z_i^n = gr^n$$

hervorgeht. Für $r = \mathfrak{r}$ müssen beide Ausdrücke Y^n geben, wodurch man in Uebereinstimmung mit §. 4 erhält:

$$Z_a^n = \left(\frac{\mathfrak{r}}{r}\right)^{n+1} Y^n, \quad Z_i^n = \left(\frac{r}{\mathfrak{r}}\right)^n Y^n$$

oder

$$V_a = \sum_{n=0}^{n=\infty} \left(\frac{\mathfrak{r}}{r}\right)^{n+1} Y^n, \quad V_i = \sum_{n=0}^{n=\infty} \left(\frac{r}{\mathfrak{r}}\right)^n Y^n.$$

Diese Reihen lassen sich leicht summiren, und somit kann man auch die Resultate des §. 4 vereinfachen; setzt man nämlich für Y^n seinen Werth ein, so sind die Glieder, welche n enthalten, resp.

$$(2n+1)\left(\frac{\mathfrak{r}}{r}\right)^{n+1} P^n(\cos\gamma), \quad (2n+1)\left(\frac{r}{\mathfrak{r}}\right)^n P^n(\cos\gamma).$$

Bezeichnet α eine Grösse die wie resp. $\frac{\mathfrak{r}}{r}$ oder $\frac{r}{\mathfrak{r}}$ kleiner als 1 ist, so wird

$$\Sigma \alpha^n P^n(\cos\gamma) = \frac{1}{\sqrt{1 - 2\alpha\cos\gamma + \alpha^2}},$$

folglich

$$\Sigma(2n+1)\alpha^n P^n(\cos\gamma) = \frac{1-\alpha^2}{(1-2\alpha\cos\gamma+\alpha^2)^{\frac{3}{2}}},$$

und endlich

$$V_a = \frac{\mathfrak{r}(r^2-\mathfrak{r}^2)}{4\pi} \int_0^\pi d\theta_1 \sin\theta_1 \int_0^{2\pi} \frac{f(\theta_1,\psi_1)d\psi_1}{(r^2-2r\mathfrak{r}\cos\gamma+\mathfrak{r}^2)^{\frac{3}{2}}},$$

$$V_i = \frac{\mathfrak{r}(\mathfrak{r}^2-r^2)}{4\pi} \int_0^\pi d\theta_1 \sin\theta_1 \int_0^{2\pi} \frac{f(\theta_1,\psi_1)d\psi_1}{(r^2-2r\mathfrak{r}\cos\gamma+\mathfrak{r}^2)^{\frac{3}{2}}}.$$

§. 7. Die Reihe für

$$T = \frac{1}{R} = \frac{1}{\sqrt{(x-x_1)^2+(y-y_1)^2+(z-z_1)^2}},$$

welche im §. 2 und 3 angewandt wurde, und die eine nach Kugelfunctionen der neuen Coordinaten θ, ψ oder θ_1, ψ_1 geordnete war, konnte man sich dort durch Mittel gefunden denken, welche die Betrachtung der particllen Differentialgleichung $\varDelta^2 T = 0$ nicht voraussetzten. Durch die Untersuchungen des vorigen Paragraphen wird man darauf hingewiesen, dass man noch auf eine andere Art die Entwickelung von T nach Kugelfunctionen finden kann; nur das Princip dieser Methode soll hier erörtert und die weitere Ausführung an einer späteren Stelle, welche die Ellipsoide betrifft, mitgetheilt werden.

Man betrachte dazu die im §. 6 behandelten Aufgaben als die ursprünglichen, und denke sie sich gelöst: die Entwickelung von T wird dann eine Form annehmen, die sich aus den Formen der Ausdrücke V_a und V_i zusammensetzt. Man denke sich nämlich die Kugelfläche mit dem Radius r in dem leeren Raume vorliegend, und x_1, y_1, z_1 als Coordinaten innerer Punkte; x, y, z als die äusserer Punkte. Da nun T sowohl der Gleichung

$$\frac{\partial^2 T}{\partial x^2} + \frac{\partial^2 T}{\partial y^2} + \frac{\partial^2 T}{\partial z^2} = 0,$$

als auch

$$\frac{\partial^2 T}{\partial x_1^2} + \frac{\partial^2 T}{\partial y_1^2} + \frac{\partial^2 T}{\partial z_1^2} = 0$$

genügt, so ist T wegen der ersten Gleichung ein Potential V_a, (dessen Werth an der Oberfläche der Kugel mit dem Radius r eben durch den Werth gegeben wird, welchen T dort annimmt), wegen der zweiten in Bezug auf x_1, y_1, z_1 ein Potential V_i, muss also eine Form haben, die wenn x_1, etc. constant sind, es zu V_a, wenn x, etc. constant sind, es zu V_i machen.

Wendet man diese Betrachtungen auf die Kugel an, und führt dazu die Polarcoordinaten ein, so erhält man als Resultat gerade die Entwickelung von T, welche p. 305 angewandt wurde; das Verfahren soll aus dem Grunde bei den Rotationsellipsoiden zuerst durchgeführt werden, weil es hier, für die Kugel, im wesentlichen kein anderes ist, als das wodurch man früher §. 66 die Entwickelung von $P^n(\cos\gamma)$ fand.

§. 8, 7.   Rotationsellipsoid.   315

Bei der Kugel wurden statt der rechtwinkligen Coordinaten die üblichen r, θ, ψ eingeführt; auch bei den Ellipsoiden wird man sich solcher bedienen, die oben in der Theorie schon benutzt waren. Das hier zu Grunde liegende Prinzip besteht nämlich darin, Coordinaten α, β, γ einzuführen, die einen möglichst einfachen Ausdruck dafür gestatten, dass ein Punkt auf der einen oder anderen Grenzfläche liegt; die Polarcoordinaten erfüllen diesen Zweck für die Kugel, indem dort die einfache Gleichung $r = \mathfrak{r}$ oder $r = \mathfrak{r}_0$ die Bedingung ausdrückt, dass ein Punkt sich auf den Grenzflächen befinde.

Die Lösungen der Aufgaben in diesem Kapitel enthalten nichts wesentliches, was nicht schon bei Laplace in der Mécanique céleste zu finden wäre.

Zweites Kapitel.
Das Rotationsellipsoid.

§. 8. Die erste Aufgabe welche hier behandelt wird, ist ganz entsprechend der ersten, im §. 2 für die Kugel gelösten: Es soll die Anziehung eines vollen Rotationsellipsoides, oder einer durch zwei confocale Rotationsellipsoide begrenzten Schale von gegebener Dichtigkeit auf einen der Masse nicht angehörenden Punkt gefunden werden. Man hat dazu nur das Potential

$$V = \int \frac{k \, dx_1 \, dy_1 \, dz_1}{R}, \quad (R = \sqrt{(x-x_1)^2 + (y-y_1)^2 + (z-z_1)^2}),$$

aufzusuchen, wobei die dreifache Integration auf alle Punkte des Ellipsoides resp. der Schale auszudehnen ist. Der Einfachheit halber handeln wir zunächst von einem vollen Ellipsoide, und denken uns daher den angezogenen Punkt O in dem äusseren Raume gelegen; die Gleichung des Ellipsoides sei

$$\frac{\xi^2}{\mathfrak{r}^2} + \frac{\eta^2 + \zeta^2}{\mathfrak{r}^2 - e^2} = 1,$$

es mag e eine reelle oder rein imaginäre positive Grösse vorstellen. Wir führen Polarcoordinaten, sowohl für die rechtwinkligen

x, y, z von O als auch für die Coordinaten x_1, y_1, z_1 eines unbestimmten Punktes, welcher der Masse angehört, ein und setzen

$$x = r\cos\theta \qquad\qquad y_1 = r_1\cos\theta_1$$
$$y = \sqrt{r^2-e^2}\sin\theta\cos\psi \qquad y_1 = \sqrt{r_1^2-e^2}\sin\theta_1\cos\psi_1$$
$$z = \sqrt{r^2-e^2}\sin\theta\sin\psi \qquad z_1 = \sqrt{r_1^2-e^2}\sin\theta_1\sin\psi_1$$
$$0 < \theta < \pi;\; 0 < \psi < 2\pi \qquad 0 < \theta_1 < \pi;\; 0 < \psi_1 < 2\pi$$
$$\psi - \psi_1 = \varphi \qquad\qquad r_1 < \mathfrak{r} < r.$$

Diese Coordinaten entsprechen dem Prinzipe des §. 7, indem jeder Punkt, dessen lineare Coordinate r oder r_1 gleich $\mathfrak{r}$ ist, auf der Oberfläche des gegebenen Ellipsoides liegt, indem ferner jede Function der drei rechtwinkligen Coordinaten eines Punktes, sobald derselbe auf die Oberfläche rückt, in eine Function der zwei Winkelcoordinaten θ und ψ oder θ_1 und ψ_1 allein übergeht. Ist e reell, so sind r und r_1 grösser als e; für ein imaginäres e kann r_1 auf Null herabsinken.

Man hat im §. 2 gesehen dass zur Vereinfachung des Potentialausdruckes die Entwickelung von R^{-1} nach Kugelfunctionen in Bezug auf θ und ψ oder θ_1 und ψ_1 erforderlich war; wir beschäftigen uns nun mit dem Aufsuchen einer solchen Reihe, und werden uns dabei der Benutzung der Gleichung $\Delta R^{-1} = 0$ enthalten, um später, nach Andeutung des §. 7 dieselbe Entwickelung, nach der Lösung der betreffenden Potentialaufgaben, durch diese partielle Differentialgleichung aufzusuchen.

§. 9. Aus der Gleichung (4, a) in der Theorie folgt

$$(a) \ldots \frac{2\pi}{R} = \int_0^{2\pi} \frac{d\eta}{(x-x_1)+i(y-y_1)\cos\eta+i(z-z_1)\sin\eta}$$

wenn $x-x_1$ eine positive Grösse vorstellt; würde $x-x_1$ negativ sein, so wäre die linke Seite mit dem negativen Zeichen zu nehmen, während für $x = x_1$ die Formel unbrauchbar ist. Zur grösseren Bequemlichkeit wird nur der Fall betrachtet dass x und $x-x_1$ positiv sind; die Entwickelung in diesem Falle reicht hin, um dieselbe für alle Fälle zu finden. Da $r > r_1$ so denke man sich deshalb θ beliebig klein, während θ_1 allgemein bleibt, und führe unter dieser Voraussetzung die Entwickelung nach Kugelfunctionen aus.

§. 9, 7.   Rotationsellipsoid.

[Gelegentlich wird darauf hingewiesen, dass
$$R^2 = (x-x_1)^2 + (y-y_1)^2 + (z-z_1)^2,$$
$$= r^2 + r_1^2 - e^2\sin^2\theta - e^2\sin^2\theta_1 - 2rr_1\cos\theta\cos\theta_1$$
$$- 2\sqrt{r^2-e^2}\sqrt{r_1^2-e^2}\sin\theta\sin\theta_1\cos\varphi,$$
seinen Werth nicht ändert wenn θ mit θ_1 oder zugleich θ und θ_1 mit $\pi-\theta$ und $\pi-\theta_1$ vertauscht werden. Es haben also folgende Punkte die gleiche Entfernung R:

1) (r, θ, ψ) und (r_1, θ_1, ψ_1)
2) (r, θ_1, ψ) - (r_1, θ, ψ_1)
3) $(r, \pi-\theta, \psi)$ - $(r_1, \pi-\theta_1, \psi_1)$
4) $(r, \pi-\theta_1, \psi)$ - $(r_1, \pi-\theta, \psi_1)$

deren Anzahl man noch verdoppelt, indem man auch ψ mit ψ_1 vertauscht.]

Der Nenner des Integrals in (a) zerfällt in die Differenz zweier Theile; der erste
$$x + iy\cos\eta + iz\sin\eta$$
geht nach Einführung der Polarcoordinaten in
$$r\cos\theta + i\sqrt{r^2-e^2}\sin\theta\cos(\psi-\eta)$$
über, während der zweite gleich
$$r_1\cos\theta_1 + i\sqrt{r_1^2-e^2}\sin\theta_1\cos(\psi_1-\eta)$$
wird. Man setze nun überall in diesem Kapitel
$$r = e\varrho; \quad r_1 = e\varrho_1; \quad (\varrho_1 < \varrho),$$
ferner zur augenblicklichen Abkürzung
$$\alpha = \varrho\cos\theta + i\sqrt{\varrho^2-1}\sin\theta\cos(\psi-\eta)$$
$$\beta = \varrho_1\cos\theta_1 + i\sqrt{\varrho_1^2-1}\sin\theta_1\cos(\psi_1-\eta),$$
und findet dann aus (a)
$$(b) \ldots \quad \frac{2\pi e}{R} = \int_0^{2\pi} \frac{d\eta}{\alpha-\beta}.$$

Aus dieser Formel lässt sich die gesuchte Reihe nach §. 17, Formel (14) leicht ableiten, indem
$$\frac{1}{\alpha-\beta} = \sum_{n=0}^{n=\infty}(2n+1)P^n(\beta)Q^n(\alpha)$$
wird, vorausgesetzt dass
$$M(\beta+\sqrt{\beta^2-1}) < M(\alpha+\sqrt{\alpha^2-1}).$$

Diese Ungleichheit besteht nicht immer, wird aber bei hinlänglich kleinem θ erfüllt, welchen Werth zwischen 0 und 2π auch η annehmen mag.

[Um den Werth dieser Moduln zu schätzen, setze man (cf. §. 38)
$$\alpha = p\cos q + i\sqrt{p^2-1}\sin q,$$
$$\sqrt{\alpha^2-1} = \sqrt{p^2-1}\cos q + ip\sin q,$$
wo p mit ϱ zugleich reell oder rein imaginär sei, und $\sqrt{p^2-1}$ das Zeichen von p erhält. War ϱ reell, also (p. 316) grösser als 1, so wird auch p grösser als 1 genommen werden können. Dann hat man
$$p\cos q = \varrho\cos\theta$$
$$\sqrt{p^2-1}\sin q = \sqrt{\varrho^2-1}\sin\theta\cos(\psi-\eta);$$
aus diesen Gleichungen lassen sich bei reellem oder imaginärem ϱ offenbar p und q auf die geforderte Art bestimmen. Ferner ergiebt sich
$$M(\alpha+\sqrt{\alpha^2-1}) = M(p+\sqrt{p^2-1}).$$
Bei festgehaltenem ϱ, θ, ψ, erhält p den grössten Werth wenn $\cos(\psi-\eta) = \pm 1$, den kleinsten wenn $\cos(\psi-\eta) = 0$. In der That, hat man für ein gewisses ϱ, θ, $\psi-\eta$, ein bestimmtes p und q gefunden und ändert nun η so, dass $\cos(\psi-\eta)$ absolut abnimmt, so ist das neue p und q (es sei $\mathfrak{p}$ und $\mathfrak{q}$) so beschaffen, dass
$$\mathfrak{p}\cos\mathfrak{q} = p\cos q$$
$$\sqrt{\mathfrak{p}^2-1}\sin\mathfrak{q} < \sqrt{p^2-1}\sin q.$$
Würde nun $\mathfrak{p} > p$ sein, so müsste $\cos\mathfrak{q} < \cos q$, also $\sin\mathfrak{q} > \sin q$ werden; die zweite Ungleichheit giebt aber
$$\sin\mathfrak{q} < \sin q\frac{\sqrt{p^2-1}}{\sqrt{\mathfrak{p}^2-1}} < \sin q,$$
widerspricht also der eben gefundenen. Hieraus folgt $\mathfrak{p} < p$. Eine einfache geometrische Betrachtung, welche bekannte Eigenschaften von Ellipsen zu Hülfe nimmt, würde dasselbe geben.

Das kleinste p findet man also aus den Gleichungen
$$p\cos q = \varrho\cos\theta,$$
$$\sqrt{p^2-1}\sin q = 0$$
als $p = \varrho\cos\theta$, und ähnlich das grösste p aus

§. 9, 7.   Rotationsellipsoid.

$$p \cos q = \varrho \cos \vartheta,$$
$$\sqrt{p^2-1} \sin q = \sqrt{\varrho^2-1} \sin \vartheta$$

als $p = \varrho$. Hieraus folgt, indem man das was von α gesagt ist auch für β durchführt, dass

$$M(\alpha+\sqrt{\alpha^2-1}) > M(\varrho \cos\vartheta + \sqrt{\varrho^2 \cos^2\vartheta - 1}),$$
$$M(\beta+\sqrt{\beta^2-1}) < M(\varrho_1+\sqrt{\varrho_1^2-1});$$

bei hinlänglich kleinem ϑ wird die erste Ungleichheit beliebig nahe

$$M(\alpha+\sqrt{\alpha^2-1}) > M(\varrho+\sqrt{\varrho^2-1});$$

ferner ist

$$M(\varrho+\sqrt{\varrho^2-1}) > M(\varrho_1+\sqrt{\varrho_1^2-1}),$$

und damit das Bestehen der geforderten Ungleichheit für kleine ϑ bewiesen.]

Setzt man also ϑ hinlänglich klein voraus, so lässt sich $\dfrac{1}{\alpha-\beta}$ durch die angegebene Reihe ersetzen und man findet

$$(c) \ldots \quad \frac{2\pi e}{R} = \sum_{n=0}^{n=\infty} (2n+1) \int_0^{2\pi} P^n(\beta) Q^n(\alpha) d\eta.$$

Um zur schliesslichen Form zu gelangen entwickelt man $P^n(\beta)$ und $Q^n(\alpha)$ nach Cosinus der Vielfachen resp. von $(\psi_1 - \eta)$ und $\psi - \eta$; die Formeln hierzu liegen fertig vor. Wird nämlich in (49, a) zugleich x, x_1, φ resp. durch ϱ_1, $\cos\vartheta_1$, $\pi+\psi_1-\eta$ ersetzt, so entsteht:

$$P^n(\beta) = \sum_{m=0}^{m=n} a_m^n P_m^n(\cos\vartheta_1) P_m^n(\varrho_1) \cos m(\psi_1 - \eta)$$

und aus §. 75, nämlich ad 1 wenn ϱ reell ist (weil $\cos\vartheta < 1$, aber $\varrho \cos\vartheta$ nahe ϱ also > 1 wird), ad 2 für ein imaginäres ϱ:

$$(2n+1) Q^n(\alpha) = 2 \sum_{m=0}^{m=n} (-1)^m P_m^n(\cos\vartheta) Q_m^n(\varrho) \cos m(\psi - \eta),$$

für $m = 0$ die Hälfte des betreffenden Gliedes genommen. Bildet man das n^{te} Glied in (c), indem man das Product der beiden vorstehenden Formeln nach η integrirt, wodurch die Vielfachen von η fortfallen welche höher als das n^{te} sind, so entsteht, entsprechend der Formel (5) für die Kugel, hier die folgende Entwickelung von R^{-1}, welche zur Behandelung der Potentialaufgaben beim Rotations-Ellipsoide angewandt wird:

$$(8) \ldots \frac{e}{R} = \sum_{m=0}^{m=\infty} Y^m$$

$$(8,a) \ldots Y^m = \sum_{m=0}^{m=\infty} (-1)^m a_m^n P_m^n(\cos\theta) P_m^n(\cos\theta_1) P_m^n(\varrho_1) Q_m^n(\varrho) \cos m(\psi-\psi_1).$$

Die Glieder Y dieser Reihe sind, so wie R selbst, symmetrisch nach θ und θ_1, oder nach ψ und ψ_1; die Entwickelung also ist nach Functionen der Gattung P sowohl in Bezug auf θ und ψ, als auch in Bezug auf θ_1, ψ_1, oder θ, ψ_1, oder θ_1, ψ geordnet. Hier ist a_m^n derselbe numerische Werth wie früher, nämlich

$$a_m^n = 2 \frac{(1.3\ldots(2n-1))^2}{\Pi(n+m)\Pi(n-m)},$$

für $m = 0$ die Hälfte genommen.

Obgleich diese Formel unter der Voraussetzung eines hinreichend kleinen θ entwickelt wurde, so mag sie vorläufig im Folgenden für alle θ angewandt werden; der Beweis, dass sie dann noch gilt, wird im §. 15 nachträglich geliefert.

§. 10. Für ein reelles e kann dasselbe Resultat auf andere, ähnliche Art einfacher gewonnen werden, die jedoch eine Uebertragung auf allgemeinere Fälle bisher nicht gestattet hat.

Nach der schon am Anfange des §. 9 angewandten Formel (4, a) wird

$$(a) \ldots \int_0^{2\pi} \frac{d\eta}{(\varrho\varrho_1 - \sqrt{\varrho^2-1}\sqrt{\varrho_1^2-1}\cos\eta) - (\cos\theta\cos\theta_1 + \sin\theta\sin\theta_1\cos(\eta-\varphi))}$$

sobald $\varrho\varrho_1 - \cos\theta\cos\theta_1$ positiv ist, — und das geschieht immer wenn e eine reelle Grösse bezeichnet, da r_1 nicht unter e sinkt, — gleich 2π dividirt durch die positive Quadratwurzel aus

$(\varrho\varrho_1 - \cos\theta\cos\theta_1)^2 - (\sqrt{\varrho^2-1}\sqrt{\varrho_1^2-1} + \sin\theta\sin\theta_1\cos\varphi)^2 - \sin^2\theta\sin^2\theta_1\sin^2\varphi.$

Reducirt man, so geht vorstehende Grösse in

$\varrho^2 + \varrho_1^2 - \sin^2\theta - \sin^2\theta_1 - 2\varrho\varrho_1\cos\theta\cos\theta_1 - 2\sqrt{\varrho^2-1}\sqrt{\varrho_1^2-1}\sin\theta\sin\theta_1\cos\varphi$

oder, wie man durch Vergleich mit einer Formel p. 317 sogleich einsieht, in $\dfrac{R^2}{e^2}$ über, so dass

$$(a) \quad = \frac{2\pi e}{R}$$

wird. Diesen Ausdruck behandele man wie (b) im §. 9, indem man

§. 11, 8. Rotationsellipsoid.

den Nenner wiederum gleich $\alpha-\beta$ setzt, wo α
bezeichnet, und
$$\varrho\varrho_1 - \sqrt{\varrho^2-1}\sqrt{\varrho_1^2-1}\cos\eta$$
$$\frac{1}{\alpha-\beta} = \sum_{n=0}^{n=\infty}(2n+1)P^n(\beta)Q^n(\alpha)$$
macht, was hier gestattet ist, da $\beta<1$ und $\alpha>1$, also $\beta<\alpha$ wird. Dadurch erhält man:

$$\frac{e}{R} = \sum_{n=0}^{n=\infty} Y^n,$$

$$Y^n = \frac{1}{2\pi}\int_0^{2\pi} P^n(\cos\theta\cos\theta_1+\sin\theta\sin\theta_1\cos(\eta-\varphi))Q^n(\varrho\varrho_1-\sqrt{\varrho^2-1}\sqrt{\varrho_1^2-1}\cos\eta)d\eta.$$

Vertauscht man wieder P^n und Q^n mit ihren Ausdrücken durch Reihen, benutzt also die Gleichungen (49, a)

$$P^n = \sum_{m=0}^{m=n}(-1)^m a_m^n P_m^n(\cos\theta)P_m^n(\cos\theta_1)\cos m(\varphi-\eta),$$

ferner §. 75, ad 3

$$(2n+1)Q^n = 2\sum_{m=0}^{m=\infty} P_m^n(\varrho_1)Q_m^n(\varrho)\cos m\eta,$$

so entsteht sogleich dieselbe Formel für Y^n wie p. 320, obgleich die Factoren $(-1)^m$ und 1, $P(\cos\theta)$ und $P(\varrho_1)$ bei Vergleichung der vorstehenden Ausdrücke mit den entsprechenden des §. 9 sich vertauscht finden.

Anmerk. Aus den allgemeinen Gleichungen (8) würde man für $\theta = \theta_1 = 0$ die Entwickelung von $\frac{1}{\varrho-\varrho_1}$ in eine nach Kugelfunctionen fortschreitende Reihe finden: es wird auf diese Art aber nur dieselbe Formel erhalten, welche man hier zu Grunde legte. Für $\varrho_1 = 1$ entsteht eine noch nicht ausdrücklich erwähnte specielle Entwickelung

$$\frac{1}{\sqrt{(\varrho-\cos(\theta+\theta_1))(\varrho-\cos(\theta-\theta_1))}} = \sum_{n=0}^{n=\infty}(2n+1)P^n(\cos\theta)P^n(\cos\theta_1)Q^n(\varrho).$$

§. 11. Man kann jetzt zur Lösung der Aufgabe im §. 8 übergehen, die nach dem Muster im §. 2 erfolgt; drückt man auch das Element $dx_1dy_1dz_1$ durch die neuen Coordinaten aus, so entsteht nach einfacher, auf bekannte Art angestellter Rechnung

$$dx_1dy_1dz_1 = (r_1^2 - e^2\cos^2\theta_1)\sin\theta_1\,d\theta_1\,d\psi_1\,dr_1.$$

Man entwickele nun das Product von $r_1^2 - e^2\cos^2\theta_1$ mal der Dichtigkeit k im Punkte x_1, y_1, z_1 oder r_1, θ_1, ψ_1, nach Kugelfunctionen in Bezug auf θ_1, ψ_1, und zwar zunächst (entsprechend (2) auf p. 304) in die Reihe

$$k(r_1^2 - e^2\cos^2\theta_1) = \overline{X}^0 + \overline{X}^1 + \overline{X}^2 + \text{etc.},$$

wo also

$$(a) \ldots \quad X^n = \frac{2n+1}{4\pi}\int_0^\pi d\theta_1 \sin\theta_1 \int_0^{2\pi} k(r_1^2 - e^2\cos^2\theta_1) P^n(\cos\gamma) d\psi_1$$

wird. Unser Integral V verwandelt sich dadurch, wenn man zugleich für $\frac{1}{R}$ seinen Werth $\frac{1}{e}\Sigma Y^n$ setzt in

$$(b) \ldots \quad V = \frac{1}{e}\int_{0,e}^{r} dr_1 \int_0^\pi \int_0^{2\pi} (\Sigma Y^n)(\Sigma \overline{X}^n)\sin\theta_1\, d\theta_1\, d\psi_1,$$

wo 0 oder e als untere Grenze im Integrale nach r_1 zu nehmen ist, je nachdem e imaginär oder reell ist. Das Doppelintegral nach den Winkelgrössen vereinfacht sich bekanntlich (p. 264) zu

$$(c) \ldots \quad \int_0^\pi \int_0^{2\pi} \overset{\infty}{\underset{0}{\Sigma}}(\overline{X}^n Y^n)\sin\theta_1\, d\theta_1\, d\psi_1\,;$$

$\overline{X}^n$ lässt sich aber weiter in seine Bestandtheile auflösen, indem man in (a) für $P^n(\cos\gamma)$ seine Entwickelung

$$\underset{m}{\Sigma}(-1)^m a_m^n(C_m C_m' + S_m S_m')$$

setzt, nämlich in

$$\overline{X}^n = \frac{2n+1}{4\pi}\overset{m=n}{\underset{m=0}{\Sigma}}(-1)^m a_m^n(\alpha_m^n C_m^n + \beta_m^n S_m^n)$$

wenn α und β folgende Functionen von r_1 allein vorstellen:

$$\alpha_m^n = \int_0^\pi d\theta \sin\theta \int_0^{2\pi} k(r_1^2 - e^2\cos^2\theta) C_m^n d\psi,$$

$$\beta_m^n = \int_0^\pi d\theta \sin\theta \int_0^{2\pi} k(r_1^2 - e^2\cos^2\theta) S_m^n d\psi.$$

Es wird daher mit Benutzung des Ausdrucks (8, a) oder

$$Y^n = \overset{m=n}{\underset{m=0}{\Sigma}}(-1)^m a_m^n P_m^n(\varrho_1) Q_m^n(\varrho)(C_m C_m' + S_m S_m')$$

sich (c) in

$$(c) \ldots \quad = \overset{m=n}{\underset{m=0}{\Sigma}}(-1)^m a_m^n P_m^n(\varrho_1) Q_m^n(\varrho)(\alpha_m^n C_m^n + \beta_m^n S_m^n)$$

verwandeln. Man findet also schliesslich für das Potential des äusseren Punktes O mit den Coordinaten ϱ, θ, ψ in Be-

§. 12, 9.   Rotationsellipsoid.

zug auf das volle Ellipsoid mit den halben Achsen r, $\sqrt{r^2-e^2}$, $\sqrt{r^2-e^2}$ den Ausdruck

$$(9) \ldots V_a = \sum_{n=0}^{n=\infty} Z_a^n; \quad (\varrho = er; \varrho_1 = er_1);$$

$$Z_a^n = \frac{1}{e}\sum_{m=0}^{m=n}(-1)^m a_m^n Q_m^n(\varrho)\Big(C_m^n\int_{0,e}^{r}\alpha_m^n P_m^n(\varrho_1)\,dr_1 + S_m^n\int_{0,e}^{r}\beta_m^n P_m^n(\varrho_1)\,dr_1\Big).$$

Hätte man nicht ein volles Ellipsoid sondern eine Schale S betrachtet, welche durch die zwei Ellipsoide mit den Achsen r, $\sqrt{r^2-b^2}$, $\sqrt{r^2-c^2}$ einerseits, andererseits mit den Achsen r_0, $\sqrt{r_0^2-b^2}$, $\sqrt{r_0^2-c^2}$ begrenzt ist, so wäre die Integration nach r_1 nur über die Schale auszuführen gewesen. Man erhält also das Potential des äusseren Punktes O für diese Schale noch immer durch die Formeln (9), wenn man dort nach r_1 nicht mehr von 0 oder e an, sondern von r_0 an integrirt, vorausgesetzt dass r_0 kleiner als r ist.

Das Potential eines inneren Punktes O lässt sich nach geringen Veränderungen in den vorhergehenden Betrachtungen für eine solche Schale S ermitteln. Bleibt die Bezeichnung dieselbe wie oben, gehören also Coordinaten mit Indices der Masse S, ohne Indices dagegen O an, so sind alle Formeln dieses Paragraphen vom Anfang an zunächst bis zu der für Y^n anwendbar, wenn nur nach r von r_0 an bis r integrirt wird. In Y^n ist aber nicht mehr ϱ sondern ϱ_1 die grössere Zahl, so dass sich dort ϱ in ϱ_1 umtauscht, also schliesslich erhalten wird

$$(9,a) \ldots V_i = \sum_{n=0}^{n=\infty} Z_i^n; \quad (r < r_0 < r);$$

$$Z_i^n = \frac{1}{e}\sum_{m=0}^{m=n}(-1)^m a_m^n P_m^n(\varrho)\Big(C_m^n\int_{r_0}^{r}\alpha_m^n Q_m^n(\varrho_1)\,dr_1 + S_m^n\int_{r_0}^{r}\beta_m^n Q_m^n(\varrho_1)\,dr_1\Big).$$

§. 12. Wir übergehen hier die Untersuchungen welche denen des §. 4 analog sind und zeigen würden, wie man aus den vorstehenden Formeln V_a oder V_i finden kann, wenn nicht k sondern der Werth des Potentials V für eine Grenzfläche der Schale gegeben ist, und kommen zu der directen Lösung, (d. h. ohne die Hülfsmittel dieses und des vorhergehenden Paragraphen) jener Aufgabe, deren analoge für die Kugel im §. 6 behandelt wurde:

21*

Aufgabe. Eine ellipsoidische Fläche mit den Halbachsen $\mathfrak{r}$, $\sqrt{\mathfrak{r}^2-b'^2}$, $\sqrt{\mathfrak{r}^2-b^2}$ begrenze irgend eine Masse von aussen oder von innen. Das Potential V dieser Masse ist für alle Punkte O der Fläche gegeben; es soll für alle Punkte O gefunden werden, welche dem äusseren resp. dem inneren Raume angehören.

Führt man wieder statt der rechtwinkligen Coordinaten aller Punkte im Raume x, y, z, die sich auf ein System beziehen, welches mit dem Systeme der Hauptachsen unseres Ellipsoides übereinstimmt, die Coordinaten r, θ, ψ des §. 8 ein, so dass für alle Punkte der gegebenen ellipsoidischen Fläche r constant, nämlich $r = \mathfrak{r}$ wird, so verwandelt sich der gegebene Werth des Potentials auf dieser in eine gegebene Function von θ und ψ allein, welche mit $f(\theta, \psi)$ bezeichnet wird. Man hat daher als erste Bedingung

$$(a) \ldots \quad V = f(\theta, \psi); \quad (r = \mathfrak{r}).$$

Ferner genügt V der Differentialgleichung $\varDelta^2 V = 0$, und zwar, je nachdem die Aufgabe den äusseren oder inneren Punkt O betrifft, für jede Lage von O im äusseren resp. inneren Raume. Die Transformation dieser Gleichung in die neuen Coordinaten giebt:

$$(b) \ldots \quad \frac{\partial\left((r^2-e^2)\frac{\partial V}{\partial r}\right)}{\partial r} + \frac{1}{\sin\theta}\frac{\partial\left(\sin\theta\frac{\partial V}{\partial\theta}\right)}{\partial\theta} + \frac{r^2-e^2\cos^2\theta}{(r^2-e^2)\sin^2\theta}\frac{\partial^2 V}{\partial\psi^2} = 0.$$

Man entwickele nun V nach Functionen der Gattung P^n in Bezug auf θ, ψ in die Reihe

$$(c) \ldots \quad V = \sum_{n=0}^{n=\infty} Z^n;$$

ordnet man auch $f(\theta, \psi)$, d. h. den Werth von V für $r = \mathfrak{r}$, in eine ähnliche Reihe

$$f(\theta, \psi) = \sum_{n=0}^{n=\infty} Y^n,$$

$$Y^n = \frac{2n+1}{4\pi}\int_0^\pi d\theta_1 \sin\theta_1 \int_0^{2\pi} f(\theta_1, \psi_1) P^n(\cos\gamma) d\psi_1,$$

so muss Z^n sich für $r = \mathfrak{r}$ in Y^n verwandeln. Zur weiteren Bestimmung von Z setzt man (c) in (b) ein, und reducirt durch die Gleichung, welche die Z, als zur Gattung der P gehörend, erfüllen

$$\frac{1}{\sin\theta}\frac{\partial\left(\sin\theta\frac{\partial Z^n}{\partial\theta}\right)}{\partial\theta}+\frac{1}{\sin^2\theta}\frac{\partial^2 Z^n}{\partial\psi^2}+n(n+1)Z^n=0;$$

dann findet man, dass

$$\sum_{n=0}^{n=\infty}\left[\frac{\partial\left((r^2-e^2)\frac{\partial Z^n}{\partial r}\right)}{\partial r}+\frac{e^2}{r^2-e^2}\frac{\partial^2 Z^n}{\partial\psi^2}-n(n+1)Z_n\right]$$

verschwinden muss. Dies erfordert aber, dass das n^{te} Glied der Summe, wie es in den eckigen Parenthesen steht, für sich Null ist; denn ein solches gehört in Bezug auf θ und ψ zur Gattung P^n. Für den ersten und dritten Theil des Gliedes, der nur Operationen enthält, welche sich auf die nach θ und ψ constante Grösse r beziehen ist dies ohne weiteres klar; auch für das mittlere (und dann für die Summe aller drei Theile) sieht man es leicht ein, wenn man bedenkt, dass die allgemeine Form einer solchen Function, welche zur Gattung P^n gehört,

$$(d)\ldots\quad Z^n=\sum_{m=0}^{m=n}(u_m\cos m\psi+v_m\sin m\psi)P_m^n(\cos\theta),$$

wo u und v irgend welche Constante bezeichnen, dieselbe bleibt, wenn nach ψ beliebig oft, hier zweimal differentiirt wird, indem der dadurch hinzukommende Factor $-m^2$, mit u und v vereinigt, diese noch immer zu willkürlichen Constanten macht. Es wird daher in der That:

$$(e)\ldots\quad\frac{\partial\left((r^2-e^2)\frac{\partial Z^n}{\partial r}\right)}{\partial r}+\frac{e^2}{r^2-e^2}\frac{\partial^2 Z^n}{\partial\psi^2}-n(n+1)Z^n=0.$$

Man führe wieder für r die Grösse ϱ durch die Gleichung $r=e\varrho$ ein, und findet dadurch einen Ausdruck, der aus (e) entsteht, wenn man darin ϱ für r, und 1 für e setzt.

Die Form von Z^n wurde durch (d) bereits angegeben; es ist klar, dass die dort vorkommenden u und v nicht nothwendig numerische Constante sein müssen, sondern dass sie noch die Veränderliche r enthalten können. Um zu ermitteln, wie diese in u und v eingeht, substituirt man für Z in der durch Einführung von ϱ statt r transformirten Gleichung (e) den Ausdruck (d); dadurch verwandelt sich die linke Seite von (e) in eine endliche, nach Cosinus und Sinus der Vielfachen von ψ fortschreitende Reihe, in der mit $\cos m\psi$

$$\frac{\partial}{\partial \varrho}\left((\varrho^2-1)\frac{\partial u_m}{\partial \varrho}\right) - \left(n(n+1) + \frac{m^2}{\varrho^2-1}\right)u_m$$

multiplicirt ist, während der Coefficient von $\sin m\psi$ gleich dem vorigen Ausdrucke nach Vertauschung von v mit u wird. Soll die Summe verschwinden, so muss für jedes m sowohl der Factor von $\cos m\psi$ als der von $\sin m\psi$ gleich Null sein, so dass u_m und v_m Integrale der Differentialgleichung

$$(\varrho^2-1)\frac{\partial^2 y}{\partial \varrho^2} + 2\varrho\frac{\partial y}{\partial \varrho} - \left(n(n+1) + \frac{m^2}{\varrho^2-1}\right)y = 0$$

werden, deren vollständiges Integral (γ, δ sind willkürliche Constante)

$$\gamma_m P_m^n(\varrho) + \delta_m Q_m^n(\varrho)$$

man bereits §. 49 et seq. gefunden hat. Sammelt man das, was hier über Z, u, v, α, β gesagt ist, so folgt, dass, gleichgültig ob V und damit Z den Index a oder i erhalten, d. h. sich auf den äusseren oder inneren Punkt beziehen, immer Z^n die Form hat

$$\sum_{m=0}^{m=n}(\gamma_m P_m^n(\varrho) + \delta_m Q_m^n(\varrho))P_m^n(\cos\theta)\cos m\psi$$

vermehrt um einen ähnlichen Theil, in dem nur $\cos m\psi$ mit $\sin m\psi$, und γ, δ, mit anderen Zeichen für willkürliche Constante vertauscht sind. Soll nun

1) V das Potential eines äusseren Punktes V_a, also $Z = Z_a$ sein, so muss V also Z für $\varrho = \infty$ verschwinden, also $\gamma = 0$ werden, während δ vorläufig noch unbekannt bleibt. Man findet daher

$$Z_a^n = \sum_{m=0}^{m=n} P_m^n(\cos\theta)Q_m^n(\varrho)(\delta_m\cos m\psi + \varepsilon_m\sin m\psi).$$

2) Da Z_i^n für alle ϱ, welche kleiner als $\dfrac{r}{e}$ sind, endlich bleiben muss, aber $Q_m^n(\varrho)$ für $\varrho = 1$ unendlich wird, so kann Z_i kein δ enthalten, verwandelt sich also in

$$Z_i^n = \sum_{m=0}^{m=n} P_m^n(\cos\theta)P_m^n(\varrho)(\gamma_m\cos m\psi + \beta_m\sin m\psi).$$

✱ [Diese Beweisführung für den inneren Punkt, die uns allerdings zu einem in allen Fällen richtigen Resultate führt, ist aber nur für ein reelles e erlaubt, indem nur in diesem Falle ϱ gleich 1 werden kann, nämlich für $r=e$, für ein imaginäres e aber von Null durch das rein Imaginäre zu $\frac{r}{e}$ wächst. Den besten Weg, um auch in diesem Falle das Resultat zu erweisen hat wohl Neumann*) (in Königsberg) gewählt, indem er davon ausgeht, dass auch im ganzen inneren Raume die Differentialquotienten von V nach den drei Coordinaten (p. 311) endlich sein müssen, gleichgültig welches ihr Anfangspunkt und ihre Richtung ist. Man lege nun durch O, wo der Punkt sich gerade befindet, ein dem ursprünglichen confocales Ellipsoid, denke sich das Achsensystem in den Punkt O gelegt, und die Achsen in die drei Richtungen fallend, von denen die eine normal gegen das Hülfsellipsoid ist; die zweite sei das Element des Meridians, die dritte des Parallelkreises. Die unendlich kleinen Stücke auf diesen Richtungen heissen $d\nu$, do, dp, und lassen sich durch dr, $d\theta$, $d\psi$ ausdrücken. Geht man nämlich von einem Punkte r, θ, ψ zu einem unendlich nahen mit gleichen θ und ψ und der linearen Coordinate $r+dr$ über, so liegt dieser gerade in der Richtung der Normale. Ohne dass man sich zum Nachweise der allgemeinen Eigenschaften confocaler Ellipsoide bedient, lässt sich derselbe führen, indem man bemerkt, dass die Verbindungslinie der beiden Punkte mit den ursprünglichen Achsen Winkel bildet, deren Cosinus sich verhalten wie

$$\frac{\partial x}{\partial r} : \frac{\partial y}{\partial r} : \frac{\partial z}{\partial r},$$

d. h. $= \cos\theta : \dfrac{r}{\sqrt{r^2-e^2}} \sin\theta \cos\psi : \dfrac{r}{\sqrt{r^2-e^2}} \sin\theta \sin\psi$

$= \dfrac{x}{r^2} : \dfrac{y}{r^2-e^2} : \dfrac{z}{r^2-e^2}$

oder wie die Cosinus der Winkel α, β, γ welche die Normale an der betreffenden Stelle mit den Achsen macht. Man hat daher

$$\frac{\partial x}{\partial r}\partial r = \partial\nu \cos\alpha, \quad \frac{\partial y}{\partial r}\partial r = \partial\nu \cos\beta, \quad \frac{\partial z}{\partial r}\partial r = \partial\nu \cos\gamma;$$

$$\partial\nu = \partial r \sqrt{\left(\frac{\partial x}{\partial r}\right)^2 + \left(\frac{\partial y}{\partial r}\right)^2 + \left(\frac{\partial z}{\partial r}\right)^2}$$

$$= \partial r \frac{\sqrt{r^2 - e^2 \cos^2\theta}}{\sqrt{r^2 - e^2}}.$$

---

*) Crelle, Journ. f. Math. Bd. XXXVII, S. 33.

Hält man r und ψ fest, und ändert nur θ, so bleibt man auf gleichem Meridian, während ein festes r und θ und ein verändertes ψ einen Punkt desselben Parallelkreises geben. Man findet daher

$$\partial o^2 = \partial \theta^2 \left[\left(\frac{\partial x}{\partial \theta}\right)^2 + \left(\frac{\partial y}{\partial \theta}\right)^2 + \left(\frac{\partial z}{\partial \theta}\right)^2\right] = (r^2 - e^2 \cos^2 \theta)\partial \theta^2,$$

$$\partial p^2 = \partial \psi^2 \left[\left(\frac{\partial y}{\partial \psi}\right)^2 + \left(\frac{\partial z}{\partial \psi}\right)^2\right] = (r^2 - e^2)\sin^2\theta \, \partial \psi^2,$$

also schliesslich

$$\frac{\partial V}{\partial \nu} = \frac{\partial V}{\partial r} \sqrt{\frac{r^2 - e^2}{r^2 - e^2 \cos^2 \theta}}$$

$$\frac{\partial V}{\partial o} = \frac{\partial V}{\partial \theta} \cdot \frac{1}{\sqrt{r^2 - e^2 \cos^2 \theta}}$$

$$\frac{\partial V}{\partial p} = \frac{\partial V}{\partial \psi} \cdot \frac{1}{\sin\theta \sqrt{r^2 - e^2}}.$$

Betrachten wir zunächst den ersten Werth, so muss also für ein imaginäres e noch immer $\frac{\partial V}{\partial \nu}$ endlich bleiben, wenn auch $\theta = \frac{\pi}{2}$ und r oder $\varrho = 0$ gesetzt wird; dasselbe muss von Z^a gelten. Die Theile von Z^a, in welchen $n - m$ gerade ist, werden aber durch Differentiation nach ν für dieses ϱ und θ unendlich wenn Q in Z^a vorkommt; fassen wir irgend eines der betreffenden Glieder ohne die Constanten und ohne $\cos m\psi$ oder $\sin m\psi$, z. B.

$$(f) \quad P_m^n(\cos\theta) Q_m^n(\varrho)$$

in's Auge, so giebt es nach n differentiirt

$$\frac{1}{e} \frac{P_m^n(\cos\theta)}{\cos\theta} \frac{\partial Q_m^n(\varrho)}{\partial \varrho}, \quad (\varrho = 0, \cos\theta = 0).$$

Aber $P_m^n(\cos\theta)$ enthält ein von $\cos\theta$ unabhängiges Glied, wird also für $\theta = \frac{\pi}{2}$ von Null verschieden, folglich das Glied ∞, da $\frac{\partial Q(\varrho)}{\partial \varrho}$ für $\varrho = 0$ nicht verschwindet (§. 55).

Wegen der Glieder in welchen $n - m$ ungerade ist betrachte man noch die Differentiation von V nach o, welche für $r = 0$ aus (f) das Product eines endlichen Werthes, der nicht verschwindet in

$$\frac{1}{\cos\theta} \frac{\partial P_m^n(\cos\theta)}{\partial \theta}$$

hervorbringt, also für $\cos\theta = 0$ offenbar unendlich wird. Es dür-

§. 12, 10. Rotationsellipsoid. 329

fen also in V, die Q nicht mehr auftreten, und unser oben gefundener Werth für Z_i^n ist allgemein, auch für ein imaginäres e gültig.]

Es bleibt zur vollständigen Lösung unserer Aufgabe nur noch übrig, die δ, ε im ersten, γ, β im zweiten Falle zu bestimmen. Indem für $r = \mathfrak{r}$, welchem Werthe $\varrho = \dfrac{\mathfrak{r}}{e} = \varkappa$ entsprechen mag, Z^n in Y^n übergehen muss, entwickele man Letzteres zu leichterer Vergleichung vermittelst Anwendung des schon oft gebrauchten Ausdrucks von $P^n(\cos\gamma)$ nach Cosinus und Sinus der Vielfachen von ψ. Dann ist mit $P_m^n(\cos\theta)\cos m\psi$ in Y^n multiplicirt

$$(-1)^m \frac{2n+1}{4\pi} a_m^n \int_0^\pi d\theta_1 \sin\theta_1 P_m^n(\cos\theta_1) \int_0^{2\pi} f(\theta_1, \psi_1)\cos m\psi_1 \, d\psi_1,$$

dagegen in Z_a^n resp. Z_i^n für $\varrho = \varkappa$

$$\delta_m Q_m^n(\varkappa), \quad \gamma_m P_m^n(\varkappa),$$

so dass man unmittelbar δ_m und γ_m durch Gleichsetzung der Ausdrücke der letzten Zeile mit denen der vorhergehenden erhält. Hätte man die Factoren von $P_m^n(\cos\theta)\sin m\psi$ verglichen, so wäre aus Y^n ein Werth wie der obige nach Vertauschung von $\cos m\psi_1$ mit $\sin m\psi_1$, hervorgegangen, aus den Z resp.

$$\varepsilon_m Q_m^n(\varkappa), \quad \beta_m P_m^n(\varkappa).$$

Man erhält daher schliesslich als Lösung der Aufgabe durch Einsetzen der Werthe β, γ, etc.:

$$(10) \ldots Z_a^n = \frac{2n+1}{4\pi} \sum_{m=0}^{m=n} (-1)^m a_m^n \frac{Q_m^n(\varrho)}{Q_m^n(\varkappa)} P_m^n(\cos\theta) \times$$
$$\int_0^\pi d\theta_1 \sin\theta_1 P_m^n(\cos\theta_1) \int_0^{2\pi} f(\theta_1, \psi_1)\cos m(\psi - \psi_1)\, d\psi_1$$

$$(10,\alpha) \ldots Z_i^n = \frac{2n+1}{4\pi} \sum_{m=0}^{m=n} (-1)^m a_m^n \frac{P_m^n(\varrho)}{P_m^n(\varkappa)} P_m^n(\cos\theta) \times$$
$$\int_0^\pi d\theta_1 \sin\theta_1 P_m^n(\cos\theta_1) \int_0^{2\pi} f(\theta_1, \psi_1)\cos m(\psi - \psi_1)\, d\psi_1.$$

Eine weitere Reduction, wie sie bei der Aufgabe für die Kugel im §. 6 möglich war, ist hier trotz vielfacher verschiedenartigen Versuche, so lange die Buchstaben allgemein bleiben noch nicht möglich gewesen. (M. vergl. p. 332.) Damit man bei diesen oft angewandten Formeln die Bedeutung der eingeführten Buchstaben, so weit sie nicht Functionszeichen sind, vereint finden kann, wird nochmals erwähnt, dass r, $\sqrt{r^2-e^2}$, $\sqrt{r^2-e^2}$ die Achsen der gegebenen ellipsoidischen Fläche sind, dass $r = e \varkappa$, $r = e\varrho$ und

$$a_m^n = 2 \cdot \frac{(1.3.5 \ldots (2n-1))^2}{\Pi(n+m)\,\Pi(n-m)}$$

$$a_0^n = \left(\frac{1.3.5 \ldots (2n-1)}{1.2.3 \ldots n}\right)^2$$

gesetzt wurde.

§. 13. Es soll jetzt die zweite Methode zur Darstellung von R^{-1} auseinandergesetzt, also gezeigt werden, wie man mit Hülfe der Entwickelungen des §. 12 nach den Andeutungen des §. 7 die im §. 9 bereits aufgefundene, nach Kugelfunctionen geordnete Reihe für R^{-1} ableiten kann. Da R^{-1} ein Potential wie V_a des Punktes ϱ, θ, ψ ist wenn $\varrho > \varrho_1$ gedacht wird, so muss es die Form

$$\frac{1}{R} = \sum_n Z^n,$$

$$Z^n = \sum_m (\delta_m \cos m\psi + \varepsilon_m \sin m\psi)\, Q_m^n(\varrho)\, P_m^n(\cos\theta)$$

haben; es würde als Potential von ϱ_1, θ_1, ψ_1 die Form

$$\frac{1}{R} = \sum \zeta^n,$$

$$\zeta^n = \sum_m (\gamma_m \cos m\psi_1 + \beta_m \sin m\psi_1)\, P_m^n(\varrho_1)\, P_m^n(\cos\theta_1)$$

besitzen: man kann zeigen, dass für jedes n, Z^n und ζ^n übereinstimmen. Man beweist nämlich unten aus der vollständigen Symmetrie von R nach θ und θ_1, ferner nach ψ und ψ_1 (nicht nach ϱ und ϱ_1, da $\varrho > \varrho_1$ angenommen ist), dass die Entwickelung nach den Z, welche doch ursprünglich eine nach Kugelfunctionen in Bezug auf θ, ψ fortschreitende ist, auch eine solche in Bezug auf θ_1, ψ_1 sei, d. h. eine solche wie die nach den ζ: daraus folgt unmittelbar die Identität von Z und ζ.

Zum Beweise geht man davon aus, dass die Entwickelung irgend einer Function von θ und $\varphi = \psi - \psi_1$ nach Functionen der Gattung P in Bezug auf θ und φ zugleich eine Entwickelung in Bezug auf θ und ψ oder θ und ψ_1 ist, und umgekehrt. In der ersten Eigenschaft kann nämlich das n^{te} Glied

$$= \sum_{m=0}^{m=n} (k_m \cos m\varphi + l_m \sin m\varphi)\, P_m^n(\cos\theta)$$

gesetzt werden; das m^{te} Glied vorstehender endlichen Reihe behält nach Einsetzung des Werthes von φ die gleiche Form in Bezug auf θ und ψ oder ψ_1. Es verwandelt sich nämlich in das Product von P_m^n und von

$$(k_m \cos m\psi_1 + l_m \sin m\psi_1)\cos m\psi + (k_m \sin m\psi_1 - l_m \cos m\psi_1)\sin m\psi;$$

die Factoren von $\cos m\psi$ und $\sin m\psi$ sind aber in Bezug auf ψ Constante. Hier hat man den Beweis des Directen: um auch das Umgekehrte nachzuweisen, hat man nur zu erwägen, dass nun gezeigt ist, wie die Coefficienten δ, ε bei einer Function von $(\psi - \psi_1)$ und θ beschaffen sind, welche in Bezug auf θ und ψ nach Kugelfunctionen entwickelt wird. Setzt man das m^{te} Glied im n^{ten} gleich

$$(\delta_m \cos m\varphi + \varepsilon_m \sin m\psi) P_m^n(\cos\theta),$$

so werden die Constanten δ und ε aus anderen, k und l die kein ψ_1 enthalten durch

$$\delta = k\cos m\psi_1 + l\sin m\psi_1$$
$$\varepsilon = k\sin m\psi_1 - l\cos m\psi_1$$

zusammengesetzt sein müssen. Hierdurch hat man auch das Umgekehrte bewiesen, und weiss daher dass Z^n als Glied der Reihe für R^{-1}, welches eine Function von $\psi - \psi_1 = \varphi$ ist, die Form hat

$$Z^n = \sum_m (\delta_m^n \cos m(\psi - \psi_1) + \varepsilon_m^n \sin m(\psi - \psi_1)) Q_m^n(\varrho) P_m^n(\cos\theta).$$

Da R seinen Werth nicht ändert wenn $\psi - \psi_1$ mit $\psi_1 - \psi$ vertauscht wird, so muss ε verschwinden. Ferner ist das mit $\cos m(\psi - \psi_1)$ multiplicirte Glied in der Entwickelung von R^{-1} nach Cosinus der Vielfachen von $(\psi - \psi_1)$,

$$\sum_{n=m}^{n=\infty} \delta_m^n Q_m^n(\varrho) P_m^n(\cos\theta),$$

sicher symmetrisch nach θ und θ_1, welches letztere in δ vorkommt, so dass, wenn man für δ mit Hinzufügung des Arguments $\delta(\theta_1)$ setzt,

$$\sum_n \delta_m^n(\theta_1) P_m^n(\cos\theta) Q_m^n(\varrho) = \sum_n \delta_m^n(\theta) P_m^n(\cos\theta_1) Q_m^n(\varrho)$$

wird. Das in gleiche Q Multiplicirte, d. h. $\delta_m^n(\theta_1) P_m^n(\cos\theta)$ und $\delta_m^n(\theta) P_m^n(\cos\theta_1)$, muss gleich sein, d. h. es muss

$$\delta_m^n(\theta_1) = \alpha_m^n P_m^n(\cos\theta_1)$$

werden, wenn α eine Constante bezeichnet, die allerdings noch ϱ, enthalten kann. Stellt man die Resultate zusammen, so weiss man dass bei Entwickelung von R^{-1} in Bezug auf θ, ψ entsteht

$$\frac{1}{R} = \sum_n Z^n$$

$$Z^n = \sum_m \alpha_m P_m(\cos\theta) P_m(\cos\theta_1) Q_m(\varrho) \cos m(\psi - \psi_1),$$

so dass die Reihe der Z zugleich eine Entwickelung in Bezug auf θ_1 und ψ_1 bildet, also $Z^n = \zeta^n$ gesetzt werden kann. Setzt man die m^{ten} Glieder in Z^n und ζ^n gleich, so wird

$$(\gamma_m \cos m\psi_1 + \beta_m \sin m\psi_1) P_m^n(\varrho_1) = \alpha_m \cos m(\psi - \psi_1) P_m^n(\cos\theta) Q_m^n(\varrho)$$

wo α nur ϱ_1, β und γ nur ψ, θ, ϱ ohne Indices enthalten. Hieraus folgt unmittelbar dass

$$\alpha_m = b_m P_m^n(\varrho_1)$$

werden muss, wenn b eine rein numerische Constante bezeichnet, also

$$Z^n = \sum_{m=0}^{m=n} b_m P_m^n(\cos\theta) P_m^n(\cos\theta_1) P_m^n(\varrho_1) Q_m^n(\varrho).$$

Um schliesslich b zu bestimmen, mache man in

$$\frac{\varrho}{R} = \sum_n (\varrho Z^n)$$

ϱ und ϱ_1 unendlich, doch so dass $\frac{\varrho_1}{\varrho}$ ein endliches Verhältniss a erhält, welches natürlich < 1 ist. Dadurch geht die linke Seite in $\dfrac{1}{e\sqrt{1 - 2a\cos\gamma + a^2}}$ über, oder ϱZ^n verwandelt sich in $\dfrac{a^n}{e} P^n(\cos\gamma)$. Aber $\varrho Q_m^n(\varrho) P_m^n(\varrho_1)$ wird dann $\left(\dfrac{\varrho_1}{\varrho}\right)^n$, so dass

$$b_m = \frac{(-1)^m}{e} a_m^n$$

gefunden wird, und dadurch Z^n den Werth annimmt, welcher p. 320 für $\dfrac{1}{e} Y^n$ schon durch (8, a) gefunden war.

§. 14. Im §. 12 wurde erwähnt, dass im Allgemeinen die Gleichungen (10) eine Vereinfachung nicht gestatten; der Umstand nämlich, dass in den Nennern nach Grössen P_m^n oder Q_m^n vorkommen, verhindert die Ausführung der Summation. In einem besonderen Falle, wenn nämlich das Ellipsoid sich in einen Kreis verwandelt, lassen sich aber diese Functionen im Nenner gegen ähnliche im Zähler umtauschen und nach dieser Umformung kann die betreffende Reihe durch keine andere

§. 14, 10.   Rotationsellipsoid.

Transcendente als arc tang summirt werden. Soll das Ellipsoid in eine Kreisscheibe übergehn, so wird e imaginär $= ei$ und $r = 0$. In diesem Falle sind nämlich die Coordinaten der Grenzfläche $x = 0$, $y = e\sin\theta\cos\psi$, $z = e\sin\theta\sin\psi$, also die Fläche wird in der That Kreis; θ ist in Bezug auf jeden Punkt eine solche Grösse, dass $e\sin\theta$ die Entfernung des Punktes vom Mittelpunkte des Kreises bedeutet.

Setzt man zur Abkürzung unbeschadet der Allgemeinheit $e = 1$, so ist die Aufgabe, welche hier behandelt wird die folgende: Das Potential eines beliebigen Punktes O in Bezug auf eine Kreisscheibe mit dem Radius 1 soll gefunden werden, wenn dasselbe für die Punkte in der Scheibe selbst gegeben, $= f(\theta, \psi)$ ist. Nimmt man später im besonderen Falle an, dass f von ψ unabhängig sei, so hängt das Potential eines jeden Punktes auf der Kreisscheibe selbst nur von der Entfernung vom Mittelpunkte $\sin\theta$ ab.

Es verwandelt sich hier $\varrho = \dfrac{r}{e}$ in $-ir$, und $\varkappa$ oder $\dfrac{r}{e} = -ir$ in $-0i$, wenn $-0i$ zwar 0 ist, aber wie früher die Grenze einer negativ rein imaginären Grösse bezeichnet. Die lineare Coordinate kommt hier nur in der Verbindung

$$\frac{Q(\varrho)}{Q(\varkappa)}$$

vor, und dieser Quotient ändert sich nicht wenn ϱ und $\varkappa$ zugleich mit $-\varrho$ und $-\varkappa$ vertauscht werden, so dass man für ihn auch $\dfrac{Q(ri)}{Q(0i)}$ setzen darf. In dieser Untersuchung soll die Grösse ri, nicht wie es früheren Feststellungen entspräche $-ri$, durch ϱ bezeichnet werden. Das gesuchte Potential ist dann nach (10)

$$V_e = \int_0^\pi d\theta_1 \sin\theta_1 \int_0^{2\pi} f(\theta_1, \psi_1) S\, d\psi_1,$$

$$S = \sum_{n=0}^{n=\infty} \frac{2n+1}{4\pi} A_n, \quad \psi - \psi_1 = \varphi$$

$$A_n = \sum_{m=0}^{m=n} (-1)^m a_m P_m(\cos\theta) P_m(\cos\theta_1) \frac{Q_m(\varrho)}{Q_m(0i)} \cos m\varphi.$$

Wir beginnen mit der Transformation des Quotienten der beiden Q, der nach (45) auf p. 153 gleich

$$(a) \ldots \int_{-\infty}^{\infty} \frac{\cos m i t \, dt}{(\varrho + \cos it \sqrt{\varrho^2 - 1})^{n+1}} : \frac{1}{i^{n+1}} \int_{-\infty}^{\infty} \frac{\cos m i t \, dt}{(\cos it)^{n+1}}$$

wird. Den Nenner bestimmt man numerisch indem man $e^t = x$ setzt, wodurch das Integral in

$$2^{n+1} \int_0^{\infty} \frac{x^{m+n} \, dx}{(1+x^2)^{n+1}} = 2^n \int_0^{\infty} \frac{x^{\frac{m+n-1}{2}} \, dx}{(1+x)^{n+1}}$$

oder in

$$2^n \frac{\Gamma\frac{n+m+1}{2} \Gamma\frac{n-m+1}{2}}{\Gamma(n+1)}$$

übergeht. Bezeichnet man das Integral für den Augenblick durch J_m, so würde das Product

$$J_m \cdot J_{m+1} = 4^n \frac{\Gamma\frac{n+m+1}{2} \Gamma\frac{n+m+2}{2} \Gamma\frac{n-m+1}{2} \Gamma\frac{n-m}{2}}{(\Gamma(n+1))^2}$$

oder gleich $2\pi \dfrac{\Pi(n+m)\Pi(n-m-1)}{\Pi(n)\Pi(n)}$ sein, so dass der reciproke Werth von J_m die Form

$$\frac{1}{J_m} = \frac{\Pi(n)\Pi(n)}{2\pi \Pi(n+m)\Pi(n-m-1)} J_{m+1}$$

annimmt. Man bezeichne nun durch s eine positiv reelle Grösse, die man sich verschwindend denken kann, und setze $si = \sigma$, so dass σ wie ϱ rein imaginär wird. Dann ist J_{m+1} gleich

$$i^{n+1} \int_{-\infty}^{\infty} \frac{\cos(m+1)it \, dt}{(\sigma + \cos it \sqrt{\sigma^2 - 1})^{n+1}}, \quad (\sigma = 0),$$

oder nach (45)

$$= 2i^{n+1} \frac{\Pi(n+m+1)\Pi(n-m-1)}{\Pi(n).1.3\ldots(2n+1)} Q_{m+1}(\sigma)$$

$$= 2i^{n+1} \frac{\Pi(n+m+1)\Pi(n-m-1)}{\Pi(n)\Pi(n)} \int_0^{\log\sqrt{\frac{\sigma+1}{\sigma-1}}} (\sigma - \cos iu \sqrt{\sigma^2-1})^n \cos(m+1)iu \, du.$$

Dadurch geht der ganze Nenner von (a) zur $(-1)^{\text{ten}}$ Potenz in

$$\frac{(-1)^{n+1}}{\pi}(n+m+1) \int_0^{\log\sqrt{\frac{\sigma+1}{\sigma+1}}} (\sigma - \cos iu \sqrt{\sigma^2-1})^n \cos(m+1)iu \, du; \, (\sigma = 0),$$

über, und dies gilt, wie man nachträglich einsieht, noch für $n = m$,

§. 14, 10.   Rotationsellipsoid.   335

worüber bei der Aufsuchung dieses Werthes noch Zweifel obwalten könnten, indem bei derselben $n-m$ als Nenner auftrat.

[Zur nachträglichen Verification: Da $\sigma = is$, so bringe man das vorstehende Integral in die Form von (45, a)

$$-i\int_0^{\text{arc cotg} s} (\sigma - \cos u \sqrt{\sigma^2-1})^n \cos(m+1) u\, du;$$

wird $s = 0$ gesetzt, so entsteht:

$$(-i)^{n+1} \int_0^{\frac{\pi}{2}} \cos^n u \cos(m+1) u\, du.$$

Bekanntlich ist dies

$$(-i)^{n+1} \frac{\pi}{2^{n+1}} \frac{\Gamma(n+1)}{\Gamma\frac{n+m+3}{2} \Gamma\frac{n-m+1}{2}},$$

also der ganze zu betrachtende Ausdruck

$$\frac{i^{n+1}}{2^n} \cdot \frac{\Gamma(n+1)}{\Gamma\frac{n+m+1}{2} \Gamma\frac{n-m+1}{2}}$$

was er auch sein sollte.]

Zur ferneren Umgestaltung benutze man die Gleichung (b) des §. 55, aus der, wenn man $x = \sigma$ und $\sigma = 0$ macht, folgt, dass für $\sigma = 0$ unser Integral mit dem Factor $(n+m+1)$ gleich ist $-i$ mal dem Differentialquotienten desselben Integrals, in dem nur $m+1$ durch m ersetzt ist. Wird noch ausserdem der Logarithmus durch seinen Werth $-i\,\text{arc cotg}\, s$ ersetzt, und für iu die Veränderliche u eingeführt, so verwandelt sich die $(-1)^{te}$ Potenz des Nenners in

$$\frac{(-1)^n}{\pi} \frac{\partial}{\partial \sigma} \int_0^{\text{arc cotg} s} (\sigma - \cos u \sqrt{\sigma^2-1})^n \cos mu\, du;$$

$$(\sigma = 0); \quad \left(0 < \text{arc cotg}\, s < \frac{\pi}{2}\right).$$

Diesen Ausdruck setze man in A_n ein, so wird diese Grösse gleich dem Werthe des Differentialquotienten einer anderen nach σ oder nach is für $s = 0$. Macht man

$$A_n = \left(\frac{\partial B_n}{\partial s}\right); \quad (s = 0); \quad \left(0 < \text{arc cotg}\, s < \frac{\pi}{2}\right);$$

so hat man endlich

$$\pi B_n = (-1)^{n+1} i \sum_{m=0}^{m=n} (-1)^m a_m^n P_m^n(\cos\theta) P_m^n(\cos\theta_1) \cos m\varphi \times$$
$$\left(\int_{-\infty}^{\infty} \frac{\cos mit\, dt}{(\varrho + \cos it\, \sqrt{\varrho^2-1})^{n+1}}\right)\left(\int_0^{\operatorname{arc\,cotg} s} (\sigma - \cos u\, \sqrt{\sigma^2-1})^n \cos mu\, du\right).$$

Nachdem jetzt die zu summirende Reihe zweckmässig in der Art umgeformt worden ist, welche am Anfange dieses Paragraphen angedeutet wurde, so kann man zur Summation übergehen. Da der im §. 42 mit ψ_0 bezeichnete kritische Winkel, welcher bei der imaginären Substitution vorkam, jedenfalls über $\frac{\pi}{2}$ liegt, und u unter $\frac{\pi}{2}$ bleibt, so ist diese Substitution hier gestattet, und daher nach §. 58 das Product aus $\cos mu$ in das Integral nach t gleich

$$\int_{-\infty}^{\infty} \frac{\cos mit\, dt}{(\varrho + \cos(it-u)\, \sqrt{\varrho^2-1})^{n+1}}.$$

Vereinigt man in dem Ausdrucke von B alle Glieder, welche den Index m enthalten, betrachtet also

$$\sum_{m=0}^{m=n} (-1)^m a_m^n P_m^n(\cos\theta) P_m^n(\cos\theta_1) \cos m\varphi \cos mit,$$

und setzt

$$\cos m\varphi \cos mit = \tfrac{1}{2}\cos m(it+\varphi) + \tfrac{1}{2}\cos m(it-\varphi),$$

so wird die Summe nach m gleich

$$\tfrac{1}{2} P^n(\alpha) + \tfrac{1}{2} P^n(\beta),$$

wenn zur Abkürzung

$$\alpha = \cos\theta\cos\theta_1 + \sin\theta\sin\theta_1\cos(it-\varphi),$$
$$\beta = \cos\theta\cos\theta_1 + \sin\theta\sin\theta_1\cos(it+\varphi)$$

gemacht ist. Es verwandelt sich dadurch $2\pi B_n$ in

$$(-1)^{n+1} i \int_{-\infty}^{\infty} P^n(\alpha)\, dt \int_0^{\operatorname{arc\,cotg} s} \frac{(\sigma - \cos u\, \sqrt{\sigma^2-1})^n}{(\varrho + \cos(it-u)\, \sqrt{\varrho^2-1})^{n+1}} du$$

vermehrt um den Ausdruck, welcher im übrigen dem vorstehenden gleich ist, in dem nur β für α vorkommt. Führt man in dem letzteren $-t$ für t ein, wodurch $P^n(\beta)$ in $P^n(\alpha)$ übergeht, so findet man endlich

$$2\pi B_n = (-1)^{n+1} i \int_{-\infty}^{\infty} P^n(\alpha)\, U\, dt,$$

wenn U die Summe der beiden durch die nachfolgende Formel mit doppeltem Zeichen dargestellten Ausdrücke ist:

$$(b) \ldots \int_0^{\operatorname{arc\,colg} s} \frac{(\sigma - \cos u \sqrt{\sigma^2-1})^n du}{(\varrho + \cos(u \pm it)\sqrt{\varrho^2-1})^{n+1}}.$$

Durch Vergleichung derselben mit den im §. 75 vorkommenden Formeln erkennt man leicht, dass (b) eine Function Q^n darstellen wird; da der hier vorkommende Fall dort nicht genau in gleicher Form auftritt, so möchte es zweckmässig sein, die allgemeine Methode, welche man dort kennen lernte, dem vorliegenden speciellen Falle anzupassen. Setzt man, wie im ersten Falle des §. 25, p. 65

$$\cos u = \frac{\sigma \cos v + \sqrt{\sigma^2-1}}{\sigma + \cos iv \sqrt{\sigma^2-1}},$$

$$\sin u = \frac{\sin iv}{\sigma + \cos iv \sqrt{\sigma^2-1}},$$

$$\sigma - \cos u \sqrt{\sigma^2-1} = \frac{1}{\sigma + \cos iv \sqrt{\sigma^2-1}},$$

$$du = \frac{idv}{\sigma + \cos iv \sqrt{\sigma^2-1}},$$

so wächst v von 0 bis ∞, während u von 0 bis zur oberen Grenze zunimmt; der Zähler des Ausdrucks unter dem Integrale wird nach der Substitution idv; der Nenner die $(n+1)^{te}$ Potenz von

$$\gamma + \sqrt{\gamma^2-1} \cos(\chi \pm iv),$$

wenn man

$$\gamma = \varrho\sigma + \cos it \sqrt{\varrho^2-1}\sqrt{\sigma^2-1},$$

$$\cos\chi \sqrt{\gamma^2-1} = \varrho\sqrt{\sigma^2-1} + \cos it . \sigma \sqrt{\varrho^2-1},$$

$$\sin\chi \sqrt{\gamma^2-1} = \sin it \sqrt{\varrho^2-1}$$

macht. Nun ist γ negativ reell und >1, indem ϱ, σ rein imaginäre positive Grössen bezeichnen, daher wird γ^2-1 positiv; wenn man $\sqrt{\gamma^2-1}$ wie bisher immer mit demselben Zeichen wie γ, d. h. mit dem negativen nimmt, so zeigt sich dass $\cos\chi$ reell und positiv, $\sin\chi$ gleichfalls reell, also χ reell und $< \pm \frac{\pi}{2}$ ist. Es reducirt sich folglich die Summe der zwei Integrale in (b) oder U auf

$$i\int_0^\infty \frac{dv}{(\gamma + \cos(\chi + iv)\sqrt{\gamma^2-1})^{n+1}} + i\int_0^\infty \frac{dv}{(\gamma + \cos(\chi - iv)\sqrt{\gamma^2-1})^{n+1}},$$

d. h. auf
$$i\int_{-\infty}^{z} \frac{dv}{(\gamma+\cos(\chi+iv))\sqrt{\gamma^2-1}^{n+1}},$$
oder wegen des Werthes $\chi < \pm\frac{\pi}{2}$, welcher die imaginäre Substitution (p. 110) gestattet, auf $2iQ^n(\gamma)$. So findet man endlich, da
$$Q^n(\gamma) = (-1)^{n+1} Q^n(-\gamma),$$
wo übrigens $-\gamma$ positiv und grösser als 1 ist,
$$\pi B_n = -\int_{-\pi}^{\pi} P^n(\alpha) Q^n(-\gamma) dt.$$

Geht man auf S zurück, so ist es der Differentialquotient eines Ausdrucks, der C heissen mag, nach s für $s=0$, also
$$(c) \ldots \quad S = \frac{\partial C}{\partial s}, \quad (s=0),$$
$$C = -\sum_{n=0}^{n=\infty} \frac{2n+1}{4\pi^2} \int_{-\pi}^{\pi} P^n(\alpha) Q^n(-\gamma) dt.$$

Die letzte Reihe kann man durch die schon häufig benutzte Formel (14) auf p. 39 summiren, und dadurch C in
$$C = -\frac{1}{4\pi^2} \int_{-\pi}^{\pi} \frac{dt}{-\gamma - \alpha}$$
verwandeln, wenn nur $M(\alpha + \sqrt{\alpha^2-1}) < M(\gamma + \sqrt{\gamma^2-1})$ wird; diese Ungleichheit findet in der That statt, wie sich durch ein Verfahren zeigen lässt, welches dem auf p. 318 bei ähnlicher Gelegenheit angewandten entspricht.

[Man macht $\alpha = p \cos q + i \sqrt{p^2-1} \sin q$, d. h.
$$p \cos q = \cos\theta \cos\theta_1 + \sin\theta \sin\theta_1 \cos\varphi \cos it$$
$$\sqrt{p^2-1} \sin q = \sin\theta \sin\theta_1 \sin\varphi \frac{\sin it}{i};$$
es ist dann $M(\alpha + \sqrt{\alpha^2-1}) = p + \sqrt{p^2-1}$. Wir zeigen, dass p immer $\leq \cos it$, welches zur Abkürzung z sei. Zunächst wird für $z=1$
$$p \cos q = \cos\theta \cos\theta_1 + \sin\theta \sin\theta_1 \cos\varphi,$$
$$\sqrt{p^2-1} \sin q = 0,$$
also $\sin q = 0$ und p genau 1, also $= z$. Dass ferner bei wachsendem z und festgehaltenem θ, etc., p nicht $> z$ werden kann, lässt sich folgendermassen zeigen: Macht man

$$\cos\theta\cos\theta_1 = a,$$
$$\sin\theta\sin\theta_1 = b,$$

so wäre sonst

$$a + b\cos\varphi.z < z\cos q,$$
$$b\sin\varphi\sqrt{z^2-1} < \sin q\sqrt{z^2-1},$$

d. h. $b\sin\varphi < \sin q$, also

$$1 > \left(b\cos\varphi + \frac{a}{z}\right)^2 + b^2\sin^2\varphi$$
$$> b^2 + 2\frac{ab}{z}\cos\varphi + \frac{a^2}{z^2},$$

d. h. es müsste 1 die dritte Seite eines Dreiecks übertreffen, dessen eine Seite $b = \sin\theta\sin\theta_1$, dessen zweite $= \frac{a}{z} < \cos\theta\cos\theta_1$ ist. Dies kann nicht geschehen, da $a+b \leqq 1$. Es bleibt daher p unter z, oder $p + \sqrt{p^2-1}$ unter $z + \sqrt{z^2-1}$, während die negativ reelle Grösse γ, selbst für $\sigma = 0$ noch absolut grösser als z, daher

$$M(\gamma + \sqrt{\gamma^2-1}) > z + \sqrt{z^2-1}$$

wird. Die obige Summation ist also gestattet.]

Man hat nun, wenn für ϱ und σ die ursprünglichen reellen Grössen $\varrho = ri$, $\sigma = si$ eingeführt werden, wodurch $-\gamma$ sich in $rs + \cos it\sqrt{r^2+1}\sqrt{s^2+1}$ verwandelt, für C den Werth

$$(d) \ldots -4\pi^2 C =$$

$$\int_{-\infty}^{\infty} \frac{dt}{rs - \cos\theta\cos\theta_1 + \cos it(\sqrt{r^2+1}\sqrt{s^2+1} - \sin\theta\sin\theta_1\cos\varphi) - \sin\theta\sin\theta_1\sin\varphi\sin it}.$$

Nach den Entwickelungen des §. 42, p. 115, da $rs - \cos\theta\cos\theta_1$ nicht immer positiv bleibt, wohl aber das $A+B$ der Formel (31,a), [nämlich

$$A + B = rs + \sqrt{r^2+1}\sqrt{s^2+1} - (\cos\theta\cos\theta_1 + \sin\theta\sin\theta_1\cos\varphi)$$

ist positiv, weil die zu subtrahirende Grösse nie 1 überschreitet], wird nun

$$-2\pi^2 C = \frac{1}{E}\operatorname{arc\,cotg}\frac{rs - \cos\theta\cos\theta_1}{E}, \quad \left(0 < \text{arc} < \frac{\pi}{2}\right)$$

wenn $rs - \cos\theta\cos\theta_1$ positiv ist, im anderen Falle

$$= -\frac{1}{E}\left(\operatorname{arc\,cotg}\frac{\cos\theta\cos\theta_1 - rs}{E} - \pi\right).$$

Die positive Grösse E bezeichnet hier folgenden Ausdruck

$$E^2 = r^2 + s^2 + \sin^2\theta + \sin^2\theta_1 + 2rs\cos\theta\cos\theta_1 - 2\sqrt{r^2+1}\sqrt{s^2+1}\sin\theta\sin\theta_1\cos\varphi,$$

ist also die geradlinige Entfernung der Punkte (r, θ, ψ) und $(s, \pi-\theta_1, \psi_1)$. Da im zweiten der obigen Fälle mit $+\frac{1}{E}$ eine Grösse multiplicirt wird, die zwischen $\frac{\pi}{2}$ und π liegt, so fasst man beide Formeln in die eine zusammen

$$(11) \ldots \quad -2\pi^2 C = \frac{1}{E}\operatorname{arc\,cotg}\frac{rs-\cos\theta\cos\theta_1}{E},$$

in welcher der arc positiv, zwischen 0 und π genommen wird; man füge noch die Gleichung aus p. 338 hinzu:

$$(11, a) \ldots \quad S = \frac{\partial C}{\partial s}, \quad (s = 0).$$

Den Werth S setzt man schliesslich in V_a ein.. Eine Ausführung der Differentiation, nach der man $s = 0$ machen kann, bietet offenbar nicht die geringsten Schwierigkeiten dar, aber eben so wenig einen Umstand, der hier von Interesse wäre.

Der besondere Fall, in welchem $f(\theta, \psi)$ von ψ unabhängig ist, und in dem es mit $f(\theta)$ bezeichnet werden mag, erlaubt noch eine weitere Reduction unserer Ausdrücke, da nun f vor das innere Integral tritt, und V_a auf p. 333 sich in

$$V_a = \int_0^\pi \mathfrak{S}\cdot f(\theta_1)\sin\theta_1\,d\theta_1,$$

verwandelt, wenn

$$\mathfrak{S} = \int_0^{2\pi} S\,d\psi_1$$

gesetzt ist. Offenbar wird, entsprechend $(11, a)$

$$\mathfrak{S} = \frac{\partial \mathfrak{C}}{\partial s}, \quad (s = 0)$$

wenn man

$$\mathfrak{C} = \int_0^{2\pi} C\,d\psi_1$$

macht; während C auf arc cotg führte, wird $\mathfrak{C}$, wie gezeigt werden soll, ein elliptisches Integral geben: ist dieses gefunden, so kann wie in dem allgemeineren Falle, die Rechnung abgebrochen werden.

Am bequemsten kommt man zum Ziele, wenn die Integration nach ψ_1 an C in der Form (d) ausgeführt wird, zu welchem Zwecke man den Nenner des Integrals, der bisher nach $\cos it$ und $\sin it$

geordnet war, d. h. die Form hatte
$$a + b\cos it + c\sin it$$
wo a, b und c kein t enthielten, nach ψ_1, oder was hier genügt nach φ auf
$$a + b\cos\varphi + c\sin\varphi$$
bringt, wo
$$a = rs - \cos\theta\cos\theta_1 + \sqrt{r^2+1}\sqrt{s^2+1}\cos it$$
$$b = -\sin\theta\sin\theta_1\cos it$$
$$c = -\sin\theta\sin\theta_1\sin it$$
gemacht ist, und a, b reell, ersteres selbst für $s = 0$ positiv, c rein imaginär wird. In ähnlichen Fällen haben wir schon früher das allgemeine Prinzip erwähnt, nach welchem eine solche Integration nach $\varphi = \psi - \psi_1$ statt nach ψ_1, von 0 bis 2π ausgeführt werden kann. Man erhält dann aus p. 132
$$\int_0^{2\pi} \frac{d\varphi}{a - b\cos\varphi - c\sin\varphi} = \frac{2\pi}{\sqrt{a^2 - b^2 - c^2}},$$
wo
$$a^2 - b^2 - c^2 = (rs - \cos\theta\cos\theta_1 + \sqrt{r^2+1}\sqrt{s^2+1}\cos it)^2 - \sin^2\theta\sin^2\theta_1$$
offenbar noch für $s = 0$ positiv bleibt.

[Setzt man nämlich $a^2 - b^2 - c^2 = M^2$, indem man §. 47 den ersten Fall beachtet, nimmt M positiv, und
$$a = M . x$$
$$b = M . \sqrt{x^2 - 1}\cos\chi$$
$$c = M . \sqrt{x^2 - 1}\sin\chi,$$
so ist x positiv reell und grösser als 1, also $\cos\chi$ negativ reell, und $\sin\chi$ rein imaginär mit dem Zeichen von $-\sin it$; es hat also χ die Form $\pi + iv$ wenn v eine rein reelle Grösse ist, welche das Zeichen von t besitzt etc. etc.

Bequemer führt Jacobi's Ausdruck auf p. 133 zum Ziele. Die Bedingung (ϵ) dort, welche hier erfüllt wird, verwandelt sich nach unserer Bezeichnung in
$$\frac{b^2}{a^2} < 1.$$
In der That ist
$$a \pm b = rs - \cos\theta\cos\theta_1 + \cos it(\sqrt{r^2+1}\sqrt{s^2+1} \mp \sin\theta\sin\theta_1)$$
selbst noch für $t = 0$ positiv.]

Man hat nun für $\mathfrak{C}$ seinen Ausdruck durch ein elliptisches Integral

$$-2\pi\mathfrak{C} = \int_{-\infty}^{+\infty} \frac{dt}{\sqrt{\sqrt{r^2+1}\sqrt{s^2+1}\cos it + rs - \cos(\theta-\theta_1)} \cdot \sqrt{\sqrt{r^2+1}\sqrt{s^2+1}\cos it + rs - \cos(\theta+\theta_1)}}$$

gefunden; dieses kann man durch bekannte Transformationsformeln wie sie z. B. Luchterhandt im 17ten, Richelot im 34sten Bande des Crelle'schen Journals angegeben hat, in die canonische Form der elliptischen Integrale bringen. Zur Abkürzung setze man

$$p = r\cos\theta \qquad m = s\cos\theta_1$$
$$q = \sqrt{r^2+1}\sin\theta \qquad n = \sqrt{s^2+1}\sin\theta_1,$$

und hat so Grössen eingeführt, deren geometrische Bedeutung man leicht erkennt. Führt man im Integrale $\cos it = y$ statt t ein, so entsteht:

$$-\pi\mathfrak{C} = \frac{1}{\sqrt{(r^2+1)(s^2+1)}} \int_1^{+\infty} \frac{dy}{\sqrt{(y-\alpha)(y-\beta)(y-\gamma)(y-\delta)}},$$

wo $\alpha = 1$, $\delta = -1$

$$\beta = \frac{\cos(\theta-\theta_1) - rs}{\sqrt{r^2+1}\sqrt{s^2+1}}$$

$$\gamma = \frac{\cos(\theta+\theta_1) - rs}{\sqrt{r^2+1}\sqrt{s^2+1}}.$$

Dann wird

$$-\pi\mathfrak{C} = \frac{1}{M} \int_{x_0}^{x_1} \frac{dx}{\sqrt{1-x^2}\sqrt{1-k^2 x^2}}$$

wo x_0, x_1, k, M folgende Werthe annehmen:

$$M = \sqrt{(m+p)^2 + (n+q)^2}$$

$$k^2 = \frac{4nq}{(m+p)^2 + (n+q)^2}, \quad x_0 = -1$$

$$x_1 = \frac{\cos\theta\cos\theta_1 - rs}{\sqrt{r^2+1}\sqrt{s^2+1} - \sin\theta\sin\theta_1}.$$

Hier sind zwei Fälle wesentlich zu unterscheiden:

1) Ist x_1 negativ, so wird erhalten

$$-\pi\mathfrak{C} = \frac{1}{M}\left(K - \int_0^y \frac{dx}{\sqrt{1-x^2}\sqrt{1-k^2 x^2}}\right),$$

§. 15, 11.   Rotationsellipsoid.   343

$$g = \frac{rs - \cos\theta \cos\theta_1}{\sqrt{r^2+1}\sqrt{s^2+1} - \sin\theta \sin\theta_1},$$

wenn K, wie üblich, das ganze Integral bezeichnet.

2) Ist x_1 positiv, so wird das Integral von -1 bis x_1 gleich einem von -1 bis 0 oder K, vermehrt um eines von 0 bis x_1. Man findet also

$$-\pi\mathfrak{E} = \frac{1}{M}\left(K + \int_0^h \frac{dx}{\sqrt{1-x^2}\sqrt{1-k^2 x^2}}\right)$$

$$h = \frac{\cos\theta \cos\theta_1 - rs}{\sqrt{r^2+1}\sqrt{s^2+1} - \sin\theta \sin\theta_1},$$

wodurch auch der besondere Fall erledigt ist.

✱ §. 15. Es bleibt noch übrig, die Art mitzutheilen auf welche der Nachweis gelingt, dass die Entwickelung von R^{-1} nach Kugelfunctionen, wenn sie auch wie im §. 9 unter der ausdrücklichen Annahme erfolgt ist, dass θ nahe Null sei, noch für die übrigen Werthe von θ gültig bleibt.

1) Setzt man $\tan\frac{\theta}{2} = u$, wodurch

$$\sin\theta = \frac{2u}{1+u^2}, \quad \cos\theta = \frac{1-u^2}{1+u^2}$$

wird, so verwandelt sich R und R^{-1} in eine Function von u, welche endlich, monogen und monodrom bleibt so lange u Werthe annimmt, die sich höchstens um eine wenn auch kleine Grösse über die Achse des Reellen erheben oder unter dieselbe herabsinken, also, um dasselbe mit anderen Worten zu wiederholen, so lange u nicht aus einem wenn auch schmalen Streifen S heraustritt, der in unendlicher Längenausdehnung die Achse des Reellen umgiebt. In der That ist dies wie bekannt der Fall, wenn es einen solchen Streifen giebt, in dem R nie verschwindet. Es kann aber R für kein reelles θ, also für kein reelles u verschwinden, weil sonst zugleich

$$x = x_1; \quad y = y_1; \quad z = z_1$$

wäre, was unmöglich ist, da die Punkte (x, y, z) und (x_1, y_1, z_1) verschiedenen ellipsoidischen Flächen angehören, wenn man r und r_1 festhält, und θ und ψ, auch θ_1 und ψ_1 alle möglichen reellen Werthe giebt. Hieraus folgt unmittelbar, das für jedes festgehaltene r, r_1, θ_1, ψ_1, ψ nur solche u die Grösse R zu Null machen, welche nicht auf der Achse des Reellen selbst liegen, so dass ein Streifen σ mit derselben Eigenschaft noch existirt, wenn man auch θ_1, ψ_1, ψ alle möglichen reellen Werthe giebt. Setzt man fest, dass für ein reelles u immer R die positive Grösse sei, so ist R im ganzen Streifen σ vollständig bestimmt.

2) Die Grösse R^{-1}, in der θ durch u ersetzt ist, wenn u irgend einen ihm in σ zukommenden Werth hat, lässt sich nach dem Satze von Dirichlet immer in eine convergente Reihe von Kugelfunctionen in Bezug auf θ_1 und ψ_1 entwickeln, so dass

$$\frac{1}{R} = \sum_{n=0}^{n=\infty} \mathfrak{Y}^n,$$

wo $\mathfrak{Y}^n$ als Doppelintegral durch §. 98, d gegeben ist. Die erwähnte Formel liefert, wenn man die dortigen Zeichen beibehält, die Entwickelung einer Function $f(\theta, \psi)$ nach Kugelfunctionen in Bezug auf θ, ψ; ist v ein in f vorkommender Parameter, in Bezug auf welchen f endlich, monogen und monodrom bleibt, wenn v nie aus einem Raume σ heraustritt, so ist dasselbe mit $\sin\theta_1 f(\theta_1, \psi_1) P_n(\cos\gamma)$ der Fall, also mit dem Integrale nach ψ_1 und θ_1 zwischen endlichen Grenzen 0 und π resp. 2π, also mit dem n^{ten} Gliede der Entwickelung von $f(\theta, \psi)$. Hieraus folgt, indem man statt v, θ, ψ hier u, θ_1, ψ_1 und

$$f(\theta_1, \psi_1) = \frac{1}{R}$$

setzt, dass $\mathfrak{Y}^n$ endlich, monodrom und monogen nach u in dem Streifen σ bleibt.

3) Ist u reell und nahe Null, so kennt man den Werth von $\mathfrak{Y}^n$ aus §. 9 Gleich. (8, a), und sieht dass es eine ganze Function n^{ten} Grades von $\sin\theta$ und $\cos\theta$, das dortige $\frac{1}{e}Y^n$ ist. In u umgesetzt, wird es eine rationale Function von u, die endlich bleibt wenn man die Breite von σ, sollte der Streifen sich bis auf $\pm i$ ausdehnen, in einem schmäleren S zusammenzieht. Es wird daher für alle u des Streifens S, — für uns genügt dass man weiss für alle reellen u — die Function $\mathfrak{Y}^n$ mit $\frac{1}{e}Y^n$ übereinstimmen.

§. 16. Zum Schlusse dieses Kapitels ist noch das Historische über die hier behandelten Aufgaben mitzutheilen. Lamé hat für die dreiachsigen Ellipsoide im 4ten Bande des Liouville'schen Journals vom Jahre 1839 die hier in Frage kommende Aufgabe aus der Wärmelehre gelöst, welche wie man sah, mit der andern, im §. 12 behandelten übereinstimmt: das Potential, wenn es an der Oberfläche des Körpers gegeben ist, für innere Punkte zu finden. Auf die erste Abhandlung, welche die ungleichachsigen Ellipsoide behandelt, aus deren reichem Inhalte bereits in der Theorie Manches mitgetheilt wurde, und von welchem man noch Weiteres im folgenden Kapitel erfahren wird, liess er in demselben Bande eine zweite folgen, in der er zeigt, wie die allgemeinere Methode sich für den speciellen Fall des Rotationsellipsoids gestaltet, — wie die im allgemeinen Falle auftretenden Producte der E sich in Producte aus trigonometrischen Grössen mit fertig gebildeten endlichen Reihen verwandeln. Somit ist die erste Lösung dieser Aufgabe auch für die Rotationsellipsoide von Lamé geliefert.

In seiner Inaugural-Dissertation, die im April 1842 erschien, darauf im 26sten Bande des Crelle'schen Journals vom Jahre 1843 hat der Verf. dieselbe Aufgabe behandelt, indem er das Rotationsellipsoid zum Ziele nahm, und sie durch die Methode, welche im §. 12 angegeben ist, löste. Aus den Resultaten dieser Arbeit ist zu erwähnen, dass die bei Lamé auftretenden Reihen sich hier als die P_m^n erwiesen. Dadurch dass man die bekannten Eigenschaften der P anwandte, bekamen die Endformeln auch in anderen Theilen eine bessere Form, indem bei Lamé z. B. in den Nennern unausgeführte Integrale auftreten, die bei uns durch ihre einfachen numerischen Werthe ersetzt werden konnten.

Das Resultat in der Form wie der Verf. es fand hat Lamé in seinem Werke: „Sur les fonctions inverses" vom Jahre 1857 abgeleitet; der Theorie der Anziehung oder Wärme ist in dieser Schrift nichts wesentlich Neues hinzugefügt worden. Liouville bemerkt in seinen Arbeiten aus dem Jahre 1846 im XI. Bande seines Journals S. 217—236 und 261—290 gleichfalls, dass die besprochenen Functionen die P_m^n sind, und fügt am Schlusse hinzu, dass er die dort veröffentlichten Untersuchungen schon vier Jahre früher vollendet habe *).

Dieselbe Aufgabe für den äusseren Punkt (Aufsuchung von V_a des §. 12) hat der Verfasser zuerst gelöst.

Neumann gab der Function Q_m^n, welche in V_a vorkommt, und bei dem Verf. als hypergeometrische Reihe angewandt wurde, im 37sten Bande des Crelle'schen Journals die Form des §.59, ferner verbesserte er Lamé's und des Verfassers Arbeit über V_i in einem Punkte (in §. 12 ist derselbe hervorgehoben), indem er das Verschwinden gewisser Constanten, wenn die Eccentricität imaginär ist, strenge nachwies. Zwar hat der Verf. im 29sten Bande des Crelle'schen Journ. nachträglich einen wohl genügenden Beweis hierfür geliefert; dieser ist aber viel umständlicher, und sicherlich nicht so naturgemäss. Neumann hat auch den magnetischen Zustand eines Ellipsoides bei vertheilenden Kräften bestimmt. Zur Entwickelung von $\frac{1}{R}$ auf die es, wie man weiss hierbei ankommt, bedient er sich nicht der im §. 9 angewandten Methode sondern derjenigen welche im §. 13 auseinandergesetzt wurde, indem er des Verf. ursprüngliche Bestimmung von V_i und V_a durch Integration der Differentialgleichung $\varDelta^2 V = 0$ zu Grunde legte.

Die Methode des §. 9 zur Entwickelung von R^{-1} nach Kugelfunctionen beruht auf den Prinzipien, welche der Verf. im 42sten Bande des Crelle'schen Journals bei der entsprechenden Aufgabe für das dreiachsige Ellipsoid kurz mittheilte; Bedenken, welche ihre Anwendung erregen konnte wenn ϱ zwar grösser als ϱ_1 war, aber nicht so gross dass die Reihe für $(\alpha - \beta)^{-1}$ im §. 9 für alle θ convergirte, sind durch §. 15 beseitigt. Das kurze Verfahren des §. 10 erscheint hier zum ersten Male.

Ueber die Aufgabe des §. 14, die Kreisscheibe handelt ein Aufsatz des Verf. im Monatsberichte der Berliner Akademie vom Jahre 1854, S. 564—572. Dort ist nämlich angegeben, dass die Summation der betreffenden Reihe auf arc tang führe; es sind auch die Mittel erwähnt, durch welche die Summation geschieht, und

---

*) C'est dans les quatre derniers mois de l'année 1842 que j'ai commencé et terminé toutes ces recherches etc.

die Resultate welche sie verschaffen. Einer schriftlichen Mittheilung des Herrn Lipschitz verdanke ich die Nachricht, dass der Theil meines Resultates, welcher den allgemeineren, hier in der Formel (11) enthaltenen Fall betrifft, bei einer von ihm angestellten Prüfung sich unrichtig gezeigt habe, so wie die Angabe des richtigen Resultates. Den Fehler, welcher in einer Rechnung vorkam, die im Monatsbericht S. 568 nur beschrieben nicht ausgeführt wurde, und welcher dadurch entstand, dass bei einer Summation (in unseren Formeln der nach m) die Summenzeichen sich auf zu viele Glieder erstreckten — aus diesem Grunde sind auch die Resultate im speciellen Falle richtig geblieben —, habe ich hier verbessert. Es ist unterdessen eine denselben Gegenstand betreffende Abhandlung des Herrn Lipschitz im 58sten Bande des Borchardt'schen Journals S. 1—53 erschienen: „Beiträge zur Theorie der Vertheilung der statischen und der dynamischen Electricität in leitenden Körpern." In derselben werden die Q, welche im Nenner auftreten, wie es im Monatsberichte oder hier geschah, durch ähnliche Ausdrücke im Zähler ersetzt, so dass dort gleichfalls die Formel für πB_n auf S. 335 den Ausgangspunkt bildet, nur mit dem Unterschiede, dass Herr Lipschitz zum Ausdrucke von Q sich des Neumann'schen Integrals statt des in den Arbeiten des Verf. benutzten bedient. Nun wird die Summation ausgeführt, und giebt ein Doppelintegral, dessen Werth Herr L. direct für eine besondere Lage des Punktes O bestimmt. Er erräth dann den Werth desselben im allgemeinen Falle, und verificirt das Resultat, indem er es in die Differentialgleichung einsetzt, durch die bekannten Mittel. (Man vergleiche Dirichlet's Arbeit im 32sten Bande des Crelle'schen Journals S. 80: „Sur un moyen général de vérifier l'expression du potentiel relatif à une masse quelconque, homogène ou hétérogène.") Die Abhandlung im Monatsberichte erforderte complicirtere Rechnungen, um die Formel für den speciellen Fall in eine zweckmässige Gestalt zu bringen: die Rechnungen zu der dort richtig angegebenen Endformel wurden im 53sten Bande des Borchardt'schen Journal's *),

---

*) Die Reduction der elliptischen Integrale in ihre kanonische Form, S. 199 bis 230. Daselbst ist bei der Zusammenstellung der gefundenen Formeln S. 228 irrthümlich der Modulus k für k_1 gesetzt worden.

wenigstens für den Fall eines positiven $rs - \cos\theta\cos\theta_1$ vollständig abgeleitet. In der gegenwärtigen Arbeit führten, wie man sah, viel einfachere Rechnungen zu demselben Ziele.

Drittes Kapitel.
Das dreiachsige Ellipsoid.

§. 17. Nach den Auseinandersetzungen der vorigen Kapitel übersicht man, dass es nur darauf ankommt eine geeignete Entwickelung der reciproken Entfernung zweier Punkte aufzufinden, um dann sogleich die Anziehung einer von zwei dreiachsigen Ellipsoiden begrenzten Schale mit gegebener Masse auf einen äusseren oder inneren Punkt ermitteln zu können. Diese Entwickelung wird hier nach der Methode des §. 9 vorgenommen, nach der zweiten Methode im §. 23. Wir setzen

$$x = r\cos\theta, \qquad x_1 = r_1\cos\theta_1.$$
$$y = \sqrt{r^2-b^2}\sin\theta\cos\psi, \quad y_1 = \sqrt{r_1^2-b^2}\sin\theta_1\cos\psi_1$$
$$z = \sqrt{r^2-c^2}\sin\theta\sin\psi, \quad z_1 = \sqrt{r_1^2-c^2}\sin\theta_1\sin\psi_1,$$

und denken uns b und c entweder beide reell und positiv oder beide rein imaginär und positiv, ferner

$$c > b; \quad r > r_1.$$

Hält man r und r_1 fest und giebt θ, ψ, θ_1, ψ_1 alle Werthe von 0 bis π oder resp. bis 2π, so stellen also x, y, z, und x_1, y_1, z_1, die rechtwinkligen Coordinaten zweier Punkte P und P_1 vor, welche auf zwei confocalen Ellipsoiden liegen, P auf dem grösseren mit den Achsen r, $\sqrt{r^2-b^2}$, $\sqrt{r^2-c^2}$, und P_1 auf dem kleineren dessen Achsen r_1, $\sqrt{r_1^2-b^2}$, $\sqrt{r_1^2-c^2}$ sind.

Indem wieder

$$R = \sqrt{(x-x_1)^2 + (y-y_1)^2 + (z-z_1)^2}$$

gesetzt und R positiv genommen wird, soll nun die Entwickelung von R^{-1} nach Kugelfunctionen in Bezug auf θ und ψ vorgenommen werden, wobei sich aus dem Resultate zeigt, dass diese zu gleicher Zeit eine Entwickelung derselben Grösse nach Kugelfunctionen in Bezug auf θ_1 und ψ_1 ist. Man stelle sich wieder θ

§. 17, 11.   Dreiachsiges Ellipsoid.   349

nahe an Null vor, weil die Gültigkeit derselben Entwickelung für andere θ sich später sehr einfach ergiebt.

Man drücke nun, wie im §. 9, R^{-1} durch ein Integral aus, wobei man sich vorläufig θ so klein denkt dass $x-x_1$ positiv ist. Macht man

$$\alpha = x + iy\cos\eta + iz\sin\eta,$$
$$\beta = x_1 + iy_1\cos\eta + iz_1\sin\eta,$$

so hat man

$$(a)\ldots \frac{2\pi}{R} = \int_0^{2\pi} \frac{d\eta}{\alpha - \beta}.$$

Die Grössen α und β sind nicht der Art wie die entsprechenden Grössen in der Untersuchung über die Rotationsellipsoide gebildet, dass nämlich $P^n(\beta)$ oder $Q^n(\alpha)$ unmittelbar eine einfache Entwickelung nach Cosinus oder Sinus der Vielfachen von ψ_1 oder ψ gebe; dividirt man aber in (a) Zähler und Nenner unter dem Integrale durch

$$\sqrt{b^2\cos^2\eta + c^2\sin^2\eta}$$

und setzt

$$\gamma = \frac{\alpha}{\sqrt{b^2\cos^2\eta + c^2\sin^2\eta}},$$
$$\delta = \frac{\beta}{\sqrt{b^2\cos^2\eta + c^2\sin^2\eta}},$$

so dass (a) in

$$(b)\ldots \frac{2\pi}{R} = \int_0^{2\pi} \frac{\dfrac{d\eta}{\sqrt{b^2\cos^2\eta + c^2\sin^2\eta}}}{\gamma - \delta}$$

übergeht, so kann man diese Formel behandeln wie (b) im §. 9. Es wird dann

$$\gamma = \frac{r}{\sqrt{b^2\cos^2\eta + c^2\sin^2\eta}}\cdot\cos\theta + \frac{i\sqrt{r^2-b^2}\cos\eta}{\sqrt{b^2\cos^2\eta + c^2\sin^2\eta}}\cdot\sin\theta\cos\psi$$
$$+ \frac{i\sqrt{r^2-c^2}\sin\eta}{\sqrt{b^2\cos^2\eta + c^2\sin^2\eta}}\cdot\sin\theta\sin\psi,$$

während δ aus γ durch Vertauschung von r, θ, ψ mit r_1, θ_1, ψ_1 entsteht. Um die Grössen γ und δ leichter mit den ähnlich gebildeten z des §. 66 und 67 zu vergleichen mache man

$$\frac{r}{\sqrt{b^2\cos^2\eta+c^2\sin^2\eta}}=\xi, \qquad \frac{r_1}{\sqrt{b^2\cos^2\eta+c^2\sin^2\eta}}=\xi_1,$$

$$\frac{\sqrt{r^2-b^2}\cos\eta}{\sqrt{b^2\cos^2\eta+c^2\sin^2\eta}}=\sqrt{\xi^2-1}\cos\chi, \qquad \frac{\sqrt{r_1^2-b^2}\cos\eta}{\sqrt{b^2\cos^2\eta+c^2\sin^2\eta}}=\sqrt{\xi_1^2-1}\cos\chi_1,$$

$$\frac{\sqrt{r^2-c^2}\sin\eta}{\sqrt{b^2\cos^2\eta+c^2\sin^2\eta}}=\sqrt{\xi^2-1}\sin\chi, \qquad \frac{\sqrt{r_1^2-c^2}\sin\eta}{\sqrt{b^2\cos^2\eta+c^2\sin^2\eta}}=\sqrt{\xi_1^2-1}\sin\chi_1,$$

und findet
$$\gamma = \xi\cos\theta + \sqrt{\xi^2-1}\sin\theta\cos(\chi-\psi),$$
$$\delta = \xi_1\cos\theta_1 + \sqrt{\xi_1^2-1}\sin\theta_1\cos(\chi_1-\psi_1).$$

Für hinreichend kleine θ kann man (b), wie den ebenso numerirten Ausdruck des §. 9, in eine Reihe entwickeln, und erhält

(12) ... $\dfrac{1}{R} = \sum\limits_{n=0}^{n=\infty} Y^n,$

$$Y^n = \frac{(2n+1)}{2\pi}\int_0^{2\pi} P^n(\delta)Q^n(\gamma)\frac{d\eta}{\sqrt{b^2\cos^2\eta+c^2\sin^2\eta}}.$$

Für $P^n(\delta)$ und $Q^n(\gamma)$ setze man ihre Reihen, und zwar ist in Bezug auf Q der Fall ad 1 oder ad 2 des §. 75 zu beachten, indem ξ bei reellem b und c reell, und bei hinlänglich kleinem θ auch $\xi\cos\theta > 1$, bei imaginärem b und c aber ξ rein imaginär wird. Man hat daher

$$P^n(\delta) = \sum_{m=0}^{m=n} a_m^n P_m^n(\cos\theta_1)P_m^n(\xi_1)\cos m(\chi_1-\psi_1),$$

$$(2n+1)Q^n(\gamma) = 2\sum_{m=0}^{m=n}(-1)^m P_m^n(\cos\theta)Q_m^n(\xi)\cos m(\chi-\psi) + \mathfrak{Z},$$

wenn mit $\mathfrak{Z}$ der Theil der Reihe von $(2n+1)Q^n(\gamma)$ bezeichnet wird, dessen Glieder wie die des ersten Theiles gebildet sind, aber ein m enthalten, welches n übersteigt; das Glied, welches $m=0$ entspricht ist halb zu nehmen.

Es wird im §. 19 nachgewiesen, dass

(c) ... $\displaystyle\int_0^{2\pi} P^n(\delta)\mathfrak{Z}\frac{d\eta}{\sqrt{b^2\cos^2\eta+c^2\sin^2\eta}}$

verschwindet, wodurch Y^n, wenn man den Theil von Q, welcher zu $\mathfrak{Z}$ addirt $(2n+1)Q^n(\gamma)$ ausmacht, T nennt, sich auf

(d) ... $Y^n = \dfrac{1}{2\pi}\displaystyle\int_0^{2\pi} P^n(\delta)T\frac{d\eta}{\sqrt{b^2\cos^2\eta+c^2\sin^2\eta}}$

reducirt, also zur Gattung P^n in Bezug auf θ und ψ und zugleich in Bezug auf θ_1 und ψ_1 gehört, wie oben behauptet wurde. Bei der Behandlung der Rotationsellipsoide trat zwar auch ein solcher Theil $\mathfrak{Z}$ auf; da aber für den besonderen Fall $b=c$ auch $\chi=\chi_1=\eta$ wird, und $P^n(\delta)$ trigonometrische Functionen nicht höherer als des n^{ten} Vielfachen von χ_1 enthält, $\mathfrak{Z}$ dagegen nur höhere Vielfache als das n^{te} von χ; da ferner für $b=c$ auch $\sqrt{b^2\cos^2\eta+c^2\sin^2\eta}$ von η unabhängig wird, so ist für den besonderen Fall das Verschwinden des Integrals (c) klar. Wir übergehen, wie gesagt, in diesem Paragraphen den Nachweis, dass (c) auch hier verschwindet, und beschäftigen uns mit (d), welche Gleichung wir in eine bessere Form bringen.

Denkt man sich für $P^n(\delta)$ und T ihre Werthe gesetzt und die Multiplication ausgeführt, so entsteht eine Summe von Gliedern, von denen wir irgend eines in's Auge fassen, nämlich das welches aus Multiplication des m^{ten} Gliedes in P mit dem p^{ten} in T hervorgeht. Dieses enthält einen Theil der vor das Integral tritt und mit

$$\int_0^{2\pi} P_m^n(\xi_1) Q_p^n(\xi) \frac{\cos m(\chi_1-\psi_1)\cos p(\chi-\psi)\,d\eta}{\sqrt{b^2\cos^2\eta+c^2\sin^2\eta}}$$

multiplicirt ist; dieses Integral wollen wir jetzt betrachten. Statt der Grenzen 0 und 2π kann man zwei beliebige um 2π sich unterscheidende, z. B. $-\frac{\pi}{2}$ und $\frac{3\pi}{2}$, wie es hier geschehen soll setzen, weil die Function unter dem Integrale sich nicht ändert, wenn man in ihr η mit $2\pi+\eta$ vertauscht; man zerlege dann das Integral in eines von $-\frac{\pi}{2}$ bis $\frac{\pi}{2}$, und eines von $\frac{\pi}{2}$ bis $\frac{3\pi}{2}$ welches letztere man durch die Substitution $\eta=\pi+\zeta$ auf die Grenzen $-\frac{\pi}{2}$ und $\frac{\pi}{2}$ bringt. Für Werthe von η welche sich um π unterscheiden, bleiben ξ und ξ_1 dieselben, unterscheiden sich die entsprechenden χ oder χ_1 um π; es wird also das zweite Integral gleich $(-1)^{m+p}$ mal dem ersten, so dass das ganze Integral zwischen 0 und 2π gleich dem doppelten von $-\frac{\pi}{2}$ bis $\frac{\pi}{2}$ wird wenn $m+p$ eine gerade Zahl bezeichnet, und dass das Integral verschwindet so oft $m+p$ ungerade ist.

Löst man durch die elementaren Formeln $\cos m(\chi_1 - \psi_1)$ und $\cos p(\chi - \psi)$ auf, so befinden sich unter dem Integrale vier Glieder, die aus dem Producte von $\dfrac{P_m^n(\xi_1) Q_p^n(\xi)}{\sqrt{b^2 \cos^2 \eta + c^2 \sin^2 \eta}}$ resp. in

$\cos m\psi_1 \cos p\psi \cos m\chi_1 \cos p\chi$; $\quad \sin m\psi_1 \cos p\psi \sin m\chi_1 \cos p\chi$;

$\cos m\psi_1 \sin p\psi \cos m\chi_1 \sin p\chi$; $\quad \sin m\psi_1 \sin p\psi \sin m\chi_1 \sin p\chi$;

bestehen; für entgegengesetzte η bleibt ξ unverändert und χ ändert sein Zeichen, nicht seinen Werth. Daher verschwinden das zweite und dritte Integral zwischen den gleichen und entgegengesetzten Grenzen $-\dfrac{\pi}{2}$ und $\dfrac{\pi}{2}$, und nur das erste und vierte bleiben übrig, die man dann auch zwischen 0 und $\dfrac{\pi}{2}$ nehmen und verdoppeln kann. Unser Integral ist also

$$4 \cos m\psi_1 \cos p\psi \int_0^{\frac{\pi}{2}} P_m^n(\xi_1) Q_p^n(\xi) \frac{\cos m\chi_1 \cos p\chi \, d\eta}{\sqrt{b^2 \cos^2 \eta + c^2 \sin^2 \eta}}$$

$$+ 4 \sin m\psi_1 \sin p\psi \int_0^{\frac{\pi}{2}} P_m^n(\xi_1) Q_p^n(\xi) \frac{\sin m\chi_1 \sin p\chi \, d\eta}{\sqrt{b^2 \cos^2 \eta + c^2 \sin^2 \eta}}$$

wenn $m+p$ eine gerade Zahl bezeichnet, dagegen Null für ein ungerades $m+p$. Nennt man diese Grösse $4 A_p^m$, so wird

$$Y^n = \frac{4}{\pi} \sum_{m,p} (-1)^p a_m^n P_m^n(\cos\theta_1) P_p^n(\cos\theta) A_p^m,$$

die Summe von m und p gleich 0 bis n, aber nur über die gleichartigen m und p, und für $p=0$, nicht aber für $m=0$ die Hälfte genommen.

Es bleibt noch übrig, die Grösse A, welche ξ, ξ_1, χ und χ_1 enthält, so zu transformiren, dass sie direct durch die gegebenen Stücke r und r_1 ausgedrückt wird. Man behandele zu diesem Zwecke

1) Die beiden Producte
$$P_m^n(\xi_1) \cos m\chi_1, \quad P_m^n(\xi_1) \sin m\chi_1,$$

Functionen wie sie früher durch C_m und S_m bezeichnet wurden, deren Ausdruck durch die Stücke ξ_1, $\sqrt{\xi_1^2 - 1} \cos \chi_1$, $\sqrt{\xi_1^2 - 1} \sin \chi_1$ man §. 71 und zwar in doppelter Form findet, einmal als endliche Reihe, dann als Integral. Wenngleich wir nur die zweite Form

§. 17, 12.   Dreiachsiges Ellipsoid.   353

benutzen wollen, so mag doch zur besseren Uebersicht die erste hier gleichfalls aufgeführt werden; verbindet man, um eine gemeinschaftliche Formel zu erhalten, die beiden umzuformenden Producte durch $\pm i$ so wird

$$P^n(\xi_1)(\cos m\chi_1 \pm i \sin m\chi_1) = (\sqrt{\xi_1^2-1}\cos\chi_1 \pm i \sqrt{\xi_1^2-1}\sin\chi_1)^m \mathfrak{P}_m^n(\xi_1),$$

d. h. (indem man für ξ_1 und χ_1 ihre Werthe durch r_1 und η einsetzt), gleich dem Producte von

$$\frac{(\sqrt{r_1^2-b^2}\cos\eta \pm i\sqrt{r_1^2-c^2}\sin\eta)^m}{(\sqrt{b^2\cos^2\eta + c^2\sin^2\eta})^n}$$

in die Reihe

$$r_1^{n-m} - \frac{(n-m)(n-m-1)}{2(2n-1)}(b^2\cos^2\eta + c^2\sin^2\eta)r_1^{n-m-2} + \text{etc.},$$

also gleich der $-n^{\text{ten}}$ Potenz der Quadratwurzel $\sqrt{b^2\cos^2\eta + c^2\sin^2\eta}$ in eine ganze Function von r_1, die zugleich eine ganze Function von $\cos\eta$ und $\sin\eta$ ist.

Der Ausdruck unserer beiden Producte durch ein Integral wird aus der Formel des §. 71 auf p. 182 gefunden wenn man dort

$$\cos\theta = \xi_1$$
$$i\sin\theta\cos\psi = \sqrt{\xi_1^2-1}\cos\chi_1$$
$$i\sin\theta\sin\psi = \sqrt{\xi_1^2-1}\sin\chi_1$$

setzt; nennt man den Integrationsbuchstaben α, und macht

$$B = r_1 + \sqrt{r_1^2-b^2}\cos\eta\cos\alpha + \sqrt{r_1^2-c^2}\sin\eta\sin\alpha,$$

so entsteht die Doppel-Formel

$$\frac{\pi \cdot \Pi(2n)}{2^{n-1}\Pi(n+m)\Pi(n-m)} P_m^n(\xi_1) \begin{Bmatrix}\cos m\chi_1 \\ \sin m\chi_1\end{Bmatrix} = \frac{1}{(\sqrt{b^2\cos^2\eta + c^2\sin^2\eta})^n} \int_0^{2\pi} B^n \begin{Bmatrix}\cos m\alpha \\ \sin m\alpha\end{Bmatrix} d\alpha.$$

2) Es folgt jetzt die Transformation von

$$Q_p^n(\xi)\cos p\chi, \quad Q_p^n(\xi)\sin p\chi,$$

welche durch (46) auf p. 156 ausgeführt wird. Dort stellte ψ, welches mit χ zu vertauschen ist während ξ für das dortige x gesetzt wird, einen Bogen vor, der im Allgemeinen bis über $\frac{\pi}{2}$ steigen durfte, indem bei uns der Fall §. 42 ad 3, in welchem ψ nicht $\frac{\pi}{2}$ erreichen durfte, nicht eintreten kann. Da η also auch χ nur bis $\frac{\pi}{2}$ wächst, so darf man die angezeigte Formel benutzen und findet zunächst

$$2\frac{\Pi(n+p)\Pi(n-p)}{\Pi(n).1.3\ldots(2n+1)} Q_p^n(\xi) \begin{Bmatrix} \cos p\chi \\ \sin p\chi \end{Bmatrix} = \int_{-\infty}^{\infty} \frac{dt}{(\xi+\cos(it-\chi))\sqrt{\xi-1})^{n+1}} \begin{Bmatrix} \cos pit \\ \sin pit \end{Bmatrix},$$

und hieraus, wenn man

$$C = r + \sqrt{r^2-b^2}\cos\eta\cos it + \sqrt{r^2-c^2}\sin\eta\sin it$$

setzt, für die rechte Seite

$$(\sqrt{b^2\cos^2\eta + c^2\sin^2\eta})^{n+1}\int_{-\infty}^{\infty} C^{-n-1}\begin{Bmatrix}\cos pit\\ \sin pit\end{Bmatrix} dt.$$

Diese Werthe ad 1 und 2 hat man in A_p^n einzusetzen und dann Y in der verlangten Form gefunden; es wird nur erforderlich sein, die Rechnung bei dem Theile von A vorzunehmen, welcher aus den oberen Zeilen der betreffenden Formeln entspringt, d. h. die Cosinus enthält. Dieser Theil von A verwandelt sich nun, wenn man

$$b_p = \frac{(1.3\ldots(2n-1))^2}{\Pi(n+p)\Pi(n-p)}$$

macht, d. h. $b_0 = a_0^n$, $b_p = \tfrac{1}{2} a_p^n$, in

$$\frac{2n+1}{4\pi}\frac{b_p}{b_m}\cos m\psi_1 \cos p\psi$$

multiplicirt mit

$$\int_0^{\frac{\pi}{2}} d\eta \int_0^{2\pi} B^n \cos m\alpha\, d\alpha \int_{-\infty}^{\infty} \frac{\cos pit}{C^{n+1}} dt$$

für $p=0$ die Hälfte genommen. Es lassen sich aber die beiden inneren Integrale von $\eta = -\frac{\pi}{2}$ bis $\eta = \frac{\pi}{2}$ nach Cosinus der Vielfachen von η in Reihen entwickeln, indem sie, mit gewissen Potenzen von

$$\sqrt{b^2\cos^2\eta + c^2\sin^2\eta}$$

multiplicirt, in diesen Grenzen nichts anders sind als Constante mal

$$P_m^n(\xi_1)\cos m\chi_1, \quad Q_m^n(\xi)\cos m\chi,$$

also sich durch Vertauschung von η mit $-\eta$ nicht ändern. Bezeichnet man für den Augenblick zwei so beschaffene, von $-\frac{\pi}{2}$ bis $\frac{\pi}{2}$ gegebene Functionen von η mit $f(\eta)$ und $F(\eta)$, so ist die Cosinusreihe einer jeden eine verschiedene, je nachdem man verschiedene Annahmen über die Fortsetzung von f und F zwischen $\pm\frac{\pi}{2}$ und

§. 17, 12.

±π macht. Würden wir z. B. die Function
$$F(\eta) = \int_{-\infty}^{\infty} \frac{\cos pit\, dt}{C^{n+1}}$$
so entwickeln wollen, dass auch über $\frac{\pi}{2}$ hinaus noch $F(\eta)$ mit dem Integrale übereinstimmt, so wäre dieses nach §. 58 etwas ganz anderes, als wenn wir, wie hier, festsetzen es solle dann noch $F(\eta)$
$$\frac{2}{(\sqrt{b^2\cos^2\eta + c^2\sin^2\eta})^{n+1}} \frac{\Pi(n+p)\Pi(n-p)}{\Pi(n).1.3.(2n+1)} Q_p^n(\xi)\cos p\chi$$
darstellen, wodurch die Entwickelung sich gerade einfach gestaltet. Wir setzen deshalb fest, es sei über $\eta = \pm\frac{\pi}{2}$ hinaus
$$F(\eta) = (-1)^p F(\pi - \eta)$$
$$f(\eta) = (-1)^m f(\pi - \eta),$$
und für $\eta < \frac{\pi}{2}$ sei $F(\eta)$ wie oben, und
$$f(\eta) = \int_0^{2\pi} B^n \cos m\alpha\, d\alpha.$$

Macht man dann
$$F(\eta) = \tfrac{1}{2} a_0 + a_1 \cos\eta + a_2 \cos 2\eta + \text{etc.}$$
$$f(\eta) = \tfrac{1}{2} b_0 + b_1 \cos\eta + b_2 \cos 2\eta + \text{etc.}$$
wo die Reihe für $f(\eta)$ sicher mit $b_n \cos n\eta$ schliesst, so wird
$$\int_0^\pi F(\eta)f(\eta)\,d\eta = \int_0^{\frac{\pi}{2}} F(\eta)f(\eta)\,d\eta + \int_{\frac{\pi}{2}}^\pi F(\eta)f(\eta)\,d\eta$$
$$= 2\int_0^{\frac{\pi}{2}} F(\eta)f(\eta)\,d\eta$$
weil m und p gleichartig sind, also $1 + (-1)^{m+p} = 2$ ist. Man hat also
$$\frac{4}{\pi}\int_0^{\frac{\pi}{2}} F(\eta)f(\eta)\,d\eta = \tfrac{1}{2} a_0 b_0 + a_1 b_1 + a_2 b_2 + \text{etc.};$$
ferner
$$a_q = \frac{2}{\pi}\int_0^\pi F(\eta)\cos q\eta\,d\eta$$
$$= \frac{4}{\pi}\int_0^{\frac{\pi}{2}} F(\eta)\cos q\eta\,d\eta$$

wenn q mit p gleichartig ist sonst 0, und

$$b_q = \frac{4}{\pi}\int_0^{\frac{\pi}{2}} f(\eta)\cos q\eta\, d\eta, \;=0,$$

je nachdem q mit m gleichartig ist oder nicht. Man findet also

$$\int_0^{\frac{\pi}{2}} F(\eta)f(\eta)\,d\eta = \frac{4}{\pi}\sum_{q=0}^{q=\infty}\Big(\int_0^{\frac{\pi}{2}} F(\eta)\cos q\eta\,d\eta\Big)\Big(\int_0^{\frac{\pi}{2}} f(\eta)\cos q\eta\,d\eta\Big),$$

die Summe nach q nur über solche q ausgedehnt, welche m und p gleichartig sind, und für $q=0$ die Hälfte genommen. Setzt man nun

$$U_q^m = \frac{1}{\pi}\int_0^{\frac{\pi}{2}}\cos q\eta\,d\eta\int_0^{2\pi} B^n\cos m\alpha\,d\alpha$$

$$W_q^m = \frac{1}{\pi}\int_0^{\frac{\pi}{2}}\cos q\eta\,d\eta\int_{-\infty}^{\infty}\frac{\cos m it}{C^{n+1}}\,dt$$

so wird der betreffende Theil von A

$$(2n+1)\frac{b_p}{b_m}\cos m\psi_1 \cos p\psi \sum_{q=0}^{q=n} U_q^m W_q^p$$

dem noch ein anderer hinzuzufügen ist, um A zu geben, welcher statt der Cosinus die Sinus enthält. Der erste Theil giebt als ersten Theil von Y^n

$$\frac{8(2n+1)}{\pi}\sum_{m,p}(-1)^p b_p P_m^n(\cos\theta_1)\cos m\psi_1 P_p^n(\cos\theta)\cos p\psi \sum_q U_q^m W_q^p,$$

wenn jetzt auch für $m=0$ die Hälfte genommen wird.

Stellen wir alle Formeln zusammen, so entsteht also das Resultat: Es ist

$$(12)\ldots\quad \frac{1}{R} = \sum_{n=0}^{n=\infty} Y^n.$$

Um Y^n auszudrücken setze man

$$(13)\ldots\quad B = r_1 + \sqrt{r_1^2-b^2}\cos\eta\cos\alpha + \sqrt{r_1^2-c^2}\sin\eta\sin\alpha$$
$$ C = r + \sqrt{r^2-b^2}\cos\eta\cos it + \sqrt{r^2-c^2}\sin\eta\sin it$$

$$(14)\ldots\quad b_p^n = \frac{(1.3.5\ldots(2n-1))^2}{\Pi(n+p)\Pi(n-p)}$$

§. 18, 16.   Dreiachsiges Ellipsoid.   357

$$(15) \ldots U_q^m(r_1) = \frac{1}{\pi} \int_0^{\frac{\pi}{2}} \cos q\eta \, d\eta \int_0^{2\pi} B^n \cos m\alpha \, d\alpha$$

$$W_q^m(r) = \frac{1}{\pi} \int_0^{\frac{\pi}{2}} \cos q\eta \, d\eta \int_{-\infty}^{\infty} \frac{\cos m i t}{C^{n+1}} dt$$

$$u_q^m(r_1) = \frac{1}{\pi} \int_0^{\frac{\pi}{2}} \sin q\eta \, d\eta \int_0^{2\pi} B^n \sin m\alpha \, d\alpha$$

$$w_q^m(r) = \frac{1}{\pi} \int_0^{\frac{\pi}{2}} \sin q\eta \, d\eta \int_{-\infty}^{\infty} \frac{\sin m i t}{C^{n+1}} dt.$$

Dann wird

$$(16) \ldots Y^n = \frac{8(2n+1)}{\pi} \sum_{m=0, p=0}^{m=n, p=n} (-1)^p b_p^n P_m^n(\cos\theta_1) P_p^n(\cos\theta) \times$$

$$\left(\cos m\psi_1 \cos p\psi \sum_{q=0}^{q=n} U_q^m(r_1) W_q^p(r) + \sin m\psi_1 \sin p\psi \sum_{q=0}^{q=n} u_q^m(r_1) w_q^p(r) \right),$$

wenn für $m=0$, $p=0$, $q=0$ jedesmal die Hälfte genommen wird, also z. B. wenn alle drei zugleich 0 sind nur der achte Theil, und man die Summe nur über die gleichartigen m, p, q ausdehnt; sie zerfällt also in eine Summe über alle geraden m, p, q vermehrt um eine über alle ungeraden.

Die Voraussetzung dass θ sehr klein sein müsse hebt man durch eine wörtliche Wiederholung des §. 15 auf, indem man nur ad 3 dort $\frac{1}{c} Y$ mit Y vertauscht.

§. 18. Die Grösse Y ist vermittelst (16) durch vier Functionen, welche von r_1 und r abhängen, nämlich durch U, u, W, w ausgedrückt, die den Mathematikern zur weiteren Untersuchung empfohlen sein mögen. Jacobi hat sich in zwei Arbeiten über dieselben verbreitet, welche man im 15ten Bande des Crelle'schen Journals findet; die eine: Formula transformationis integralium definitorum ist bereits mehrfach erwähnt worden, die andere führt den Titel: De evolutione expressionis $(1 + 2l'\cos\varphi + 2l'' \cos\varphi')^{-n}$ in seriem infinitam secundum cosinus multiplorum utriusque anguli φ, φ' procedentem.

Die Ausdrücke U und u sind offenbar ganze Functionen von r_1, $\sqrt{r_1^2 - b^2}$, $\sqrt{r_1^2 - c^2}$, und die Integrationen lassen sich für jedes gegebene n vollständig ausführen. Wir verlassen dieselben, um noch etwas über die W und w hinzuzufügen und zu zeigen, dass dieselben sich gleichfalls als geschlossene Ausdrücke darstellen lassen, in denen nur noch ein elliptisches Integral, welches r enthält, als einzige Transcendente übrig bleibt.

Man setze dazu $\cos m it$, $\sin m it$, $\cos it$, $\sin it$ in die Exponentialgrössen
$$\frac{e^{mt}+e^{-mt}}{2}, \quad \frac{i}{2}(e^{mt}-e^{-mt}), \text{ etc.}$$
um; multiplicirt man ferner unter dem Integrale Zähler und Nenner mit $e^{(n+1)t}$, so hängen die W und w von Integralen

$$(a) \ldots \int_0^{\frac{\pi}{2}} \left.\begin{matrix}\cos q\eta \\ \sin q\eta\end{matrix}\right\} d\eta \int_{-\infty}^{\infty} \frac{e^{(m+1)t}\,dt}{(\alpha+2re^t+\gamma e^{2t})^{n+1}}$$

ab, wo m eine ganze Zahl bezeichnet, welche zwischen 0 und $2n$ mit Einschluss der Grenzen liegt, und wo zur Abkürzung gesetzt ist:
$$\alpha = \sqrt{r^2-b^2}\cos\eta - i\sqrt{r^2-c^2}\sin\eta,$$
$$\gamma = \sqrt{r^2-b^2}\cos\eta + i\sqrt{r^2-c^2}\sin\eta.$$

Das innere Integral nach t verwandelt sich durch die Substitution $e^t = z$ in
$$J_n^m = \int_0^\infty \frac{z^m\,dz}{(\alpha+2rz+\gamma z^2)^{n+1}},$$
und lässt sich nach bekannten Formeln auf J_n^0 reduciren. In der That wird, so lange $m > 1$,
$$J_n^m = -\frac{2(m-n-1)r}{(m-2n-1)\gamma}J_n^{m-1} - \frac{(m-1)\alpha}{(m-2n-1)\gamma}J_n^{m-2}$$
und für $m=1$
$$J_n = -\frac{r}{\gamma}J_n^0 + \frac{\alpha^{-n}}{2n},$$
so dass also J_n^m gleich $(2nJ_n^0 - \gamma\alpha^{-n})$ mal einer Function von $\cos\eta$ und $\sin\eta$ von der Form $\frac{H}{\gamma^m}$ wird, wo H eine ganze Function von α, r und γ bezeichnet. Man reducirt nun J_n^0 weiter durch die Formel
$$J_n^0 = \frac{r}{2nk\alpha^n} - \frac{(2n-1)\gamma}{2nk}J_{n-1}^0,$$
wenn
$$k = b^2\cos^2\eta + c^2\sin^2\eta$$

§. 18, 16.   Dreiachsiges Ellipsoid.

gesetzt ist, so dass endlich J_n^m die Form
$$J_n^m = A + BJ_\bullet^\circ$$
annimmt, in der A und B rationale Functionen von $\cos\eta$ und $\sin\eta$ auch von r, $\sqrt{r^2-b^2}$ und $\sqrt{r^2-c^2}$ vorstellen, die als Nenner das Product einer Potenz von α, γ und k enthalten oder wenn man lieber will, welche einen Nenner der Form $(\alpha\gamma)^\mu k^\nu$ enthalten, wenn μ und ν ganz sind. (Man achte auf den einfachen Ausdruck
$$\alpha\gamma = (r^2-b^2)\cos^2\eta + (r^2-c^2)\sin^2\eta,$$
welcher im Nenner auftritt.) Durch Einsetzen in (a) verwandelt sich die Doppel-Formel (a), wenn man nur den Theil berücksichtigt welcher $\cos q\eta$ enthält, in

$$(b) \ldots \int_0^{\frac{\pi}{2}} A \cos q\eta\, d\eta + \int_0^{\frac{\pi}{2}} BJ_\bullet^\circ \cos q\eta\, d\eta,$$

wo das erste Integral ausführbar ist und rational nach r, $\sqrt{r^2-b^2}$ und $\sqrt{r^2-c^2}$ wird. Bei der wirklichen Ausführung benutze man die Hülfsformel
$$\frac{r^2}{(\alpha\gamma)^\mu k^\nu} = \frac{1}{(\alpha\gamma)^{\mu-1} k^\nu} + \frac{1}{(\alpha\gamma)^\mu k^{\nu-1}}.$$

Um die Natur des zweiten Integrals in (b) kennen zu lernen führe man das Integral
$$J_\bullet^\circ = \int_0^\infty \frac{dz}{\alpha + 2rz + \gamma z^2}$$
aus, welches sich in
$$\tfrac{1}{2}\int_{-\infty}^\infty \frac{dt}{r + \sqrt{r^2-b^2}\cos\eta\cos it + \sqrt{r^2-c^2}\sin\eta\sin it}$$
umsetzen lässt, also nach p. 114 giebt
$$\frac{1}{2k} \log \frac{r + \sqrt{b^2\cos^2\eta + c^2\sin^2\eta}}{r - \sqrt{b^2\cos^2\eta + c^2\sin^2\eta}}.$$
Hieraus folgt
$$\frac{\partial J_\bullet^\circ}{\partial r} = -\frac{1}{(r^2-b^2)\cos^2\eta + (r^2-c^2)\sin^2\eta},$$
so dass sich $J_\bullet^\circ$, welches für $r = \infty$ verschwindet, auch durch
$$J_\bullet^\circ = \int_r^\infty \frac{dx}{(x^2-b^2)\cos^2\eta + (x^2-c^2)\sin^2\eta}$$

ersetzen lässt. Das zu betrachtende zweite Integral verwandelt sich also in

$$\int_r^{+\infty} dx \int_0^{\frac{\pi}{2}} \frac{B\cos q\eta\, d\eta}{(x^2-b^2)\cos^2\eta + (x^2-c^2)\sin^2\eta}.$$

Da $B\cos q\eta$ gleichfalls eine rationale Function von r, $\sqrt{r^2-b^2}$, $\sqrt{r^2-c^2}$, $\cos\eta$, $\sin\eta$ ist, deren Nenner (s. o.) der einfache Ausdruck $(\alpha\gamma)^\mu k^\nu$ wird, so lässt sich das innere Integral nach η auf bekannte Art vollständig ausführen, und wird eine rationale Function von $\sqrt{x^2-b^2}$ und $\sqrt{x^2-c^2}$, so dass das Integral selbst, wie oben bemerkt wurde, sich auf keine höhere Transcendente, als auf ein elliptisches Integral reducirt.

Da ein Versuch, die Aufgabe, welche wir für die Kreisscheibe im §. 14 lösten, auch für die elliptische Scheibe zu behandeln, auf die Werthe von W und w für $r=0$ führt, wobei b und c als rein imaginäre Grössen zu betrachten sind, so soll über diesen besonderen Fall noch Einiges hinzugefügt werden.

Setzt man bi und ci für b und c, lässt die Indices m und q weg und setzt $r=0$, so entsteht

$$\pi W = \int_0^{\frac{\pi}{2}} \cos q\eta\, d\eta \int_{-\infty}^{\infty} \frac{\cos mit\, dt}{(b\cos\eta\cos it + c\sin\eta\sin it)^{n+1}}.$$

Hier lässt sich für η eine neue Veränderliche α durch die Gleichungen

$$b\cos\eta = \beta\cos\alpha,$$
$$c\sin\eta = \beta\sin\alpha,$$
$$\beta^2 = b^2\cos^2\eta + c^2\sin^2\eta = \frac{b^2 c^2}{b^2\sin^2\alpha + c^2\cos^2\alpha}$$

einführen, so dass das innere Integral in

$$\frac{1}{\beta^{n+1}}\int_{-\infty}^{\infty} \frac{\cos mit\, dt}{\cos^{n+1}(\alpha - it)}$$

übergeht. Setzt man in der letzten Formel auf p. 155, welche aus den Regeln über die imaginäre Substitution in Integralen Q_m^n folgte, α für ψ und x gleich Null, so verwandelt sich der vorstehende Ausdruck in

$$\frac{\cos m\alpha}{\beta^{n+1}}\int_{-\infty}^{\infty} \frac{\cos mit}{\cos^{n+1} it}\, dt,$$

§. 19, 16. Dreiachsiges Ellipsoid.

und endlich πW in

$$2^n \frac{\Pi\frac{n+m-1}{2}\Pi\frac{n-m-1}{2}}{\Pi(n)} \int_0^{\frac{\pi}{2}} \frac{\cos m\alpha \cos q\eta}{(\sqrt{b^2\cos^2\eta+c^2\sin^2\eta})^{n+1}}\,d\eta.$$

Die Vertauschung von $\cos m\alpha \cos q\eta$ mit $\sin m\alpha \sin q\eta$ in der gewonnenen Formel giebt einen Ausdruck für w.

§. 19. Bisher wurde vorausgesetzt, es sei, ähnlich wie bei den Rotationsellipsoiden, der $\mathfrak{Z}$ enthaltende Ausdruck (c) des §. 17 gleich Null. Um dies nachzuweisen hat man allerdings die $Q_m^n(\xi)$ mal $\cos m\chi$ oder $\sin m\chi$ in r und η zu transformiren, wenn $m > n$, es bedarf aber nur einer ungefähren Kenntniss der Ausdrücke, welche auf diese Art entstehen.

Man weiss aus p. 350—353 wie $P^n(\delta)$ die Grösse η enthält; es ist diese Function von der Form

$$P^n(\delta) = \frac{G(\cos\eta, \sin\eta)}{(\sqrt{b^2\cos^2\eta+c^2\sin^2\eta})^n},$$

wenn G eine ganze Function von $\cos\eta$ und $\sin\eta$ vom n^{ten} Grade bezeichnet, die also, nach trigonometrischen Functionen der Vielfachen von η umgesetzt, kein höheres als das n^{te} Vielfache von η enthält. Es wird sich zeigen (s. u.), dass die Ausdrücke

$$(a) \ldots Q_m^n(\xi)\cos m\chi, \quad Q_m^n(\xi)\sin m\chi,$$

welche allein zu $\mathfrak{Z}$ beitragen, in denen also m grösser als n ist, von der Form werden

$$(\sqrt{b^2\cos^2\eta+c^2\sin^2\eta})^{n+1} H(\cos\eta, \sin\eta)$$

wenn H, wie oben G entwickelt, kein geringeres Vielfache als das $(n+1)^{\text{te}}$ von η enthält. Hierdurch wäre der Beweis für das Verschwinden des erwähnten Integral-Ausdruckes (c) geliefert.

In der That, behandelt man, um die obige Behauptung zu erweisen, die Verbindung der beiden Grössen in (a) vermittelst $\pm i$, also

$$Q_m^n(\xi)(\cos m\chi \pm i\sin m\chi),$$

und setzt für das Q seinen Werth zunächst aus §. 57

$$Q_m^n(\xi) = (\sqrt{\xi^2-1})^m \mathfrak{Q}_m^n(\xi),$$

und darauf denjenigen, welcher nach §. 46, Gleich. 37, b aus dem

obigen folgt, nämlich
$$Q_m^n(\xi) = (\sqrt{\xi^2-1})^{-m} \mathfrak{Q}_{-m}^n(\xi),$$
wo für $m > n$, was hier stattfindet, $\mathfrak{Q}_{-m}^n$ die ganze Function von ξ
$$\xi^{-n-m-1} + \frac{(n-m+1)(n-m+2)}{2.(2n+3)} \xi^{-n-m-3} + \text{etc.}$$
ist, so entsteht die Gleichung

(b) ... $Q_m^n(\xi)(\cos m\chi \pm i\sin m\chi) =$
$$\left(\frac{\sqrt{\xi^2-1}\cos\chi \pm i\sqrt{\xi^2-1}\sin\chi}{\xi^2-1}\right)^m [\xi^{m-n-1} + \text{etc.}].$$

Nun ist
$$\sqrt{\xi^2-1}\cos\chi \pm i\sqrt{\xi^2-1}\sin\chi = \frac{\sqrt{r^2-b^2}\cos\eta \pm i\sqrt{r^2-c^2}\sin\eta}{\sqrt{b^2\cos^2\eta + c^2\sin^2\eta}},$$
$$\xi^2-1 = \frac{(r^2-b^2)\cos^2\eta + (r^2-c^2)\sin^2\eta}{b^2\cos^2\eta + c^2\sin^2\eta};$$
also wird

(b) $= \dfrac{(\sqrt{b^2\cos^2\eta + c^2\sin^2\eta})^m}{(\sqrt{r^2-b^2}\cos\eta \mp i\sqrt{r^2-c^2}\sin\eta)^m} \left[\dfrac{r^{m-n-1}}{\sqrt{(b^2\cos^2\eta + c^2\sin^2\eta)^{m-n-1}}} + \text{etc.}\right],$

d. h. es ist $\Pi(\cos\eta, \sin\eta)$ gleich dem Producte von

(c) ... $\left(\dfrac{1}{\sqrt{r^2-b^2}\cos\eta \mp i\sqrt{r^2-c^2}\sin\eta}\right)^m$

mal einer ganzen Function, nach $\cos^2\eta$ vom $\dfrac{m-n-1^{\text{ten}}}{2}$ oder $\dfrac{m-n-2^{\text{ten}}}{2}$ Grade, je nachdem $m-n$ eine ungerade oder gerade Zahl vorstellt, oder die, nach Cosinus der wachsenden Vielfachen von η geordnet, mit $\cos(m-n-1)\eta$ resp. $\cos(m-n-2)\eta$ schliesst. Um den Factor (c) genauer zu untersuchen, mache man
$$\sqrt{r^2-b^2} = \frac{e^\alpha + e^{-\alpha}}{2}\sqrt{c^2-b^2}$$
$$\sqrt{r^2-c^2} = \frac{e^\alpha - e^{-\alpha}}{2}\sqrt{c^2-b^2}$$
wodurch
$$e^\alpha \sqrt{c^2-b^2} = \sqrt{r^2-b^2} + \sqrt{r^2-c^2},$$
also jedenfalls α positiv wird. [Für ein grosses r ist dies ohne weiteres klar; sollte für irgend ein r es möglich sein, dass α negativ wird, so müsste es vorher durch Null gehen, also
$$\sqrt{r^2-b^2} + \sqrt{r^2-c^2} = \sqrt{c^2-b^2}$$

§. 20, 17.   Dreiachsiges Ellipsoid.   363

d. h. wenn man quadrirt $\sqrt{r^2-c^2}(\sqrt{r^2-b^2}+\sqrt{r^2-c^2})$ gleich Null oder $r=c$ sein. Da nun $r>r_i$ ist und r_i nie unter c herabsinkt, so bleibt r über c also α positiv.] Ferner geht $\sqrt{r^2-b^2}\cos\eta \pm i\sqrt{r^2-c^2}\sin\eta$ durch Einführung von α in $\sqrt{c^2-b^2}$ mal

$$\frac{e^{\alpha}+e^{-\alpha}}{2}\cos\eta \pm i\frac{e^{\alpha}-e^{-\alpha}}{2}\sin\eta = \frac{e^{\alpha \pm i\eta}+e^{-\alpha \mp i\eta}}{2}$$

über, also (c) mit Fortlassung constanter, hier überflüssiger Factoren in

$$(e^{\alpha \pm i\eta}+e^{-\alpha \mp i\eta})^{-m},$$

d. h. in eine nach Cosinus und Sinus der Vielfachen von η geordnete Reihe die mit dem m fachen η beginnt, zu $(m+2)\eta$, etc. fortschreitet. Das Product derselben und jener anderen, welche, als einen Theil von Π ausmachend, so eben untersucht worden war, und die nur Cosinus der Vielfachen bis schlimmstens $\cos(m-n-1)\eta$ enthält, liefert demnach für Π eine trigonometrische Reihe, in der kein niedrigeres als das $(n+1)^{te}$ Vielfache von η vorkommt, was bewiesen werden sollte.

Es verschwindet also wirklich (c) im §. 17.

§. 20. Im Vorhergehenden findet man die Entwickelung von R^{-1} in die Reihe der Y durch die Gleichungen (12) bis (16); die Grössen U, u sind nur Functionen von r_i und zwar ganze Functionen von r_i, $\sqrt{r_i^2-b^2}$, $\sqrt{r_i^2-c^2}$; die W, w nur von r, bezeichnen aber elliptische Integrale. Um die Anziehungsaufgabe zu lösen, welche der im §. 11 für das Rotationsellipsoid behandelten entspricht, nennen wir wieder k die Dichtigkeit im Punkte x_i, y_i, z_i der Masse, x, y, z die Coordinaten des angezogenen Punktes und haben

$$(17) \ldots V = \int\frac{k\,dx_i\,dy_i\,dz_i}{R},$$

wenn das Integral über die ganze Masse genommen wird. Die Masse mag, — damit wir sogleich den allgemeineren Fall betrachten —, ein Ellipsoid nicht vollständig erfüllen, sondern durch zwei Ellipsoide begrenzt werden, welche möglichst einfach nach Einführung unserer Coordinaten zusammenhängen; dies sind zwei confocale Ellipsoide (vergl. p. 302), an deren Oberflächen r_i constante Werthe $\mathfrak{r}$ und $\mathfrak{r}_0$ erhält ($\mathfrak{r}$ sei grösser als $\mathfrak{r}_0$).

Durch die neuen Coordinaten ausgedrückt wird
$$dx_1\, dy_1\, dz_1 = A \sin\theta_1\, d\theta_1\, d\psi_1\, dr_1$$
wenn man zur Abkürzung
$$\sqrt{r_1^2-b^2}\sqrt{r_1^2-c^2}\,A =$$
$$(r_1^2-b^2)(r_1^2-c^2)\cos^2\theta_1 + r_1^2 \sin^2\theta_1\,((r_1^2-b^2)\sin^2\psi_1 + (r_1^2-c^2)\cos^2\psi_1)$$
setzt; kA, die gegebene Function von r_1, θ_1, ψ_1, welche durch $F(r_1, \theta_1, \psi_1)$ ausgedrückt werden mag, entwickeln wir in eine Reihe
$$F(r_1, \theta_1, \psi_1) = \bar{X}^0 + \bar{X}^1 + \bar{X}^2 + \text{etc.},$$
wo $\bar{X}^n$ von der Gattung P^n in Bezug auf θ_1 und ψ_1 ist, also durch
$$(a)\ldots\quad \bar{X}^n = \frac{2n+1}{4\pi}\int_0^\pi d\theta \sin\theta \int_0^{2\pi} F(r_1, \theta, \psi) P^n(\cos\gamma)\, d\psi$$
aus F folgt. Jetzt muss der Fall, in welchem x, y, z die Coordinaten eines äusseren Punktes vorstellen von dem des inneren Punktes unterschieden werden. Das Potential heisst, wie früher, in dem ersten Falle V_a und in dem zweiten V_i.

1) Um V_a zu finden entwickele man R^{-1} in die Reihe $\sum_n Y^n$; es verwandelt sich dadurch V_a in die Summe
$$(18)\ldots\quad V_a = \sum_{n=0}^{n=\infty} Z^n$$
$$(18, a)\ldots\quad Z_a^n = \int_{r_0}^r dr_1 \int_0^\pi d\theta_1 \sin\theta_1 \int_0^{2\pi} \bar{X}^n Y^n\, d\psi_1,$$
indem alle Glieder, in welchen Producte $\bar{X}^n Y^m$ vorkommen verschwinden, sobald m und n verschieden sind. Man löse nun $P^n(\cos\gamma)$ in (a) auf, und findet
$$\bar{X}^n = \sum_{m=0}^{m=n}(-1)^m a_m^n P_m^n(\cos\theta_1)(\alpha_m \cos m\psi_1 + \beta_m \sin m\psi_1),$$
$$\left.\begin{array}{r}\alpha_m \\ \beta_m\end{array}\right\} = \frac{2n+1}{4\pi}\int_0^\pi d\theta \sin\theta\, P_m^n(\cos\theta) \int_0^{2\pi} F(r_1, \theta, \psi)\left\{\begin{array}{l}\cos m\psi \\ \sin m\psi\end{array}\right\} d\psi.$$
Der Werth von Y^n war nach (16)
$$(b)\ldots\quad \frac{8(2n+1)}{\pi}\sum_{m=0}^{m=n}(-1)^m P_m^n(\cos\theta_1)\cos m\psi_1 \sum_{p=0}^{p=n} b_p^n P_p^n(\cos\theta)\cos p\psi \sum_{q=0}^{q=n} U_q^m W_q^p$$
vermehrt um den Ausdruck welcher aus diesem nach Vertauschung der Cosinus von $m\psi_1$ und $p\psi$ mit Sinus, und von U, W mit u, w entsteht. Es wird also

§. 21, 24.   Dreiachsiges Ellipsoid.

$$Z_a^n = 32 \int_{r_0}^{r} dr_1 \sum_{m,p,q=0}^{m,p,q=n} (-1)^p a_m b_p^n P_p^n(\cos\theta) \cos p\psi \, U_q^m W_q^p$$

vermehrt um den Ausdruck, der durch Vertauschung von α mit β, von $\cos p\psi$ mit $\sin p\psi$, von U und W mit u und w entsteht. Die Formel (18, a) giebt also als schliesslichen Ausdruck für Z_a:

(19) ... $Z_a^n = \sum\limits_{p=0}^{p=n} (-1)^p b_p^n P_p^n(\cos\theta)(g_p \cos p\psi + h_p \sin p\psi),$

wenn zur Abkürzung

(20) ... $g_p = 32 \sum\limits_{q=0}^{q=n} W_q^p(r) \sum\limits_{m=0}^{m=n} \int_{r_0}^{r} U_q^m(r_1) \alpha_m \, dr_1$

(21) ... $h_p = 32 \sum\limits_{q=1}^{q=n} w_q^p(r) \sum\limits_{m=1}^{m=n} \int_{r_0}^{r} u_q^m(r_1) \beta_m \, dr_1$

gesetzt wird, und man die Summationen nur über gleichartige m, p, q ausdehnt, also erstens über zugleich gerade und zweitens über zugleich ungerade. Für m, p oder q gleich Null ist jedesmal die Hälfte des betreffenden Gliedes zu setzen.

2) Will man V_i finden, so darf man die Formel für Y^n nicht anwenden, ohne vorher r, θ, ψ mit r_1, θ_1, ψ_1 vertauscht zu haben, da die Entwickelung voraussetzte, dass $r > r_1$ sei. Dann wird der erste Theil von Y^n, welcher (b) entspricht

$$\frac{8(2n+1)}{\pi} \sum_{p=0}^{p=n} (-1)^p b_p^n P_p^n(\cos\theta_1) \cos p\psi_1 \sum_{m,q} P_m^n(\cos\theta) \cos m\psi \, U_q^m(r) W_q^p(r_1),$$

folglich

(22) ... $Z_i^n = \sum\limits_{m=0}^{m=n} P_m^n(\cos\theta)(g_m \cos m\psi + h_m \sin m\psi)$

(23) ... $g_m = 32 \sum\limits_{q=0}^{q=n} U_q^m(r) \sum\limits_{p=0}^{p=n} (-1)^p b_p^n \int_{r_0}^{r} W_q^p(r_1) \alpha_p \, dr_1,$

(24) ... $h_m = 32 \sum\limits_{q=1}^{q=n} u_q^m(r) \sum\limits_{p=1}^{p=n} (-1)^p b_p^n \int_{r_0}^{r} w_q^p(r_1) \beta_p \, dr_1.$

§. 21. Die Aufgabe über das Potential, welche der im §. 12 für Rotationsellipsoide behandelten entspricht, bildet den Gegenstand der zunächst folgenden Untersuchungen. Wir bedienen uns zur Lösung in diesem Paragraphen der Methode, welche im §. 4 für die Kugel gebraucht wurde, und die auf Anwendung der im vorigen Paragraphen für V gefundenen Werthe beruht; durch die

Methode des §. 12 wird man im folgenden Paragraphen dieselben Resultate, zugleich in neuer Form nämlich durch die Lamé'schen Functionen ausgedrückt erhalten.

Es sei also das Potential V_a oder V_i einer Masse für alle Punkte der äusseren resp. inneren Begrenzung gegeben, welche ein Ellipsoid mit den halben Achsen $\mathfrak{r}$, $\sqrt{\mathfrak{r}^2-b^2}$, $\sqrt{\mathfrak{r}^2-c^2}$ bildet; die innere resp. äussere Begrenzung ist gleichgültig wie man bereits aus §. 4, p. 308 weiss. Der gegebene Werth des Potentials an der Grenzfläche sei $f(\theta, \psi)$: man sucht den allgemeinen Ausdruck für V_a und V_i.

Denkt man sich V nach Kugelfunctionen in Bezug auf θ und ψ in die Reihe

$$V = \sum_{n=0}^{n=\infty} Z^n$$

entwickelt, so handelt es sich nur um die Bestimmung der Z. Die Form dieser Grössen kennt man bereits aus (19) bis (24); bezeichnen nämlich γ_q und δ_q gewisse unbekannte Constante, so wird aus (19) erhalten:

$$(25)\ldots Z_a^n = \sum_{m=0}^{m=n} (-1)^m b_m^n P_m^n(\cos\theta)\left(\cos m\psi \sum_{q=0}^{q=n} \gamma_q W_q^m(r) + \sin m\psi \sum_{q=1}^{q=n} \delta_q w_q^m(r)\right)$$

und aus (22), wenn γ und δ wiederum Constante, aber andere als in der vorstehenden Gleichung bedeuten:

$$(25,a)\ldots Z_i^n = \sum_{m=0}^{m=n} P_m^n(\cos\theta)\left(\cos m\psi \sum_{q=0}^{q=n} \gamma_q U_q^m(r) + \sin m\psi \sum_{q=1}^{q=n} \delta_q u_q^m(r)\right).$$

Die Summen sind hier wie früher nur über gleichartige m und q auszudehnen, und für $m = 0$ hat man die Hälfte der rechten Seite zu nehmen.

Den Werth dieser Grössen kennt man für $r = \mathfrak{r}$, indem dann $Z^n = Y^n$ sein muss, wenn wieder Y^n das n^{te} Glied der Entwickelung von $f(\theta, \psi)$ in eine Reihe von Functionen der Gattung P darstellt. Man wird sogleich sehen, dass dadurch die γ und δ bestimmt, also der Ausdruck (25) für Z_a und der für Z_i bekannt ist.

Es wurde schon mehrere Male das Doppelintegral aufgeführt, welches den Ausdruck von Y^n durch $f(\theta, \psi)$ giebt; man kennt auch bereits die Entwickelung von Y^n nach den Kugelfunctionen der beiden Veränderlichen θ, ψ. Wir können deshalb diese Formel hier ohne Weiteres anwenden, bezeichnen deshalb durch α_m und β_m gewisse bekannte Werthe, und setzen Y^n, je nachdem man Z_a oder Z_i behandeln will in die Form

$$Y^n = \sum_{m=0}^{m=n} (-1)^m b_m^n P_m^n(\cos\theta)(\alpha_m \cos m\psi + \beta_m \sin m\psi),$$

$$Y^n = \sum_{m=0}^{m=n} P_m^n(\cos\theta)(\alpha_m \cos m\psi + \beta_m \sin m\psi);$$

für $m = 0$ mag auch in diesen rechts die Hälfte genommen werden. Die Zusammenstellung von Y und Z zeigt, dass man, um Z_a^n zu bestimmen, die γ und δ aus den Gleichungen

$$(26) \ldots \sum_{q=0}^{q=n} \gamma_q W_q^m(\mathfrak{r}) = \alpha_m,$$

$$\sum_{q=1}^{q=n} \delta_q w_q^m(\mathfrak{r}) = \beta_m$$

aufzusuchen hat, in welchen m der Reihe nach alle Werthe von 0 bis n erhält, und in denen die rechten Seiten α und β, so wie die Coefficienten W und w der Unbekannten γ und δ bekannt sind. Da die q nur solche Werthe erhalten, welche dem jedesmaligen m gleichartig sind, so zerfällt jedes der beiden Systeme linearer Gleichungen in je zwei gesonderte; sind die γ und δ gefunden, so setzt man sie in (25) ein, und hat so Z_a^n ermittelt. Für Z_i sind die linearen Gleichungen aufzulösen, welche aus den Systemen (26) sich nach Vertauschung von W und w mit U und u ergeben.

✱ Es könnte hierbei ein Bedenken entstehen, ob nämlich die Gleichungen, für jedes gegebene System von Werthen α und β, Werthe und bestimmte Werthe γ und δ verschaffen? Dieses Bedenken wird durch den folgenden Paragraphen gehoben, indem aus der dort zu gebenden Form der Lösung und der Behandelung des Problems daselbst leicht folgt, dass jedem für die Punkte der Oberfläche willkührlich angenommenen Potential ein und nur ein für alle Punkte gültiges Potential V_a und V_i entspricht. Man kann aber auch den Nachweis, dass die Lösung der Gleichungen möglich und bestimmt ist, direct führen.

Wir geben den Nachweis für ein beliebig gewähltes System, für das nämlich mit Coefficienten U, welches sich also auf V_i bezieht. Dieses System ist bekanntlich ein unbestimmtes resp. unmögliches oder ein bestimmtes, je nachdem das System, welches aus

$$(a) \ldots \sum_{q=0}^{q=n} \lambda_q U_q^m(\mathfrak{r}) = 0$$

für $m = 0, 1, 2, \ldots n$ gewonnen wird, bestehen kann oder nicht bestehen kann, ohne dass alle λ gleich Null sind. Wir zeigen, dass die Gleichungen (a) das Verschwinden aller λ erfordern. Es folgt nämlich aus (a), wenn man die m^{te} Gleichung mit $\cos m\alpha$ multiplicirt und dann von $m = 0$ bis $m = n$ summirt, endlich (15) berücksichtigt,

$$(b) \ldots \sum_{q=0}^{q=n} \lambda_q \int_0^{2\pi} B^n \cos q\eta \, d\eta = 0$$

wenn B den Werth (13) vorstellt, in dem man nur r_1 mit r vertauscht hat, und zwar muss (b) für alle α und das fest bestimmte $\mathfrak{r}$ erfüllt sein.

Man mache

$$\cos \alpha = \frac{c\sqrt{\mu^2 - b^2}}{\mu \sqrt{c^2 - b^2}}, \quad \sin \alpha = \frac{b\sqrt{c^2 - \mu^2}}{\mu \sqrt{c^2 - b^2}},$$

und findet dass auch

$$\sum_{q=0}^{q=n} \lambda_q \int_0^{2\pi} \left(\frac{\mu \mathfrak{r}}{bc} + \frac{\sqrt{\mu^2 - b^2} \sqrt{\mathfrak{r}^2 - b^2}}{b \sqrt{c^2 - b^2}} \cos \eta + \frac{\sqrt{c^2 - \mu^2} \sqrt{\mathfrak{r}^2 - c^2}}{c \sqrt{c^2 - b^2}} \right)^n \cos q\eta \, d\eta$$

für alle μ, freilich bei festgehaltenem $\mathfrak{r}$ gleich Null wird, was aber nur möglich ist wenn es für beliebige $\mathfrak{r}$ identisch verschwindet. In der That lässt sich dieser Ausdruck in Lamé'sche Producte

$$\sum_m \varkappa_m E^m(\mu) E^m(\mathfrak{r})$$

umsetzen, die alle zu demselben n gehören; soll eine solche Reihe für alle μ verschwinden so ist sie (§. 86) identisch, also für jedes $\mathfrak{r}$ Null. Dasselbe gilt nun für den Ausdruck oben, welcher die λ enthält; verschwindet aber, nach Bezeichnung des §. 77, c

$$\sum \lambda_m C_m^n [\mu, \mathfrak{r}]$$

für alle μ und $\mathfrak{r}$, so weiss man dass alle λ gleich 0 sind, was zu beweisen war.

Anmerk. 1. Kann man die Gleichungen (26), oder die entsprechenden, U und u enthaltenden für den Fall lösen dass sämmtliche α gleich 1 sind, so wird die Bestimmung von V_α resp. V_i wesentlich erleichtert.

Anmerk. 2. Man weiss, dass V der Differentialgleichung $\varDelta^i V = 0$ genügt. Macht man die γ und δ aller Z gleich Null bis auf die eines einzigen Z^n, und in diesem wieder sämmtliche γ und δ bis auf ein einziges γ_q oder δ_q, welches dann gleich 1 gesetzt werden soll, so folgt dass particuläre Integrale der Gleichung $\varDelta^i V = 0$, aus welchen V zusammengesetzt ist, folgende Ausdrücke sind:

$$\sum_{m=0}^{m=n} b_m^n P_n^m(\cos\theta) W_q^m(r) \cos m\psi,$$

$$\sum_{m=0}^{m=n} P_n^m(\cos\theta) U_q^m(r) \cos m\psi,$$

denen man noch zwei hinzuzufügen hat, welche aus ihnen durch gleichzeitige Vertauschung von $\cos m\psi$ mit $\sin m\psi$, und von W mit w, resp. von U mit u entstehen.

§. 22. Die Aufgabe des vorigen Paragraphen soll nun durch die Methode, welche im §. 12 angewandt wurde, gelöst werden, d. h. durch die Integration der Gleichung $\varDelta^i V = 0$, mit Hinzufügung der Bedingung dass $V = f(\theta, \psi)$ auf einer gegebenen ellipsoidischen Fläche wird, welche die halben Achsen $\mathfrak{r}$, $\sqrt{\mathfrak{r}^2 - b^2}$, $\sqrt{\mathfrak{r}^2 - c^2}$ besitzt. Es treten ausserdem noch Bedingungen hinzu, die sich darauf beziehen, dass gewisse Grössen endlich bleiben. Wir heben hervor, dass $V_a = 0$ für $r = \infty$, und dass V_i, $\dfrac{\partial V_i}{\partial x}$, etc. für alle Punkte im Inneren des Ellipsoides endlich bleiben.

Man führt, wie am Anfange dieses Kapitels, für die rechtwinkligen Coordinaten x, y, z die drei Veränderlichen r, θ, ψ ein; für den Buchstaben r soll aber ϱ benutzt werden, damit früher entwickelte Formeln, welche sich auf die Lamé'schen Functionen beziehen, hier unmittelbar verwendet werden können. Wir setzen nun (m. vergl. das 3te Kapitel des zweiten Theiles §. 76 et seq.)

$$\cos\theta = \frac{\mu\nu}{bc},$$

$$\sin\theta\cos\psi = \frac{\sqrt{\mu^2 - b^2}\sqrt{b^2 - \nu^2}}{b\sqrt{c^2 - b^2}},$$

$$\sin\theta\sin\psi = \frac{\sqrt{c^2 - \mu^2}\sqrt{c^2 - \nu^2}}{c\sqrt{c^2 - b^2}},$$

und machen ferner

$$\xi = \int_c^\varrho \frac{d\varrho}{\sqrt{\varrho^2-b^2}\sqrt{\varrho^2-c^2}},$$

$$\varepsilon = \int_b^\mu \frac{d\mu}{\sqrt{\mu^2-b^2}\sqrt{c^2-\mu^2}},$$

$$\zeta = \int_0^\nu \frac{d\nu}{\sqrt{b^2-\nu^2}\sqrt{c^2-\nu^2}};$$

dann verwandelt sich die Gleichung $\varDelta^2 V = 0$ in

$$(27) \ldots (\mu^2-\nu^2)\frac{\partial^2 V}{\partial \xi^2} + (\varrho^2-\nu^2)\frac{\partial^2 V}{\partial \varepsilon^2} + (\varrho^2-\mu^2)\frac{\partial^2 V}{\partial \zeta^2} = 0.$$

Ferner entwickele man V nach den Functionen, welche zur Gattung der P in Bezug auf θ und ψ gehören, so dass

$$(28) \ldots V = \sum_{n=0}^{n=\infty} Z^n$$

ist, wo also Z^n der Differentialgleichung genügt

$$(29) \ldots \frac{1}{\sin\theta}\frac{\partial\left(\sin\theta\frac{\partial Z^n}{\partial \theta}\right)}{\partial \theta} + \frac{1}{\sin^2\theta}\frac{\partial^2 Z^n}{\partial \psi^2} + n(n+1)Z^n = 0.$$

Führt man in diese die neuen Coordinaten μ und ν statt θ und ψ ein, so geht sie in

$$(30) \ldots \frac{\partial^2 Z^n}{\partial \varepsilon^2} + \frac{\partial^2 Z^n}{\partial \zeta^2} + n(n+1)(\mu^2-\nu^2)Z^n = 0$$

über; setzt man für V seinen Werth in (27) ein und reducirt durch (30), so entsteht demnach, nachdem man durch $\mu^2-\nu^2$ getheilt hat,

$$\sum_{n=0}^{n=\infty}\left[\frac{\partial^2 Z^n}{\partial \xi^2} + \frac{\partial^2 Z^n}{\partial \varepsilon^2} + n(n+1)(\mu^2-\varrho^2)Z^n\right] = 0,$$

eine Gleichung, welche auch bestehen muss, wenn das Summenzeichen fortbleibt. In der That zerfällt der Ausdruck unter dem Summenzeichen, der A heisse, in $B+C$, wenn

$$B = \frac{\partial^2 Z^n}{\partial \xi^2} - n(n+1)\varrho^2 Z^n,$$

$$C = \frac{\partial^2 Z^n}{\partial \varepsilon^2} + n(n+1)\mu^2 Z^n$$

gesetzt wird. B, welches nur Z^n multiplicirt mit Constanten und differentiirt nach solchen in Bezug auf θ und ψ enthält (ϱ und ξ), bleibt daher eine Function der Gattung P^n in Bezug auf θ, ψ;

ebenso C. Denn Z^n, weil es von der Gattung P^n war, hat die Form
$$\sum_s g^s E^s(\mu) E^s(\nu),$$
wo die g Constante vorstellen, und jede Function dieser Form ist von jener Gattung. Es verwandelt sich daher C in
$$\sum_s g^s E^s(\nu)\left(\frac{\partial^2 E^s(\mu)}{\partial \varepsilon^2}+n(n+1)\mu^2 E^s(\mu)\right),$$
und nach p. 212, 56 in
$$(b^2+c^2)\sum_s g^s B^s E^s(\mu) E^s(\nu),$$
behält daher dieselbe Form. Hieraus folgt, dass auch A von der Gattung P^n ist, dass also die Summe der A nicht verschwinden kann, ohne dass jedes A selbst Null wird. Es genügt also Z^n auch der Gleichung

$(a) \ldots \quad \dfrac{\partial^2 Z^n}{\partial \xi^2}+\dfrac{\partial^2 Z^n}{\partial \varepsilon^2}+n(n+1)(\mu^2-\varrho^2)Z^n = 0,$

so dass jedes Z dieselbe Differentialgleichung in Bezug auf ϱ und μ wie in Bezug auf ν und μ erfüllt.

Um die Form von Z in Bezug auf ϱ, μ, ν zugleich zu entdecken, setze man
$$Z^n = \sum_s g^s E^s(\mu) E^s(\nu),$$
wo g noch von ϱ abhängt, in (a) ein, und findet
$$\sum_s E^s(\nu)\left[E^s(\mu)\frac{d^2 g^s}{d\xi^2}+g^s\frac{d^2 E^s(\mu)}{d\varepsilon^2}+n(n+1)(\mu^2-\varrho^2)g^s E^s(\mu)\right]=0.$$
Setzt man wieder nach (56)
$$\frac{d^2 E^s(\mu)}{d\varepsilon^2}+n(n+1)\mu^2 E^s(\mu) = (b^2+c^2) B^s E^s(\mu),$$
so verwandelt sich der vorstehende Ausdruck in
$$\sum_s E^s(\mu) E^s(\nu)\left[\frac{d^2 g^s}{d\xi^2}+((b^2+c^2)B^s-n(n+1)\varrho^2)g^s\right]=0;$$
die in eckigen Parenthesen befindliche Grösse, sie sei A^s, enthält kein μ und ν, und muss für jedes s verschwinden, indem (p. 225)
$$\sum_s A^s E^s(\mu) E^s(\nu)$$
nicht für alle μ und ν gleich Null sein kann, ohne dass A^s für sich gleich Null ist. Es genügt also g^s der Gleichung
$$\frac{d^2 g^s}{d\xi^2}+[(b^2+c^2)B^s-n(n+1)\varrho^2]g^s = 0,$$

derselben, welche durch $E(\varrho)$ und $F(\varrho)$ vollständig integrirt wurde. Bezeichnen h und k willkürliche rein numerische Constante, so ist folglich die allgemeinste Form von Z

(b) ... $Z^n = \sum_{s=0}^{s=2n}(h^s E^s(\varrho) + k^s F^s(\varrho)) E^s(\mu) E^s(\nu)$.

Die weitere Bestimmung der h und k erfordert die Entwickelung unserer gegebenen Function $f(\theta, \psi)$ nach den E selbst. Um diese zu erhalten, setze man, wie p. 324,

$$f(\theta, \psi) = \sum_{n=0}^{n=\infty} Y^n,$$

wo Y^n bekannt und gleich

$$\frac{2n+1}{4\pi}\int_0^\pi d\theta_1 \sin\theta_1 \int_0^{2\pi} f(\theta_1, \psi_1) P^n(\cos\gamma) d\psi_1$$

ist. Man zerlege nun f in acht Theile, welche denen des §. 88 entsprechen; zuerst zertheilt man es in zwei

$$\frac{f(\theta, \psi) + f(\pi - \theta, \psi)}{2} + \frac{f(\theta, \psi) - f(\pi - \theta, \psi)}{2},$$

von denen der erste durch Vertauschung von θ mit $\pi - \theta$ weder Werth noch Zeichen, der zweite nur das Zeichen ändert. Bei der Entwickelung nach Kugelfunctionen zweier Veränderlichen $P_m^n(\cos\theta)\cos m\psi$ und $P_m^n(\cos\theta)\sin m\psi$ liefert daher der erste die Glieder mit geradem $n-m$, der zweite mit ungeradem $n-m$. Jeden Theil $X(\theta, \psi)$ zertheile man weiter in

$$\frac{X(\theta, \psi) + X(\theta, 2\pi - \psi)}{2} + \frac{X(\theta, \psi) - X(\theta, 2\pi - \psi)}{2},$$

von denen bei der Entwickelung der erste nur die Glieder giebt, welche die Cosinus der Vielfachen von ψ, der zweite nur solche, welche die Sinus enthalten. Jeden von diesen Theilen $\Phi(\theta, \psi)$ zerlege man in

$$\frac{\Phi(\theta, \psi) + \Phi(\theta, \psi + \pi)}{2} + \frac{\Phi(\theta, \psi) - \Phi(\theta, \psi + \pi)}{2};$$

der erste Ausdruck enthält nur Glieder mit geraden, der zweite nur mit ungeraden Vielfachen von ψ. Diese acht Theile bezeichnen wir durch

$$\chi_0, \chi_1, \chi_2, \chi_3,$$
$$\chi^0, \chi^1, \chi^2, \chi^3,$$

§. 22, 30. Dreiachsiges Ellipsoid.

und zwar sollen die χ mit unterem Index einem geraden, mit oberem einem ungeraden n entsprechen; ferner mag χ_0 und χ^0 die C_{ij} (cf. p. 228) verschaffen; χ_1 und χ^1 die C_u; χ_2 und χ^2 die S_u; χ_3 und χ^3 die S_y. Dann lässt sich Y^n durch die Summe von vier Theilen ausdrücken, von denen jeder durch

$$\frac{2(2n+1)}{\pi}\int_0^{\frac{\pi}{2}} d\theta_1 \sin\theta_1 \int_0^{\frac{\pi}{2}} \chi(\theta_1,\psi_1) P^n(\cos\gamma) d\psi_1$$

dargestellt wird, wenn χ der Reihe nach, bei geradem n alle unteren, bei ungeradem n alle oberen Indices 0, 1, 2, 3 erhält.

Führt man nun für θ und ψ die elliptischen Coordinaten μ und ν, für θ_1 und ψ_1 entsprechend μ_1 und ν_1 ein, bezeichnet das so transformirte $\chi(\theta,\psi)$ ferner durch $\chi[\mu,\nu]$ und benutzt §. 91, so entsteht ($2\sigma = n$ oder $n-1$)

$$Y^n = \sum_{s=0}^{s=\sigma} a^s K^s(\mu) K^s(\nu) - \sum_{s=1}^{s=n-\sigma} b^s L^s(\mu) L^s(\nu)$$
$$- \sum_{s=1}^{s=\sigma} c^s M^s(\mu) M^s(\nu) + \sum_{s=1}^{s=\sigma} g^s N^s(\mu) N^s(\nu),$$

wenn die a, b, c, g bekannte numerische Constante vorstellen, nämlich für ein gerades n

$$a^s = 8\int_0^{\varpi} d\zeta \int_0^{\omega} (\mu^2-\nu^2)\chi_0[\mu,\nu] K^s(\mu) K^s(\nu) d\varepsilon,$$
$$b^s = 8\int_0^{\varpi} d\zeta \int_0^{\omega} (\mu^2-\nu^2)\chi_1[\mu,\nu] L^s(\mu) L^s(\nu) d\varepsilon,$$
$$c^s = 8 \text{ etc.}, \quad g^s = 8 \text{ etc.},$$

für ein ungerades n aber die Ausdrücke, welche aus den vorstehenden durch Vertauschung der unteren Indices von χ mit den oberen entstehen. Eine Summe, wie die welche Y^n bildet, soll abgekürzt durch das selbstverständliche Zeichen

$$Y^n = \sum_s \pm a^s E^s(\mu) E^s(\nu)$$

dargestellt werden.

Von dieser Stelle an theilen wir die Aufgabe, und betrachten 1) V_a. Da V_a für $\varrho = \infty$ verschwinden muss, so hat man in (b) alle h gleich Null zu setzen, und es reducirt sich dadurch Z_a^n auf

$$\sum_s k^s E^s(\mu) E^s(\nu) F^s(\varrho).$$

Hier sind die k vollständig durch die Bedingung bestimmt, dass für $\varrho = \mathfrak{r}$ sich Z in Y verwandeln soll, und man findet die Lösung unserer Aufgabe, indem man zu (28) die Gleichung

$$(31) \ldots Z_a^n = \sum_a \pm a^i E^i(\mu) E^i(\nu) \frac{F^i(\varrho)}{F^i(\mathfrak{r})}$$

hinzufügt.

2) Wir betrachten V_i. Nach der auf p. 327 erwähnten Methode von Neumann lässt sich hier das Entsprechende zeigen, dass nämlich in dem Ausdrucke (b) für Z_i^n alle k verschwinden müssen. Hierbei legt man eine bekannte Eigenschaft der elliptischen Coordinaten zu Grunde: geht man von dem Punkte (ϱ, μ, ν), welcher P heisse, zu den drei benachbarten

$$P_1 = (\varrho + d\varrho, \mu, \nu)$$
$$P_2 = (\varrho, \mu + d\mu, \nu)$$
$$P_3 = (\varrho, \mu, \nu + d\nu)$$

über, so stehen die Linien $P_1 P$; $P_2 P$; $P_3 P$; in P senkrecht auf einander. Man zeigt dies, wie das Entsprechende im §. 12. Sind hier dn, do, dp die unendlich kleinen Längen in diesen Richtungen, so wird dn auf dieselbe Art wie an der bezeichneten Stelle gefunden; fügt man zur Vollständigkeit noch do und dp hinzu, so hat man

$$dn = d\varrho \sqrt{\frac{(\varrho^2 - \mu^2)(\varrho^2 - \nu^2)}{(\varrho^2 - b^2)(\varrho^2 - c^2)}}$$

$$do = d\mu \sqrt{\frac{(\varrho^2 - \mu^2)(\mu^2 - \nu^2)}{(\mu^2 - b^2)(c^2 - \mu^2)}}$$

$$dp = d\nu \sqrt{\frac{(\varrho^2 - \nu^2)(\mu^2 - \nu^2)}{(b^2 - \nu^2)(c^2 - \nu^2)}},$$

und zeigt, dass in dem Ausdrucke (b) für Z_i alle k verschwinden müssen, wenn $\frac{\partial V}{\partial n}$ also $\frac{\partial Z}{\partial n}$ überall endlich bleiben soll. Ist dies einmal festgestellt, so ergiebt sich die Bestimmung der h, ähnlich wie im Falle ad 1, indem man $\varrho = \mathfrak{r}$ setzt; man findet

$$(32) \ldots Z_i^n = \sum_a \pm a^i E^i(\mu) E^i(\nu) \frac{E^i(\varrho)}{E^i(\mathfrak{r})},$$

und hat demnach zwei verschiedene Formen der Lösungen unserer

§. 22, 32. Dreiachsiges Ellipsoid. 375

Aufgabe: die eine wird durch (31) und (32), die zweite durch (25), (25, a) und (26) geliefert.

Die Differentialgleichung $\varDelta^n V = 0$ hätte sich übrigens so lösen lassen, dass man sogleich auf die erste Form, die des §. 21, kommt; man folgt dazu, um nur den Fall von V_i zu erörtern, dem ersten Wege bis zu der Stelle, an welcher man findet, dass Z^n gleich

$$\sum_i h^i E^i(\varrho) E^i(\mu) E^i(\nu)$$

wird, und schliesst daraus:

1) Z^n als zur Klasse der P^n gehörig, muss von der Form sein

$$\sum_{m=0}^{m=n} P_m^n(\cos\theta)(\alpha_m \cos m\psi + \beta_m \sin m\psi),$$

wo α und β nur ϱ enthalten können, oder, in μ und ν umgesetzt, von der Form

$$Z^n = \sum_{m=0}^{m=n} \alpha_m C_m[\mu, \nu] + \beta_m S[\mu, \nu].$$

2) Es ist symmetrisch nach ϱ und ν.

3) Es verwandelt sich Z^n ausserdem für $\varrho = \mathfrak{r}$ in die gegebene Function Y^n (die man sich in der Gestalt denken mag, in welcher sie im §. 21 angewandt wurde, d. h. ausgedrückt durch θ und ψ). Hierdurch ist Z vollkommen bestimmt.

Nun integrirt man die Differentialgleichung für Z^n, nicht durch Einführung der E sondern durch einen Ausdruck von der obigen Form. Es ist offenbar $P^n(\cos\gamma_1)$ eine Function, welche den Bedingungen ad (1) und (2) entspricht, wenn

$$\cos\gamma_1 = \cos\theta\cos\theta_1 + \sin\theta\sin\theta_1\cos(\psi - \psi_1)$$

gesetzt wird, und man für θ, ψ die Coordinaten μ, ν, so wie für θ_1, ψ_1 durch Gleichungen derselben Form μ_1, ϱ einführt. Bezeichnet $\Phi(\mu_1)$ eine Function von μ_1 mit $(2n+1)$ willkürlichen Constanten, so ist also

$$\int \Phi(\mu_1) P^n(\cos\gamma_1) d\mu_1,$$

das Integral zwischen willkürlichen Grenzen genommen, eine Function die (1) und (2) genügt und $2n+1$ Constante enthält. Kann man letztere so bestimmen, dass für $\varrho = \mathfrak{r}$ das Integral sich in den gegebenen Werth Y^n verwandelt, so ist es das gesuchte Z_i^n. Nur zum Durchgange wurden für θ, ψ die Grössen μ, ν eingeführt; wir lassen die ursprünglichen Grössen im weiteren Verlaufe ungeändert, was bequemer ist, da Y^n als Function von θ und ψ direct gefunden wird, nämlich

$$Y^n = \frac{2n+1}{4\pi} \int_0^\pi d\theta_1 \sin\theta_1 \int_0^{2\pi} f(\theta_1, \psi_1) P^n(\cos\gamma) d\psi_1,$$

während $\cos\gamma_1$ sich in

$$\cos\gamma_1 = \cos\theta \frac{\varrho\mu_1}{bc} + \sin\theta\cos\psi \frac{\sqrt{\mu_1^2-b^2}\sqrt{b^2-\varrho^2}}{b\sqrt{c^2-b^2}} + \sin\theta\sin\psi \frac{\sqrt{c^2-\mu_1^2}\sqrt{c^2-\varrho^2}}{c\sqrt{c^2-b^2}}$$

verwandelt. Man kann nun die Function Φ so bestimmen, dass das Integral sich wirklich in Y^n verwandelt, und findet so genau die durch (25, a) gegebene Form der Lösung wieder. Um diese Arbeit nicht zu weit auszudehnen, übergehen wir die Einzelheiten, da ein neues Resultat sich nicht ergiebt, und vorweisen auf des Verf. Arbeit im 29sten Bande des Crelle'schen Journals, §. 6.

Anmerk. Wie in der zweiten Anmerkung des §. 21 weist man nach, dass jedes Product

$$E(\mu) E(\nu) E(\varrho); \quad E(\mu) E(\nu) F(\varrho),$$

für sich der Gleichung $\Delta^2 V = 0$ genügt. Hier lässt sich dasselbe übrigens sofort durch wirkliches Einsetzen desselben in (27) beweisen, wenn man durch (56), wie am Anfange des laufenden Paragraphen reducirt.

§. 23. Es bleibt noch übrig, eine Entwickelung für R^{-1} durch eine Methode zu finden, welche der des §. 13 entspricht, welche also die Lösungen der Differentialgleichung $\Delta^2 V = 0$ zu Grunde legt: sie wird in einer von der ursprünglichen des §. 17 verschiedenen Form auftreten, indem wir die Differentialgleichung durch die E und F integriren.

Es seien die Coordinaten der beiden Punkte x, y, z; x_1, y_1, z_1 durch ϱ, μ, ν; ϱ_1, μ_1, ν_1 ausgedrückt und $\varrho_1 < \varrho$: alle Grössen, welche sich auf ϱ_1, μ_1, ν_1 beziehen, wie schon bezeichnete auf ϱ, μ, ν erhalten dieselben Buchstaben und werden nur noch mit Indices versehen. Setzt man $R^{-1} = T$, und wie im §. 17,

$$\frac{1}{R} = \sum_n Y^n$$

so wird Y^n, weil es ein Potential, wie V_1, des Punktes x_1, y_1, z_1 ist, die Form haben

$$(a) \ldots \sum_s u^s E^s(\varrho_1) E^s(\mu_1) E^s(\nu_1),$$

wenn u nur ϱ, μ, ν enthält. Aber R^2 wird gleich

$$\varrho^2 + \mu^2 + \nu^2 + \varrho_1^2 + \mu_1^2 + \nu_1^2 - 2c^2 - 2b^2$$
$$- 2(\varrho\varrho_1 \cos\theta \cos\theta_1 + \sqrt{\varrho^2-b^2}\sqrt{\varrho_1^2-b^2}\sin\theta\sin\theta_1 \cos\psi\cos\psi_1$$
$$+ \sqrt{\varrho^2-c^2}\sqrt{\varrho_1^2-c^2}\sin\theta\sin\theta_1 \sin\psi\sin\psi_1),$$

wenn der Kürze halber θ, θ_1, ψ und ψ_1 neben μ, ν, μ_1 und ν_1 beibehalten werden; also ist T symmetrisch in Bezug auf je zwei Grössen $\varrho, \varrho_1; \mu, \mu_1; \nu, \nu_1$; die Entwickelung bevorzugt einige von diesen Grössen, so dass in Y die Symmetrie aufhören kann.

Würde man T als Function von ϱ_1, μ_1, ν_1, immer $\varrho_1 < \varrho$ vorausgesetzt, in eine Reihe entwickelt haben, so hätte man als Form des n^{ten} Gliedes durch dieselben Schlüsse, welche (a) geben, auch

$$(b) \ldots \sum_s v^s E^s(\varrho_1) E^s(\mu_1) E^s(\nu)$$

gefunden, wenn v kein ϱ_1, μ_1, ν enthält; da aber die Reihen, deren n^{te} Glieder (a) und (b) vorstellen, einander gleich sind, und beide nach den Producten $E(\varrho_1) E(\mu_1)$ fortschreiten so sind die Reihen identisch, also $uE(\nu_1) = vE(\nu)$ oder u von der Form $w.E(\nu)$, wenn w nur ϱ und μ enthalten kann. Daraus ergiebt sich für Y^n, wenn man in Bezug auf den oberen Index s summirt, welcher der Kürze halber fortbleibt, die Form

$$\sum w E(\varrho_1) E(\mu_1) E(\nu_1) E(\nu),$$

und in ähnlicher Weise durch Vertauschung von μ_1 mit μ:

$$Y^n = \sum \lambda E(\varrho_1) E(\mu_1) E(\nu_1) E(\mu) E(\nu),$$

wenn λ nur noch ϱ enthalten kann. Wie dies eingeht, kann man nicht durch einfache Vertauschung von ϱ und ϱ_1 erfahren, da die Betrachtungen wesentlich voraussetzten, dass ϱ_1 kleiner als ϱ sei. Man weiss aber, dass V auch in eine Reihe entwickelbar ist, deren n^{tes} Glied die Form hat

$$\eta^n = \sum k E(\mu) E(\nu) F(\varrho),$$

wo k kein μ, ν, ϱ also nur die Buchstaben mit Indices erhält. Da

$$T = \sum_n \eta^n = \sum_n Y^n$$

sein sollte, und η und Y beide nach Producten $E(\mu) E(\nu)$ fort-

schreiten, so sind die Reihen identisch, oder
$$\lambda E(\varrho_1)E(\mu_1) = kF(\varrho),$$
also endlich $\lambda = cF(\varrho)$, wenn c eine rein numerische Constante bedeutet. Man hat also

$$\frac{1}{R} = \Sigma Y^n,$$

$$Y^n = \sum_{s=0}^{s=2n} c^s E^s(\mu_1) E^s(\nu_1) E^s(\varrho_1) E^s(\mu) E^s(\nu) F^s(\varrho).$$

Um schliesslich die numerischen Constanten c zu bestimmen, multiplicire man beide Seiten mit ϱ, setze $\varrho_1 = \alpha\varrho$ wo $\alpha < 1$, und und $\varrho = \infty$. Dann wird

$$\frac{\varrho}{R} = \frac{1}{\sqrt{1 - 2\alpha\cos\gamma + \alpha^2}} = \Sigma(\varrho Y^n);$$

ferner nach p. 214 und 239 für $\varrho = \infty$ und $\varrho_1 = \infty$

$$\frac{E(\varrho_1)}{\varrho_1^n} = g_0; \quad \varrho^{n+1} F(\varrho) = \frac{1}{(2n+1)g_0},$$

und hieraus

$$\varrho E(\varrho_1) F(\varrho) = \frac{\alpha^n}{2n+1}, \quad Y^n = \frac{\alpha^n}{2n+1} \sum_{s=0}^{s=2n} c^s E^s(\mu_1) E^s(\nu_1) E^s(\mu) E^s(\nu).$$

Vergleicht man hiermit den Werth von $\frac{\varrho}{R}$ für $\varrho = \infty$, so muss das gefundene Y^n gleich $\alpha^n P^n(\cos\gamma)$ sein, so dass nach (59) sich ergiebt

$$c^s = \pm 4\pi,$$

wo das obere oder untere Zeichen zu nehmen ist, je nachdem das betreffende E der ersten und vierten Klasse $(+)$, oder der zweiten und dritten $(-)$ angehört. Man findet hieraus schliesslich als n^{tes} Glied der Entwickelung von $\frac{1}{R}$ für jedes ϱ, welches grösser als ϱ_1 ist:

(33) ... $Y^n = 4\pi \sum_{s=0}^{s=2n} \pm E^s(\mu_1) E^s(\mu) E^s(\nu_1) E^s(\nu) E^s(\varrho_1) F^s(\varrho).$

Anmerk. Die Anmerkung p. 321 weist auf einfache Formeln hin, die man dort für besondere Werthe der Coordinaten aus der allgemeinen Entwickelung von R^{-1} erhielt; man fand aus derselben im speciellen Falle die Reihe für $(y-x)^{-1}$, welche im Laufe der Untersuchungen häufig benutzt war. Macht man hier $\varrho_1 = c$,

§. 24, 33.

$\mu_1 = c$, $\nu_1 = b$, so vereinfacht sich einerseits R zu

$$R^2 = \varrho^2 + \mu^2 + \nu^2 - b^2 - \frac{2\varrho\mu\nu}{b},$$

andererseits Y^n in (33) zu

$$Y^n = 8 \sum_{s=0}^{s=2n} g^s K^s(\mu) K^s(\nu) F^s(\varrho),$$

wenn zur Abkürzung

$$\pi K^s(b) K^s(c) = 2g^s$$

gesetzt wird. Mit Hülfe des §. 88 findet man hieraus für eine Function F^s, welche zu demselben n gehört, wie die unter dem Integrale befindlichen K^s

$$g^s F^s(\varrho) = \int_0^\omega d\zeta \int_0^\omega \frac{(\mu^2 - \nu^2) K^s(\mu) K^s(\nu) ds}{\sqrt{\varrho^2 + \mu^2 + \nu^2 - b^2 - \frac{2\varrho\mu\nu}{b}}},$$

also ein Integral für die Function F, welches dem von Neumann für die Q gegebenen entspricht. Für diejenigen F, welche aus den L, M, N entspringen, lassen sich ähnliche Formeln aufstellen.

§. 24. Das Fundament zur Behandlung der Aufgaben dieses Kapitels ist von Lamé gelegt, welcher nach Einführung der Functionen E im 4$^\text{ten}$ Bande des Liouville'schen Journals (1839) die erste hierhergehörige Aufgabe, die des §. 22, welche sich auf das Potential des inneren Punktes V, bezieht, nach der in jenem Paragraphen durchgeführten Methode löste. Lamé kleidet die Aufgabe allerdings in ein anderes Gewand, indem er den Zustand des Gleichgewichtes der Wärme in einem Ellipsoide untersucht, dessen Oberfläche in einer gegebenen, von der Zeit unabhängigen Temperatur $[f(\theta, \psi)]$ erhalten wird, und giebt so dem mathematischen Probleme, welches [Anwend. II, §. 5] dasselbe für beide Fragen bleibt, auch diejenige Form, welche am meisten in einer Zeit interessirte, in welcher das Werk von Fourier[*] über die Wärmetheorie, gefolgt von Poisson's Arbeit[**] über denselben Gegenstand eine grössere Zahl der Mathematiker beschäftigte.

---

[*] Théorie analytique de la chaleur. Paris, chez Firmin Didot, père et fils; 1822.

[**] Théorie mathématique de la chaleur. Paris, Bachelier; 1835.

www.ingramcontent.com/pod-product-compliance
Lightning Source LLC
Chambersburg PA
CBHW032031220426
43664CB00006B/441